DER GASROHRLEGER UND GASEINRICHTER

EIN HANDBUCH

für Rohrleger, Gaseinrichter, Monteure, Gas- und Installationsmeister sowie Gastechniker

von Oberbaudirektor

FRIEDRICH KUCKUK

Direktor der städt. Gas-, Wasser- und Elektrizitätswerke, Heidelberg

Dritte, erweiterte Auflage
Mit 537 Abbildungen

MÜNCHEN UND BERLIN 1925
DRUCK UND VERLAG R. OLDENBOURG

Vorwort zur ersten Auflage.

Trotzdem die Zahl der Gewerbetreibenden, welche sich mit der Ausführung von Gasrohrleitungen und Gaseinrichtungen beschäftigen, infolge der großartigen Entwicklung der Gasindustrie in den letzten Jahren bedeutend zugenommen hat, macht sich immer noch ein Mangel an guten, brauchbaren Rohrlegern und Installateuren bemerkbar. Es wenden sich zwar eine Menge Handwerker verwandter Geschäftszweige als: Schlosser, Schmiede, Klempner und Kupferschmiede dem Installationsfache zu, doch ist es nicht möglich, wie dies bedauerlicherweise von vielen Leuten angenommen wird, daß sich aus einem Schlosser oder Klempner nun so ohne weiteres ein Rohrleger oder Gasinstallateur entpuppt.

Das Installationsfach ist ein Gewerbe für sich und hat mit der Klempnerei, der Schlosserei und den übrigen verwandten Fächern nur das eine gemein, daß die zu verarbeitenden Materialien in der Hauptsache aus Metallen bestehen. Nur in einer langjährigen Praxis ist es möglich, sich zum tüchtigen Rohrleger und Installateur auszubilden.

Das gesamte Gebiet der Rohrlegerei und des Gaseinrichtungsfaches ist ein so umfassendes, daß man nicht mit wenigen Worten zu sagen vermag, was ein tüchtiger Gasrohrleger und Gasinstallateur alles können und wissen muß.

Nun gibt es allerdings verschiedene Bücher, aus denen der strebsame Rohrleger und Installateur des Wissenswerten genug schöpfen kann; allein die Auswahl des ihn besonders interessierenden Stoffes ist nicht so einfach. Es findet sich auch mancherlei hier und da in Fachzeitschriften zerstreut, so daß es für den einzelnen eine höchst mühevolle Arbeit wäre, sich das Nötige zusammenzusuchen.

Deshalb habe ich mich bemüht, in vorliegendem Werkchen alles das zusammenzufassen, was ein Gasrohrleger und Gaseinrichter wissen muß.

Ich darf mich wohl der Hoffnung hingeben, daß das Buch eine günstige Aufnahme findet.

Stolp in Pommern, im September 1904.

Kuckuk.

Vorwort zur zweiten Auflage.

Seit der Herausgabe der ersten Auflage dieses Buches haben wir in allen Zweigen der Gasindustrie eine ergebnisreiche Entwicklung erlebt. Im Vordergrunde des Interesses steht auf dem Gebiete der Gasbeleuchtung das Invertlicht, welches sich schnell und sicher ein großes Feld erobert hat.

Aber auch in der Anwendung des Leuchtgases zu Koch-, Heiz- und Kraftzwecken sind bedeutende Fortschritte zu verzeichnen, so daß — um möglichst alles Neue zu bringen — das vorliegende Werkchen im Inhalte wesentlich vermehrt werden mußte.

Bei der Bearbeitung dieser Auflage war es mein Bestreben, den Fortschritten möglichst vollständig Rechnung zu tragen, ohne jedoch den Umfang des Werkes allzusehr zu vergrößern.

Einige Abschnitte sind etwas ausführlicher behandelt als in der ersten Auflage, und einiges, was heute veraltet ist, konnte weggelassen, neues mußte aufgenommen werden.

Viel mehr noch als vor fünf Jahren; als ich die erste Auflage schrieb, wird heute der Gaseinrichter immer wieder vor neue Fragen gestellt, so daß für ihn die möglichst genaue Kenntnis aller Leucht-, Koch- und Heizgaseinrichtungen und -apparate eine Notwendigkeit ist.

Aber auch diese neue Auflage ergeht sich nicht in theoretischen Abhandlungen, sondern nimmt den Stoff nur aus der Praxis für die Praxis.

Heidelberg, im April 1909.

Kuckuk.

Vorwort zur dritten Auflage.

Wenn ich es unternommen habe, den »Gasrohrleger und Gaseinrichter« noch einmal in neuer Auflage erscheinen zu lassen, so hat mich dazu der Gedanke ermutigt, daß das Buch in dem neuerdings wieder eingesetzten Kampf der Gastechnik mithelfen soll, gut und vielseitig ausgebildete Gasrohrleger und Gaseinrichter der Praxis zur Verfügung zu stellen.

Allerdings bin ich nicht ohne Bedenken an die Bearbeitung der dritten Auflage dieses Buches gegangen.

Ist doch die Installationstechnik gegenwärtig wie zu keiner anderen Zeit in einer Entwicklung begriffen, die eine fortwährende Ergänzung des beschriebenen Stoffes notwendig macht. Deshalb mußte im Text sehr viel geändert, neues zugefügt werden.

Kaum übersehbar ist die Zahl der fast täglich bekannt werdenden neuen Brennerkonstruktionen für Gaskocher und -Herde sowie der Gasverbrauchsgegenstände für Industrie, Gewerbe und Haushalt.

Die Gasmesserfabrikanten überbieten sich in der Anfertigung von Hochleistungsmessern und fertigen auch von den bisherigen Fabrikaten vollständig abweichende Gasmesserkonstruktionen an.

Seitdem wieder einigermaßen geordnete wirtschaftliche Verhältnisse in Deutschland eingekehrt sind, hat der Gasverbrauch in fast allen Städten eine außerordentliche Zunahme erfahren, so daß das Gasinstallationsfach neues Leben zu bekommen scheint.

Ich habe auch den Abschnitt über die Darstellung des Leuchtgases durch Abbildung der neueren Gaserzeugungsöfen ergänzt sowie eine ausführliche Beschreibung der Rohrmaterialien und der Herstellung derselben gegeben. Ist es doch eigentlich selbstverständlich, daß sowohl der Rohrleger als auch der Gaseinrichter diejenigen Stoffe, deren Fortleitung und Verarbeitung ihnen obliegt, kennen müssen, damit sie die verschiedenen Eigenschaften dieser Stoffe besser beurteilen lernen.

Das Gasinstallationsfach hat eine Bedeutung erlangt, die leider nicht immer die Würdigung erfährt, die ihm zukommt.

Von jeher war es mein Bestreben, diesem Sonderfache den Platz zuzuweisen, der ihm gebührt.

Trotzdem ich mich bemüht habe, alle Neuerscheinungen der letzten Jahre zu berücksichtigen, bin ich mir bewußt, keine lückenlose Arbeit geliefert zu haben, hoffe aber, daß es meiner Darstellung gelungen ist, in diesem Buche der Bedeutung der Installationstechnik einigermaßen gerecht zu werden.

Möge der neue »Gasrohrleger und Gaseinrichter« überall da mithelfen, wo die Gastechnik im Kampfe um ihre Existenz steht.

Heidelberg, im Januar 1925.

Kuckuk.

Inhaltsverzeichnis.

Einleitung.

Schon am Anfange des 18. Jahrhunderts war es den Chemikern bekannt, daß man aus Steinkohlen ein leuchtendes Gas entwickeln könne, doch vergingen beinahe 100 Jahre von den ersten Laboratoriumsversuchen bis zur Darstellung von Leuchtgas in größerem Maßstabe.

Ein englischer Maschinenbauer namens Murdoch (sprich Mördoc) war es, der zum erstenmal Leuchtgas nach den heutigen Grundsätzen in größeren Mengen erzeugte und in Röhren fortleitete, um es an anderen Stellen zu verwenden.

Als Murdoch in der für die Entwicklung der Dampfmaschine so außerordentlich wichtigen Fabrik von Boulton und Watt Beschäftigung fand und eine einflußreiche Stellung in derselben erlangte, bildete er mit Hilfe seines Schülers Clegg seine Idee weiter aus und beleuchtete zuerst Fabriken. 1808 brannten in London die ersten Gasflammen auf den Straßen, 1814 ließ das Kirchspiel St. Margareths in London zuerst seine Öllampen durch Gaslaternen ersetzen, 1826 wurden in Hannover und Berlin durch die Imperial Continental Gas Association Gasanstalten erbaut, 1828 richtete Blochmann die Gasbeleuchtung in Dresden ein, und gleichzeitig bauten Knoblauch und Schiele in Frankfurt am Main eine Ölgasfabrik.

Seit dieser Zeit hat die Gasindustrie sich unaufhörlich weiter entwickelt und einen Aufschwung genommen, den sein Begründer, der Maschinenbauer Murdoch, wohl kaum geahnt hat.

Die Darstellung des Leuchtgases.

Als Material für die Gasbereitung dient heute allgemein die Steinkohle. Diese muß eine gasreiche, backende Sinterkohle sein, die als Rückstand einen für Zentralheizungen und Hausbrand geeigneten Koks ergibt. Das daraus gewonnene Gas wird zum Unterschiede von anderen Gasarten (Wassergas, Fettgas, Ölgas, Azetylengas) Steinkohlengas genannt.

Die Entwicklung des Gases geschieht in Retorten oder Kammern, das sind wagerecht, schräg oder senkrecht in einem Ofengehäuse eingemauerte Behälter aus feuerfestem Ton (Schamotte).

Die Retorten bzw. Kammern werden mit Kohlen gefüllt, luftdicht verschlossen und einer Glühhitze von 1100 bis 1200° ausgesetzt. Diesen Vorgang nennt man trockene Destillation. Man nimmt an, daß die Steinkohlen durch die Einwirkung der hohen Temperatur in der Retorte unter Luftabschluß in ihre kleinsten Teile zerfallen. Als Produkte der Gasbereitung erhält man Leuchtgas, Teer, Gaswasser und als festen Rückstand in der Retorte oder der Kammer den bereits genannten Koks[1]).

Das sich entwickelnde Leuchtgas enthält lichtgebende Bestandteile[2]) (sog. schwere Kohlenwasserstoffe), Lichtträger[3]) (Heizgase) und verunreinigende Bestandteile[4]). Die Lichtgeber und Lichtträger müssen bei der weiteren Behandlung des Gases möglichst erhalten werden, während die verun-

---

[1]) Die Bezeichnung »der Koks« hat sich in Deutschland eingebürgert, trotzdem die Einzahl des Wortes »Coks« früher nicht üblich war. Streng genommen heißt es »die Coks« (Mehrzahl). Andere Schreibweisen sind: »Coke« oder »coak« (englisch).

[2]) Lichtgebende Bestandteile sind: Äthan, Äthylen, Propylen, Azetylen, Benzol, Toluol.

[3]) Lichtträger (Heizgase) sind: Wasserstoff, Grubengas oder Methan, Kohlenoxyd.

[4]) Verunreinigende Bestandteile sind: Kohlensäure, Ammoniak, Schwefelwasserstoff, Cyanverbindungen, Schwefelkohlenstoff, Stickstoff. Hierher ist schließlich auch das Naphthalin zu rechnen.

reinigenden Bestandteile soweit wie irgend möglich zu entfernen sind, weil dieselben bei der Verbrennung auf die Leucht- oder Heizkraft nachteilig einwirken oder schädliche Gase bilden. Zum besseren Verständnis des Folgenden diene die schematische Darstellung einer Gasanstalt auf Tafel I.

In dieser Darstellung ist als Erzeugungsofen ein solcher mit horizontalen Retorten gezeichnet. Diese Ofenart findet man heute fast nur noch in kleineren Gaswerken, es sei denn, daß, um größere Gasmengen zu erzeugen, die gewöhnlich 3 m langen horizontalen Retorten auf 6 m verlängert werden. Auf diese Weise wird das Kohlenladegewicht fast verdoppelt und die bei kürzeren Retorten dauernde Ausstehezeit von 4—5 auf 8—9 Stunden erhöht.

Die Beheizung der Öfen erfolgt durch Generatoren (= Erzeuger), welche unter oder neben den Retorten angeordnet sind. (Generatorgas.)

Das Entfernen des Kokses aus den Retorten sowie das Füllen derselben geschieht von Hand, mit Ziehhaken und Lademulden, oder maschinell. (Zieh- und Lademaschinen.)

Im Jahre 1884 wurden zum erstenmal Öfen mit schrägliegenden Retorten gebaut (Coze-Öfen), Fig. 1, Tafel II. Bei diesen Öfen war die Lade- und Entladearbeit erheblich verringert.

Später ging man noch einen Schritt weiter und baute Öfen mit senkrechten Retorten (Vertikal-Retortenöfen), Fig. 2, Tafel II.

Fast gleichzeitig mit dem Auftreten der senkrechten Retortenöfen machten sich Bestrebungen in der Ofenbautechnik bemerkbar, durch Vergrößerung der Entgasungsräume und Verlängerung der Entgasungszeit (Garungszeit) die Leistungsfähigkeit der Öfen zu erhöhen und die Handarbeit immer mehr einzuschränken.

Schrägkammerofen von Ries, München, Fig. 3, Tafel II.

Die in England vielfach in Benutzung befindlichen Öfen mit ununterbrochener Kohlenzufuhr und Koksentnahme (Glover-West-Öfen), Fig. 4, Tafel II, haben in Deutschland bis heute keinen Eingang gefunden.

Sämtliche Apparate, vom Retortenofen bis zum Druckregler, das ist derjenige Apparat, welcher den Übergang von der Anstalt zum Verwendungsgebiet bildet, sind im Schnitt gezeichnet. An Hand dieser Darstellung verfolgen wir nun den Gang des Gases.

Ein Gemisch von Gasen und Dämpfen entweicht aus der Retorte, und zwar durch ein auf dem vorderen Teile derselben, dem Mundstücke, angebrachtes Rohr (Aufsteigrohr). Das letztere ist oberhalb des Retortenofens gebogen und in eine gemeinschaftliche Vorlage geführt. In dieser findet die erste Ausscheidung flüssiger Destillationsprodukte statt. Gleichzeitig bildet die Vorlage einen hydraulischen Verschluß für die Aufsteigröhren, damit beim Öffnen der Retorten das Gas nicht ausströmen kann. Von der Vorlage (Hydraulik) gelangt das Gas in die Kühlapparate, in welchen die Dampfbestandteile in flüssiger Form ausscheiden, nämlich als Teer und Gaswasser. Beide Produkte werden durch besondere Leitungen den Teer- und Gaswassergruben zugeführt.

Um dem Gase das Austreten aus den Retorten bzw. Kammern zu erleichtern und sowohl die Verluste zu vermeiden, welche durch Entweichen aus undichten Retorten, als auch jene, welche durch Zersetzung des Gases bei längerem Verweilen in der heißen Retorte entstehen, schaltet man in der Regel zwischen den Kühlern und den darauf folgenden Wäschern einen Gassauger (Exhaustor) ein, dessen rotierende Flügel entweder durch eine Dampfmaschine, einen Gas- oder Elektromotor bewegt werden. Dabei bringt eine besondere Vorrichtung, ein sog. Umlaufregler, die Wirkung des Gassaugers mit der Gasentwicklung in Übereinstimmung und öffnet bei etwaigem Stillstande des Saugers dem Gase einen Weg.

Zur vollständigen Entfernung des Teers, welcher durch die Kühlung etwa noch nicht ausgeschieden ist, benutzt man einen Teerscheider, in welchem das Gas durch fein durchlöcherte Wände hindurchgeführt und durch den Stoß, den es hierbei erleidet, von seinem letzten Gehalt an Teer befreit wird.

Zum Zwecke der weiteren Befreiung von verunreinigenden Bestandteilen gelangt das Gas zunächst in die Waschapparate und hierauf schließlich in die Reiniger. In den ersteren wird es in innige Berührung mit Wasser gebracht und dadurch der Rest des Ammoniaks, der Kohlensäure und ein Teil des Schwefelwasserstoffs ausgeschieden. In den letzteren wird der Rest von Schwefelwasserstoff und das Cyan, ebenfalls ein verunreinigender Bestandteil, vollständig mit Hilfe einer besonderen Reinigungsmasse (Eisenhydroxyd) entfernt. Die verwendete Reinigungsmasse ist entweder das in der Natur vorkommende Raseneisenerz oder künstlich hergestelltes Eisenhydroxyd (Luxsche oder Deiksche Masse).

In manchen Gaswerken wird das Cyan nicht in den Reinigern mit dem Schwefelwasserstoff gleichzeitig, sondern in besonderen Cyanwäschern unter Verwendung einer Eisenoxydsalzlösung aufgesaugt.

Das Naphthalin, welches auch dem Gaseinrichter durch seine unangenehme Eigenschaft, die Rohrleitungen zu verstopfen, bekannt ist, wird in vielen Gasanstalten in eigens hierfür aufgestellten Wäschern unter Verwendung eines Teeröles, nämlich des Anthrazenöles, ausgewaschen. In anderen Gaswerken bewirkt man die Ausscheidung durch langsame Kühlung des Gases in sog. Großraumkühlern und durch Waschung mit dem sich bildenden Teer.

Während des Krieges wurden viele deutsche Gaswerke infolge der eingetretenen Benzol- und Benzinnot im Interesse der Kriegsführung gezwungen, das Benzol aus dem Leuchtgas auszuwaschen. Auch nach dem Kriege hat man dieses Verfahren zunächst noch beibehalten.

Früher sorgten die Gaswerke absichtlich für einen hohen Benzolgehalt, um ein Gas von hoher Leuchtkraft zu bekommen. War der Gehalt an schweren Kohlenwasserstoffen (dazu gehört das Benzol) zu niedrig, so leitete man das Gas nachträglich noch einmal durch Benzol, um es damit zu sättigen. Das war bei der Wassergaserzeugung die Regel. Diesen Prozeß nannte man die »Karburation«.

Durch die Entbenzolisierung (Entölung) des Gases stellten sich lästige Begleiterscheinungen, z. B. Rostbildung in den Zuleitungen ein. Deshalb haben sich viele Gaswerke entschlossen, das Benzol wieder im Gas zu belassen. Viele Benzolwaschanlagen sind in letzter Zeit stillgelegt worden.

Das nun fertig gereinigte und brauchbare Gas wird, nachdem es in einem Gasmesser, dem Produktions- oder Stationsgasmesser, gemessen worden ist, in Gasbehältern (Gasometern), das sind zylindrische, oben geschlossene, unten offene Glocken von Eisenblech, welche zwischen senkrechten Führungen frei auf und ab gehend in mit Wasser gefüllten, gemauerten, betonierten oder aus Eisenblech hergestellten Bassins schwimmen, aufgesammelt. Von hier aus wird es in das Stadtrohrnetz geleitet.

Seit einigen Jahren werden wasserlose Gasbehälter gebaut.

Der wasserlose Gasbehälter der M. A. N. besteht aus einer polygonalen gasdichten Behälterwand mit glatten Innenflächen, in derem freien Nutzraum sich eine durch den Gasdruck im

Gleichgewicht gehaltene Scheibe, an Rollen geführt, auf und ab bewegt. Die Scheibe ist gegen die Behälterwand durch ringsumlaufende keilförmige Gleitstücke aus Holz abgeschlossen und diese wiederum werden durch Teer gegen das Gas abgedichtet. Die geringe Menge Teer, die durch diesen Verschluß hindurchsickert, sammelt sich in einer kleinen Grube am Boden und wird von Zeit zu Zeit wieder hochgepumpt, um von neuem dem Verschluß zuzulaufen. Um im Winter das Dickwerden des Teeres zu verhüten, ist in den Pumpenkreislauf eine kleine Heizvorrichtung zur Warmhaltung des Teeres eingebaut.

Da jedoch der Druck, welcher von den Gasbehälterglocken ausgeübt wird, in der Regel zu groß ist, zu verschiedenen Tages- und Nachtstunden entsprechend der Gasabgabe auch verschieden sein muß, so muß derselbe geregelt werden. Das geschieht durch einen Apparat, den man Druckregler nennt.

Das für den Verbrauch im Haushalt und Gewerbe erforderliche Gas wird aber nicht allein in Gaswerken hergestellt, sondern man ist schon seit etwa 30 Jahren dazu übergegangen, auch das in Kokereien als Nebenprodukt erzeugte Gas für die gleichen Zwecke nutzbar zu machen. Auch in den Kokereien wird das Gas in derselben Weise gereinigt, gemessen, aufgespeichert und gefördert wie in den Gaswerken, wobei die gleichen Apparate verwendet werden.

Außer dem Steinkohlengas gibt es noch andere technische Gasarten, welche in der Beleuchtungsindustrie eine mehr oder minder wichtige Rolle spielen.

Das Ölgas dient heute fast ausschließlich nur zur Beleuchtung der Eisenbahnwaggons, das Azetylen, welches aus Kalziumkarbid, einer Verbindung von Kalk und Kohle, hergestellt wird, zur Beleuchtung einzelner Grundstücke, deren Versorgung mit Steinkohlengas nicht möglich ist, und zur Einzelbeleuchtung sowie besonders zu industriellen Zwecken.

Holzgas sowie Torfgas werden heute wohl kaum noch hergestellt.

In den letzten Kriegsjahren ist allerdings infolge der großen Kohlennot in vielen deutschen Gaswerken sowohl aus Holz als auch aus Torf Gas erzeugt worden.

Luftgas (Aerogengas), eine auf kaltem Wege hergestellte Mischung von Luft und leichtflüssigen Dämpfen von Petroleum Kohlenwasserstoffen, wird als Ersatz des Steinkohlengases für kleinere Städte verwendet, wenn die Errichtung von Steinkohlengaswerken unwirtschaftlich ist.

Das Wassergas. Dieses ist nach dem Steinkohlengas das wichtigste. Es wird gegenwärtig in vielen Städten, namentlich in Amerika, England und Deutschland, zu Beleuchtungs-, Heiz- und Kraftzwecken hergestellt, in Deutschland hauptsächlich als Zusatz zum Steinkohlengas. Wassergas erhält man, wenn man Wasserdampf durch einen mit glühendem Koks (Kohlenstoff) gefüllten Schacht (Generator) leitet. Dabei zerlegt sich der Wasserdampf in Wasserstoff und Sauerstoff und der letztere bildet mit dem Kohlenstoff Kohlenoxyd. Das Wassergas verbrennt mit blauer, heißer Flamme.

Schließlich sei noch das Generator- oder Dowson- (sprich Dausen) Gas genannt, welches nicht leuchtet und nur einen geringen Heizwert besitzt, aber zum Betriebe von Gaskraftmaschinen noch brauchbar ist. Es wird ebenso wie das Hochofengas (Gichtgas) auch Kraftgas genannt.

In Amerika wird in den Öldistrikten der Vereinigten Staaten Naturgas, welches der Erde entströmt, einigen Städten nutzbar zugeführt.

Namentlich seit dem Jahre 1882, seitdem die Westinghousesche Naturgasquelle innerhalb der Staatsgrenze von Pittsburg entdeckt wurde, hat die Anwendung von Naturgas in jener Stadt und Umgebung in großem Maße zugenommen und im Wirtschaftsleben jener Staaten eine außerordentliche Bedeutung gewonnen.

Auch in Deutschland ist in den letzten Jahren Naturgas erbohrt worden. In der Nähe von Hamburg (Neuengamme) stieß man bei Wasserbohrungen im Jahre 1912 auf eine starke Erdgasquelle, deren Gas eine Zeitlang zur Versorgung Hamburgs benutzt wurde.

Ebenso ist gelegentlich der Ölbohrungen in Wietze bei Celle Erdgas erschlossen worden, welches man unter Dampfkesseln verbrannte und zur Straßenbeleuchtung verwendete.

Zu erwähnen sind noch die Gasquellen in Ungarn (Siebenbürgen sowie in Österreich in Wels).

Das Stadtrohrnetz.

Das für ein Versorgungsgebiet bestimmte Gas gelangt von der Gasanstalt mittels Rohrleitungen zu den Verwendungsstellen. Sie bilden also das Bindeglied zwischen dem Erzeugungsort und der Konsumtion. Diejenigen Rohrleitungen, welche die Straßen der Länge nach durchziehen, werden Hauptrohrleitungen genannt, während die nach den einzelnen Objekten, den öffentlichen und Privatgebäuden sowie nach den öffentlichen Laternen geführten Abzweigleitungen allgemein als Anschlußleitungen oder Zuleitungen bezeichnet werden.

Die Hauptrohrleitungen sind nach Möglichkeit unter sich zu verbinden (Rohrnetz).

Fig. 5 zeigt ein nach dem Kreislaufsystem ausgeführtes Rohrnetz.

Wenn aber die an der Peripherie eines mit Gas zu versorgenden Ortes befindlichen Straßen untereinander nicht verbunden sind, so ist auch eine Verbindung der Hauptrohrleitungen nicht möglich. Siehe Fig. 6 (Verästelungssystem).

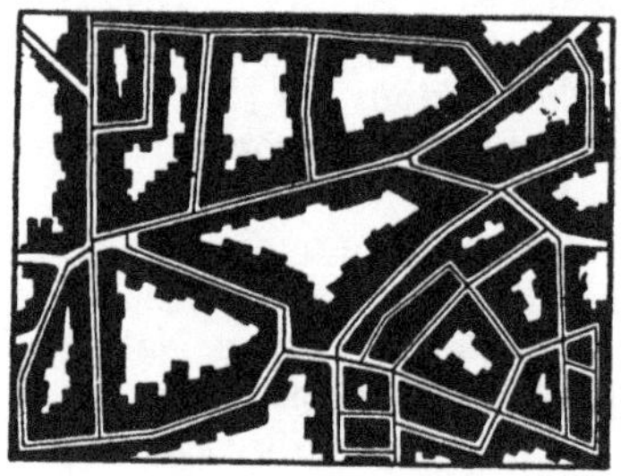

Fig. 5.

Fig. 6.

Es bedarf keiner Frage, daß dem Bau des Gasrohrnetzes die größte Aufmerksamkeit und Sorgfalt zugewendet werden muß, da etwaige Schäden erhebliche Störungen in der Gasversorgung verursachen können.

Durch den Zusammenhang der Rohrstrecken werden Druckschwankungen ausgeglichen; außerdem ist dadurch die Möglichkeit gegeben, bei notwendig werdenden Arbeiten am Rohrnetze jede Leitung auszuschalten, ohne eine andere in Mitleidenschaft zu ziehen.

In kleinen und mittleren Städten legt man die Hauptrohrleitungen in der Regel in den Straßendamm, etwa 1—2 m von den Bordsteinen, parallel zu diesen, und zwar auf die eine Seite die Gas-, auf die andere Seite die Wasserrohrleitungen (Fig. 7).

Bei der heutigen starken Inanspruchnahme der Straßenkörper durch Gas- und Wasserleitungen, Kanäle, elektrische Stark- und Schwachstromleitungen, zu denen in größeren

Städten noch Fernheiz- und Rohrpostleitungen kommen, muß der Rohrverlegung eine wohlüberlegte Disposition vorhergehen; örtliche Verhältnisse spielen dabei selbstverständlich eine große Rolle. Gas- und Wasserrohre direkt übereinander zu legen, empfiehlt sich keinesfalls, es muß dieses vielmehr als durchaus unzulässig bezeichnet werden. In Österreich

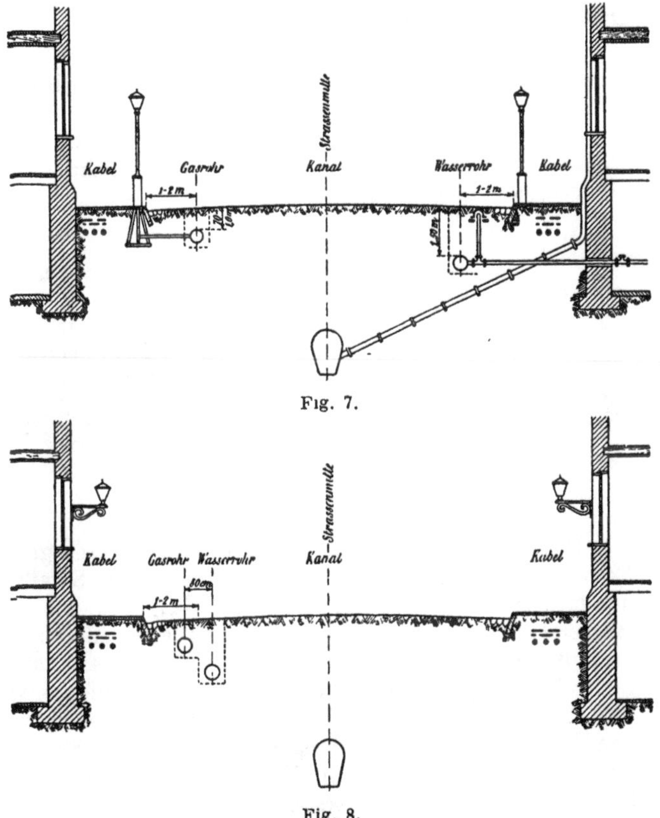

Fig. 7.

Fig. 8.

ist eine Verlegung von Gas- und Wasserrohrleitungen in gemeinschaftlichen Graben nach einer Ministerialverordnung vom 18. Juni 1906 verboten. In Deutschland werden Gas- und Wasserrohre manchmal in einem Graben so neben- und übereinander verlegt, daß das Wasserrohr in den tiefen Graben, das Gasrohr auf den oberen Grabenabsatz, wie in Fig. 8

angegeben, gelegt wird. Die in Fig. 7 dargestellte Verlegungsweise ist, wie leicht einzusehen, aus Gründen der Sicherheit vorzuziehen.

In größeren Städten werden die Gas- und Wasserrohrnetze häufig so berechnet und ausgeführt, daß möglichst in allen Straßen in beiden Bürgersteigen (Gehwegen) je ein Rohr verlegt wird (Fig. 9).

Diese Ausführungsart hat folgende Vorteile:

Die Rohre liegen in den Bürgersteigen ruhiger; es werden deshalb weniger Undichtigkeiten oder Rohrbrüche vorkommen.

Neue Anschlüsse oder Reparaturen lassen sich schneller bewirken; Störungen im Wagenverkehr treten infolgedessen nicht ein.

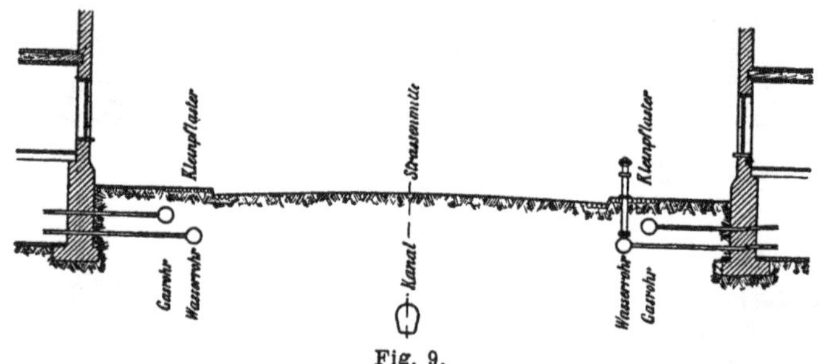

Fig. 9.

Das gute Pflaster wird nicht zerstört, wodurch große Ersparnisse erzielt werden, da das Pflaster des Straßendammes in der Regel teurer ist als dasjenige auf den Bürgersteigen. Asphalt und auch Steinpflaster mit Fugenausguß bilden eine dichte Decke, während das jetzt häufig bei Bürgersteigen angewandte Kleinpflaster ebenso wie der Plattenbelag als durchlässige Decken angesehen werden können. Gasausströmungen unter dichten Straßendecken sind schwerer auffindbar als unter den durchlässigen Decken der Bürgersteige.

Die Schwierigkeiten, welche sich in großen Städten für die Unterbringung der Rohrnetze der Gas- und Wasserwerke, der Kanalisation, der Stark- und Schwachstromkabel in den Straßenkörpern bieten, wachsen ins Ungeheure und die daran erforderlichen Ausbesserungs- und Ergänzungsarbeiten tragen durch die unvermeidlichen Aufbrüche der Straßenabdeckungen und Aufgrabungen des Untergrundes zu einer Zerstörung der

Straßenbefestigung bei. Wenn die genannten Rohr- und Kabelleitungen noch dazu in den Straßendämmen liegen, so verursachen diese Arbeiten eine empfindliche Störung des öffentlichen Verkehrs. In Berlin hat die Tiefbauverwaltung im Einverständnis mit den Gas-, Wasser-, Kanalisations- und Elektrizitätswerken Grundsätze aufgestellt, nach welchen alle Rohr- und Leitungsverlegungen vorgenommen werden. Wir entnehmen die nachstehenden Zeichnungen (Fig. 10, 11 und 12) einer Veröffentlichung des Herrn Magistratsbaurat Gottheiner: »Die öffentlichen Straßen und Plätze Berlins«.

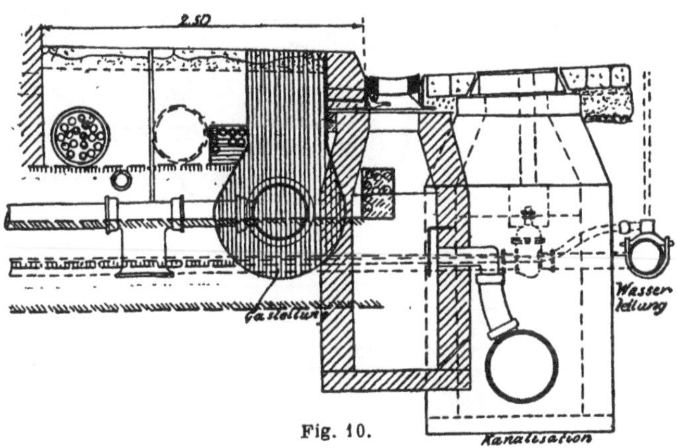

Fig. 10.

Danach werden den Leitungen und Röhren für Telegraphen- und Fernsprechkabel der Platz in unmittelbarer Nähe der Hausfronten angewiesen; im übrigen ist darauf Bedacht genommen, diejenigen Anlagen der übrigen Verwaltungen, von denen aus Anschlüsse nach den Grundstücken abzuzweigen sind, den Baufluchten tunlichst nahe zu rücken, während Leitungen größeren Durchmessers in einem weiteren Abstande von den Häusfronten unterzubringen sind. Bezüglich der Gas-, Wasser- und Entwässerungsleitungen gelten im besonderen folgende Bestimmungen:

Gasleitungen bis zu 380 mm Durchmesser erhalten ihre Lage stets 1,85 m von der Bauflucht entfernt. Rohrleitungen über 380 mm Durchmesser sind jedoch unter allen Umständen in den Fahrdamm einzubauen. Bewässerungsleitungen bis zu 225 mm Durchmesser sind, sobald die Bürgersteige mehr als 2,5 m breit sind, in diese unterzubringen; nur in Straßen mit schmäleren Bürgersteigen hat die Einlegung in den Fahrdamm zu erfolgen. Bewässerungsleitungen über 225 mm Durchmesser sind in den Fahrdamm einzubauen. Die Tonrohrleitungen für die Entwässerung sind in Straßen mit Bürger-

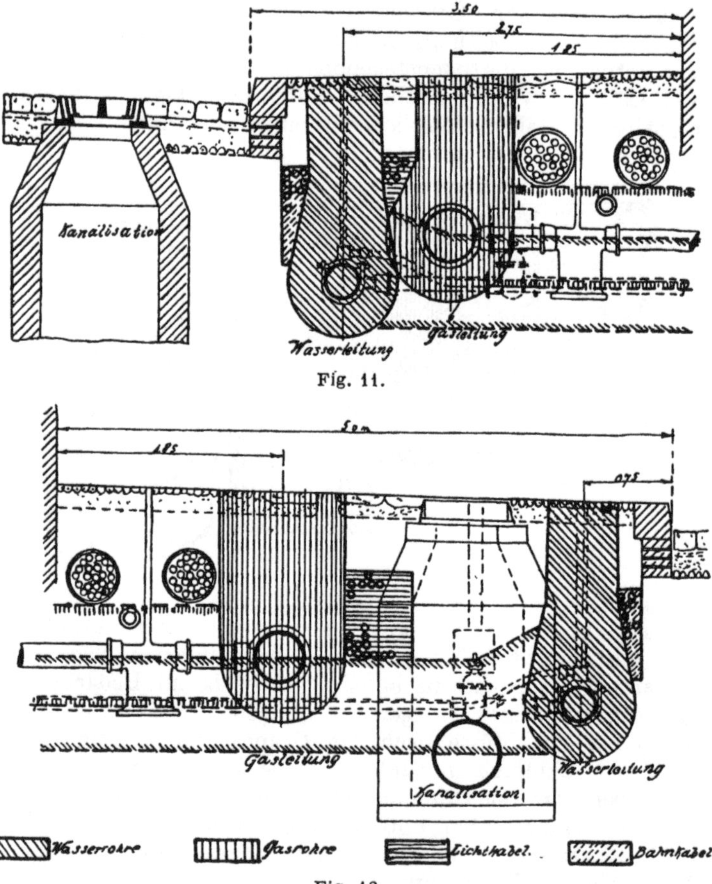

Fig. 11.

Fig. 12.

steigen bis zu 5 m Breite im Fahrdamm, und zwar in einem Abstande von 1,20 m von der Bordkante aus gerechnet, unterzubringen; nur in breiteren Bürgersteigen können sie in diesen untergebracht werden, und zwar dergestalt, daß sich alsdann das Rohr der Wasserleitung zwischen Bordschwelle und Entwässerungsrohr befindet. Endlich ist, namentlich um den Verwaltungen der Gas- und Wasserwerke die Möglichkeit zu gewähren, ungehindert an ihren Anlagen zu arbeiten,

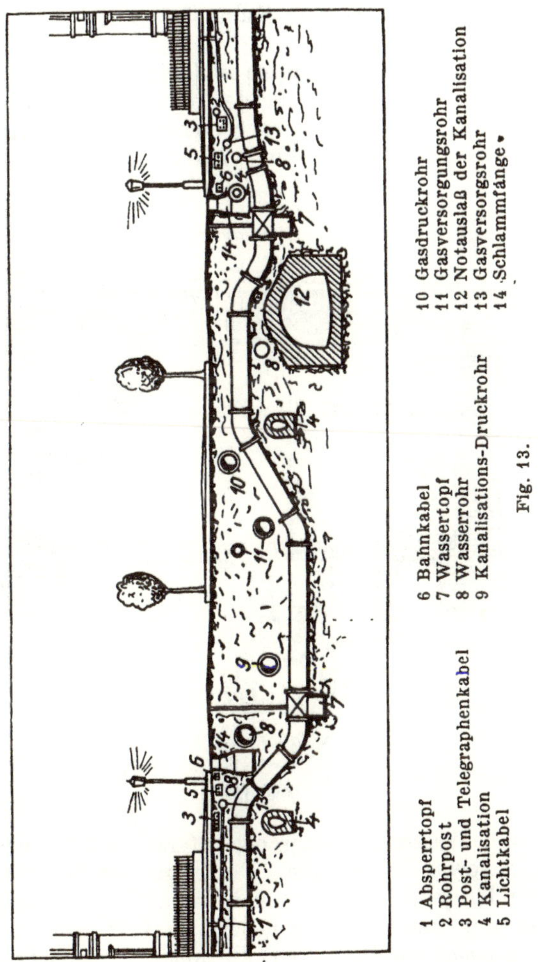

1 Absperrtopf
2 Rohrpost
3 Post- und Telegraphenkabel
4 Kanalisation
5 Lichtkabel
6 Bahnkabel
7 Wassertopf
8 Wasserrohr
9 Kanalisations-Druckrohr
10 Gasdruckrohr
11 Gasversorgungsrohr
12 Notauslaß der Kanalisation
13 Gasversorgsrohr
14 Schlammfänge.

Fig. 13.

ohne dabei die Verlegung anderer Leitungen nötig zu machen, die Anordnung getroffen, daß die Gas- und Wasserleitungen von einer mindestens 30 cm breiten Zone zu umgeben sind, die von jeder anderen Leitung frei gehalten werden muß.

Fig. 13 zeigt den Querschnitt einer Straßenkreuzung mit Führung eines Gasdruckrohres von 1000 mm Weite durch eine große Straße in Berlin. Das Bild veranschaulicht die Belastung des Straßenkörpers mit den zahlreichen Versorgungsleitungen als Gas, Wasser, Kabel für Stark- und Schwachstrom, Rohrpost usw.

In einigen Großstädten, so in London[1]), Paris und Hamburg, hat man zur Umgehung der mit der Unterbringung der Rohrleitungen im Straßenkörper verbundenen Schwierigkeiten sog. Subways, das sind begehbare Kanäle, gebaut zur Aufnahme

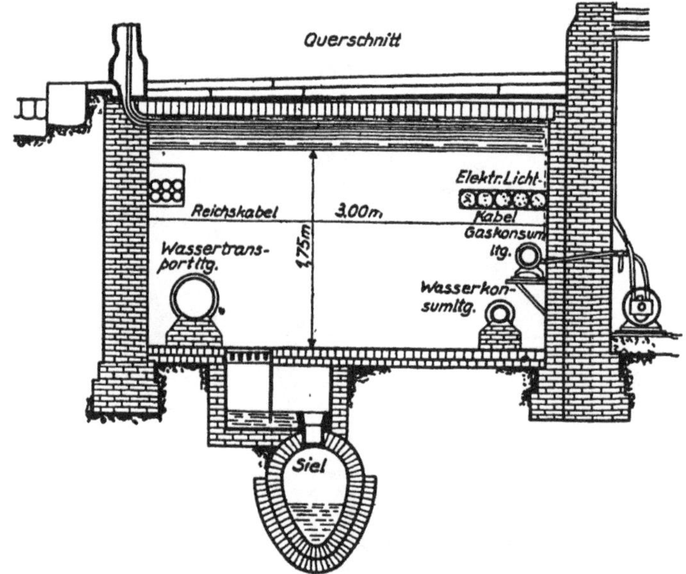

Fig. 14.

aller Gas-, Wasser-, elektrischen Stark- und Schwachstromleitungen sowie der Kanäle. Derartige begehbare Leitungsgänge finden jedoch schon wegen der außergewöhnlich hohen Anlagekosten keine allgemeine Einführung, ganz abgesehen von den sonstigen Bedenken, die nicht außer acht gelassen werden dürfen. Gasausströmungen sind in einem Kanale gefährlicher als im geschlossenen Straßenkörper und elektrische

[1]) In London sind Subways schon seit der Mitte des vorigen Jahrhunderts in Benützung.

Starkstromleitungen neben dem Gasrohr in einem Kanale gefährden dies durch die Entzündungsgefahr. Allerdings wurde auf dem letzten Straßenbaukongreß in Brüssel mitgeteilt, daß sich in Nottingham die Anwendung der unterirdischen Kanäle bewährt und die eingebrachten Mietzinse für die Rohrleitungen die aufzuwendenden Zinsen für das Anlagekapital überstiegen haben. Die Meinung des Chefingenieurs der Stadt Bordeaux, daß die Gasrohre in gut gelüfteten Gängen unter den Bürgersteigen anzubringen seien, stieß auf lebhaften Widerspruch. Dagegen wurde allgemein empfohlen, in verkehrsreichen Straßen die Rohrleitungen zu verdoppeln, so daß die Zuleitungen nicht über die Straße geführt werden müssen.

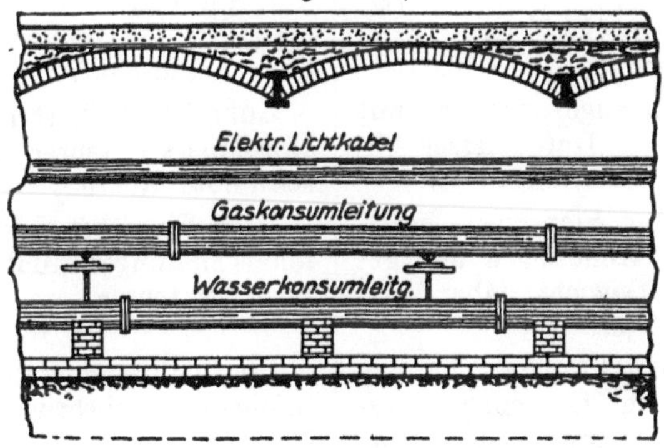

Fig. 15.

In den Fig. 14 und 15 ist ein Leitungsgang der Stadt Hamburg im Quer- und Längsschnitt abgebildet. Dieser Gang befindet sich unter dem Bürgersteig, dessen ganze Breite er einnimmt.

Die Ansichten über die **Brauchbarkeit des** einen oder anderen **Rohrmaterials** gehen noch sehr auseinander; es ist hierüber in den letzten Jahren eine umfangreiche Literatur entstanden.

In einer Broschüre, welche der Direktor der Aktiengesellschaft Ferrum, Janke, veröffentlichte, findet sich eine Gegenüberstellung der Vorteile nahtlos geschweißter, schmiedeiserner Rohre gegenüber Rohren aus Gußeisen, welche wir, soweit dieses auch für Gasrohrleitungen gilt, in nachstehendem wiedergeben wollen (diese Ansicht wird aber nicht von allen Fachleuten geteilt).

Schmied- oder Flußeisenrohre.	**Gußeisenrohre.**
Zähes Material von mindestens 22% Dehnung, daher bruchsicher.	Hartes, sprödes Material ohne Dehnung, daher leicht brüchig.
Größere Länge der Rohre, bis zu 46 m Einzellänge und bis zu 3 m Durchmesser, demnach Ersparnis an Flanschen- bzw. Muffenverbindungen.	Länge der Einzelrohre nur 4, höchstens 5 m ausführbar, Durchmesser beschränkt. Größere Anzahl von Flanschen- bzw. Muffenverbindungen.
Anwendung vollkommen zuverlässiger Flanschenverbindungen vielseitigster Konstruktionen.	Verbindung der Rohre nur auf eine feste und unelastische Flanschenverbindung beschränkt.
Rohrstränge werden mit steigendem Durchmesser billiger als Gußrohre.	Gußrohre mit steigendem Durchmesser teurer als geschweißte Rohre.
Weniger Flanschen- bezw. Muffenverbindungen und geringeres Gewicht, daher Montage billiger.	Mehr Flanschen bzw. Muffenverbindungen, daher die Montage teurer.
Betriebsstörungen infolge Rohrbruchs fast ausgeschlossen, weil Material sehr zähe.	Häufige Betriebsstörungen infolge von Rohrbrüchen, weil Material spröde.
Betriebskosten geringer, da weniger Leckagen, und Rohrbrüche fast ausgeschlossen.	Betriebskosten größer, da Leckagen und Rohrbrüche häufiger.

Die für Wasserrohrleitungen noch hinzukommenden Vorteile, welche sich auf die größere Widerstandsfähigkeit gegen Innendruck beziehen, kommen für Gasrohrleitungen nicht in Betracht, da sich das Gas in denselben unter einem sehr geringen Druck befindet. Dieser Druck beträgt nur ca. 40 mm Wassersäule und ist etwa 1000 mal geringer als der in Wasserrohrleitungen vorkommende.

Auch die wirtschaftliche Frage beantwortet Direktor Janke zugunsten der nahtlos geschweißten, schmiedeeisernen Rohre, namentlich bei den Röhren größerer Durchmesser von 500 mm aufwärts. Er faßt die wirtschaftlichen Vorteile in folgenden Worten zusammen:

Der Preis der schmiedeeisernen Rohre und somit auch derjenigen ganzer Rohrstränge hängt ab:

1. von der Länge der einzelnen Rohre,
2. von dem Durchmesser der einzelnen Rohre,
3. von der Wandstärke der einzelnen Rohre,
4. von der Art der Verbindungskonstruktion der Rohre,
5. von der Qualität des Materials,
6. von der Art des Rostschutzmittels.

Trotz all dieser technischen und wirtschaftlichen Vorteile wird gegenwärtig dem gußeisernen Rohre für Gasrohrnetze noch allgemein der Vorzug gegeben, und zwar der größeren Rostsicherheit wegen. Viele Fachleute stehen der Verwendung von schmiedeeisernen und Mannesmannröhren für Hauptrohrleitungen skeptisch gegenüber.

Die Widerstandsfähigkeit des Gußeisens beruht auf seinem Gehalt an gebundenem Kohlenstoff, Silizium und Mangan.

Insbesondere ist es die sog. Gußhaut, die sich beim Guß des Rohres innen und außen bildet, welche dem Rohr eine hohe Widerstandsfähigkeit gegenüber den Angriffen des Bodens und des fortzuleitenden Gutes (Gas, Wasser usw.) verleiht[1].

Diese Eigenschaft macht das Gußrohr überall da zur Verwendung geeignet, wo mit zerstörenden Einwirkungen von innen oder außen zu rechnen ist (Moorboden, salzhaltigem Boden, Boden mit Fäkalien durchsetzt usw.).

Neben der Widerstandsfähigkeit des Materials an sich trägt auch die erhebliche Wandstärke der Röhren und der Asphaltschutz zur Erhöhung der Lebensdauer der Gußröhren bei. In dieser Beziehung sind zweifellos die gußeisernen den Schmiede- und Flußeisenrohren überlegen.

Jede dieser Rohrarten hat ihre Vorzüge und Nachteile. Für manche Zwecke ist nur das eine, für manche jedoch nur das andere Rohrmaterial zu gebrauchen.

Andere Rohrmaterialien, wie solche für Wasser- und Kanalleitungen hin und wieder verwendet werden, wie Steinzeug- und Tonröhren, Holz-, Glas- und Papierröhren, haben für die Fortleitung des Leuchtgases keine oder nur sehr geringe Bedeutung, so daß wir auf die Beschreibung dieser Rohrmaterialien nicht näher eingehen brauchen.

---

[1]) Castner, Berlin, »Wasser und Gas« Nr. 12, Jahrg. 1924.

Die Hauptrohrleitungen.

Diese werden hauptsächlich aus gußeisernen Muffenröhren hergestellt. Flanschenröhren finden in der Gasanstalt selbst ausgiebige Verwendung, beim Stadtrohrnetz jedoch nur in besonderen Fällen. Schmiedeeiserne Röhren und solche aus Kesselblech, ferner patentgeschweißte und sog. nahtlos gewalzte Mannesmannröhren verwendet man fast immer bei Rohrleitungen unter Wasser (Flußbettdurchführungen, Dükker) und über Brücken. Diese Art Röhren sind auch besonders in schwierigen Bodenverhältnissen zu empfehlen. Für Städte, welche mit Bodensenkungen viel zu schaffen haben, oder dort, wo häufige Aufgrabungen durch Kanalisation usw. stattfinden, sind sie sehr geeignet. Im allgemeinen werden gußeiserne Röhren für Erdleitungen — wie schon an anderer Stelle gesagt — wegen der größeren Rostsicherheit den schmiedeeisernen vorgezogen, wenn auch zugegeben werden muß, daß die Bruchsicherheit hinter derjenigen der schmiedeeisernen Röhren zurückbleibt.

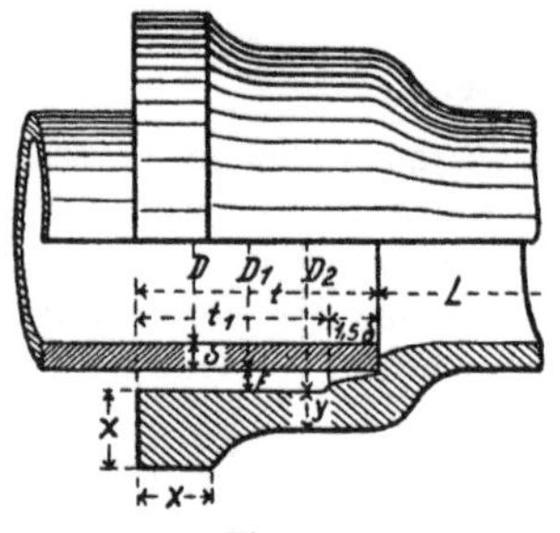

Fig. 16.

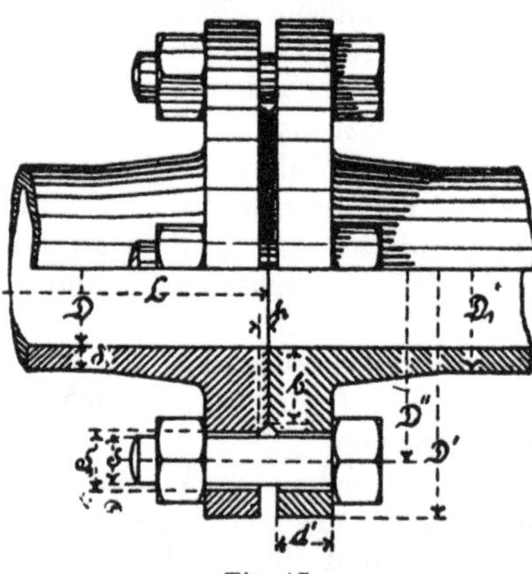

Fig. 17.

Die verschiedenen Rohrarten.

1. Gußrohre.

Der Deutsche Verein von Gas- und Wasserfachmännern hat gemeinschaftlich mit dem Verein deutscher Ingenieure Normalien für die Herstellung gußeiserner Muffen- und Flanschenröhren aufgestellt, welche in Deutschland, Österreich und Ungarn ausschließlich maßgebend sind.

Die Form einer normalen Muffe ist in Fig. 16, diejenige einer normalen Flansche in Fig. 17 dargestellt.

Muffenröhren.

Sofern nichts Besonderes vorgeschrieben wird, werden Muffenröhren mit der vom Deutschen Verein der Gas- und Wasserfachmänner im Jahre 1882 festgelegten Normalmuffe geliefert. Die folgenden Skizzen zeigen, in welcher Weise in Sonderfällen diese Normalmuffenform abgeändert worden ist (Fig. 18).

Abnorme Muffenprofile.

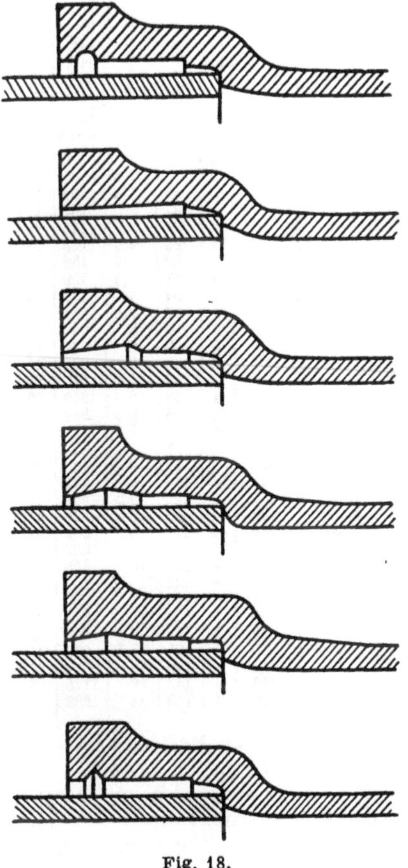

Fig. 18.

Der Grundgedanke bei den abnormalen Muffen ist meist der, eine erhöhte Sicherheit gegen ein Herausrücken der Dichtung bei Verwendung höherer Drucke zu schaffen.

Der gleiche Erfolg wird im Bergbaugebiet auch dadurch erreicht, daß man in den Teilen, in denen Veränderungen der Leitungen durch Zerrungen oder Pressungen eintreten können, in Abständen von etwa 40 m Überschieber in der $1\frac{1}{2}$fachen Baulänge der normalen Überschieber einbaut, die in der Muffe mit einer Bleinute versehen sind, welche bei Bewegungen der Leitungen die Bleidichtung festhält. Diese Überschieber sind so einzubauen, daß die Spitzenden der Rohre innerhalb des Überschiebers genügend Abstand voneinander haben, um sich frei bewegen zu können.

Deutsche Normal-Tabelle für guß-

Gemeinschaftlich aufgestellt von dem Vereine deutscher Ingenieure und dem

			Muffenrohre										
				Muffen									
									Wulst		Zentrierungsring		
Lichter Durchmesser D	Normal-Wanddicke δ	Äußerer Rohrdurchmesser $D_1 = D + 2\delta$	Übl. Baulänge L	Muffentiefe t	Bleifugendicke f	Lichte Weite $D_2 = D_1 + 2f$	Wanddicke $y = 1,4\delta$	Äußer. Durchm. $= D_2 + 2y$	Dicke u. Breite $x = 7 + 2\delta$	Durchmesser $= D_2 + 2x$	gr. Durchm. $= D_1 + {}^4/_3 f$	kl. Durchm. $= D_1 + {}^2/_3 f$	Tiefe $= 1,5\delta$
mm	mm	mm	m	mm	mm	mm	mm	mm	mm	mm	mm	mm	mm
40	8	56	2	74	7	70	11	92	23	116	65	61	12
50	8	66	2	77	7,5	81	11	103	23	127	76	71	12
60	8,5	77	2	80	7,5	92	12	116	24	140	87	82	13
70	8,5	87	3	82	7,5	102	12	126	24	150	97	92	13
80	9	98	3	84	7,5	113	12,5	138	25	163	108	103	14
90	9	108	3	86	7,5	123	12,5	148	25	173	118	113	14
100	9	118	3	88	7,5	133	13	159	25	183	128	123	14
125	9,5	144	3	91	7,5	159	13,5	186	26	211	154	149	14
150	10	170	3	94	7,5	185	14	213	27	239	180	175	15
175	10,5	196	3	97	7,5	211	14,5	240	28	267	206	211	16
200	11	222	3	100	8	238	15	268	29	296	233	228	16
225	11,5	248	3	100	8	264	16	296	30	324	259	254	17
250	12	274	4	103	8,5	291	17	325	31	353	285	280	18
275	12,5	300	4	103	8,5	317	17,5	352	32	381	311	306	19
300	13	326	4	105	8,5	343	18	379	33	409	337	332	20
325	13,5	352	4	105	8,5	369	19	407	34	437	363	358	20
350	14	378	4	107	8,5	395	19,5	434	35	465	389	384	21
375	14	403	4	107	9	421	20	461	35	491	415	409	21
400	14,5	429	4	110	9,5	448	20,5	489	36	520	442	436	22
425	14,5	454	4	110	9,5	473	20,5	514	36	545	467	461	22
450	15	480	4	112	9,5	499	21	541	37	573	493	487	23
475	15,5	506	4	112	9,5	525	21,5	568	38	601	519	513	23
500	16	532	4	115	10	552	22,5	597	39	630	545	539	24
550	16,5	583	4	117	10	603	23	649	40	683	596	590	25
600	17	634	4	120	10,5	655	24	703	41	737	648	641	26
650	18	686	4	122	10,5	707	25	757	43	793	700	693	27
700	19	738	4	125	11	760	26,5	813	45	850	753	746	28
750	20	790	4	127	11	812	28	868	47	906	805	798	30
800	21	842	4	130	12	866	29,5	925	49	964	858	850	31
900	22,5	945	4	135	12,5	970	31,5	1033	52	1074	962	954	33
1000	24	1048	4	140	13	1074	33,5	1141	55	1184	1065	1057	36
1100	26	1152	4	145	13	1178	36,5	1251	59	1296	1169	1161	39
1200	28	1256	4	150	13	1282	39	1360	63	1408	1273	1265	42

Die Breite des Muffenaufsatzes für das Spitzende im Muffensitze beträgt 0,5 δ.

Die Länge des konischen Überganges vom Muffensitze bis zum glatten Rohre beträgt $t' = t - 35$ mm.

Die normalen Wanddicken gelten für Röhren, welche einem Betriebsdrucke von 10 Atm. und einem Probedrucke von im Max. 20 Atm. ausgesetzt sind und vor allem Wasserleitungszwecken dienen. Für gewöhnliche Druckverhältnisse von Wasserleitungen (4—7 Atm.) ist eine Verminderung der Wanddicken zulässig, desgleichen für Leitungen, in welchen nur ein geringer Druck herrscht (Gas-, Wind-, Kanalisationsleitungen usw.). Für Dampfleitungen, welche größeren Temperaturdifferenzen und dadurch entstehenden

eiserne Muffen- und Flanschenrohre.

Deutschen Vereine von Gas- und Wasserfachmännern 1874, revidiert 1882.

Muffenrohre					Flanschenrohre										
Gewicht				Lichter Durchmesser D	Übliche Baulänge	Flanschen								Gewicht	
	p. lf. m Baulänge								Schrauben			Dichtungsleiste			
										-Dicke					
der Muffe	exkl. Muffe	inkl. Muffe abgerundet	des Bleiringes*)			-Durchmesser	Dicke	Lochkreisdurchm.	-Anzahl	engl. Zoll		Breite	Höhe	einer Flansche	pr. lf. m Baulänge
kg	kg	kg	kg	mm	m	mm	mm	mm			mm	mm	mm	kg	kg
2,2	8,75	10	0,51	40	2	140	18	110	4	1/2	13	25	3	1,89	10,64
2,8	10,57	12	0,69	50	2	160	18	125	4	5/8	16	25	3	2,41	12,98
3,4	13,26	15	0,73	60	2	175	19	135	4	5/8	16	25	3	2,96	16,22
4,0	15,20	16,5	0,94	70	3	185	19	145	4	5/8	16	25	3	3,21	17,34
4,6	18,24	20	1,05	80	3	200	20	160	4	5/8	16	25	3	3,84	20,80
5,3	20,29	22	1,15	90	3	215	20	170	4	5/8	16	25	3	4,37	23,20
6,0	22,34	24	1,35	100	3	230	20	180	4	3/4	19	28	3	4,96	25,65
8,8	29,10	32	1,70	125	3	260	21	210	4	3/4	19	28	3	6,26	33,07
9,7	36,44	40	2,14	150	3	290	22	240	6	3/4	19	28	3	7,69	41,57
11,7	44,36	48	2,46	175	3	320	22	270	6	3/4	19	30	3	8,96	50,33
13,8	52,86	57	2,97	200	3	350	23	300	6	3/4	19	30	3	10,71	60,00
16	61,95	67	3,67	225	3	370	23	320	6	3/4	19	30	3	11,02	69,30
19	71,61	76	4,30	250	3	400	24	350	8	3/4	19	30	3	12,98	80,26
22	81,85	87	4,69	275	3	425	25	375	8	3/4	19	30	3	14,41	91,46
25	92,68	99	5,09	300	3	450	25	400	8	3/4	19	30	3	15,32	102,89
28	104,08	111	5,16	325	3	490	26	435	10	7/8	22	35	4	19,48	117,07
31	116,07	124	5,53	350	3	520	26	465	10	7/8	22	35	4	21,29	130,26
34	124,04	133	6,64	375	3	550	27	495	10	7/8	22	35	4	24,29	140,23
37	136,89	146	7,46	400	3	575	27	520	10	7/8	22	35	4	25,44	153,85
41	145,15	155	7,89	425	3	600	28	545	12	7/8	22	35	4	27,64	163,58
45	158,87	170	8,33	450	3	630	28	570	12	7/8	22	35	4	29,89	178,80
49	173,17	185	8,77	475	3	655	29	600	12	7/8	22	40	4	32,41	194,78
54	188,04	202	10,1	500	3	680	30	625	12	7/8	22	40	4	34,69	211,17
62	212,90	228	11,7	550	3	740	33	675	14	1	26	40	5	44,28	242,42
72	238,90	257	13,3	600	3	790	33	725	16	1	26	40	5	47,41	270,51
84	273,86	295	14,4	650	3	840	33	775	18	1	26	40	5	50,13	307,28
97	311,15	335	15,5	700	3	900	33	830	18	1	26	40	5	56,50	348,82
112	350,76	379	17,4	750	3	950	33	880	20	1	26	40	5	59,81	390,63
128	392,69	425	20,2	800	3										
162	472,76	513	24,7	900	3										
197	559,76	609	29,2	1000	3										
240	666,81	727	34	1100	3										
295	783,15	857	39	1200	3										

Die Schenkellänge der Flanschen-, Krümmer- u. T-Stücke mit dem Abzweige D beträgt: $L = D + 100$ mm. Hat der Abzweig den Durchmesser d, so wird die Schenkellänge des Abzweiges von Mitte Hauptrohr aus gemessen:

$$C = \frac{D}{2} + \frac{d}{2} + 100 \text{ mm.}$$

Spannungen, sowie für Leitungen, welche unter besonderen Verhältnissen schädigenden äußeren Einflüssen ausgesetzt sind, ist es empfehlenswert, die Wanddicken entsprechend zu erhöhen.

Der äußere Durchmesser des Rohres ist feststehend; Änderungen der Wanddicke sind nur auf den lichten Durchmesser von Einfluß. Als unabänderlich normal gilt ferner die innere Muffenform und die Art des Anschlusses an das Rohr sowie die Bleifugendicke. Aus Gründen der Fabrikation sind bei geraden Normalröhren Abweichungen von den durch Rechnung ermittelten Gewichten im Max. von ± 3% zu gestatten.

*) Gewicht des Teerstrickes zirka 0,1 vom Gewichte des Bleiringes.

Anmerkung. Folgende Werke gehören dem Deutschen Gußrohr-Verband, G. m. b. H., Köln, an:

Halbergerhütte, G. m. b. H., Brebach/Saar,
Gelsenkirchener Bergwerks-A.-G., Abt. Schalke, Gelsenkirchen,
Buderus'sche Eisenwerke, Wetzlar,
Buderus'sche Eisenwerke, Abt. Westdeutsches Eisenwerk, Kray b. Essen,
Donnersmarckhütte, Oberschles. Eisen- und Kohlenwerke, A.-G., Hindenburg, O.-S.
Eisengießerei von P. Stühlen, Köln-Kalk,
Linke-Hofmann-Lauchhammer A.-G., Zentralverwaltung, Berlin W 15, Knesebeckstr. 59/60,
Werk in Gröditz in Sachsen, Amtsh. Großenhain,
Märkische Eisengießerei (F. W. Friedeberg) Eberswalde-Bahnhof,
Deutsch-Luxemburgische Bergwerks- und Hütten-A.-G., Abt. Friedrich-Wilhelmshütte, Mülheim Ruhr,
Luitpoldhütte, Amberg (Bayern).

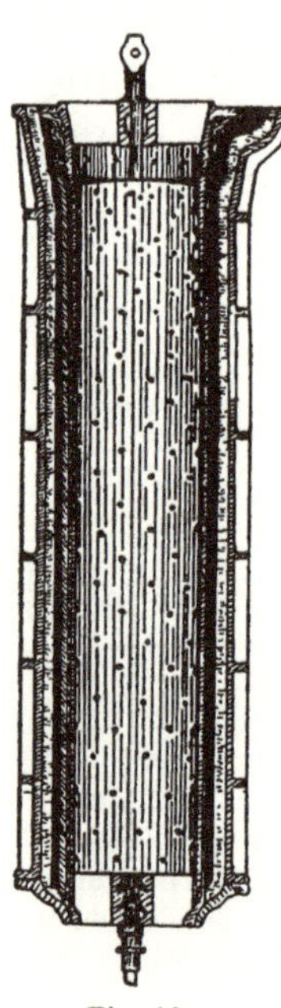

Fig. 19.

Das Material der gußeisernen Rohre ist am besten ein möglichst festes und zähes, nicht sprödes graues Eisen, das aus verschiedenen Sorten rohen und gebrochenen Eisens gemengt und im Kupolofen umgeschmolzen wird. Es muß ferner möglichst dünnflüssig sein, damit es alle Teile der Form gehörig ausfüllt. Früher goß man die Rohre liegend, heute stehend. Bei liegendem Guß wurde das Rohrmodell in zwei gewöhnliche Formkästen eingeformt. Der liegende Rohrguß hatte den Nachteil, daß man entweder sehr starke Kernspindeln verwenden oder dünne häufig unterstützen mußte, wenn man verhüten wollte, daß sich der Kern durchbog und das Rohr in der Mitte unten zu schwach in der Wand ausfiel.

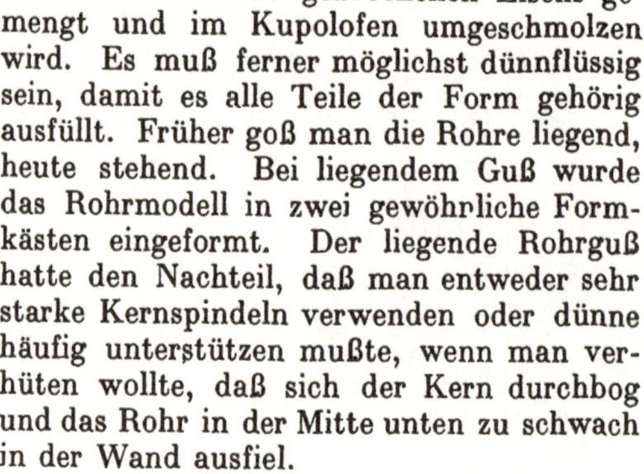

Heute werden die gußeisernen Röhren ausschließlich stehend in getrockneten Formen nahtfrei gegossen. Man verwendet dazu einen Formkasten (Fig. 19). Zuerst goß man die Röhren stehend mit der Muffe nach unten, überzeugte sich jedoch bald, daß das Schwanzende (glattes Ende) als der schwächste Teil des Rohres möglichst zu stärken sei, was unter dem Drucke einer flüssigen Eisensäule von 3—4 m, entsprechend

2—3 Atm., geschieht, indem das untere Eisen dichter wird. Zur Erzielung von Dichtheit und gleichmäßigen Wandstärken ist stehender Guß bei geraden Röhren, unter Ausschluß von Kernstützen und Kernnägeln unbedingt geboten. Von allergrößter Wichtigkeit ist die Verwendung guten Roheisens, und zwar ist der gefährlichste Feind des Eisens in bezug auf Festigkeit ein zu großer Phosphorgehalt.

Die Formkasten, welche aus zwei Teilen zusammengesetzt sind, hängen senkrecht in einem eisernen Bühnengestelle, reihenweise nach Kalibern geordnet im Gießraum. Das Aufstampfen der Sandmasse erfolgt nach ganzen, d. h. aus einem ungeteilten Stück bestehenden, eisernen, sorgfältig auf der Drehbank abgedrehten Modellen, die genau die äußere Form des fertigen Rohres haben und nur um das Schwindmaß größere Dimensionen besitzen. Diese Modelle sind mit konischen Zentrierringen genau in der Mitte des Formkastens gehalten. Nach erfolgtem Ausstampfen wird das Modell unter leichten drehenden Bewegungen mittels des Laufkranes, der über den Reihen der Formkasten den Gießraum bestreicht, herausgezogen und die im Formkasten hängende Sandform getrocknet. Dies geschieht entweder durch entzündete Generatorgase oder, bei größeren Röhren, durch untergefahrene Koksfeuer.

Die Lichtweite des Rohres wird durch den Kern gebildet. Die Herstellung des letzteren ist von größter Wichtigkeit. Der Kern hat am oberen und unteren Ende gedrehte Spindeln, welche auf einer Drehbank eingespannt und unter Drehen der an ihnen befestigten Blechtrommel, die siebartige Löcher hat, werden zunächst Strohseile umwickelt, hierauf die Trommel mit einer Masse aus Lehm, Loh und Pferdemist bestrichen, getrocknet, nochmals dünn bestrichen und genau auf Maß abgedreht, mit Graphit geschwärzt und abermals scharf getrocknet. Erst dann wird der so hergestellte fertige Kern mittels Kran vorsichtig in die Sandform des Sandkastens genau zentrisch eingehängt. Die Löcher in der Trommel sollen der Luft beim Eingießen des Eisens einen Durchtritt gewähren. Wegen der genauen Zentrierung ist es nötig, daß die Kernspindel in dem Formkasten sowohl unten als oben ringsum dicht anschließt; daher müssen außer der Öffnung für das Eingießen des Eisens noch eine oder mehrere Öffnungen seitlich am oberen Rande der Sandform ausgehöhlt werden, um der durch das eindringende Eisen verdrängten Luft freien Ausgang aus der Hohlform zu gestatten, da sie andernfalls vom Eisen eingewickelt, nicht mehr entweichen könnte und blasigen Guß zur Folge hätte.

Die Strohseilumwicklung erleichtert dem flüssig eingegossenen, allmählich erstarrenden Eisen das Schwinden, so daß keine gefährlichen Spannungen in dem erkalteten Rohr verbleiben. Bald nach dem Gusse zieht man die Kernspindeln heraus, entnimmt nach völligem Erkalten das Rohr dem Formkasten und reinigt es sorgfältig von allem anhängenden Sand u. dgl. Alsdann gelangen die Rohre auf die Probierpresse behufs Prüfung auf Dichtheit, wo sie einem inneren Wasserdrucke von normal 20 Atm. bei gleichzeitigem Abklopfen mit mehreren Hämmern ausgesetzt werden. Auf diese Weise erlangt man die Sicherheit, daß blasige Gußstellen aufgedeckt werden, die sich teils durch den Klang verraten, teils durch Austreten des Wassers sichtbar machen.

Nachdem das Rohr die Probierpresse verlassen hat, werden die sog. verlorenen Köpfe auf der Drehbank abgestochen, wobei gleichzeitig auch das Spitzende des Rohres eben gedreht wird. Der verlorene Kopf ist der oberste verdickte Muffenteil; er wird deshalb angeordnet, damit in ihm sich etwa schaumige, schlackige Eisenmasse, die spezifisch leichter ist und daher im flüssigen Eisen immer obenauf schwimmt, ansammeln kann. Ohne diese Vorkehrung würden die Schlacken in der Muffe oder noch tiefer sitzen bleiben und porösen undichten Guß liefern. Nach dieser Prozedur werden die Röhren wieder erwärmt und durch ein Teer- oder Asphaltbad gezogen, wobei der Asphaltlack mittels Haarbürsten über die Innen- und Außenwände gestrichen wird. Bloßes Eintauchen in ein heißes Teerbad genügt nicht.

Die Kosten für die Herstellung der gußeisernen Rohre werden besonders durch die Anfertigung der Formen als den wesentlichsten Teil der Lohnkosten beeinflußt.

Die Gießereitechniker haben daher schon seit längerer Zeit versucht, die Handarbeit durch Maschinenarbeit zu ersetzen.

Es gibt heute völlig selbständig arbeitende Stampfmaschinen, welche ein Vielfaches der Handarbeit leisten. Außerdem liefern diese Maschinen, da sie von der Bedienung fast unabhängig sind, bei sachgemäßer Ausführung und Wartung ein stets gleichmäßiges und sauberes Ergebnis.

Aber nicht nur in der Formerei, sondern auch in anderer Richtung ist in den letzten Jahren mit Erfolg an der Verbilligung der Herstellungskosten in der Gußröhrenindustrie gearbeitet worden.

Um die Ausgaben für das flüssige Eisen zu verringern, baute man die Röhrengießereien in Verbindung mit Hochofenwerken, die das erblasene Roheisen den ersteren zur direkten Verwendung zuführen konnten.

Da das gußeiserne Druckrohr nur eine einzige Forderung allgemeiner Art erfüllen muß, nämlich die der notwendigen Druckfestigkeit, so gibt es in bezug auf das flüssige Eisen keine besonderen Gattierungssorten. In gastechnischer Hinsicht ist die erforderliche Dichtigkeit des Eisens mit der verlangten Druckfestigkeit im allgemeinen direkt proportional, so daß von diesen Eigenschaften abgesehen, innerhalb weiter Grenzen die Analyse des zur Verwendung kommenden Eisens bestimmt werden kann.

Aus diesen Erwägungen heraus ging man versuchsweise dazu über, das Hochofeneisen für die Gußröhrenproduktion ohne Umschmelzung im Kupolofen direkt zu vergießen.

In der Regel wird allerdings heute noch wegen der stark wechselnden Beschaffenheit des Hochofeneisens der Hochofenguß in Verbindung mit Kupolofen- oder Mischeranlagen verwendet.

Außer diesem Fortschritt in der Röhrengießerei wurde mit Einführung der drehbaren Trommel mit angehängten Formkästen eine wesentliche Verbilligung der Herstellungskosten erzielt.

Früher hatten die Röhrengießereien Gießgruben, in welchen die Formkästen in kreisförmiger Anordnung oder in geraden Reihen auf eisernen Trägern befestigt wurden. Sie litten an dem Übelstande, daß die Bedienung der Formkastenverschlüsse, das Einsetzen der Modell- und Muffenkernteller in der unbeleuchteten, schlecht zu lüftenden und schnell überhitzten Gießgrube geschehen mußten, was ungesund und ungünstig war.

So ging man bei der Erbauung von neuen Röhrengießereien dazu über, die Formkästen über Flur anzubringen, und zwar in Reihen- oder Kreisform.

Auch in bezug auf die Vereinfachung der Materialbewegung und der Abkürzung der Transportwege ist in den letzten Jahren vieles geschehen und so eine durchgreifende Verbesserung der Fabrikationsweise in den Röhrengießerei-Betrieben herbeigeführt worden.

Schließlich werden die Rohre mit heißem Teer oder Asphalt gestrichen oder nach dem Verfahren des Dr. Angus Smith mit einem besonderen Überzug versehen. Das Smithsche Verfahren besteht darin, daß die auf etwa 125° C erhitzten Röhren in eine erwärmte Mischung von Gasteer, Burgunderpech (Brauerpech), Öl und Harz eingetaucht werden.

Die Formstücke.

Zur Herstellung einer Rohrleitung bedarf man außer geraden Röhren noch sog. Formstücke, welche bei Veränderungen der Richtung, des Querschnittes und bei Abzweigungen von Rohrstrecken unerläßlich sind.

Auch für die Formstücke, welche durch bestimmte Buchstaben bezeichnet werden, gelten die Normalien des Deutschen Vereins von Gas- und Wasserfachmännern und des Vereins deutscher Ingenieure.

Ein A-Stück ist ein Abzweigstück mit einer Muffe am geraden und einer Flansche am seitlichen Ende (Fig. 20). (Die Bedeutung der Buchstaben ist aus den Zeichnungen ohne weiteres ersichtlich.)

Ein B-Stück ist ein Abzweig mit einer Muffe am geraden und einer solchen am seitlichen Ende (Fig. 21).

Ein C-Stück ist gleichfalls ein Abzweig mit zwei Muffen, jedoch steht das abzweigende Ende nicht rechtwinklig, sondern schräg zum Hauptrohr (Fig. 22).

Zum bequemen Eindichten dieser Formstücke ist bei Bestimmung der Baulänge darauf Bedacht genommen worden, daß von der Unterkante des Abzweiges bis zum Schwanzende des Rohres noch mindestens 500 mm verbleiben.

Die Bestimmung der A- und B-Stücke erfolgt sowohl nach dem Durchmesser des Hauptrohres, als auch nach demjenigen des Abzweigstutzens, und zwar ist folgende Klassifikation vorgenommen worden:

	D Durchmesser des Hauptrohres	*d* Durchmesser des Abzweiges	*L* Baulänge
1.	40—100 mm	40—100 mm	0,8 m
2.	125—325 »	40—325 »	1,0 »
3.	350—500 »	40—300 »	1,0 »
		325—500 »	1,25 »
4.	550—750 »	40—250 »	1,0 »
		275—500 »	1,25 »
		550—750 »	1,50 »

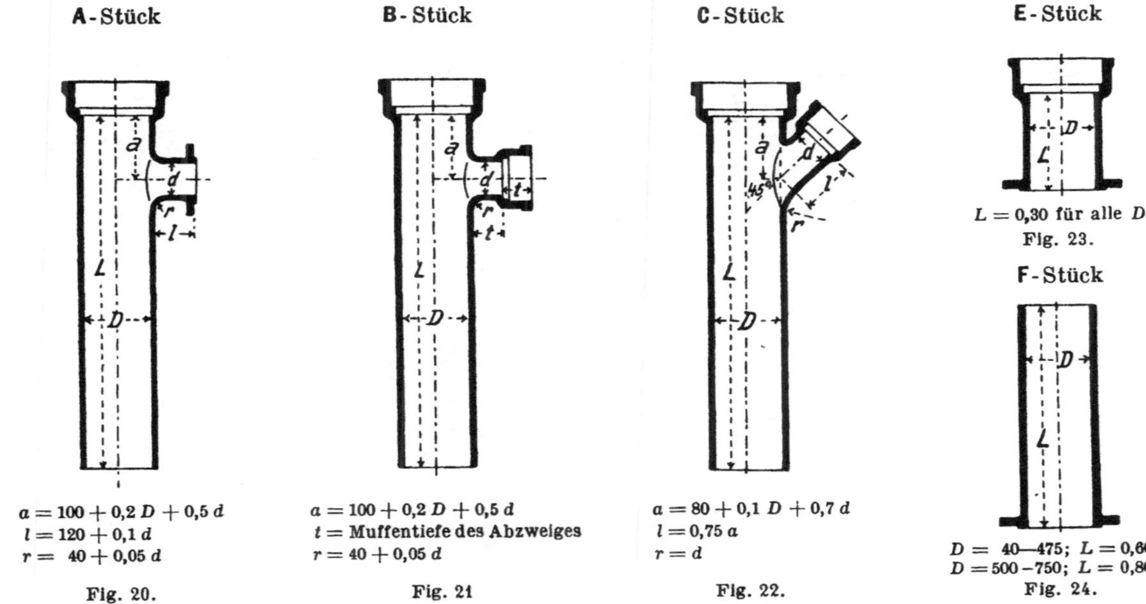

A-Stück

$a = 100 + 0{,}2\,D + 0{,}5\,d$
$l = 120 + 0{,}1\,d$
$r = 40 + 0{,}05\,d$

Fig. 20.

B-Stück

$a = 100 + 0{,}2\,D + 0{,}5\,d$
t = Muffentiefe des Abzweiges
$r = 40 + 0{,}05\,d$

Fig. 21

C-Stück

$a = 80 + 0{,}1\,D + 0{,}7\,d$
$l = 0{,}75\,a$
$r = d$

Fig. 22.

E-Stück

$L = 0{,}30$ für alle D

Fig. 23.

F-Stück

$D = 40$—475; $L = 0{,}60$ m
$D = 500$—750; $L = 0{,}80$ m

Fig. 24.

Die C-Stücke haben folgende Klassifikation erfahren:

	D Durchmesser des Hauptrohres	d Durchmesser des Abzweiges	L Baulänge
1.	40—100 mm	40—100 mm	0,8 m
2.	125—275 »	40—275 »	1,0 »
3.	300—425 »	40—250 »	1,0 »
		275—425 »	1,25 »
4.	450—600 »	40—250 »	1,0 »
		275—425 »	1,25 »
		450—600 »	1,50 »
5.	650—750 »	40—250 »	1,0 »
		275—425 »	1,25 »
		450—600 »	1,50 »
		650—750 »	1,75 »

Die früher üblichen D-Stücke oder Hosenstücke (**Y**) sind bei der Revision der Normaltabelle im Jahre 1882 in Wegfall gekommen.

E-Stücke oder Flanschenmuffenstücke (Fig. 23) haben eine normale Baulänge von 300 mm, F-Stücke oder Flanschenschwanzstücke (Fig. 24) eine solche von 600 mm für Durchmesser von 40—475 mm und von 800 mm für Durchmesser von 500—750 mm.

Die Krümmerröhren bilden zwei Klassen, die sog. J- (Fig. 25) und K-Stücke (Fig. 26).

Zur Ausführung kurzer Krümmungen eignen sich die J-Stücke, deren Krümmungsradius für die kleinen Rohrdurchmesser von 40—90 mm konstant = 250 mm ist, für größere Durchmesser sich aber aus der Formel

$$R = 150 + D$$

berechnet (R = Radius). Das Rohr erhält ein gerades Ansatzstück von der Länge $l = D + 200$ mm für $D = 40 - 375$ mm und $l = 600$ mm für $D \geqq 400$ mm.

Ein K-Stück ist ein flaches Bogenrohr, bei welchem der Krümmungsradius $R = 10\,D$ ist.

Für Krümmer, deren Durchmesser gleich oder größer als 300 mm ist, ist ein Radius $= 5\,D$ zulässig; diese Formstücke sind L-Stücke genannt worden (Fig. 27).

Bei den Krümmern bezeichnet die Zahl unter dem Strich die Anzahl der Stücke pro Quadrant. So bedeutet beispielsweise in $K\,\frac{150}{2}$ die Zahl 150 den Durchmesser des Rohres und

2 die Anzahl der Teile, welche zur Bildung eines Quadranten erforderlich sind.

Zur Verjüngung der Rohrquerschnitte verwendet man Übergangsstücke (Reduktionen) oder R-Stücke (Fig. 28), Baulänge $L = 1$ m. Das gerade Muffenende soll die doppelte Muffentiefe zur Länge erhalten, damit man in der Lage ist, von diesem ein Stück bei Bedürfnis abschneiden zu können.

Zur Verbindung zweier Schwanzenden und zum Einbauen von Abzweigstücken verwendet man U-Stücke oder Überschieber (Fig. 30). Diese erhalten eine Totallänge gleich der vierfachen Muffentiefe. Man bezeichnet die Formstücke stets mit dem betreffenden Buchstaben der Normaltabelle, und zwar bei Abzweigen zuerst das durchgehende Haupt- und dann das abzweigende Nebenrohr unter Hinzufügung der Dimensionen; z. B. A-Stück 100 × 80 mm. R-Stück 100 × 80 mm bezeichnet ein Übergangsstück, welches von 100 auf 80 mm verjüngt ist.

J-Stück

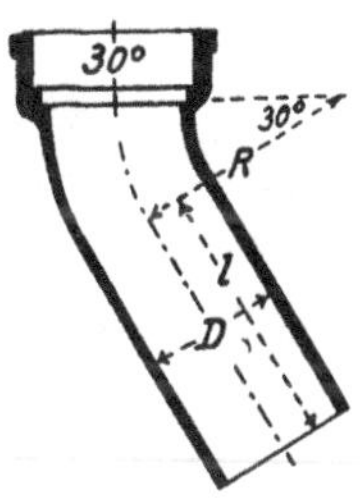

Fig. 25.

L-Stück

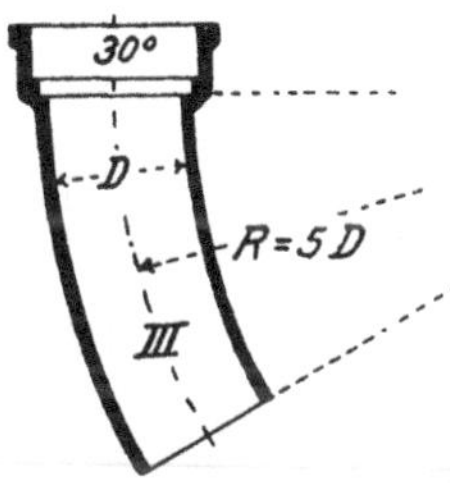

Fig. 27.

K-Stück

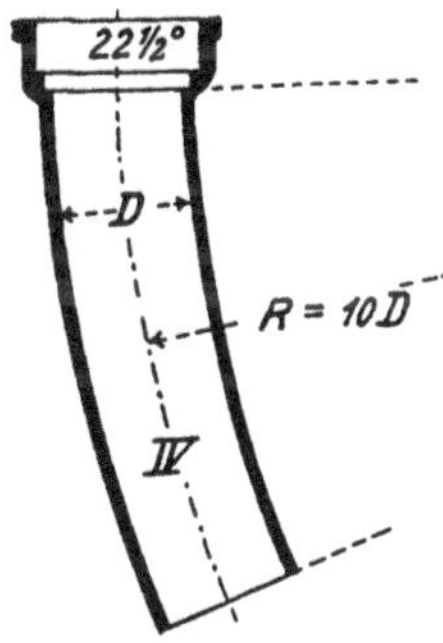

Fig. 26.

R-Stück Übergangsrohr

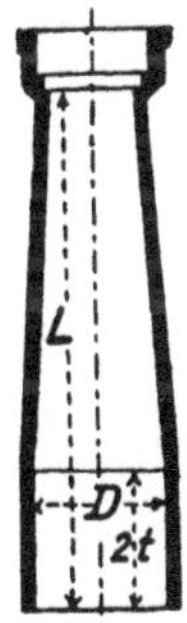

Fig. 28.

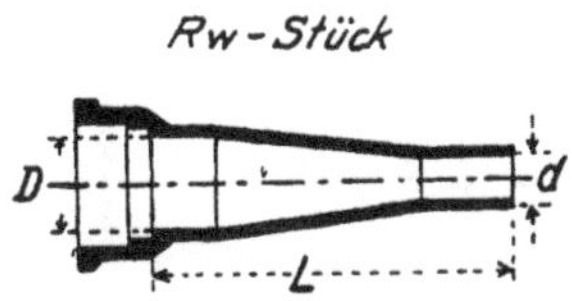

Rw-Stück

Fig. 29.

Doppelabzweige oder Kreuzstücke haben dieselben Abmessungen wie die A-, B- und C-Stücke und werden als AA-, BB- und CC-Stücke bezeichnet.

Die sog. Rw-Stücke haben eine Muffe am weiten Ende (Fig. 29 nebst Tabelle).

Lichtweite an der Muffe	Lichtweite am Spitzende und Gewicht per Stück Baulänge $L = 1$ m													
mm	40	50	60	70	80	90	100	125	150	175	200	225	250	275
50	15,5													
60	18	19												
70	20	21	22											
80	21	24	25	29										
90	24	25	27	29	30									
100	26	27	29	31	32	33								
125	32	32	35	36	38	38	40							
150	37	39	42	43	45	46	48	50						
175	46	48	48	50	50	54	55	57	60					
200		55	57	58	60	62	63	66	71	75				
225			65	67	69	70	71	74	80	85	89			
250				76	78	80	80	85	88	93	98	104		
275					87	88	90	94	98	103	108	113	119	
300						99	101	106	109	114	118	120	130	135

U-Stück Überschieber

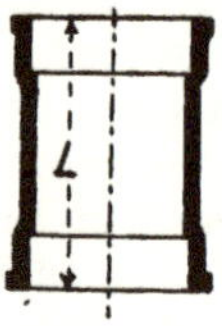

Fig. 30.

Krümmer

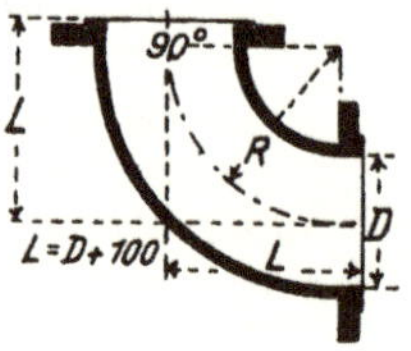

Fig. 31.

Die üblichen Formstücke für Flanschenrohrleitungen sind in den Fig. 31, 32 und 33 abgebildet.

Dieselben werden Flanschenkrümmer (Fig. 31) und Flanschen-T-Stücke (Fig. 32 und 33) genannt.

T-Stück

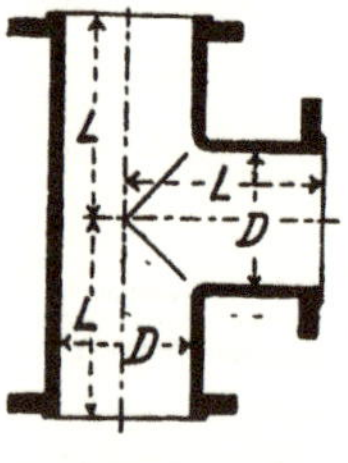

$L = D + 100$

Fig. 32.

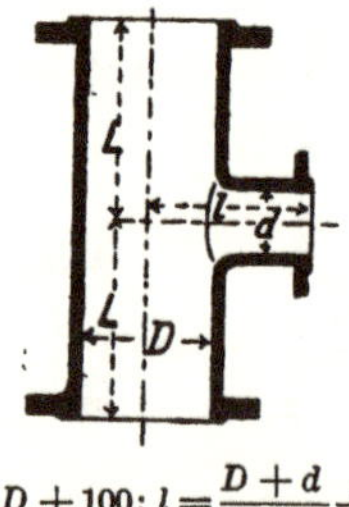

$L = D + 100;\ l = \frac{D + d}{2} + 100$

Fig. 33.

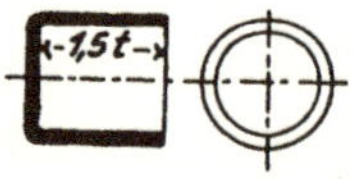

Fig. 34.

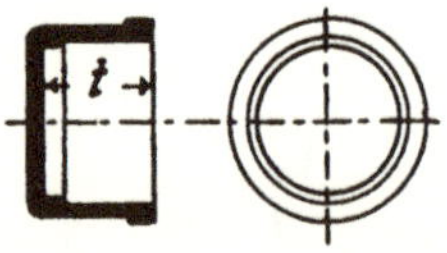

Fig. 35.

Die zum Verschließen der Endmuffen und Endflanschen dienenden End- oder Muffenstöpsel (Fig. 34) und Verschlußmuffen (Fig. 35), End- oder Blindflanschen, gehören zwar nicht zu den normalen Formstücken, sollen aber an dieser Stelle erwähnt werden.

Gewichtstabelle für gußeiserne Rohrformstücke.

D mm	A-Stücke d in mm Gewicht in kg $d=D$	80	100	150	200	300	B-Stücke d in mm Gewicht in kg $d=D$	80	100	150	200	300
40	14	—	—	—	—	—	14	—	—	—	—	—
50	19	—	—	—	—	—	19	—	—	—	—	—
60	22	—	—	—	—	—	22	—	—	—	—	—
70	27	—	—	—	—	—	27	—	—	—	—	—
80	30	30	—	—	—	—	31	31	—	—	—	—
90	33	32	—	—	—	—	34	33	—	—	—	—
100	37	35	37	—	—	—	38	36	38	—	—	—
125	54	49	51	—	—	—	55	50	52	—	—	—
150	68	59	63	68	—	—	70	60	64	70	—	—
175	88	79	81	84	—	—	90	80	82	86	—	—
200	97	88	90	91	97	—	100	89	91	94	100	—
225	106	95	97	100	104	—	110	96	98	102	107	—
250	125	111	113	116	121	—	130	112	114	118	124	—
275	144	126	128	131	136	—	150	127	129	133	139	—
300	162	146	148	152	155	162	170	147	149	154	158	172
350	241	174	178	182	187	199	250	175	179	184	190	207
400	299	210	212	216	222	234	310	211	213	218	225	247

D mm	C-Stücke d in mm Gewicht in kg $d=D$	80	100	150	200	300	E-Stücke kg	F-Stücke kg	U-Stücke kg	K-Stücke $R=10\,D$ Grad	kg	Krümmer 90° $R=300+\frac{D}{2}$ kg
40	16	—	—	—	—	—	8	9	7	45	9	10
50	21	—	—	—	—	—	10	10	8	45	10	11
60	25	—	—	—	—	—	12	11	10	45	14	14
70	31	—	—	—	—	—	15	14	12	45	18	18
80	37	37	—	—	—	—	17	16	14	45	23	21
90	40	39	—	—	—	—	19	18	15	45	28	23
100	45	42	45	—	—	—	21	20	17	45	34	28
125	65	57	60	—	—	—	26	25	22	45	44	33
150	82	69	72	82	—	—	33	32	26	45	53	45
175	106	88	91	101	—	—	40	39	34	45	68	50
200	119	95	98	108	119	—	47	46	41	30	87	66
225	132	102	105	115	126	—	55	54	46	30	108	75
250	152	115	118	128	139	—	62	61	55	30	136	100
275	178	133	136	146	157	—	71	70	63	30	168	115
300	229	149	152	162	173	229	82	80	75	22,5	178	130
350	282	179	182	192	203	261	102	100	98	22,5	215	165
400	354	218	221	231	242	309	123	120	120	22,5	262	210

Gewichtstabelle für gußeiserne Flanschenformstücke.

D	Schenkel-länge	Krummer 90°	T-Stück	Kreuzstück	Deckel
mm	mm	Gewicht in kg			
40	140	7	10	13	2,5
50	150	8	13	17	3
60	160	10	15	20	3,5
70	170	13	19	25	4
80	180	15	21	28	4,5
90	190	18	25	33	5
100	200	20	29	39	6
125	225	26	40	53	8
150	250	35	52	69	10
175	275	45	64	85	13
200	300	55	76	102	17
225	325	65	80	117	21
250	350	80	110	147	25
275	375	95	135	180	29
300	400	110	165	205	33
325	425	130	190	255	39
350	450	150	220	295	45
375	475	175	255	340	50
400	500	200	290	390	54
450	550	255	370	490	66

Bei Formstücken mit besonders großer Lichtweite (auch bei Wasserleitungen mit besonders hohem Druck) werden Verstärkungen, wie sie aus nebenstehender Darstellung zu ersehen sind, angebracht.

Bei Bestellungen und Aufzeichnungen von Formstücken bediene man sich der Sicherheit wegen folgender Zeichen:

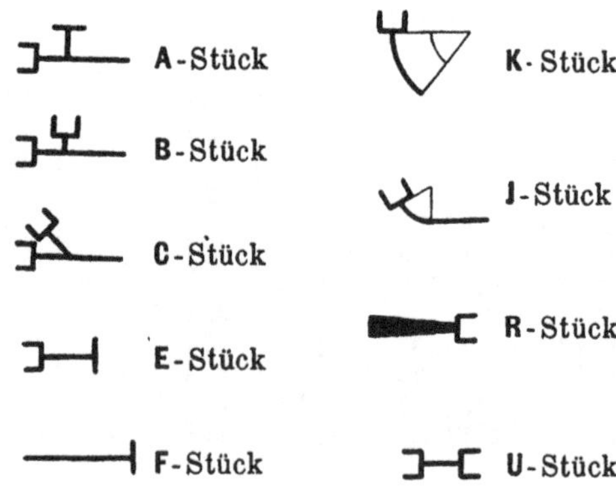

A-Stück

AA-Stück

B-Stück

BB-Stück

C-Stück

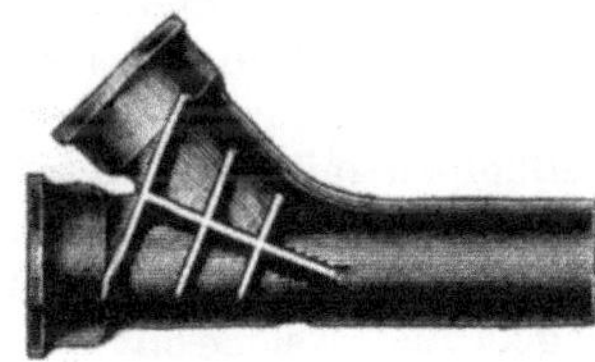

CC-Stück

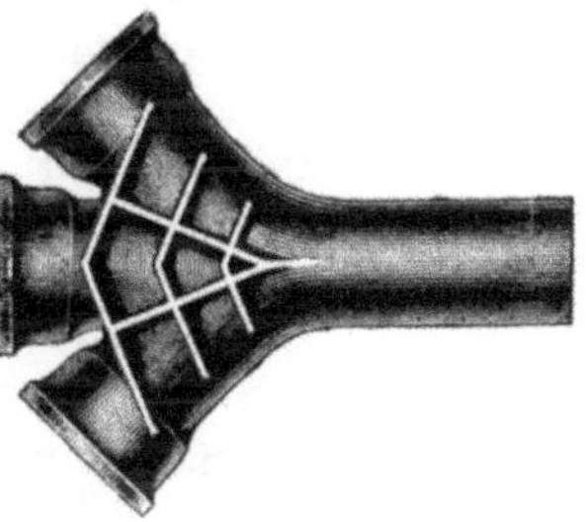

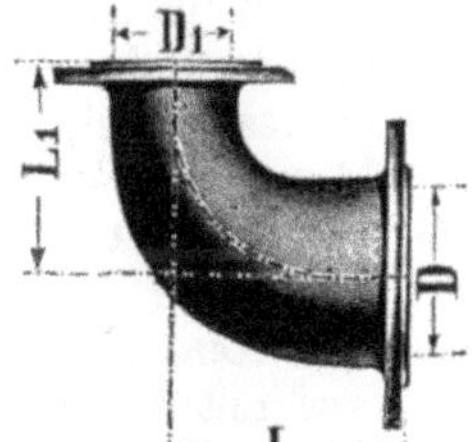

Übergangskrümmer
RQ-Stück

Schenkellängen:

$L = D + 100$ mm

$L_1 = D_1 + 100$ mm

$L_2 = \frac{D}{2} + \frac{D_2}{2} +$
$+ 100$ mm.

Übergangsschubstück
SchR-Stück.

Prüfung der gußeisernen Röhren und Formstücke.

Sowohl die gußeisernen Röhren als auch die Formstücke werden in der Gießerei einem Probedruck von 10—20 Atm. unterzogen. Man bedient sich zu dieser Prüfung bei großen Röhren eines Probierapparates mit hydraulischer Einspann-Vorrichtung, bei kleineren (bis 200 mm Durchmesser) eines

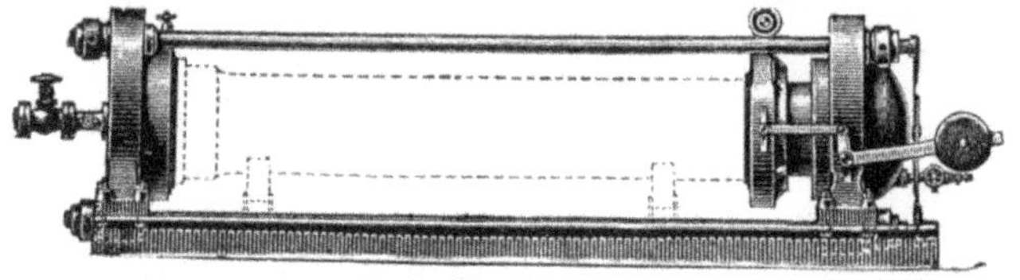

Fig. 36.

solchen mit Spindeleinspannung. In Fig. 36 ist ein von Bopp & Reuther, Mannheim, konstruierter Apparat mit hydraulischer Einspannung abgebildet.

Der Apparat besteht aus zwei schweren gußeisernen Preßschildern, welche durch drei starke Traversen miteinander verbunden auf einem Fundamentrahmen montiert sind. Der eine Preßschild (im Bilde links) ist auf dem Rahmen festgeschraubt, der andere (rechts) auf Rollen verschiebbar. Letzterer bildet einen Zylinder, der einen Preßkolben mit Kautschuk-Manschettendichtung aufnimmt. Vor diesem ist eine mittels Rollen auf den Traversen verschiebbare Preßplatte angeordnet, welche mit zwei Gewichtshebeln in Verbindung steht, wodurch Platte mit Kolben jeweils selbsttätig zurückgeschoben werden. Der Zylinder des beweglichen Preßschildes enthält den Anschluß für eine Preßpumpe zum Einspannen des Rohres zwischen die Schilder, der feste Schild eine Entlüftungs-Einrichtung und die Wasserzuführung mit Absperrventil zum Entlüften und Füllen, sowie den Anschluß für eine Preßpumpe zur Prüfung der Rohre. Die Lagerung der Rohre auf dem Apparat wird durch zwei mit Eisen beschlagene Lagerhölzer aus Hartholz bewerkstelligt. Das Abdichten an den beiden Preßschildern geschieht durch schmiedeeiserne Ringe mit eingelegten, aus getalgtem Hanf gefloch-

Fig. 37.

tenen Dichtungsringen, welche auf die Preßschilder geschraubt werden. Zum Einspannen und Probieren der Rohre dienen zwei hydraulische Preßpumpen (Fig. 37), wovon mit der einen Druck auf den Preßkolben zum Einspannen gegeben und mit der anderen der hydraulische Prüfungsdruck im Rohre erzeugt wird. Das zur Füllung des Rohres verwendete Wasser fällt in ein unter dem Apparat anzulegendes Bassin und ist von hier abzuleiten oder zu neuer Verwendung in ein über dem Apparat aufzustellendes Reservoir zu pumpen. Während der Druckprobe werden die Rohre mit Handhämmern von 1 kg Gewicht abgeklopft. Fehlerhafte Stücke oder solche mit ungenügender Wandstärke werden eine derartige Probe nicht aushalten.

Stahlrohre und Schmiederohre.

Schon im Jahre 1856 nahm ein Engländer namens Brooman ein Patent auf eine Walzvorrichtung, die dazu dienen sollte, dickwandige Hohlkörper im sog. Pilgerschrittempo zu dünnwandigem Röhren auszustrecken. Diese Erfindung hat keinen praktischen Erfolg gehabt. Auch das im Jahre 1870 an Dyson und Hall erteilte Patent, Körper im Schrägwalzverfahren zu fertigen, war ebenso erfolglos. Erst den Brüdern Reinhard und Max Mannesmann in Remscheid gelang es nach langwierigen Versuchen, durch Schrägwalzen aus vollen Blöcken nahtlose Röhren herzustellen.

1891 erhielt Mannesmann ein deutsches Reichspatent auf ein verbessertes Verfahren zum Auswalzen und Kalibrieren von Röhren mittels des Pilgerschritt-Walzverfahrens. Unter der Firma »Deutsch-Österreichische Mannesmannröhren-Werke« wurde im Jahre 1890 eine Gesellschaft gegründet, die sich den Zweck gesetzt hatte, die Ausbeutung der auf die Herstellung nahtloser Röhren gerichteten Patente von Max und Reinhard Mannesmann zu betreiben.

Außer dem Werk der Erfinder in Remscheid übernahm die neue Gesellschaft auch die bereits bestehenden Röhren-Walzwerke in Komotau (Böhmen) und Bous an der Saar. Die eigentliche Geburtsstätte der Mannesmannschen Erfindung, die für die gesamte Rohrtechnik eine ungeheure Bedeutung erlangt hat, ist das Werk in Remscheid.

Das Pilgerverfahren beschreibt Anton Bousse in seiner Schrift »Die Fabrikation nahtloser Stahlröhren« (Verlag Dr. Max Jänecke, Hannover 1908) folgendermaßen:

Die Erfindung (des sog. Pilgerwalzwerkes) bezweckt, den Rohrkörper in einem einzigen Walzendurchgange auf jede gewünschte Stärke auszustrecken und erreicht dieses dadurch, daß jedesmal nur ein kurzes Stück des Rohres von den Walzen bearbeitet wird, worauf Rohr und Dorn eine Bewegung im entgegengesetzten Sinne erhalten, um dann wieder im Sinne der ersten Verschiebung bewegt zu werden, d. h. mit anderen Worten, Rohr und Dorn oder ev. nur das erste führen eine sprunghafte, bald vor-, bald zurückweichende Bewegung aus, wie sie durch die Marschweise der Echternacher Prozessionspilger allgemein bekannt ist.

Die Arbeitsstelle am Rohre schreitet also gewissermaßen, bevor sie einen Schritt vorwärts gelangt, einen Teilschritt zurück, wie dies nachstehende Skizze erkennen läßt, wobei natürlich die einzelnen Bewegungslinien sich teilweise deckend gedacht werden müssen.

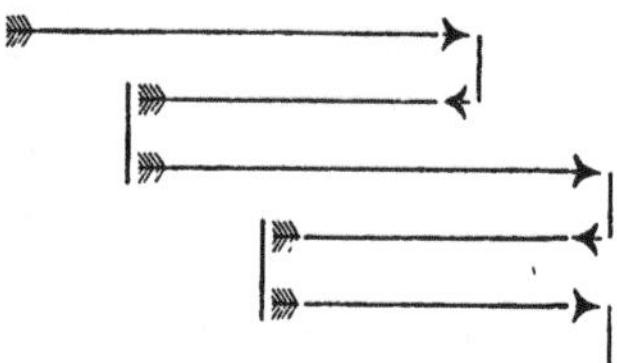

Jetzt ist das Rohr so weit, daß es in die Fertighalle gebracht werden kann. Es wird noch gerichtet, auf Maß abgeschnitten und hydraulisch auf Festigkeit geprüft.

Die nachstehende ausführlichere Beschreibung des Walzverfahrens ist einem Vortrage des Oberingenieurs Fritz Seel entnommen:

Zwei schräg zueinander stehende, in gleichem Sinne sich drehende, teilweise kegelförmige Arbeitswalzen (*A*—*A*) drängen das rotglühende Walzstück (*B*) mit gleichzeitiger Drehbewegung nach vorwärts (Fig. 38), wobei die einzelnen Punkte der Oberfläche Spirallinien beschreiben, deren Steigung von der Schrägstellung der Walzen abhängt. An der engsten Durchgangsstelle, etwa bei *C*, eilen von Beginn an die vorderen Teile und insbesondere natürlich in erster Linie die von der Druckwalze direkt berührten Materialteilchen voraus. Dadurch nun, daß die Arbeitswalzen nach vorn kegelförmig auslaufen, wird gleichzeitig auf das Walzstück eine Bremswirkung ausgeübt, wobei die vorauseilenden Blockpartikelchen eine becherartige

Vertiefung im Kopf des Rundblocks erzeugen, welche, weiter fortschreitend, eine Lochung des Blockes ohne Zuhilfenahme eines Dornes bewirken würden. Um aber diesen Prozeß zu unterstützen, bringt man zwischen den Arbeitswalzen einen nach vorn spitz auslaufenden, festmontierten, also nicht drehbaren Dorn D an, über den sich das Walzstück bewegen muß. Hierdurch wird eine wesentliche Beschleunigung des Walzprozesses, eine gleichmäßige Wandstärke und ein glattes Inneres gewährleistet.

Durch dieses Verfahren entsteht ein rohes Rohrstück von geringer Länge und großer Wandstärke, das dem fertigen Rohre gegenüber als Mittelprodukt aufzufassen ist. Die Weiterverarbeitung erfolgt dann auf dem Pilgerwalzwerk. Das heiße, starkwandige, kurze Mittelprodukt soll hier zu einem langen,

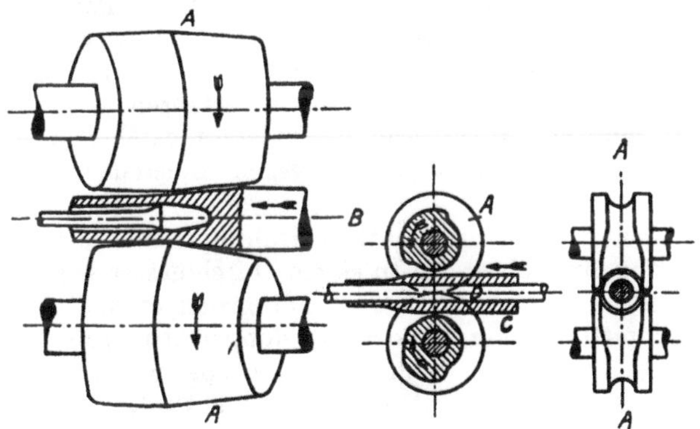

Fig. 38.

dünnwandigen Rohr fertiggewalzt werden. Entgegen dem allgemeinen Walzverfahren, ziehen die Walzen A aber das Walzenstück nicht unter Querschnittsverminderung durch die Walzen, sondern die kalibrierten Walzen rollen sich in entgegengesetzter Richtung auf dem heißen Walzstück B, das im Innern in der ganzen Länge des gelochten Mittelprodukts einen zylindrischen Dorn D trägt, ab. Die Walzen machen hierbei je nach dem Rohrdurchmesser bis zu einigen 100 Touren in der Minute, wobei die Walzstücke mit dem inneren Dorn jeweils gedreht werden, um eine gleichmäßige Rundung des fertigen Produkts zu erzielen. Durch besondere Vorrichtungen wird zu jeder Walzendrehung der Dorn mit Mittelprodukt um einen gleichmäßigen kleinen Teil vorgeschoben und jeweilig nur dieser kleine Teil auf die gewünschte fertige Dimension gebracht und über den in Frage kommenden vorderen Teil des Dornes vorwärts gedrängt.

Das fertig gewalzte Rohr wird warm von dem Dorn heruntergezogen. Nach dem Erkalten sticht man es an beiden Enden ab, und zwar derart, daß das verstärkte kegelförmige Rohrende für den zukünftigen Muffenkopf daran belassen wird. Durch maschinelles Aufweiten in warmem Zustande wird das verstärkte Rohrende in die gewünschte Muffenkopfform gebracht, wobei durch verschiedene Erwärmung und Zusammenziehung der Massen der Muffenkopf am äußeren Ende immer etwas enger wird als in der Mitte.

Das Wesentliche beim Walzen eines Mannesmannrohres ist die Umwandlung der Lagerung des Materials: es ergibt sich gleichsam ein Gewebe von übereinander gewirkten Spiralfasern. Diese Umlagerung des Materials ist es ganz besonders, welche den nach dem Mannesmannverfahren ausgewalzten Röhren eine bedeutend erhöhte Widerstandsfähigkeit in der Querrichtung und vorzugsweise gegen inneren Druck verleiht.

Zurzeit werden sog. nahtlose Stahlmuffenrohre nach dem Mannesmannverfahren bis zu einem Durchmesser von 300 mm Lichtweite hergestellt. Die Fabrikationslängen sind 6—12 m, durchschnittlich aber mindestens doppelt so groß wie diejenigen der Gußrohre, wodurch eine Ersparnis an Dichtungsmaterial sowie an Arbeitslöhnen erzielt wird.

Um das Rohr gegen äußere Einflüsse, insbesondere gegen Rost[1]) zu schützen, wird es in einem Ofen seiner ganzen Länge nach gleichmäßig erwärmt und dann im ganzen vermittelst

---

[1]) Zur Frage des Rostschutzes: Dr. O. Kröhnke, Zentralblatt der Röhren-Industrie 1913, Nr. 14. — Über Schutzanstriche eiserner Rohre, Leipzig 1910, F. Leineweber. — Heyn und Bauer, Über den Angriff des Eisens durch Wasser und wässerige Lösungen. Mitteilungen aus dem Kgl. Material-Prüfungsamt 1908 und 1910; Kröhnke, Über das Verhalten von Guß- und Schmiedeeisenrohren in Wasser, Salzlösungen und Säuren. München, R. Oldenbourg, 1911. — Wölbling, Zur Rostung der Guß- und Mannesmannröhren, Metallurgie 1911 und Ferrum 1913. — Über die Entstehung des Rostes unter Schutzanstrichen: Erik Liebreich und Fritz Spitzer, Zeitschrift für Elektrochemie 1913, Nr. 7.

einer Zange maschinell in eine lange geheizte Pfanne, die mit kochendem Asphalt gefüllt ist, getaucht, wobei das Rohr in dem Bade in seiner Längsrichtung hin und her bewegt wird. Außer dieser inneren und äußeren Asphaltierung wird das Rohr noch mit einer Jute-Isolierung versehen. Dieses geschieht, um das Rohr gegen die Einwirkung besonderer ungünstiger Bodenarten zu schützen.

Im Laufe der Jahre hat die Isolierungsmethode sowohl was die Eigenschaften des verwendeten Materials als auch die Aufbringungsmethode betrifft, stetige Fortschritte gemacht.

Wichtig ist, daß die Jutefaser genügend mit Asphalt getränkt und umgeben ist, denn das Prinzip der Jutierung ist das, eine Vervielfältigung der ersten Asphaltschicht zu bilden, wobei die Jute lediglich das Stabilisierungsgerippe darstellt.

Nach Ehrhardt werden demgegenüber nahtlose Röhren durch Pressen eines Hohlblocks und Ziehen des Hohlkörpers erzeugt (Fig. 39). Quadratisch gewalzte Blöcke von der

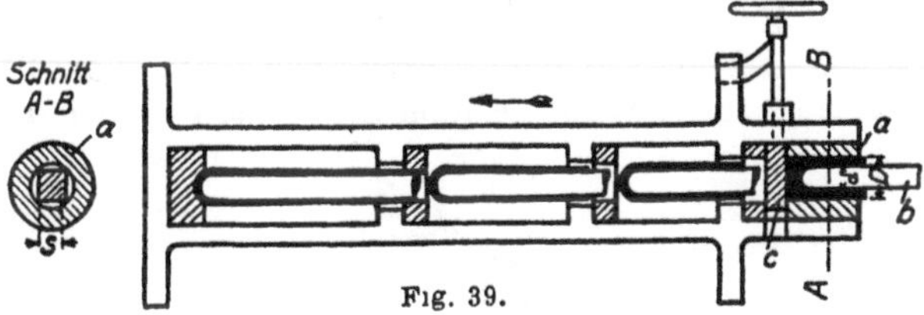

Fig. 39.

Kantenlänge *s* verwandelt man in einer kreisrunden Matrize *a* durch Eintreiben eines runden, hydraulisch bewegten Dorns *b* in einen dickwandigen Hohlblock mit Boden. Nach Wegziehen des Deckels *c* wird der Hohlblock, der gleich auf dem Dorn der Lochpresse sitzen bleibt, durch mehrere hintereinanderliegende Ringe mit immer kleiner werdendem Durchmesser gedrückt und so zum dünnwandigen Rohr ausgezogen.

Die nach dem Mannesmannschen oder Ehrhardtschen Verfahren hergestellten gelochten Blöcke werden auch teilweise in Kaliberwalzen weiter ausgewalzt, und zwar über Dorne, ähnlich wie überlappt geschweißte Röhren. Die Dorne sitzen dann abziehbar auf Dornstangen. Nach Abnehmen des Dorns kann das Rohr durch besondere Führungswalzen wieder zurückgeführt und dann, seitlich verschoben, in das nächste Kaliber gebracht werden.

In allen vorgenannten Fällen erhalten die nahtlosen Röhren noch zum Glätten und Egalisieren einen oder mehrere Kratzenzüge und werden auch oft noch auf Warm- oder Kaltziehbänken zu wesentlich dünneren und längeren Röhren ausgezogen. Kaltgezogene Röhren müssen dann zur Beseitigung der Sprödigkeit noch ausgeglüht werden. Die Rohrabmessungen nahtloser Röhren gehen von den kleinsten Lichtweiten hinauf bis auf 350 mm bzw. 14″. Die Röhren für Gas-, Wasser- und Dampfleitungen werden auf 50—80 Atm. abgepreßt. Besondere rohrähnliche Fabrikationsstücke, z. B. die Stahlflaschen für hochgespannte Gase, sind aus hochwertigem Material hergestellt und werden Probedrucken von 200—300 Atm. unterworfen.

Röhren aus Schmiedeeisen und Stahl werden selten noch genietet, meist geschweißt oder nahtlos — wie vorstehend beschrieben — hergestellt.

Die einfachsten geschweißten Röhren sind die stumpfgeschweißten, die sog. Gasröhren. Das Rohmaterial besteht aus Rohrstreifen (Blechstreifen) von weichem, gut schweißbarem Flußeisen, die als Breite den Umfang des Rohres und als Länge die gewünschte Rohrlänge, meist 4—8 m, haben.

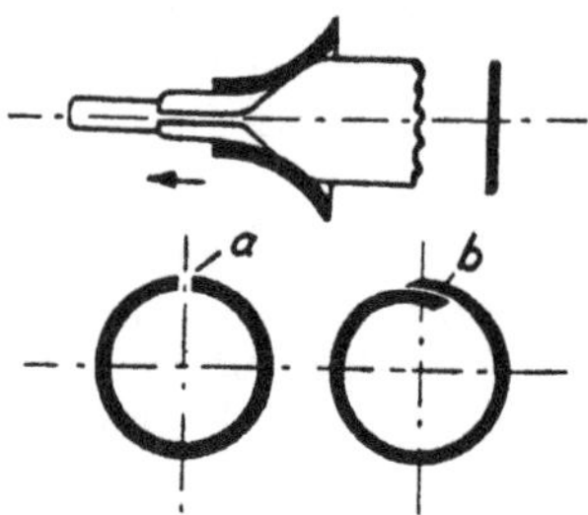

Fig. 40.

Sie werden an einem Ende zusammengebogen bzw. um ein Rundeisen geschweißt (Fig. 40), in Schweißöfen zuerst auf Rotglut erhitzt und dann auf einer vor dem Ofen stehenden Ziehbank durch eine trichterförmige Öffnung gezogen (vorgerollt). Darauf erfolgt ein nochmaliges Vorwärmen, jetzt auf Schweißglut, in einem zweiten Schweißofen und das Ziehen auf einer zweiten Ziehbank. Hierbei werden die Längskanten des Rohres gegeneinander gedrückt und schweißen zusammen

(Fig. 40 bei *a*). Durch Ziehen auf einer Kratzbank wird weiter der Glühspan abgekratzt. Dann folgt das Richten zwischen Schrägwalzen, das Abschneiden der Enden und nach der Wasserdruckprobe das Gewindeschneiden. Diese Röhren werden verzinkt, geteert oder auch ohne Überzug für Gas- und Wasserleitungen, kleine Dampfleitungen, Heizungen usw. in Abmessungen von meist $^1/_8$—2″ lichter Weite benutzt.

Überlappt geschweißte Röhren (auch patentgeschweißte oder Siederöhren genannt) werden ebenfalls aus Rohrstreifen hergestellt, deren Breite aber gleich Rohrumfang + Überlappung ist. Nach dem Abschrägen der Längskanten durch Hobeln oder Walzen folgt, wie bei stumpfgeschweißten Röhren, das Vorrollen (Fig. 40 bei *b*). Daran schließt sich aber, nach Erwärmen auf Schweißglut, ein Auswalzen über einen Dorn in einem einfachen Duowalzwerk, sodann das Ziehen auf der Kratzbank, Richten usw. Finden die Röhren für Gasleitungen Verwendung, so folgt nach dem Teeren ein Überziehen mit ein oder zwei Lagen geteerter Jute zum besseren Schutz gegen Rosten. Die Röhren werden in Abmessungen von 40—300 mm lichter Weite hergestellt und auf 50—80 Atm. abgepreßt.

Große überlappt geschweißte Röhren werden zum Teil in Abmessungen von 150—600 mm lichter Weite spiralförmig geschweißt nach dem Verfahren der Rheinischen Metallwaren- und Maschinenfabrik in Düsseldorf-Rath. Die Spiralnaht hat größere Festigkeit als die Längsnaht; auch eignet sich diese Schweißart gut zur Herstellung sehr langer Röhren. Zum größten Teil werden die großen Röhren aber aus Blechen auf Biegemaschinen kalt zusammengebogen und auf Wassergasschweißstrecken durch Wassergasbrenner erhitzt und stückweise auf einem Amboß mit Hilfe von Maschinenhämmern oder Preßrollen geschweißt. Auch die autogene und elektrische Schweißung findet für die Herstellung größerer Röhren Verwendung.

Die stumpf und überlappt geschweißten Röhren werden heute in ihren kleineren Abmessungen (bis hinauf zu 350 mm lichter Weite) mehr und mehr von den nahtlosen Röhren verdrängt, die sowohl größeren Festigkeitsanforderungen genügen als auch wirtschaftlich günstiger herstellbar sind. Nur bei ganz kleinen Abmessungen ist das autogene Schweißverfahren und in Zukunft vielleicht auch das elektrische wettbewerbsfähig.

Rohrmuffe, aus dem verstärkt gewalzten Rohrende hergestellt.

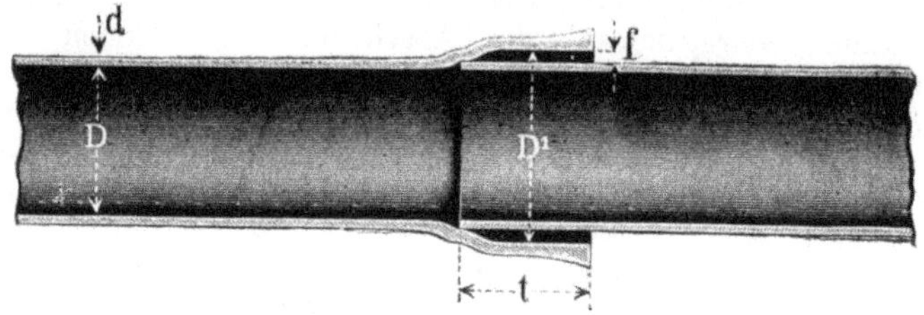

Fig. 41.

Abmessungen und Gewichte der normalen Mannesmann-Stahlmuffenröhren.

Lichtweite des Rohres D mm	Wandstärke δ mm	Stärke der Dichtungsfuge f mm	Lichtweite der Muffe D^1 mm	Muffentiefe t mm	Gewicht pro lfd. m Rohr[1]) kg ca.
40	3	7,0	60	81	3,85
50	3	7,5	71	85	4,9
60	3	7,5	81	88	5,5
70	$3^1/_4$	7,5	91,5	90	6,5
75	$3^1/_2$	7,5	97	91	7,8
80	$3^1/_2$	7,5	102	92	8,6
90	$3^3/_4$	7,5	112,5	94	10,5
100	4	7,5	123	97	11,6
125	4	7,5	148	100	14,0
150	$4^1/_2$	7,5	174	103	19,0
175	5	7,5	200	106	25,5
200	$5^1/_2$	8,0	227	110	32,0
225	$6^1/_2$	8,0	254	110	40,0
250	$7^1/_2$	8,5	282	113	53,0

Die Verbindungen bzw. Abzweigungen der Mannesmannröhren mittels normaler gußeiserner Formstücke sind eigentlich nur Notbehelfe. Besser ist es, wenn man die aus dem gleichen Stahlmaterial hergestellten Formstücke verwendet.

[1]) Einschl. Juteumhüllung und Muffenverstärkung.

Mannesmannformstücke.

A-Stück

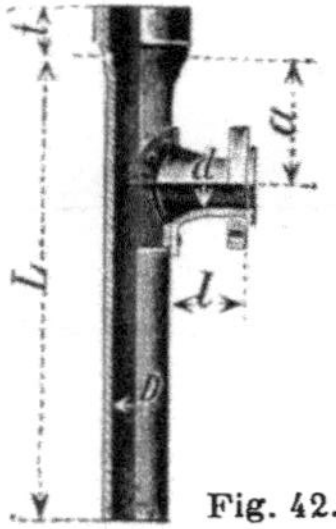

Fig. 42.

B-Stück

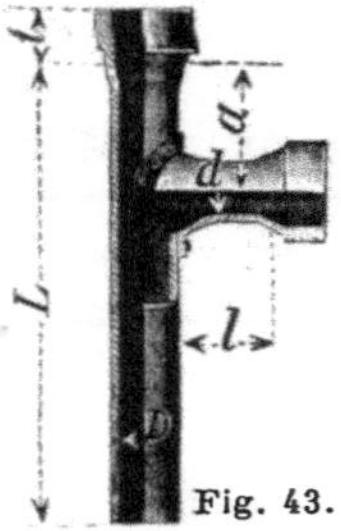

Fig. 43.

C-Stück

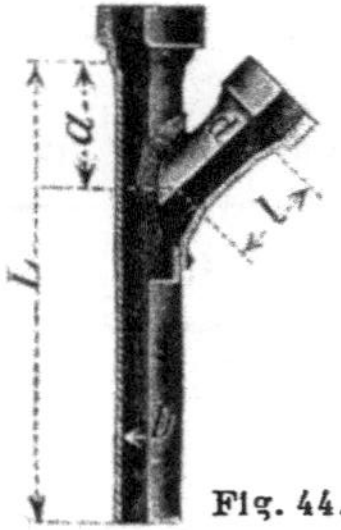

Fig. 44.

E-Stück

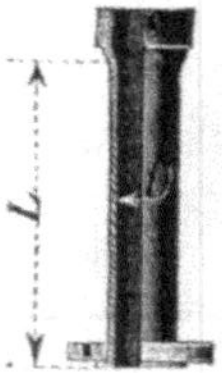

Fig. 45.

F-Stück

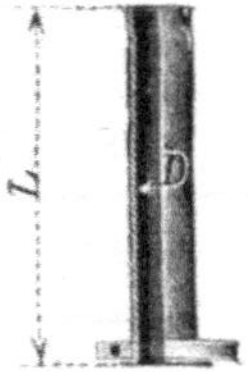

Fig. 46.

K-Krümmer

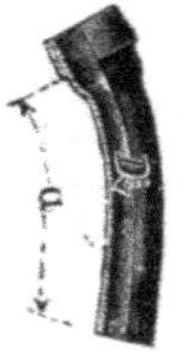

Fig. 47.

J-Stücke

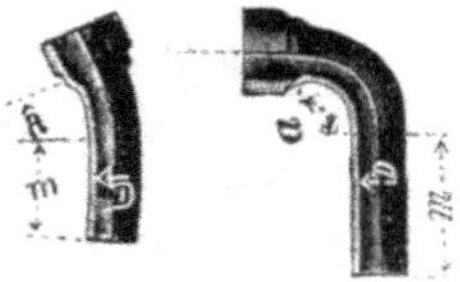

Fig. 48.

Abmessungen	A- und B-Stücke			C-Stücke			E-Stücke	F-Stücke
	L	l	a	L	l	a	L	L
$D =$ 40—100	800	$120 + 0{,}1\,d$	$100 + 0{,}2\,D + 0{,}5\,d$	800	$0{,}70\,a$	$60 + \frac{D}{2} + d$	300	600
$D =$ 125—250	1000			1000				

Gestreckte Baulängen der K-Krümmer ($R = 10\,D$) und der J-Stücke.

Form	Lichtw. $= D$	40	50	60	70	75	80	90	100	125	150	175	200	225	250
K-Krümmer	∢ $a = 11{,}25^0$										300	345	390	440	490
»	» $= 22{,}5^0$						315	355	390	490	590	685	785	885	980
»	» $= 30^0$			310	365	390	415	470	520	650	780	910	1040	1170	1300
»	» $= 45^0$	315	395	470	550	590	630	710	780	980	1180	1375	1570	1770	1960
J-Stücke	∢ $a = 11{,}25^0$	290	300	310	320	325	330	350	360	405	450	490	520	560	625
»	» $= 22{,}5^0$	340	350	360	370	375	380	410	420	480	545	610	635	700	800
»	» $= 30^0$	370	380	390	400	405	410	445	455	535	610	690	710	790	920
»	» $= 45^0$	435	445	455	465	470	480	525	535	640	740	845	870	975	1160
»	» $= 60^0$	500	510	520	530	535	540	600	610	740	870	1000	1025	1150	1400
»	» $= 90^0$	635	645	655	665	670	675	760	770	950	1135	1320	1340	1525	1865

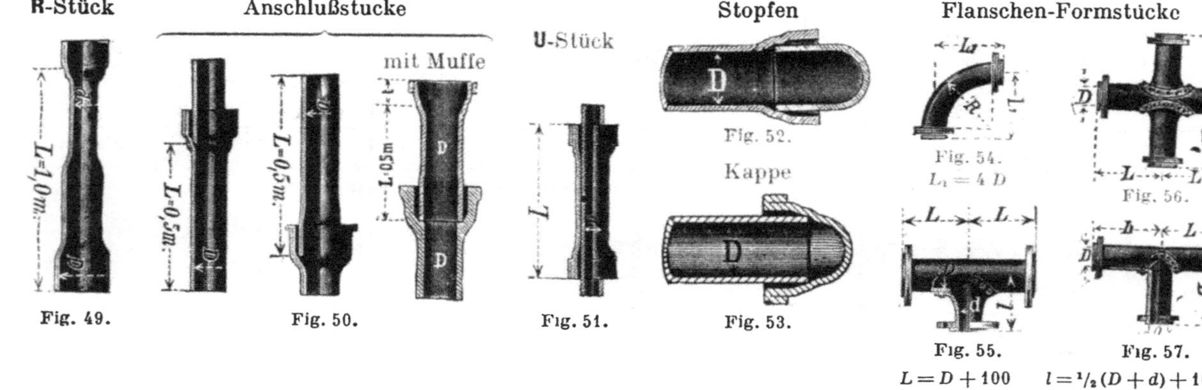

Fig. 49. Fig. 50. Fig. 51. Fig. 52. Fig. 53. Fig. 54. Fig. 55. Fig. 56. Fig. 57.

$L = D + 100$ $l = {}^1/_2(D + d) + 100$

Längen der Überschiebmuffen **U**-Stücke.

$D=$	40	50	60	70	75	80	90	100	125	150	175	200	225	250
$L=$	296	308	320	328	332	336	344	352	364	376	388	400	400	412

Die schmiedeeisernen Röhren. Auch diese Art von Röhren wird seit einigen Jahren bei großen Gasleitungen (Hauptrohr-Leitungen) häufig verwendet, und zwar geschweißte häufiger als genietete. Die Rohre werden in Weiten von 150 mm bis zu 3000 mm und in Längen bis zu 40 m fabriziert. Schmiedeeiserne geschweißte Rohre werden bis 400 mm lichte Weite auf dem Walzwege, darüber hinaus aber, bis zu den größten Durchmessern, mittels Wassergases maschinell geschweißt hergestellt. Die Vorzüge der schmiedeeisernen geschweißten Röhren bestehen ganz besonders in den leichteren Gewichten und den größeren Baulängen, wodurch die Verlegungskosten wesentlich verbilligt werden. Auch Formstücke werden aus demselben Material und auf dieselbe Weise gefertigt. Beistehende Abbildung (Fig. 58) veranschaulicht geschweißte schmiedeeiserne Rohre in Längen von 13,5 bis 16 m und geschweißte Krümmer von 800 mm Durchmesser und 8 mm Wandstärke, welche für eine Dückerleitung bestimmt sind. Daß sie ebenso wie die Gußröhren durch einen Asphaltüberzug vor Rost geschützt werden müssen, ist selbstverständlich.

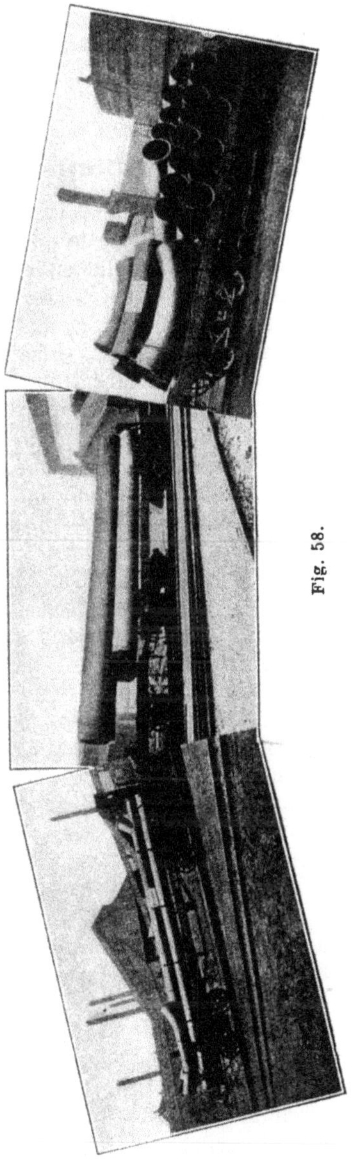

Fig. 58.

Die spiralgeschweißten Röhren des Rather Metallwerkes werden ebenso wie die Mannesmann- und schmiedeeisernen Röhren mit geteerter Juteumwicklung da verwendet, wo die Bodenverhältnisse ungünstig sind. Diese Röhren werden in Längen von 10 bis 20 m, in Durchmessern von 150 mm und darüber geliefert.

Die Herstellung der Hauptrohrleitungen.

Nachdem zunächst die Richtungslinie (Trace) der zu legenden Leitung genau bestimmt ist, wird mit Hilfe einer Schnur der auszuhebende **Rohrgraben** vorgezeichnet. Der Graben ist so breit anzulegen, daß ein Mann bequem darin arbeiten kann; er darf aber nicht zu breit angelegt werden, weil sonst die Kosten für die Erdarbeiten sich unnötig verteuern. Für Rohrleitungen bis zu 100 mm Durchmesser wählt man eine Breite von 600 mm, von 100—200 mm Durchmesser 700 mm, von 200—400 mm Durchmesser 800 mm, von 400—500 1 m usw., an der Sohle des Grabens gemessen. An denjenigen Stellen, an welchen eine Muffenverbindung erfolgen soll, ist ein Kopfloch, das ist eine Vertiefung des Grabens in der Breite der Sohle um etwa 20—30 cm auf 60 cm Länge, auszuheben. Die Tiefe des Rohrgrabens richtet sich nach den Bodenverhältnissen. Bei gutem, trockenem Boden gibt man der Rohrleitung etwa 1 m Deckung, bei schlechten Bodenverhältnissen bzw. bei wasserhaltigem Boden verzichtet man besser auf eine so hohe Deckung und legt die Rohre nur so tief, daß sie nicht im Grundwasser liegen. Es genügt in solchen Fällen eine Deckung von 600—700 mm. Da Gasrohrleitungen zur Aufnahme der sich etwa sammelnden Kondensationsprodukte mit Wassertöpfen (Siphons) versehen werden müssen, so empfiehlt es sich, schon beim Ausheben der Rohrgräben auf das notwendige Gefälle der Leitungen Rücksicht zu nehmen.

Ferner ist darauf zu achten, daß der Graben nicht tiefer ausgehoben wird, als gerade erforderlich ist, damit das Lager des zu verlegenden Rohres stets ein festes und gleichmäßiges ist. Sollte aus Versehen einmal der Graben zu tief ausgehoben werden, so ist die Grabensohle durch Einfüllen und gehöriges Feststampfen von Kies herzustellen. Das von manchen Rohrlegern beliebte Unterlegen von Steinen unter die Rohre ist durchaus zu verwerfen, da spätere Rohrbrüche sehr häufig hierauf zurückzuführen sind. Bei schlechter Bodenbeschaffenheit muß man die Wände des Grabens entweder mit einer

Böschung versehen oder aber sorgfältig mit Steifhölzern und starken Brettern absteifen (§ 248ff. der Unfallverhütungsvorschriften der Berufsgenossenschaft der Gas- und Wasserwerke, gültig vom 1. Juli 1923).

Das Erdmaterial muß unter tunlichst geringer Belästigung der Passage längs des Rohrgrabens gelagert werden, und es ist darauf zu achten, daß etwa ausgehobene Steine nicht an den Rand des Rohrgrabens gelegt werden, damit nicht durch das Herabfallen eines Steines das verlegte Rohr oder der mit dem Verlegen beschäftigte Rohrleger zu Schaden kommt. (Fig. 59.)

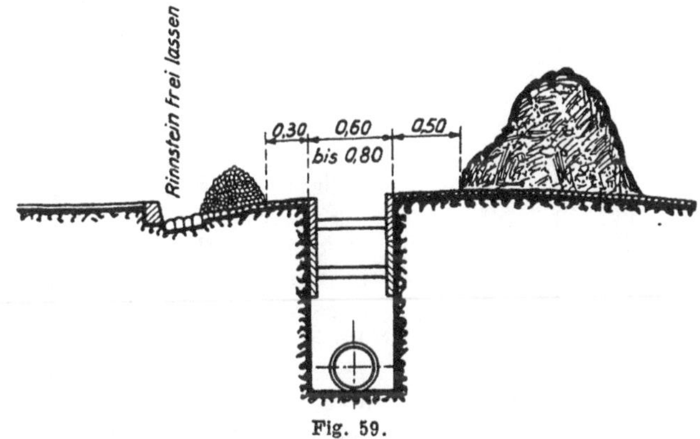

Fig. 59.

Es ist zweckmäßig, schon beim Aushub das Material der Straßendecke, wie Schotter, Kies, Stück- und Pflastersteine auf die eine, das darunter ausgehobene Material auf die andere Seite des Grabens zu legen, um es beim Zufüllen des Grabens wieder verwenden zu können.

Stößt man auf altes Mauerwerk oder Felsen, so ist an der betreffenden Stelle wegen etwa vorkommender Bodensenkungen die Sohle des Grabens so weit zu vertiefen, daß zwischen Mauerwerk bzw. Felsen und Rohr noch eine mindestens 20 cm starke Kiesschicht eingebracht werden kann.[1])

[1]) Man vermeidet es nach Möglichkeit, Gasrohrleitungen durch Kanäle zu legen. Läßt sich dies jedoch nicht umgehen, so schiebt man über das Rohr ein zweites, sog. Schutz- oder Hülsenrohr und sorgt dafür, daß in den Kanal keine Verbindungsstelle (Muffe) kommt. Zwischen beiden Rohren ist so viel Raum zu lassen, daß bei einem etwaigen Senken des einen, das andere nicht berührt wird.

Nachdem auf diese Weise unter sorgfältigster Beachtung vorstehender Regeln der Rohrgraben hergestellt worden ist, wird mit der eigentlichen Rohrlegung begonnen. Rohre von geringem Durchmesser werden von zwei Leuten in den Graben hinuntergelassen. Bei größeren Dimensionen bedient man sich hierzu zweier entsprechend starker Taue, während zum Hinunterlassen und Verlegen großer Gußrohre (etwa von 400 mm aufwärts) ein Rohrlegebock unbedingt erforderlich ist (§ 252ff. der Unfallverhütungsvorschriften).

Ein solcher Bock ist in Fig. 59a abgebildet. Derselbe besteht aus einem Gestell mit Holzwelle, Räderübersetzung, zwei Handkurbeln, Seilflasche und Seil.

Fig. 59 a.

Die Aktien-Gesellschaft für Gas und Elektrizität, Köln, jetzt Vulkan, hat eine fahrbare Rohrwinde (Fig. 60) konstruiert, mit welcher das Verlegen großer und schwerer Rohre noch leichter vonstatten geht als mit dem Bock. Das Bockgestell muß mit jeder Rohrlänge versetzt werden, was je nach der Größe Arbeit und Zeitverlust verursacht. Die Winde dagegen, die aus einem gebogenen, nach unten offenen Gestell besteht, läuft mittels Rädern auf Schienen und ist daher sehr leicht transportabel.

Das Gestell trägt eine Winde mit Sperradbremse zum Heben und Senken der Rohre. Das zu verlegende Rohr wird auf zwei über den Rohrgraben gelegte Bohlen gerollt und dann die Winde über das Rohr gefahren. Das Rohr wird angehoben und kann dann an der Winde hängend mit geringem Kraftaufwand beliebig hin und her bewegt werden, da die Winde leicht auf Schienen läuft.

Die Rohre werden mit der Muffe nach vorwärts verlegt. Das Schwanzende eines Rohres wird stets in das Ende der Muffe des vorhergehenden eingestoßen und dann das Rohr in die richtige Lage gebracht, wobei von vornherein darauf zu achten ist, daß der Rohrstrang in geraden Strecken eine vollständig gerade Linie zeigt.

Schon bei der Verlegung des ersten Rohres muß in das offene Schwanzende desselben ein abgedrehter Holzpfropfen mit Teerstrickumwicklung oder ein Preßkolben (siehe Fig. 61) eingedichtet werden, um das Eindringen von irgendwelchen

Fig. 60.

Gegenständen zu verhüten. Der Preßkolben wird mit eingelegtem Dichtring bei gelöster Mutter in das zu verschließende Rohrende soweit eingeschoben, bis der Flansch am Rohrende anliegt; hierbei ist zu beachten, daß der Krümmer für das Anschlußrohr der Preßpumpe (Luftpumpe zum Prüfen auf Dichtheit) nach oben steht. Alsdann werden durch Anziehen der Mutter das Führungsstück und Kopfstück zusammengezogen, wodurch der Dichtring gegen die Rohrwandung gepreßt wird.

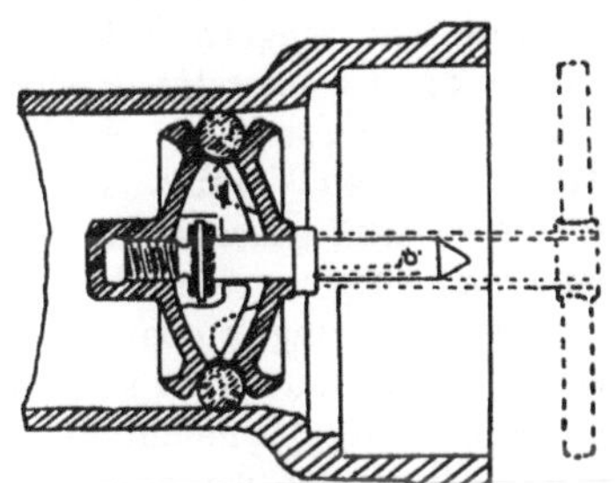

Fig. 61.

Der Rohrstrang ist mit einer an entsprechend langer Eisenstange befindlichen Rohrbürste zu reinigen. Diese Bürste, welche ungefähr die Größe des Rohrdurchmessers besitzen muß, wird bei jedesmaligem Einbringen eines neuen Rohres vorgezogen und erst nach Fertigstellung der Leitung herausgenommen. Bei eintretender Unterbrechung sind die offenen Rohrenden sorgfältig mit Holzpfropfen zu verschließen.

Die **Muffendichtung** wird in folgender Weise hergestellt. Nachdem die Rohre in die richtige Lage gebracht worden sind, wird in den Zwischenraum zwischen Rohr und Muffenwand ein Teerstrick aus lose geflochtenem Hanfgarn von etwa Fingerdicke sorgfältig und gleichmäßig eingetrieben, und zwar so, daß das Schwanzende des einen Rohres genau konzentrisch in der Muffe des vorhergehenden sitzt und für die Bleifuge noch entsprechend Platz bleibt. Das Einstemmen des Teerstricks geschieht mit einem besonderen Werkzeug, Strickeisen genannt (Fig. 62). Nach dem Verstricken legt man vor die

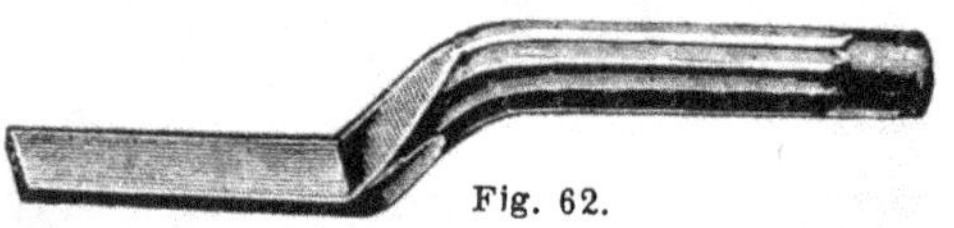

Fig. 62.

Muffe um das Rohr einen Tonwickel, drückt diesen mit den Fingern fest an, bildet an der obersten Stelle eine entsprechend große Öffnung und gießt mittels eines Gießlöffels das heiße, von allen Unreinigkeiten befreite, doppelt raffinierte Weichblei (Hüttenblei) ein, und zwar so, daß der eingegossene Bleiring mindestens 15 mm über den Rand der Muffe vorsteht. Manche Rohrleger verwenden zum Anlegen des Tonwickels einen mit feuchtem Ton geglätteten Strick. Sie legen diesen vor die Stirn der Muffe und darüber einen Tonwickel, welchen sie mit den Fingern fest andrücken. Darauf ziehen sie den Strick an der obersten Stelle der Muffe heraus und erhalten auf diese Weise eine Gießöffnung und einen gleichmäßigen Raum für den Vorguß. Das Einbringen des Dichtringes muß in einem Guß geschehen. Nach dem Erkalten wird der Bleiring sorgfältig verstemmt. Der vorstehende Bleirand (Vorguß) muß so weit eingetrieben werden, bis er eine glatte Oberfläche zeigt. Es ist darauf zu achten, daß beim Vergießen die Rohre trocken sind. Bei feuchtem Wetter gießt man vorsichtshalber etwas Öl in die Eingußöffnung, um das Umherspritzen des Bleies zu verhüten.

In Fig. 63 und 64 ist ein vielfach im Gebrauch befindlicher **Bleischmelz-Ofen** abgebildet. Derselbe ist ganz aus Gußeisen, bei *E* auf seinem halben Umfang erhöht und zum Einhängen des Bleikessels *K* mit Einschnitten *e* versehen. Der Kessel hat zu diesem Zwecke zwei Zapfen *z*, welche gleichzeitig zum Aufstecken der Traggriffe *G* dienen. Durch die Öffnung *Ö* unterhalb des Rostes wird dem Feuer die zum Brennen nötige Luft zugeführt; die auf derselben Seite befindliche Erhöhung schützt den Bleikessel vor direktem kalten Luftzuge.

Fig. 63.

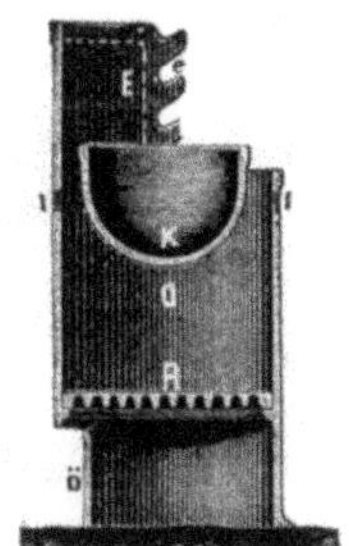

Fig. 64.

Fig. 65. Fig. 66.

Fig. 65 stellt einen Bleilöffel und Fig. 66 den zum Verstemmen des Bleiringes erforderlichen Bleisetzer (Stemmeisen) dar.

Je größer der Durchmesser des Rohres, desto schwieriger ist es, den Tonwickel um die Muffe kunstgerecht zu legen.

In solchen Fällen bedient man sich zum Eingießen des flüssigen Bleies der Gießringe.

In Fig. 67 und 68 ist ein Gießring der Hessischen Industriewerke Gewerkschaft Else in Frankfurt a. M. dargestellt, der leicht und bequem um das Rohr gelegt werden kann.

Fig. 67.

Fig. 68.

Ein Druck auf den Hebel genügt, um den Ring fest anzuziehen.

Die Fig. 69, 70 und 71 stellen sehr brauchbare Gießringe von Bopp & Reuther, Mannheim, dar. Die Ringe werden aus

Stahlguß für Rohrweiten von 40—200 mm gefertigt, für Rohrweiten über 200—1000 mm aus Fassoneisen.

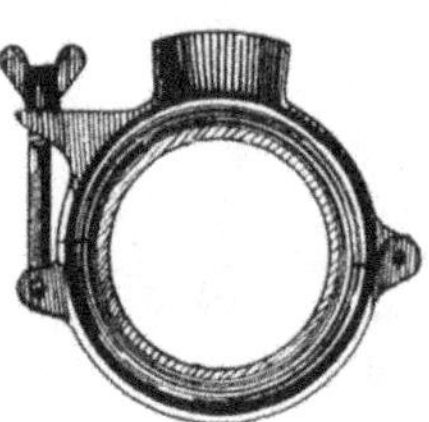

Fig. 69.

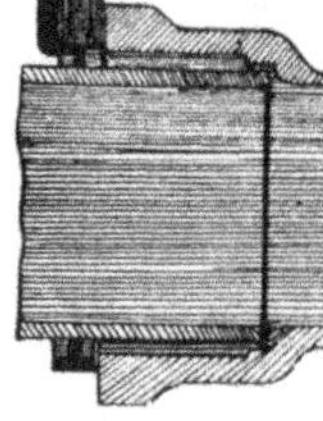

Fig. 70.

Fig. 71.

Aus nachstehender Tabelle sind die Gewichte und Höhen der Bleiringe und der Teerstrickdichtungen usw. zu ersehen.

Muffen für Rohrweiten	Dichtungs-		Bleiringhöhe bei		Bleigewicht pro Muffe bei	
	Fugenbreite	Tiefe	Gußblei	Bleiwolle	Gußblei	Bleiwolle
von mm	mm	mm	mm	mm	kg	kg
40	7	62	35	23	0,51	0,34
50	7,5	65	35	23	0,69	0,46
60	7,5	65	35	23	0,73	0,49
80	7,5	70	40	27	1,05	0,70
100	7,5	.74	40	27	1,35	0.90
125	7,5	77	45	27	1,70	1,13
150	7,5	79	45	30	2,14	1,43
175	7,5	81	45	30	2,46	1,64
200	8	83	45	30	2,97	1,98
225	8	83	50	32	3,67	2,45
250	8,5	84	50	32	4,30	2,87
300	8,5	85	50	32	5,09	3,39
350	8,5	86	50	35	5,53	3,69
400	9,5	88	50	35	7,46	4,97
450	9,5	89	50	35	8,33	5,55
500	10	91	55	35	10,13	6,73
550	10	92	55	35	11,70	7,80
600	10,5	94	55	35	13,33	8,87
650	10,5	95	55	35	14,40	9,60
700	11	96	55	35	15,50	10,33
750	11	97	60	35	17,40	11,60
800	12	98	60	35	20,20	13,47
900	12,5	101	60	40	24,70	16,57
1000	13	104	65	40	29,20	19,47
1100	13	106	65	45	34,00	22,67
1200	13	108	65	45	39,00	26,00

Seit einer Reihe von Jahren wird die von der Firma August Bühne & Co., Freiburg i. B., gefertigte Bleiwolle vielfach statt des geschmolzenen Bleies zum Verdichten der Muffen verwendet.

Die Vorteile der Bleiwolle sind mannigfache. Nicht allein, daß die Arbeit unabhängig von jeder Witterung und in nassen Rohrgräben ausgeführt werden kann, ist sie auch einfacher und gefahrloser als beim Gußblei, weil Feuer am Rohrgraben nicht nötig und ein Umherspritzen wie beim flüssigen Blei nicht möglich ist. (Fig. 72 zeigt einen aufgewickelten Bleizopf.)

Allerdings muß beim Einstemmen der Bleiwolle mehr Zeit aufgewendet werden als zum Eintreiben des Vorgusses beim gegossenen Bleiring. Es darf aber nicht außer acht gelassen werden, daß beim Verstemmen mit Bleiwolle das Anfertigen einer Muffendichtung aus einem einzigen Arbeitsvorgang besteht, was beim Gußblei nicht der Fall ist.

Fig. 72.

Anderseits muß zugegeben werden, daß einige Übung zu dieser Arbeitsverrichtung gehört, die sich aber jeder etwas geschickte Arbeiter leicht aneignen kann. Versuche haben ergeben, daß ein geschulter Arbeiter zum Verstemmen von 1 kg Bleiwolle unter normalen Verhältnissen etwa 7 Minuten benötigt. Für bejutete Rohre kommt noch ein weiterer Vorteil hinzu, nämlich der, daß die Bejutung der verhältnismäßig dünnwandigen Röhren nicht wie beim heißen Gußblei leidet. Zwar ist die Bleiwolle an sich teurer als Blockblei, aber die Ersparnis an Gewicht für die einzelne Muffe (Verluste durch Schmelzen fallen fort) gleicht den Preisunterschied wieder aus.

Diese Bleiwolle wird dadurch gewonnen, daß man Blei in Streifen von gleicher Dicke wie grobes Wollgarn zerschneidet und die Streifen in Bündel geeigneter Länge und Dicke vereinigt.

Das Abdichten der Muffen mittels Bleiwolle geschieht auf folgende Weise:

Die Muffen werden zunächst mit Hanfzopf verstrickt; jedoch soll nur trockener oder schwach geölter Hanfstrick verwendet werden. Wird aber die Verwendung von Teerstrick vorgezogen, so ist vor dem Einführen der Bleiwolle auf den Teerstrick eine Lage trockenen Hanfstricks aufzustemmen[1]).

[1]) Wenn der Teerstrick nicht zu feucht ist, läßt sich dieser auch allein, d. h. ohne Weißstrick verwenden.

Dann nimmt man einen Bleiwollzopf (Fig. 73), dreht denselben soweit zusammen, daß er in die Dichtungsfuge paßt, legt ihn um das Rohr und stemmt ihn gleich fest in die Muffe ein; dies wiederholt man so oft, bis die ganze Muffe gefüllt und fest verstemmt ist.

Dadurch daß das Stemmen schon im Innern der Muffen, also direkt auf dem Hanfzopf beginnt, wird die gesamte weiche Bleiwolle wieder zu einer dichten zusammenhängenden Bleimasse zusammengepreßt. Die Stemmwerkzeuge, welche man zu dieser Arbeit verwendet, müssen den verschiedenen Rohrdurchmessern angepaßt sein und tief in die Muffen eindringen können. Die Firma Bühne liefert auch passende Stemmwerkzeuge, und zwar Strickeisen zum Einführen des Bleiwollzopfes, Stemmeisen zum Verstemmen und Setzer zum Fertigmachen der Dichtung.

Fig. 73.

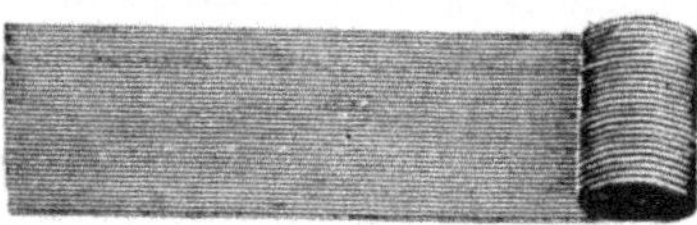

Fig. 74.

Die Blei-Industrie-A.-G. vormals Jung & Lindig, Freiberg i. S., und Eidelstedt-Hamburg, hat vor einigen Jahren ein neues Dichtungsmaterial, Riffelblei gennant, für Rohrverlegungsarbeiten in den Handel gebracht. Es besteht aus einem endlos fein geriffelten Bleiband (Fig. 74), von dem man durch einen Messerschnitt

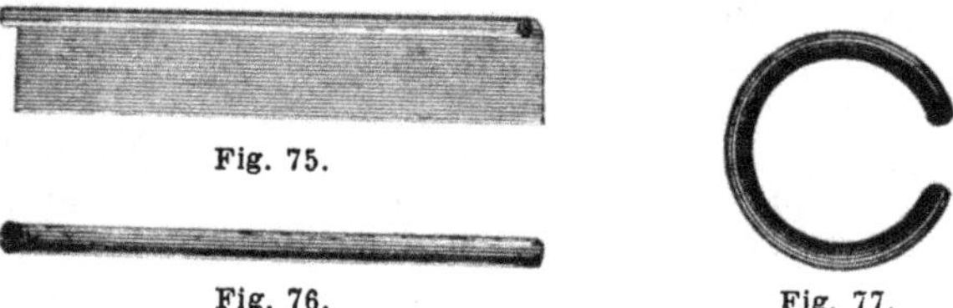

Fig. 75.

Fig. 76.

Fig. 77.

die je nach Kreisumfang der zu verdichtenden Muffen erforderliche Länge abtrennt.

Der abgeschnittene Streifen wird zusammengerollt (Fig. 75 und 76) und so der Ring zum Verstemmen fertig gemacht (Fig. 77).

Die einzelnen Ringe (von der Länge des Kreisumfanges vom betr. Rohre) werden nacheinander gehörig eingestemmt, so daß sie eine feste homogene Bleimasse bilden.

Wie bereits eingangs dieses Kapitels erwähnt, verwendet man bei Flußbettdurchführungen und in schwierigen Bodenverhältnissen Mannesmannröhren oder schmiedeeiserne geschweißte Röhren. Außerdem werden in bergunsicherem Terrain derartige Rohre auch noch mit besonderen Muffensicherungen versehen. Zwei von Baurat Thiem angegebene Konstruktionen sind in den Schnittfiguren 78 und 79 dargestellt. Bei allen derartigen Dichtungen in beweglichem Erdboden kommen in der Regel Gummiringe zur Verwendung. Für die Dichtung Fig. 78 können Normalröhren ohne weiteres verwendet werden. Vorteilhaft ist es, wenn die Rohrenden außen mit einer Nute zum Einlegen des Gummiringes versehen werden; doch läßt sich der Gummiring auch einrollen,

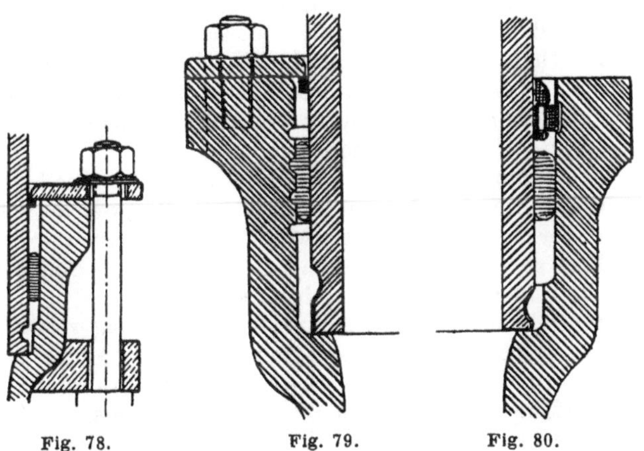

Fig. 78. Fig. 79. Fig. 80.

wenn die Nute fehlt. Zum Einrollen der Gummiringe benutzt man hölzerne oder eiserne Einführungsringe, welche, zweiteilig, auf die Muffe aufgelegt werden, um das Zusammendrücken des Gummiringes beim Eintritt in die Dichtungsfuge zu erleichtern. Über die Rohrenden wird ein Metallring geschoben, der die Fuge etwa zur Hälfte ausfüllt und darüber ein schmiedeeiserner Ring gelegt, der rings um das Rohrende herum etwa 1 mm Spiel hat. Dieser Ring wird durch Schrauben festgehalten, die ihrerseits in einen um den unteren Muffenwulst gelegten gußeisernen Ring hineingesteckt sind. Eine von der Friedrich-Wilhelm-Hütte angegebene Änderung dieser Muffensicherung besteht darin, daß statt der Mutterschrauben Stiftschrauben verwendet werden, wie dieses aus der Fig. 79 zu ersehen ist.

Mit diesen Stiftschrauben wird ein gußeiserner Ring auf die Muffe befestigt, der den Messingring festhält. Außerdem werden in die Muffe zum besseren Festhalten einige Rillen eingegossen.

Außer diesen beiden besprochenen Dichtungsarten hat Vogt, Waldenburg, auf einer Versammlung der Gas- und Wasserfachmänner Schlesiens und der Lausitz noch eine Reihe anderer Dichtungen elastischer Muffenverbindungen beschrieben, von denen wir noch eine, welche der Genannte dem Gußröhrensyndikate angegeben hat, in Fig. 80 darstellen. Hier werden Schrauben oder andere äußerlich sichtbare Teile ganz vermieden. Die Festhaltung des Gummiringes wird durch zwei Metallringe bewirkt, von denen der eine, schräg durchgeschnitten und aus elastischem Material, z. B. aus Phosphorbronze, auf den Enden aufgespannt ist. Der innere Ring, welcher den elastischen Ring in sich einschließt, wird auf die Rohrspitze mit möglichst wenig Spiel aufgeschoben, danach der Gummiring eingerollt und schließlich die beiden Metallringe gemeinsam in die Muffenfuge eingedrückt.

Das Deutsche Gußröhren-Syndikat empfiehlt eine Muffenverbindung unter dem Namen »Syndikatsmuffe«, welche, ebenso wie die vorher beschriebenen Muffen, dazu dienen soll, die Gußröhren so zu dichten, daß sie, in beweglichem Boden verlegt, den Bodenbewegungen folgen können.

Zur Abdichtung wird ebenfalls ein Gummiring verwendet.

Um zu verhindern, daß der Gummiring aus der Muffe herausgepreßt wird, ist die Muffe vorn mit einem Stahlguß- oder Tempergußring abgeschlossen und der Spalt zwischen Stahlgußring und äußerer Rohrwand durch einen Messingring verdeckt.

Auch kann der Stahlgußring durch einen eingegossenen und nachher verstemmten Bleiring mit dem Muffenbord verbunden werden.

In den Fig. 81, 82 u. 83 ist eine vereinigte Strick-, Blei- und Gummidichtung in abgesetzter Muffe, welche vom Gaswerk Gelsenkirchen angegeben worden ist, dargestellt.

Die Fig. 84 u. 85 zeigen die unter der Bezeichnung Schalker Muffe bekannten Verbindungen.

Auch bei der Verlegung der Hauptrohrleitung kann die Notwendigkeit eintreten, kleine Lageänderungen nach allen Richtungen zu ermöglichen, z. B. bei Dückern über Brücken oder in bergunsicherem Gelände. Zu diesem Zwecke sind von der Firma Bopp & Reuther Gelenkstopfbüchsen-Rohr-

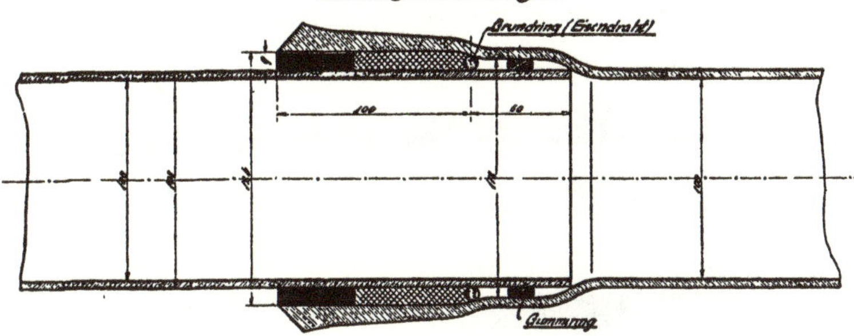
a) Fertige Dichtung
Grundring (Eisendraht)
Gummiring
Gewicht des Gummiringes = 20 gr

Fig. 81.

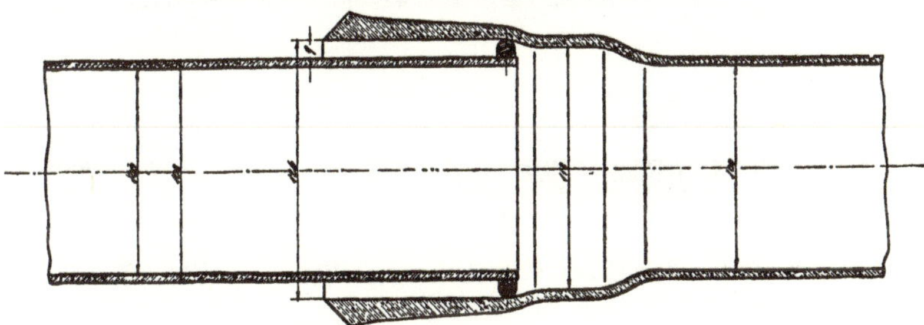
b) Gummiring vor dem Einrollen.

Fig. 82.

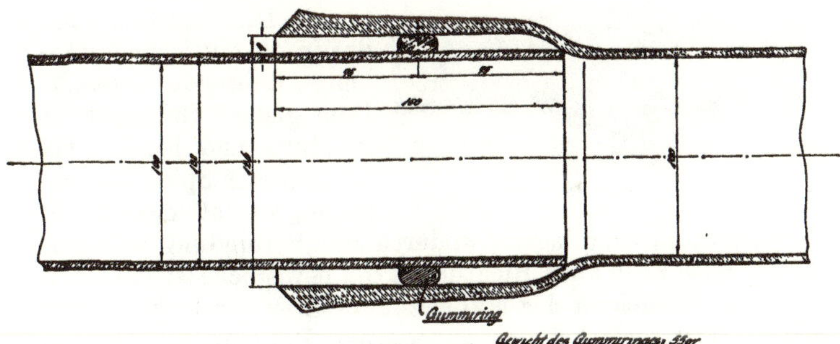
c) Einfache Muffe mit Gummidichtung
bei gleicher Muffentiefe wie oben.
Gummiring
Gewicht des Gummiringes = 55gr

Fig. 83.

verbindungen konstruiert worden, mittels welcher man Scharnierrohre mit drehbarer Bewegung herstellen kann.

Alte Schalker-Muffe.

Fig. 84.

Neue Schalker-Muffe D.R.P. Nr. 233012.

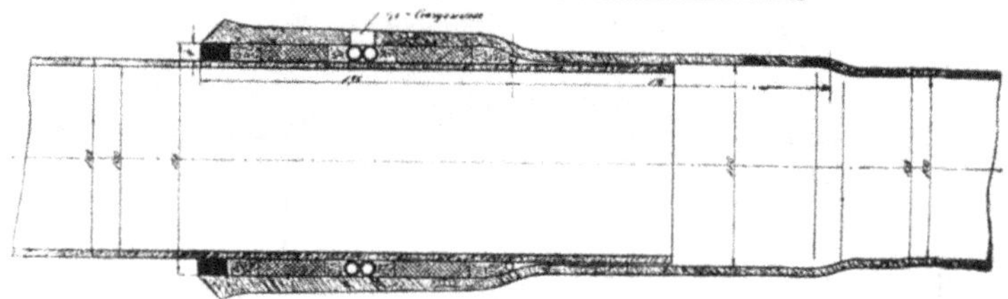

Fig. 85.

Eine von derselben Fabrik hergestellte bewegliche Rohrverbindung ist in Fig. 86 abgebildet.

Sie besteht aus der Muffe *m*, dem losen Flanschring *f*, der zwischen beiden liegenden Dichtung *d* und den Mutterschrauben *s*. Muffe und Flanschring haben schräge Flächen, hierdurch wird beim Anziehen der Mutterschrauben die Dichtung fest gegen das in die Muffe eingeschobene Rohrende gepreßt. Dem glatten Rohrende ist in Muffe und Flanschring ein gewisser Spielraum gegeben, so daß dasselbe in dem Dichtungsring lagert, wodurch die Verbindung eine elastische bzw. nach allen Richtungen frei bewegliche ist (Gelenk).

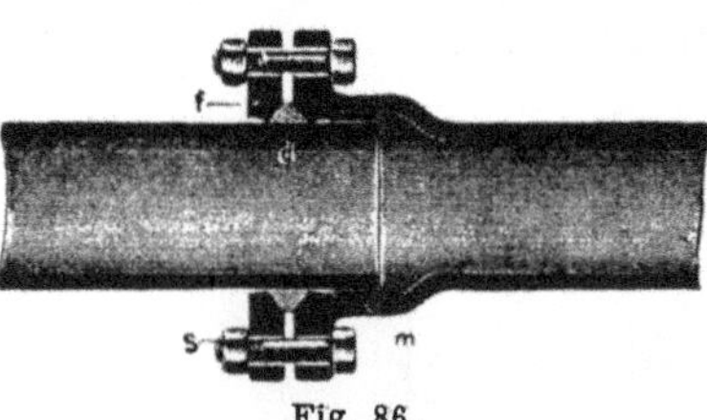

Fig. 86.

Das **Verdichten der Mannesmannröhren** geschieht in derselben Weise wie bei den gußeisernen Röhren. Bei beiden Rohrsorten ist beim Verstemmen darauf zu achten, daß die

Abdichtung bzw. das Verdichten mit Blei im Innern der Muffe möglichst auf den festeingebrachten Teerstrick und in der ganzen Höhe des Bleiringes gegen die Muffenwandung erfolgt. Bei den Gußröhren geschieht das Verstemmen der Reihe nach mit dem 1., 2. usw. Setzer, und zwar so lange, bis die Bleivorlage von selbst abfällt. Man muß hierbei mit Sorgfalt und Vorsicht arbeiten; allzu starke Schläge darf man beim Eintreiben des Bleies in die Muffe nicht anwenden, weil dadurch sehr leicht die starre und spröde Gußrohrmuffe gesprengt werden könnte.

Dagegen ist beim Verstemmen der Stahlrohrmuffen ein Bruch oder Riß wohl gänzlich ausgeschlossen. Diese Rohre werden beim Verstemmen zunächst wie die Gußrohre behandelt, der Teerstrick wird fest eingebracht und dafür gesorgt, daß die Muffe genügend Blei erhält. Nach Erkalten des Bleiringes verstemmt man, direkt mit dem 2. Setzer anfangend, das Blei unter gleichmäßigen Schlägen in die Muffe hinein. Diese Schläge dürfen, wie schon oben bemerkt, sehr kräftig sein, da die Gefahr eines Zersprengens der Muffe bei den Stahlröhren nicht besteht. Der Bleiring wird sich dann fest gegen die Muffenwandung anpressen und die Muffe in Spannung setzen, wodurch eine tadellose Dichtung erzielt wird.

Die große Länge der Rohre, deren Elastizität, die gute Abdichtung »Metall auf Metall« zwischen Muffe und Schwanzende wirken zusammen, um Verschiebungen des Erdbodens direkt von einem Rohr auf das andere zu übertragen, ohne daß die Verbindung dabei in Mitleidenschaft gezogen wird. Sehr starke Erdbewegungen können natürlich stellenweise auseinanderziehend wirken, was durch eine Bleimuffenverbindung niemals verhindert werden kann. Immerhin liefern die Mannesmannröhren-Werke auch für solche Fälle eine Spezialmuffenverbindung mit verlängertem, das Schwanzende umschließenden Muffenhals, so daß hierbei auch Auseinanderzerrungen der Rohrleitung möglich sind, ohne zu Undichtigkeiten in den Muffen zu führen.

Direktor Borchardt, Remscheid, äußert sich hierüber in einem im »Journal für Gasbeleuchtung« veröffentlichten Aufsatze folgendermaßen:

»Ich selbst habe seit langer Zeit bei Leitungen mit hohem Druck und dort, wo geringe Bodensenkungen zu erwarten sind, Rohre mit aufgerauhten Muffen und Schwanzenden mit sehr gutem Erfolg in Gebrauch. Das Aufrauhen der Muffen und Schwanzenden der Mannesmannrohre gibt den Bleidichtungen einen festen Halt; es ist mit sehr großer Mühe verbunden, zwei solcher zusammengedichteter Rohre auseinanderzumachen. Selbstverständlich darf das Aufrauhen jedoch nicht zu stark erfolgen, weil sonst der Dichtungsstrick nicht gut in die Muffe eingebracht werden kann. Für sehr hohe Drücke werden die Mannesmann-Stahlmuffenrohre mit besonderen Sicherungen geliefert.

Es könnte jetzt noch die Frage auftauchen, ob die große Elastizität der Mannesmannrohre und deren Fähigkeit, den Erdbewegungen zu folgen, nicht zu Bildungen von Wassersäcken in Gasrohrleitungen Veranlassung geben kann. Ich habe sogar von Kollegen die Ansicht äußern gehört, daß solche Wassersäcke noch unangenehmer wie Rohrbrüche seien. Ich würde, wenn ich genötigt wäre, entweder Gasrohrbrüche oder Wassersäcke in den Kauf nehmen zu müssen, zunächst die Rohrbrüche unbedingt zu vermeiden suchen.

Ich bin aber der Ansicht, daß auch die Bildung von Wassersäcken in den Mannesmannrohrleitungen durch sorgfältige Verlegung vollständig vermieden werden kann. Wenn natürlich bei ungenügender Kontrolle bei Herstellung des Rohrgrabens beim Verlegen und Verstemmen der Leitung Fehler gemacht oder wenn die Leitungen nicht mit genügendem Gefälle verlegt werden, so ist bei Gußröhren das Eintreten von Rohrbrüchen oder auch gelegentlich die Bildung eines Wassersackes sicher, während bei einer Mannesmannrohrleitung in solchem Falle natürlich nur Wassersäcke eintreten können. Erdbewegungen geringen Umfanges werden, wie schon bemerkt, durch die Elastizität der Mannesmannrohrleitungen in den meisten Fällen ohne Schaden ausgeglichen werden. Umfangreichen Senkungen oder Hebungen des Erdbodens muß dagegen jede Rohrleitung, gleichviel aus welchem Material sie besteht, folgen. Er ist daher unbedingt notwendig, bei der Bestimmung des Gefälles[1]) auf diesen Umstand zu achten. Dies ist namentlich dann erforderlich, wenn die betreffenden Straßen frisch kanalisiert worden sind oder wenn deren Kanalisierung noch bevorsteht, vor allem aber auch dort, wo man aus anderen Gründen Bodensenkungen zu erwarten hat, wie z. B. im Bergbaugebiet. In solchen Fällen sollte das Gefälle bei Gasrohrleitungen von 100 mm und darüber nicht unter 0,8 bis 1,2%, je nach den vorliegenden Verhältnissen, gewählt werden.«

---

[1]) Siehe die folgenden Seiten: Gefälle der Rohrleitungen.

Gußeiserne Flanschenröhren werden mittels Schrauben und Gummidichtungen, in Firnis getränkter Pappscheiben, Teerpappringe, aus Blei gegossener Dichtungsringe oder aus Teerstrick geflochtener Ringe verbunden. Beim Anziehen der Mutterschrauben ist darauf zu achten, daß dieselben gleichmäßig, d. h. immer zwei gegenüberliegende, zugleich angezogen werden.

Wie schon gesagt, werden an den tiefsten Punkten der Rohrleitungen **Wassertöpfe** zur Aufnahme der Kondensationsprodukte eingebaut (Fig. 87).

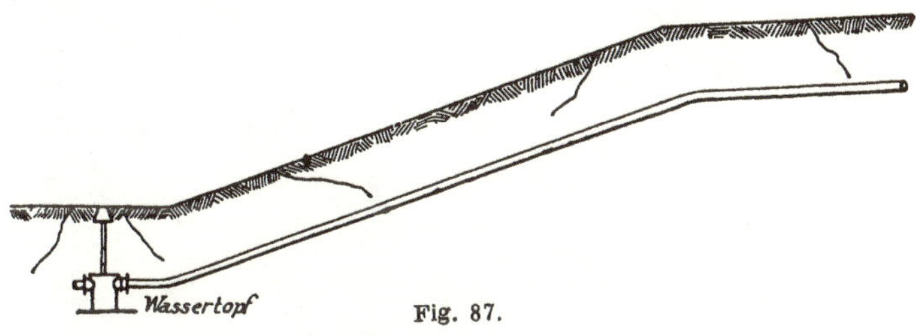

Fig. 87.

Wenn die Straße, in welcher die Rohrleitung verlegt werden soll, selbst steigt oder fällt, so wählt man als Standort für den Wassertopf möglichst den tiefsten Punkt der Straße und legt das Rohr mit derselben Steigung oder demselben Gefälle wie die Straßenoberfläche dies andeutet. Bei einer horizontalen Straße bestimmt man die Standorte der Wassertöpfe so, daß die letzteren nicht zu große Deckung erhalten. Über 2 m sollte man keinesfalls gehen; besser ist es, die Töpfe etwa 1,50 m tief zu setzen und den Rohrleitungen ein Gefälle von etwa 1:200 zu geben, d. i. auf 1 m 5 mm. Zur Bestimmung des Gefälles bringt man in entsprechenden Abständen über dem Rohrgraben Visierbretter an, deren Höhen entsprechend dem Gefälle der zu legenden Leitung durch Nivellement bestimmt werden. Es wird dann auf jedes Rohr ein Visierkreuz gesetzt und, wie aus der beistehenden Abbildung Fig. 88 zu ersehen ist, die erforderliche Lage des Rohres durch Visieren bestimmt.

Auch benutzt man eine Kanalwage bzw. ein Richtscheit von bestimmter Länge. Man befestigt an dem einen Ende des letzteren ein Holzstückchen, dessen Stärke das Gefälle auf der Länge angibt. Dann legt man dieses Richtscheit mit dem Holzstückchen auf das Rohr, setzt die Kanalwage darauf und bringt das Rohr in die Lage, bei welcher die Libelle der Kanalwage wagrecht ist.

Fig. 88.

Es gibt auch Kanalwagen, welche auf ein bestimmtes Gefälle eingestellt werden können, wodurch das Richtscheit mit Holzunterlage entbehrlich wird.

In Fig. 89 ist sowohl die Anordnung der Wassertöpfe als auch die beschriebene Art der Feststellung des Gefälles mittels Richtscheits und Kanalwage zeichnerisch dargestellt.

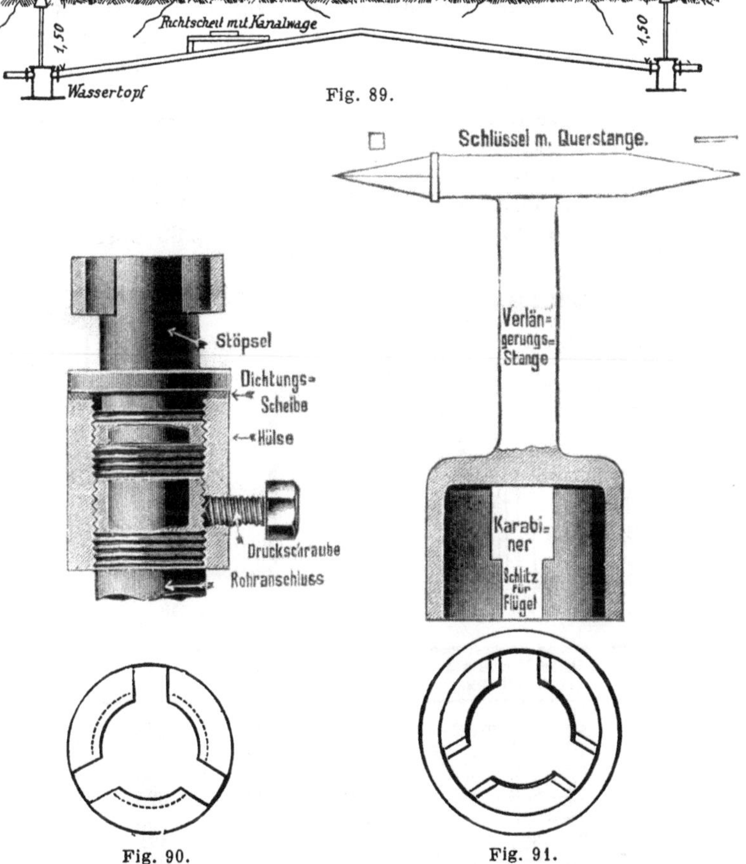

Fig. 89.

Fig. 90.

Fig. 91.

Die Wassertöpfe bestehen in der Regel aus einem gußeisernen zylindrischen Behälter mit zwei seitlichen Muffen und einem oberen Flanschendeckel, welcher seinerseits entweder Muffen oder Flanschen zum Anschluß der erforderlichen Pumpensaug- und Laternenanschlußrohre besitzt. Fig. 90 stellt einen Stöpsel zum Saugrohr und Fig. 91 einen Schlüssel zum Öffnen und Schließen desselben dar. Mittels des Pumpenrohres wird das sich im Topf ansammelnde Wasser ausgepumpt. Das Laternenanschlußrohr wird mit einer in der Nähe befindlichen Straßenlaterne in Verbindung gebracht (Signallaterne).

Ist der Wassertopf überfüllt, so steigt die Flüssigkeit sowohl in das Pumpen- als auch in das Laternenanschlußrohr, und die Laternenflamme erlischt. Man bezeichnet deshalb die an Wassertöpfe angeschlossenen Laternen als Signallaternen.

Die Wassertöpfe werden manchmal auch mit einer vom Deckel herunterreichenden Scheidewand versehen, welche dazu dient, bei Rohrverlegungs- und etwaigen Reparaturarbeiten am Rohrnetz durch Anfüllen des Topfes mit Wasser ein Absperren der Gasführung zu ermöglichen (Fig. 92 u. 93).

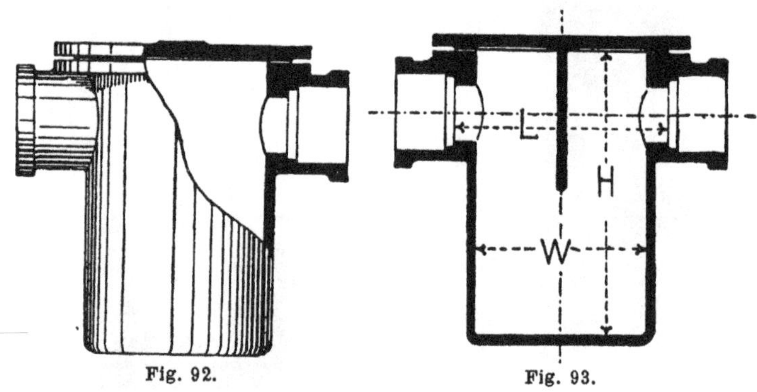

Fig. 92. Fig. 93.

Lichte Weite der Rohrleitung	*W*	*H*	*L*
40— 60 mm	250	300	274
70— 90 »	250	350	274
100—150 »	250	450	265
175—200 »	310	500	325
225—250 »	360	600	380
275—300 »	410	650	425
325—350 »	515	780	520
375—400 »	515	850	520

Der deckellose Wassertopf, System Kunath, welcher von der Märkischen Eisengießerei Friedeberg, Berlin, angefertigt wird, erfreut sich seit einigen Jahren großer Beliebtheit.

Derselbe ist, wie die Abbildung (Fig. 94) zeigt, aus einem Stück gegossen. Dadurch kommen die sonst zur Befestigung des Deckels dienenden Mutterschrauben, welche dem Verrosten ausgesetzt sind und häufig zu Undichtigkeiten Anlaß geben, in Wegfall. Durch den gewölbten Boden und dadurch, daß der obere Teil eng, der Wasserraum dagegen weit gehalten ist, erhält der Wassertopf einen festeren Stand. Damit die zur Befestigung des Auspumprohres dienenden Schrauben geschützt werden, ist der Anschluß für den Flansch vertieft gelegt, so daß diese Schrauben mit Zement oder einem anderen Schutzmittel übergossen werden können. Auch diese Töpfe werden mit einer Scheidewand versehen.

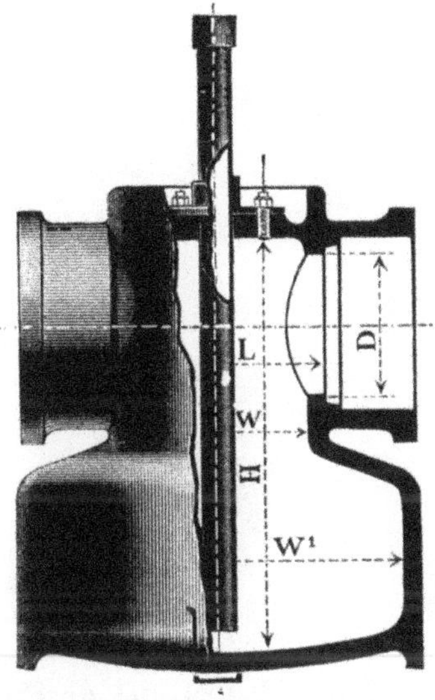

Fig. 94.

Abmessungen [mm].

Töpfe ohne Scheidewand.

Nr.	D	W	W_1	L	H
1	40—60	125	300	155	300
2	65—80	150	325	180	325
3	90—100	175	350	205	350
4	125—150	200	400	240	425
5	175—225	250	450	290	500
6	250—300	300	500	350	650
7	325—400	400	600	450	800
8	425—500	500	700	550	950

Töpfe mit Scheidewand.

Nr.	D	W	W_1	L	H
1	40—60	125	300	155	300
2	65—80	150	325	180	325
3	90—100	175	350	205	350
4	125	200	400	240	425
5	150	250	450	290	500
6	175—200	300	500	350	650
7	225—250	400	600	450	800
8	275—325	500	700	550	950
9	350—400	600	800	650	950
10	425—500	725	925	775	1100

Die Kugelwassertöpfe des Guß- & Armaturwerkes A.-G., Kaiserslautern, Fig. 95 u. 96 sind so eingerichtet, daß jederzeit ein größerer Topf eingebaut werden kann. Die Verbindung zwischen Formstück und Topf ist nämlich bei allen Größen 80 mm l. W.

Fig. 95.

Fig. 96.

Das Abhauen und Abschneiden der gußeisernen Rohre.

Fig. 97.

Ist man gezwungen, in eine Rohrleitung ein Abzweigstück einzubauen, so muß man aus dem betreffenden Rohr entweder mit einem Kreuzmeißel ein Stück, reichlich von der Länge des Abzweiges, heraushauen oder mit einem Rohrabschneider herausschneiden. Auch beim Einbauen anderer Formstücke kommt es manchmal darauf an, von einem Rohre ein Stück von ganz bestimmter Länge abschneiden zu müssen.

Hierzu eignet sich für große Rohrdimensionen ganz besonders der Kunathsche Rohrabschneider.

welcher in Fig. 97 abgebildet und von der Berlin-Anhaltischen Maschinenbau-Aktiengesellschaft, jetzt Bamag-Meguin, angefertigt wird.

Dieser Apparat besteht aus einem zweiteiligen Führungsrahmen, welcher durch Druckschrauben auf dem zu durchschneidenden Rohre nahezu konzentrisch angeklemmt wird und ein Lager mit Handhebel trägt, sowie aus einem mit Sperrzähnen versehenen, aus zwei oder mehr Teilen zusammengesetzten Ring, welcher durch drei Rollen auf der Oberfläche des Rohres geführt wird, während er gegen seitliche Verschiebung durch Knaggen gegen den angeklemmten Rahmen geschützt wird. Dieser Ring trägt das schneidende Werkzeug.

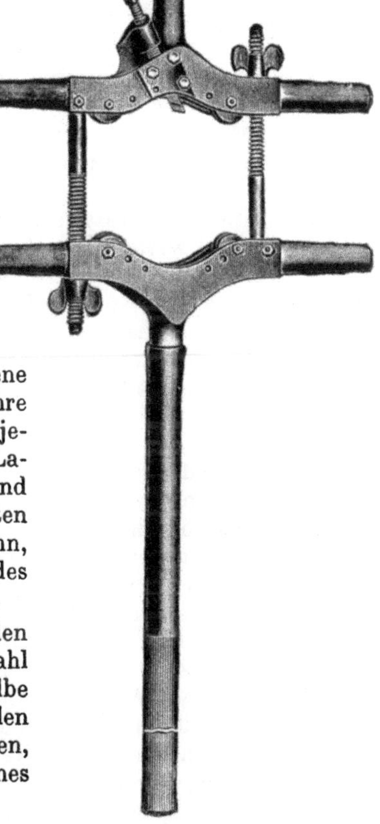

Fig. 98.

Mit Rücksicht auf die unebene Form der rohen gußeisernen Rohre sind zwei Rollen in verstellbaren, jedoch beim Arbeiten festliegenden Lagern, die dritte Rolle dagegen federnd gelagert, so daß sie den Unebenheiten der Rohroberfläche ausweichen kann, ohne daß die sichere Führung des gezahnten Ringes gefährdet wird.

Dicht neben dieser federnden Rolle ist der schneidende Drehstahl nachstellbar angebracht; derselbe steht somit den beiden festen Rollen gegenüber, die den Druck aufnehmen, welcher zum Abschneiden eines Spanes nötig ist.

Mittels des Handhebels wird durch Sperrklinkenübertragung der vorerwähnte Ring in drehende Bewegung versetzt; es schneidet dabei der nachstellbare Stahl, genau so wie ein Drehstahl, bei jeder Umdrehung einen Spahn vom Umfang des Rohres ab, so daß die Schnittfläche am Rohr genau so gerade und glatt ausfällt, als wenn das Rohr auf der Drehbank abgestochen wurde. In Fig. 98 ist ein von der Werkzeugfabrik Breitscheid & Bunse in Remscheid-Vieringhausen gelieferter Rohrabschneider dargestellt, der besonders zum Abschneiden von Mannesmann-Stahlrohr geeignet sein soll.

Nachdem ein Rohrstrang von gewisser Länge fertigverlegt ist, wird eine **Dichtigkeitsprüfung** desselben vorgenommen. Zu diesem Zwecke verschließt man die Enden der Leitung luftdicht mittels gußeiserner Endstöpsel und schließt an die Bohrung eines der letzteren eine Luftpumpe (Flügelpumpe) mit einem Manometer (siehe diese), bestehend aus zwei Schenkeln von etwa 2 m Höhe an. Nun pumpt man Luft in die Rohrleitung, beobachtet an dem Stehenbleiben oder Fallen der Wassersäule des Manometers, ob die Leitung dicht ist oder nicht.

Bevor man die Wassersäule des Manometers abliest, muß man einige Zeit warten, bis nämlich die in der Rohrleitung befindliche Luft die Temperatur der Rohre angenommen hat, um keine Fehlschlüsse aus dem Verhalten der Manometer-Wassersäule zu ziehen.

Neue Gasrohrnetze sollen bei Prüfung mit einem Gasdruck von 50 mm Wassersäule je nach dem Umfang des Rohrnetzes nicht mehr als 50 bis 100 l wirklichen Verlust pro Stunde und 1 km aufweisen.

Nach beendeter Prüfung wird an geeigneter Stelle die **Luft ausgeblasen.** Es ist ratsamer, sich durch den Geruch davon zu überzeugen, ob die Luft genügend entfernt und reines Gas der Leitung entströmt, als dies etwa durch Anzünden des Gases festzustellen, da es nicht ausgeschlossen ist, daß durch ein Gemisch aus Gas und Luft eine Explosion entsteht.

Man kann sich auch durch Füllen einer Tierblase (die man beim Metzger kauft) mit dem ausströmenden Gasluftgemisch von der Reinheit des Gases überzeugen. Abseits von der Ausblasestelle entzündet man dann das Gas an einem kleinen, in die Blase eingebundenen Hahn.

Bei Leitungen von kleinerem Durchmesser versieht man den Endstöpsel mit einer etwa ½zölligen Öffnung, schraubt in diese einen Schlauchhahn oder einen Absperrhahn von entsprechender Weite und läßt die Luft hieraus so lange entweichen, bis genügend Gas kommt. Bei größeren Leitungen bringt man besondere Ausblaseröhren an, damit die Luft an den tiefsten Punkten der Rohrleitung entweicht und in einiger Entfernung über dem Erdboden so weit geleitet werden kann, daß ein etwa ausströmendes Gas- und Luftgemisch nicht mehr gefährlich ist. Hat sich die Leitung als dicht erwiesen, und ist die Luft ausgeblasen, so wird der **Rohrgraben zugefüllt.** Zuerst werden die Kopflöcher mit guter Erde, am besten scharfem Sand oder Kies, unter fortwährendem Stampfen eingefüllt. Hierauf werden die Rohre gleichfalls mit demselben Erdmaterial unterstopft und dann bedeckt. Man achte darauf, daß bei dieser Gelegenheit keine Steine unter oder direkt auf das Rohr kommen. Das weitere Einbringen des Bodens in den Graben erfolgt schichtenweise unter fortwährendem Stampfen. Es ist selbst bei sorgfältigster Arbeit nicht zu vermeiden, daß sich der Erdboden später noch etwas setzt, weshalb es ratsam ist, die Bodenfläche über dem Rohrgraben etwas zu erhöhen, damit nicht eine Vertiefung in der Straßenoberfläche entsteht.

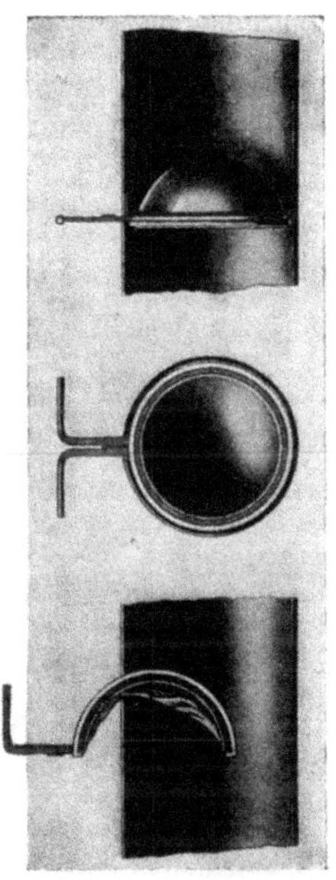

Fig. 99, 100 u. 101.

Bei **Rohrverlegungen unter Druck** oder bei Veränderungen im Rohrnetz und Herausnahme einzelner Teile desselben müssen die liegenbleibenden Rohre nahe an ihren Endpunkten mit Gummiballons oder Tierblasen bzw. durch Anfüllen der nächstliegenden Wassertöpfe, falls solche mit Scheidewand vorhanden sind, gasdicht abgesperrt werden. Das Absperren mit Gummiballons oder Tierblasen geschieht auf folgende Weise. Man bohrt Löcher von entsprechender Weite in das Rohr, bringt den Ballon oder die Blase in zusammengelegtem Zustande durch ein solches Loch ins Rohr ein und bläst nun durch einen in die Öffnung der Blase fest eingebundenen Schlauchhahn mit dem Munde Luft hinein. Der Ballon oder die Blase wird darauf den ganzen Querschnitt des Rohres ausfüllen und ein Austreten von Gas verhindern. Während der Arbeit muß stets auf die Blasen und Wassertöpfe geachtet und beim Verschwinden der Luft aus den ersteren bzw. des Wassers aus den letzteren für Wiederanfüllung mit Luft bzw. Wasser gesorgt werden. Werden die Arbeiten, sei es am Tage, sei es durch eintretenden Feierabend, unterbrochen, so müssen die Öffnungen aller mit Gas gefüllten Rohre gasdicht verschlossen werden. Eine von der Kölnischen Maschinenbau-Akt.-Ges. Köln-Bayenthal, jetzt Bamag-Meguin, gelieferte Absperrvorrichtung ist in den Figuren 99, 100 und 101 in den verschiedenen Stellungen abgebildet. Diese Einrichtung besteht aus einem zusammenklappbaren eisernen Ringbügel und einem an ihm befestigten Lederbeutel, welcher halbkugelförmig ausgebildet ist, so daß er sich beim Zusammenklappen leicht zu-

Fig. 102.

Fig. 103.

sammenfalten läßt. An der Peripherie trägt der zusammenklappbare eiserne Ring einen Gummireifen, der die Abdichtung gegen die Rohrwand herstellt.

Der Apparat ist sehr brauchbar; nur muß die Einführungsöffnung im Rohr verhältnismäßig groß sein, was für das Rohr selbst kein Vorteil ist.

Die Handhabung dieser Absperrvorrichtung ist aus beistehenden Abbildungen ersichtlich (Fig. 102 und 103).

Die unter Druck verlegten Rohrleitungen werden durch Entfernung der Blasen oder durch Auspumpen der Wassertöpfe mit Gas gefüllt, die Luft wird daraus entweder durch

Öffnen des Pumpenrohres eines in der Nähe befindlichen Wassertopfes oder der Laternenhähne entfernt. Hierauf wird die Leitung zunächst durch Abriechen und dann durch Ableuchten unter möglichst hohem Druck auf ihre Dichtigkeit untersucht.

Sartorius macht im »Journal für Gasbeleuchtung und Wasserversorgung« Mitteilung von einem Verfahren, welches für Rohrverlegungen unter Druck beachtenswert zu sein scheint, auf welches wir bei dieser Gelegenheit aufmerksam machen wollen.

In das zuerst eingelegte Rohr wird eine Absperrblase (Fig. 104) eingesetzt, deren Lufthahn mit einer Verschraubung

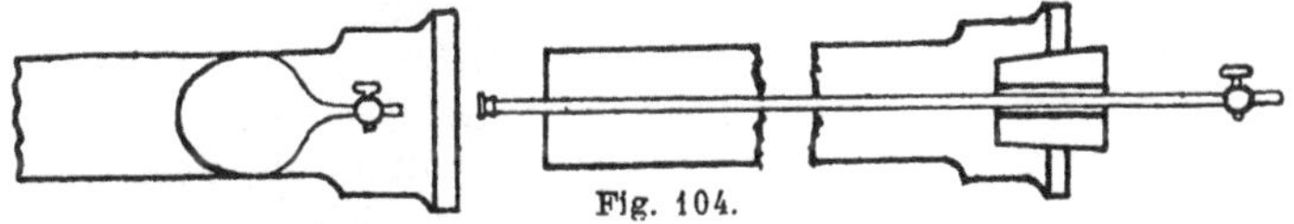

Fig. 104.

versehen ist. Das zu verlegende Rohr wird mit einem Holzpfropfen verschlossen, der in der Mitte eine 15 mm weite Durchbohrung hat, durch die ein ¼zölliges Rohr von der reichlichen Länge des Gußrohres gezogen wird. An dem einen Ende des ¼zölligen Rohres befindet sich die Verschraubung des Lufthähnchens, am anderen ein Schlauchhahn. Man legt nun das vorbereitete Gußrohr so vor das bereits liegende, daß das ¼zöllige Rohr noch bequem mit der Absperrblase gekuppelt werden kann, schließt den Schlauchhahn und öffnet den anderen; dann wird das Muffenrohr in die richtige Lage gebracht und verstrickt. Sobald dies geschehen, öffnet man den Schlauchhahn und läßt so viel Luft aus der Blase entweichen, daß dieselbe mit dem ¼zölligen Rohr bequem nach dem vorderen Ende des neuen Rohres gezogen werden kann. Hierauf wird die Blase wieder durch denselben Hahn aufgeblasen, der Holzpfropfen herausgenommen, der Hahn an der Blase geschlossen und die Verschraubung gelöst; die Blase sitzt dann wieder vorn, und die Manipulation beginnt von neuem. Beim Vorziehen der Blase entweicht die Luft aus dem Rohre langsam durch die reichlich weite Bohrung des Holzpfropfens, und bei der allmählichen Entleerung der Absperrblase tritt das Gas ohne bemerkbare Schwankungen der nächstliegenden Flammen nach, so daß selbst nicht einmal die Zündflammen von Straßenlaternen erlöschen.

In dem Bestreben, das Absatzgebiet des Steinkohlengases immer mehr zu erweitern, treten an den Gasrohrleger bezüglich der Herstellung der Gasrohrleitungen höhere Anforderungen heran. Die Leitungen, welche unter **höherem** Druck stehen, müssen durchaus dicht sein; die Anlagen müssen derart beschaffen sein, daß sie keine Gefahren für Menschen und Tiere verursachen; gleichzeitig sollen sie in hohem Maße Betriebssicherheit gewährleisten. Die ersten «Gasfernversorgungen« in Deutschland waren diejenigen von Lübeck nach Travemünde und von Heidelberg nach Ziegelhausen-Schlierbach (1903). Amerika war uns in der Fortleitung und Verteilung des Gases auf weite Strecken schon lange voraus. Wenn man auch bereits vor 50 Jahren in London dazu übergegangen war, bei zwei 1200 mm-Leitungen, die durch die City führen, sich nicht mehr mit dem Behälterdruck zu begnügen, sondern mittels Gebläse den Druck zu erhöhen, so war es doch Amerika vorbehalten, die erste wirkliche Hochdruckleitung zu planen und in Betrieb zu setzen.

Die erste Hochdruckleitung in modernem Sinne wurde schon im Jahre 1899 in Phönixville-Pa. erbaut und im Jahre 1903 waren in Amerika bereits 30 große Anlagen in Betrieb. Einem an deutsche Verhältnisse gewöhnten Fachmanne muß es auffallen, welch geringe Rohrdurchmesser bei diesen Anlagen zur Verwendung kommen. So wurde z. B. zur Versorgung eines Ortes mit 150 Gasabnehmern ein Verteilungsnetz von teils 1″, teils nur ¾″ l. W. gelegt.

Daß dabei hohe Drucke zur Verwendung kommen, ist natürlich, jedoch geht man über 3,5 Atm. noch nicht hinaus. Das Mittel in Verteilungsnetzen beträgt etwa 2 Atm. Überdruck, und wo es sich darum handelt, bestehende Niederdruckverteilungsnetze zur Zeit der höchsten Abgabe zu unterstützen, nimmt man ⅓ Atm. und weniger. Wo Drucke über ⅓ Atm. in Gebrauch sind, werden beinahe ausschließlich schmiedeeiserne oder Stahlrohre verwandt, jedoch haben sich für größere Leitungen auch Gußrohre bewährt. Bei kleinen Durchmessern wurden die Rohre mittels Gewinde miteinander verschraubt, bei größeren Durchmessern (etwa von 200 mm aufwärts) scheint die sog. Dresserkuppelung als Verbindungselement die größte Verbreitung gefunden zu haben (Fig. 105). Diese besondere Sorgfalt bei der Herstellung der Rohrverbindungen entspringt nur der Erkenntnis, daß bei Anwendung hoher Drucke die hergebrachte Muffenverbindung nicht mehr genügend Sicherheit gegen Gasausströmungen bieten kann.

Da früher oder später die Anwendung höherer Drucke auch hier Platz greifen wird, so dürfte die große Sorgfalt der Amerikaner gegen Gasausströmungen nicht ohne Interesse sein. Sie tritt auch überhaupt in der ganzen Ausführung derartiger Anlagen zutage.

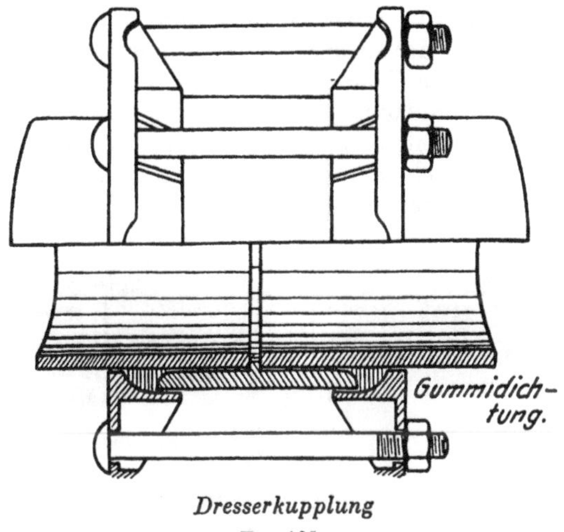

Dresserkupplung

Fig. 105.

Bei **Kreuzungen mit Kanälen** ist darauf zu achten, daß der Wasserquerschnitt des Kanals nicht verengt wird. Ist über dem Gewölbe des letzteren so viel Platz vorhanden, daß das Gasrohr wenigstens $1/2$ m Deckung erhalten kann, unter Berücksichtigung des erforderlichen Zwischenraums von 20 cm zwischen Gewölbeoberkante und Rohrunterkante, so ist diese Art der Ausführung zu wählen. Andernfalls ist es ratsam, die Rohrleitung unter der Kanalsohle durchzuführen. Beide Ausführungsarten bedingen die Aufstellung eines Wassertopfes in der Nähe des Kanals.

Bei **Fluß-, Bach-, Bahn- und ähnlichen Kreuzungen** ist zunächst zu untersuchen, ob die Verlegung der Rohrleitungen auf einer Brücke möglich ist. Bei kleinen Rohrdimensionen dürfte in diesem Falle schmiedeeisernes Rohr (auch Mannesmannrohr) zu empfehlen sein. Bei hölzernen Brücken ist in der Regel zwischen den Balken und dem Brückenbelag so viel Platz, daß Rohrleitungen kleinerer Dimension an dieser Stelle untergebracht werden können.

Um die Erschütterungen durch die Fuhrwerke für das Rohr nicht so fühlbar zu machen, sowie um die Ausdehnung und das Zusammenziehen von den Dichtungen fernzuhalten, ist es zweckmäßig, auf beiden Seiten der Brücke Ausdehnungsstücke (Dilatationsstücke, Kompensationsstücke), Fig. 106 und 107, einzubauen. Es sind zu diesem Zwecke gemauerte Schächte angelegt worden, durch welche die Rohre führen, und welche die Verbindungen der in der Erde liegenden mit den von der Brücke kommenden Rohren mittels Gummimuffen von etwa 35 cm Länge vermitteln. Diese Gummimuffen müssen von guter Beschaffenheit und entsprechend stark in den Wandungen sein. Dieselben werden über die Rohrenden gestreift und durch Rohrschellen festgehalten.

Fig. 106.

Fig. 107.

Häufig ist man jedoch gezwungen, die Rohrleitungen in das Bett des betreffenden Wasserlaufes zu legen (Dücker). Je nach der Tiefe und Breite dieses Bettes sowie der Geschwindigkeit, mit welcher das Wasser in demselben fließt, sind diese Arbeiten mehr oder weniger schwierig und kostspielig. In welcher Art und Weise man die Verlegung ausführen muß, bedingen die jeweiligen Verhältnisse; als Zeit wählt man natürlich am besten die gute Jahreszeit (Sommermonate).

Im allgemeinen macht das Verlegen resp. das Versenken einer Röhrenfahrt, durch welche Gas geleitet werden soll, deshalb Schwierigkeit, weil man das Rohr entweder nach einer Seite oder nach beiden Enden mit Fall legen muß, um das im Rohre sich absetzende Kondensationswasser an einem Punkte (Wassertopf) zu sammeln und dann je nach Bedürfnis auspumpen zu können. Bei Wasserleitungsröhren kommt es dagegen auf ein solches Steigen und Fallen meistens nicht an. Im übrigen muß, wenn nicht eine übergroße Wassertiefe vorhanden ist oder felsiger Untergrund sich vorfindet (in welchen Fällen man auch wohl die Röhren direkt auf den Untergrund legt), durch Baggermaschinen ein Graben in der Sohle des betreffenden Wasserlaufes ausgehoben werden, in welchen der Dücker eingelegt wird, so daß derselbe, nachdem der Graben wieder zugefüllt ist, gegen Beschädigung durch Schiffsanker geschützt ist.

Das Versenken eines Dückers geschieht, nachdem er vorher einer Druckprobe unterzogen worden ist, mit Hilfe von Seilwinden oder Windböcken, so zwar, daß auf Kommando alle Arbeiter gleichzeitig nachlassen, wobei immer nach einer Drehung die Höhenlage des Rohrstranges im Wasser untersucht und nötigenfalls an der betreffenden Winde nachgeholfen wird.

Eine durch Gebrauchsmustereintragung geschützte, für kleine Dücker verwendbare Rohrstrang-Versenkvorrichtung ist in Fig. 108 abgebildet.

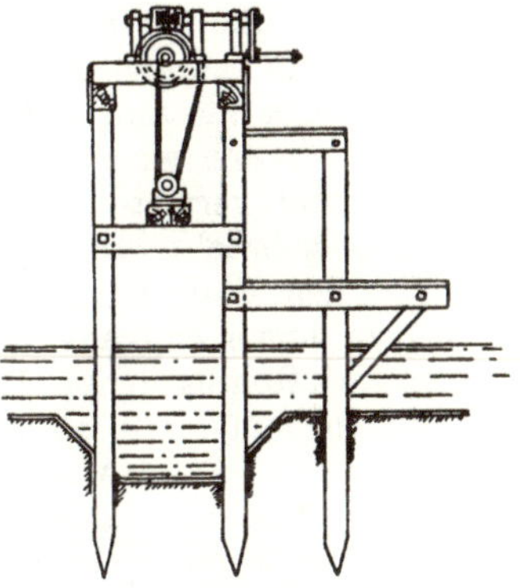

Fig. 108.

Es werden in das Flußbett Paare von Pflöcken eingerammt, und mit oberen und unteren Querhölzern versehen. Auf die oberen Hölzer werden Lager gebaut, in welchen aus Röhren gebildete Tragwellen sich bewegen. Um diese Tragwellen sind Seile, welche den zu versenkenden Rohrstrang tragen, verschlungen[1]).

Im Winter 1890/91 wurde in München eine Gasrohrleitung in der Nähe der Ludwigsbrücke durch die Isar gelegt. Die Leitung besteht aus 450 mm weiten, normalen gußeisernen Röhren, welche in einem durch Spundwände beiderseitig abgeschlossenen Graben gelegt und zur Erhaltung der Beweglichkeit mit Gummiringen an den Muffen abgedichtet wurden. Zum Schutze des Gummiringes gegen äußere Angriffe wurde auf demselben in kaltem Zustande ein in Formen gegossener Bleiring mit keilförmigem Querschnitt aufgebracht. Außerdem kreuzen noch zwei andere Isarunterführungen den Fluß, nämlich oberhalb der Maximiliansbrücke und oberhalb der Prinzregentenbrücke. Die erstere besteht aus 700 mm weiten, 8¼ m langen, schmiedeeisernen, genieteten Flanschenrohren. Die auf einem Gerüst fertig montierte Leitung durch den östlichen Isararm wurde in ihrer ganzen Länge von 84 m mittels Kettenwinden versenkt. Die Isarunterführung bei der Prinz-

[1]) Zentralblatt der Röhren-Industrie 1913, S. 191.

regentenbrücke besteht aus gußeisernen Flanschenrohren von 800 mm Lichtweite mit einer Baulänge von 4 m.

Im Journal of Gaslighting vom Juli 1903 wird über die Versenkung einer Hochdruckgasleitung durch den Mississippi berichtet. Die Breite des Flusses beträgt an der betreffenden Stelle 610 m, die Tiefe schwankt zwischen Hoch- und Niederwasserspiegel um 6 m. Nachdem die Lage durch Sondierung markiert war, wurde ein großes Boot, welches 75 t heben konnte, ausgerüstet, um das Rohr hinüberzuschleppen. Das Rohr war aus Stahl, 150 mm weit mit Schraubengewinde von besonders scharfem Gewindegang. Besonderes Gewicht wurde darauf gelegt, daß die Gewinde vollständig eingeschraubt wurden. Jede Verschraubung wurde mit Asphalt-Eisenfarbe gestrichen und in einem zweiteiligen Gußstahlkasten von ca. 135 kg Gewicht eingeschlossen, welcher durch 8 Bolzen von $^5/_8$ Zoll zusammengehalten wurde. Die Bolzen wurden eingeschraubt, gespalten und vernietet. Zuerst wurde eine Rohrlänge von 250 Fuß beigebracht. Das Rohrende an dem Ufer wurde fest, jenes über dem Fluße mit einem konischen Stöpsel verschlossen, welcher an einem Zugkabel befestigt war und gleichzeitig zum Reinigen des Rohres diente. Das Rohr wurde an Stahlseilen aufgehängt; in dem Maße als dasselbe vom Ufer fortschreitend versenkt wurde, wurden neue Rohrlängen angeschraubt. Die ganze Arbeit dauerte 32 Stunden. Anfangs ging das Verlegen leicht, später waren viele Schiffswracke im Fluße hinderlich.

Bei Bahnkreuzungen verlangen die Eisenbahnbehörden, daß über das Gasrohr ein Schutzrohr gezogen wird, um dieses gegen Erschütterungen zu schützen. Bei Leitungen großen Durchmessers oder auch bei außergewöhnlicher Tiefenlage soll das Rohr durch einen Kanal mit an den Enden gelegenen Schächten zugängig gemacht werden.

Von der Beschaffenheit des Rohrnetzes hängt naturgemäß der größere oder geringere **Verlust an Gas** ab. Es ist deshalb eine ständige Überwachung und Unterhaltung sowohl der Hauptrohrleitungen als auch der in einem der nächsten Kapitel zu besprechenden Zuleitungen notwendig. Auch diejenigen Rohrleitungen, welche sich bei der Prüfung nach beendeter Verlegung als vollständig dicht erwiesen haben, werden mit der Zeit, namentlich infolge der in der Regel später ausgeführten Wasserleitungs- und Kanalisationsarbeiten, undicht. Selbst das ständige Befahren des Straßenkörpers verursacht Erschütterungen im Erdboden und Undichtigkeiten der Rohrleitungen.

Das Schweißen der Rohrleitungen.

Zur Vermeidung des Gasverlustes, welcher bei Muffenrohrleitungen mit Hanf- und Bleidichtung im Laufe der Zeit entsteht, und bei Ferngasleitungen mit erhöhtem Gasdruck ganz besonders in Erscheinung tritt, verschweißt man seit einigen Jahren die Verbindungen der Rohre autogen zu endlosen Rohrsträngen. Dieses autogene Zusammenschweißen der einzelnen Rohre auf der Baustelle erfordert eine große Übung und Erfahrung des betreffenden Schweißers, um unbedingt und dauernd gasdichte Verbindungen herzustellen. Daraus erklären sich die schlechten Erfahrungen, welche manche Gaswerke in der ersten Zeit der Anwendung dieses Verfahrens machten und sich zum Teil heute noch gegen das autogene Verschweißen der Rohrleitungen aussprechen. Als Verbindungsart kommt die Stumpfschweißung und die Muffenschweißung zur Verwendung. Die Schweißmuffe hat gegenüber der Stumpfschweißung den Vorteil, daß das Rohrende sofort zentriert ist. Dies bedingt ein schnelleres Arbeiten bei der Verlegung und Schweißung und dementsprechend stellt sich die Arbeit mit Schweißmuffen billiger als diejenige mit Stumpfschweißung.

Ferner entlastet die Schweißmuffe zufolge der Führung bei auftretenden Biegungen im Rohrstrang durch Erdbewegungen und dergleichen die Schweißnaht, während bei der Stumpfschweißung die Schweißnaht die volle Biegungsspannung aufzunehmen hat.

Die Zugfestigkeit der Schweißung bei der Schweißmuffe ist mindestens die gleiche wie bei der Stumpfschweißung, gleichwertige Schweißarbeit vorausgesetzt.

Das Schweißen selbst erfolgt in bekannter Weise unter Zusatz von Holzkohleneisen, dem sogenannten Schweißdraht. Die Rohre werden in der Regel in Strecken von 50—200 m je nach den Verhältnissen auf oder neben dem Rohrgraben zusammengeschweißt, geprüft, die Verbindungen asphaltiert und jutiert und alsdann unter Druck in den Rohrgraben hinabgelassen. Die einzelnen Strecken werden alsdann durch Grabenschweißungen oder sogenannte Kopfschweißungen (die besondere Übung des Schweißers erfordert) verbunden.

Die Prüfung erfolgt mittels Preßluft, und zwar je nach dem Zweck der Rohrleitung mit einigen Metern Wassersäule bis zu 5 bis 10 Atm. Die einzelnen Verbindungen werden während der Prüfung abgeseift, wobei sich alsdann alle Undichtheiten zeigen und nachgeschweißt werden. Nach erfolgter

Verlegung des gesamten Rohrstranges erfolgt gewöhnlich eine zweite Dichtungsprüfung mit Wassersäule oder Gasmesser, wobei der durchschnittliche Gasverlust durch Temperaturdifferenzen u. dgl. in der Regel 5 l pro Stunde und km innerhalb 24 Stunden nicht überschreiten soll.

Bereits mit Bleimuffen verlegte Stahlgasrohrleitungen, bei welchen sich mit der Zeit gewöhnlich sehr erhebliche Gasverluste zeigen (bis zu 20% und mehr) werden nachgeschweißt. Zu diesem Zwecke wird der Bleiring herausgeschmolzen, die Muffe mit Asbestschnur abgedichtet, ein Eisenring eingelegt und der letztere mit der Muffe und dem Rohr verschweißt. Diese Arbeit gestaltet sich besonders bei den größeren Durchmessern, infolge der verschiedenen Materialstärken des Muffen-

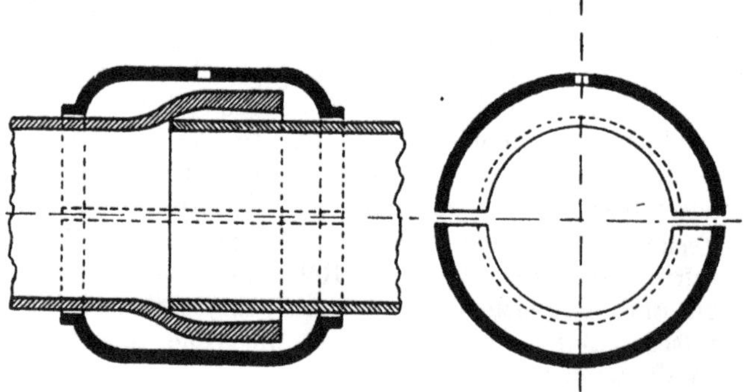

Fig. 109.

kopfes und der Rohrwandung, etwas schwieriger und durch den hohen Verbrauch an Schweißmaterialien und Zeit ziemlich teuer. Außerdem muß die Rohrleitung während der Arbeit teilweise außer Betrieb gesetzt bzw. der Druck herabgemindert werden. Zur Behebung dieser Mängel wurde von der Spezialfirma Dietrich A.-G. in Bitterfeld nach langjährigen Versuchen ein neues Verfahren ausgebildet durch Ummantelung der Muffe mittels einer der Firma patentierten sogenannten Kieler Kappe (siehe Fig. 109). Dabei werden die vorher erwähnten Schwierigkeiten vermieden; insbesondere kann die Nachschweißarbeit ohne Betriebsstörung ausgeführt werden.

Die Kosten dieses letzteren Verfahrens einschl. Lieferung der Kappe stellen sich bei den großen Rohrdurchmessern billiger als das vorerwähnte Verfahren des Einlegens und Verschweißens eines Eisenringes. Bei Rohrdurchmessern unter

80 mm Durchm. wird das Nachschweißen mittels Eisenring billiger. Die Unterschiede zwischen den Materialstärken sind bei diesem kleinen Durchmesser auch nicht mehr erheblich, so daß auch die Schweißarbeit wenig Schwierigkeiten bereitet. Bei verhältnismäßig geringem Gasdruck und vorsichtiger Arbeit läßt sich bei diesen Rohren die Nachdichtungsarbeit mittels des Eisenringes auch ohne erhebliche Betriebsstörung durchführen, so daß man erst von 80 mm Durchm. ab aufwärts in der Regel die Kieler Kappe verwenden wird.

Schon vor längerer Zeit hat man versucht, auch Gußrohrleitungen zu schweißen; dieses Verfahren ließ sich jedoch nicht gut anwenden, da die Rohrenden angewärmt werden mußten, was Schwierigkeiten bereitete.

Nun ist man vor einiger Zeit in Amerika dazu übergegangen, die glatten Gußrohrstöße durch Bronzeschweißung zu verbinden. Anlaß zu diesem Verfahren gab in Amerika die Aufnahme der Erzeugung von Röhren nach dem Schleudergußverfahren.

In Süd-Kalifornien hatte man nämlich gebrochene Rohrmuffen vor dem Verlegen nach diesem Schweißverfahren repariert.

Die Amerikaner sprechen vom Bronzeschweißen; sie verwenden das gleiche Arbeitsgerät (Schweißbrenner) wie beim autogenen Schweißen.

Nach diesem Verfahren muß zunächst eine rostfreie Eisenoberfläche an der Schweißstelle hergestellt werden. An der Eisenoberfläche bildet sich eine dünne Schicht mit der darüber liegenden Bronze, wie dieses beim Verzinnen der Fall ist; dadurch wird das Gußeisen mit dem Bronzering fest verbunden.

Auch der Deutsche Gußrohr-Verband, G. m. b. H., Köln a. Rh., hat seine Interessen der Herstellung von Rohrverbindungen mit Hilfe der Schweißflamme zugewandt und das Verfahren durch die ihm angeschlossenen Werke einer Prüfung unterziehen lassen.

Nach den in der Praxis durchgeführten Versuchen soll nach Mitteilung von Starke, Essen[1]), die Bronzeschweißung, besonders bei gußeisernen Gasrohrleitungen, der autogenen Stahlrohrschweißung gleichwertig sein.

Die Bronzeschweißung soll nach vorstehenden Mitteilungen billiger sein als die bisherige Muffendichtung.

---

[1]) »Das Gas- und Wasserfach«, Heft 23, 1925, S. 349.

Es wäre zu begrüßen, wenn dieses neue Bronzeschweißverfahren in der Praxis weiter durchgeführt werden würde.

Zum Aufsuchen undichter Stellen bedient man sich verschiedener Mittel. So z. B. treibt man in Entfernungen von ein bis zwei Meter mittels einer spitzen Eisenstange Löcher in den Erdboden. Bei starken Undichtigkeiten macht sich dann das Gas durch seinen Geruch bemerkbar, bei geringeren untersucht man mittels mit Palladiumlösung getränkter Papierstreifen.

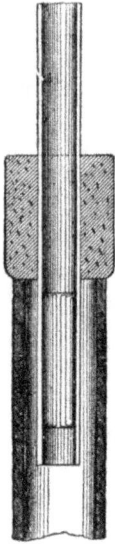

Bei der Untersuchung einer Rohrstrecke auf ihre Dichtigkeit werden in Abständen von 2—3 m, je nach der Rohrlänge bzw. Muffenlage, Löcher in den Erdboden geschlagen, etwa 30—40 cm tief, und in diese ½zöllige schmiedeeiserne Rohre gesteckt (Fig. 110).

Ist eine Anzahl (etwa zehn) solcher Rohre eingesteckt, so setzt man die Glasröhrchen, in denen sich die mit Palladiumlösung getränkten, feuchten (nicht nassen!) Papierröllchen befinden, mittels der Korkstopfen lose auf das obere Ende der Eisenrohre (Fig. 111) und beobachtet, ob eine Schwärzung eintritt.

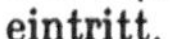

Fig. 110.

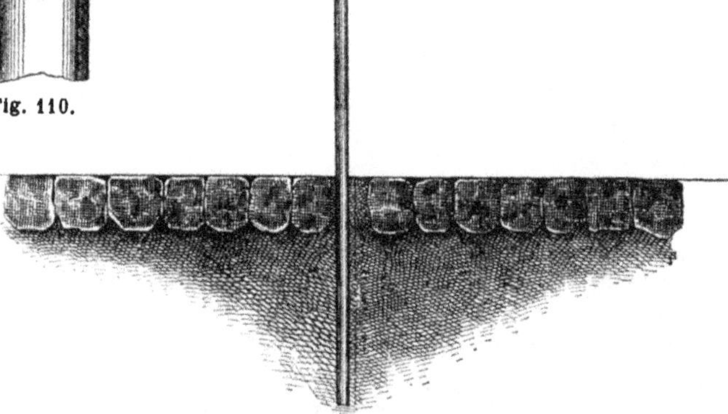

Fig. 111.

Die Herstellung des Palladiumpapieres geschieht in der Weise, daß man Palladiumlösung in die Schale gießt und die mit Papierröllchen beschickten Glasrohre eintaucht.

Färbt sich das Palladiumpapier nach 10—20 Minuten nicht braun oder schwarz, so ist keine Gasausströmung an der geprüften Stelle des Rohrstranges vorhanden.

Zum Nachweis von Leuchtgas in geschlossenen Räumen dienen die unten eingestülpten Röhrchen. In dieselben wird je ein Streifen Filtrierpapier so eingeschoben, daß dessen Ende in der Rinne steht. Dann wird ein wenig Palladiumlösung in die Rinne gegossen und damit das Papier angefeuchtet. Der Überschuß der Lösung wird in die Flasche zurückgegossen. Schließlich sind noch einige Tropfen Wasser in die Rinne zu gießen, um das Papier dauernd feucht (nicht naß!) zu halten.

So vorbereitet, werden die Röhrchen mittels der Kupferdrahtschlinge in dem zu untersuchenden Raum an die Wand gehängt, wobei darauf zu achten ist, daß die Luft ungehindert durch dieselben hindurchtreten kann. Färbt sich das Papier innerhalb von zwölf Stunden braun bzw. schwarz, so ist die Gegenwart von Leuchtgas nachgewiesen.

Die Firma Karl Nestler in Lahr (Baden) hat einen Vakuumapparat »Gasfinder« genannt, zum schnellen Aufsuchen der Gasverluste im Rohrnetz konstruiert. In der Annahme, daß die Straßendecke sich mit der Zeit mehr befestigt als das in unmittelbarer Nähe des Rohrstranges befindliche Erdreich und daher das eventuell ausströmende Gas nicht durch die Straßendecke, sondern am Rohr auf und ab streicht, beabsichtigt Nestler, das Gas mit Hilfe seines Vakuumapparates und eines in das Erdreich eingeschlagenen Rohres aufzusaugen und aufzufangen.

Die Handhabung des in Fig. 112 dargestellten »Gasfinders« ist folgende: Mit der Schlagspitze wird bis zu dem zu untersuchenden Rohr ein Loch in den Boden getrieben und in dasselbe das mit Sauglöchern versehene Erdrohr eingeführt. Die Locheinmündung wird mit dem Erdrohr durch Lehm etc. abgedichtet und hierauf dasselbe mittels Schlauchs an die Filter angeschlossen, welch letztere den mitgerissenen Staub, Sand etc. von der Pumpe fernhalten. Nun unterhält man 2 bis 5 Minuten lang ein gleichmäßiges Vakuum von 25 bis 40 cm, wobei der Auslaßhahn *C* geöffnet bleibt, damit die Luft durch das Glasrohr streichen kann. Ist eine defekte Stelle in der Nähe, so färbt sich das im Glasrohr eingeschobene, mit Palladiumchlorür getränkte Filtrierpapier sofort schwarz, ein Beweis, daß der Apparat Gas angezogen hat. Jetzt schließt man den Hahn *C*, öffnet Hahn *D* und läßt das Gas in den Gummibeutel treten. Nach dessen Füllung entzündet man das Gas beim Brenner *E* und läßt es ausbrennen, oder der Beutel wird abgenommen behufs Untersuchung des Inhaltes im Laboratorium.

Das Palladiumpapier muß an Ort und Stelle zubereitet werden, da die Reaktion nur dann richtig eintritt, wenn dasselbe noch vom Palladiumchlorür feucht ist. Man kann jedes gewöhnliche weiße Filtrierpapier nehmen; auf dasselbe wird Palladiumchlorür in 10 proz. Lösung mittels eines Zerstäubers fein verteilt aufgeblasen. Das Chlorür darf kein Palladiumchlorid enthalten und muß mit einer kleinen Menge Goldchlorid versetzt sein. Fertige Palladiumchlorürlösung nebst

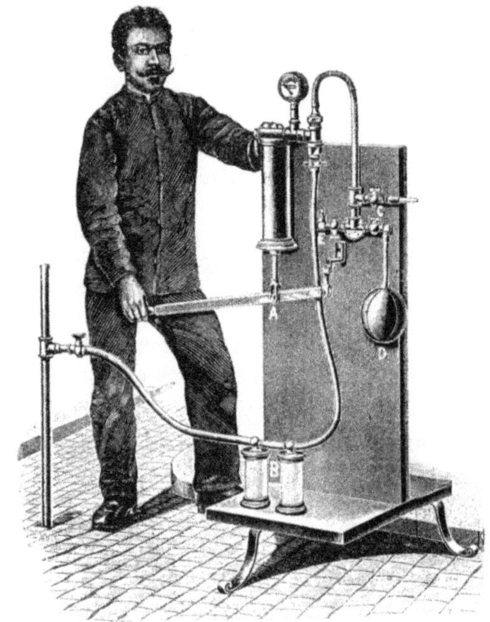

Fig. 112.

Proberöhrchen sind durch die Chemisch-technische Prüfungs- und Versuchsanstalt in Karlsruhe, Technische Hochschule, zu beziehen.

Am oberen Boden der Pumpe befindet sich ein Schmierschräubchen, welches nach Bedarf zu lösen ist, um dem Kolben einige Tropfen Öl zuzuführen.

Ein einfacher Apparat wird von Julius Pintsch A.-G., Berlin, hergestellt.

Es wird zunächst in bekannter Weise mittels einer Stange über der Rohrleitung ein Loch in die Erde gebohrt und in diese

Öffnung der Apparat (Fig. 113) mit seinem zugespitzten Rohrende, das mit einer Anzahl Löchern versehen ist, eingeführt. Der Zwischenraum zwischen Rohr und Bohrung wird abgedichtet. Im oberen Teile befindet sich eine aus Gummi bestehende Saugpumpe, die durch Händedruck in Tätigkeit gesetzt wird und bei Undichtigkeiten des Rohres neben Luft auch Gas ansaugt. Dieses Gas-Luft-Gemisch wird durch ein im oberen Teile des Apparates eingedichtetes Glasröhrchen gedrückt, in dem ein mit Palladiumchlorür getränkter Papierstreifen aufgehängt ist. Färbt sich dieser braun, so ist eine Undichtigkeit vorhanden.

Größere Undichtigkeiten lassen sich durch Entzünden des Gases in dem angebrachten Schnittbrenner feststellen, und an dem Aussehen der Flamme beim Probieren in verschiedenen Bohrlöchern ist leicht zu erkennen, ob man sich der Undichtigkeit nähert oder entfernt.

Auch auf das von Professor Strache[1]) konstruierte Gasoskop sei hier aufmerksam gemacht. Es ist dies ein Apparat, der mit einer biegsamen Metallmembrane in der Art eines Aneroidbarometers und auf der einen Seite mit einer porösen Tonplatte versehen ist. Bringt man diese Tonplatte an eine Stelle, wo die Luft gashaltig ist, so diffundiert das Gas durch die poröse Tonplatte hindurch in den Hohlraum zwischen der Tonplatte und der Metallmembrane hinein. Dadurch erhöht sich der Druck in diesem Raum und die Metallmembrane wird aufgebläht. Ein Zeiger, der mit der Metallmembrane in Verbindung steht, zeigt den Gasgehalt der Luft an.

Bouvier, Lyon, hat ein Verfahren vorgeschlagen, welches in letzter Zeit vielfach mit Erfolg angewandt worden ist. Für Deutschland hat die Berlin-Anhaltische Maschinenfabrik, jetzt Bamag-Meguin, das alleinige Ausführungsrecht erworben. Man teilt hiernach das Rohrnetz in einzelne Bezirke durch Wasserabschlußtöpfe ein.

Fig. 113.

Für gewöhnlich dienen dieselben, wie die bisherigen Wassertöpfe, zur Entwässerung des Rohrnetzes. Für den Fall der Prü-

[1]) Der Vertrieb der gesamten Stracheschen Erzeugnisse liegt in den Händen der Firma W. H. Joens & Co., Kommanditgesellschaft, Düsseldorf, Charlottenstr. 43.

fung eines Bezirks wirken sie, nach dem Auffüllen mit Wasser, als drucksicherer Verschluß. Der auf diese Weise vom Hauptnetz abgesperrte Bezirk wird hierauf mittels eines auf einem Handwagen montierten Gasdruckbehälters unter einen höheren Druck von z. B. 100 mm Wassersäule gesetzt. Nun beobachtet man am Sinken der Glocke, etwa indem man den Stand derselben nach einer gewissen Zeit an einer angebrachten Skala abliest, wieviel Gas bei 100 mm Druck durch die undichten Stellen des Bezirks entwichen ist. Die Prüfungen haben für jeden Bezirk zweckmäßig zweimal im Jahre stattzufinden; dieselben benötigen eine Absperrung der Leitung für die Dauer von höchstens einer Stunde.

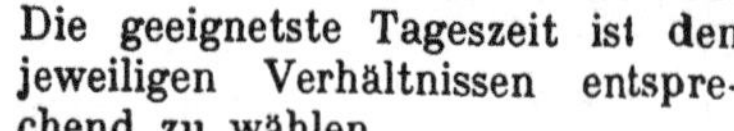

Die geeignetste Tageszeit ist den jeweiligen Verhältnissen entsprechend zu wählen.

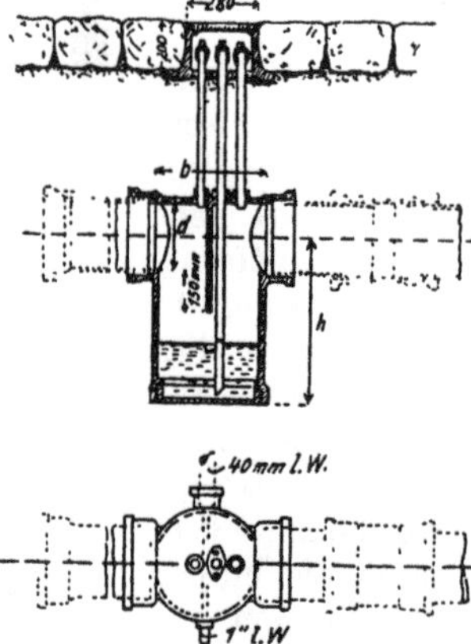

Fig. 114.

Der Wasserabschlußtopf (Fig. 114) ist in seiner Form einem gewöhnlichen Wassertopf mit mittlerer Scheidewand ähnlich. Die trennende Wand reicht bis mindestens 150 mm unter den tiefsten Punkt des Rohrquerschnitts, entsprechend einem hydraulischen Schutz von 50 mm. Ferner sind zum Auspumpen bzw. Einfüllen des Wassers ein bis auf den Boden des Topfes reichendes Rohr und zur Verbindung des Gasbehälters mit den beiden Abteilungen des Wassertopfes zwei Rohre angebracht, durch welche bei abgesperrter Leitung die Verbindung mit beiden Teilen der Rohrleitung hergestellt werden kann. Diese drei für alle Wassertopfgrößen gleich starken Rohre führen senkrecht aufwärts zu einem, über dem eingebauten Wassertopf befindlichen Straßenkasten und sind mit Kapselmuttern aus Messing verschlossen. Die Kapselmuttern tauchen in Fettnäpfe, so daß ein Festsetzen derselben ausgeschlossen ist. Straßenkasten und Verschlußmuttern können nur mit besonderen Schlüsseln geöffnet werden.

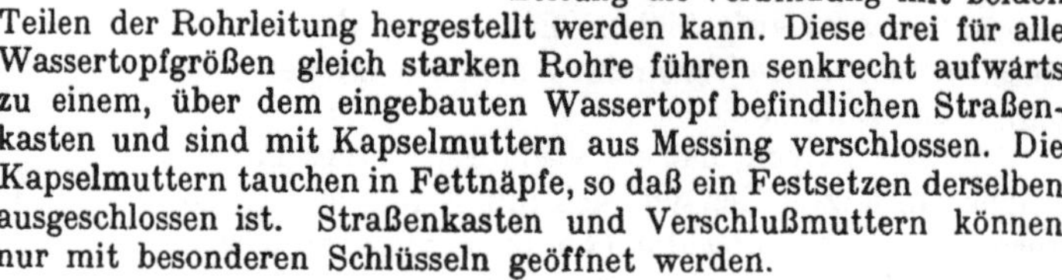

Bei dieser Gelegenheit sei darauf aufmerksam gemacht, daß die Gefahr der **Gasvergiftungen bzw. Gasexplosionen infolge undichter Straßenrohrleitungen** im allgemeinen im Winter, wenn die oberste Erdkruste gefroren, größer ist als im Sommer. Das aus den undichten Rohrleitungen entweichende Gas zieht dann leicht in die Häuser, da die in denselben erwärmte Luft saugend wirkt, und die feste Erdkruste ein Entweichen in die Atmosphäre unmöglich macht. In solchen Fällen ist besondere Vorsicht und schleunigste

Abhilfe geboten. (Siehe Leuchtgasvergiftungen, Schutzvorkehrungen.)

Große Schwierigkeit bereitet das **Freilegen der Gasrohrleitungen** auf der Straße **bei starker Kälte,** wenn der Erdboden gefroren und das Eindringen in denselben selbst mit den schärfsten Stahlpickeln und Hacken nicht vorwärts geht. In der Regel handelt es sich im Winter nicht um die Verlegung neuer Rohrleitungen, sondern um das Aufsuchen undichter Stellen, und da noch dazu häufig Gefahr im Verzuge ist, so müssen besondere Hilfsmittel angewandt werden, die ein schnelles Eindringen in den hart gefrorenen Erdboden ermöglichen.

Das bekannteste und meist angewandte Mittel ist der ungelöschte Kalk. Man grenzt die aufzutauende Fläche mittels Bretter, welche auf die hohe Kante gestellt werden, ab, legt den Kalk auf den Erdboden, löscht ihn mit Hilfe einer Gießkanne und bedeckt den Kalk mit Brettern, so daß er sich in einem geschlossenen Kasten befindet. Die Wärme, welche sich jetzt entwickelt, dringt in die Erde ein, und nach einigen Stunden läßt sich der Boden mit Hacke und Schaufel leicht ausheben.

Viel wirksamer als der Kalk ist jedoch der Wasserdampf. Man benutzt zu der Auftauarbeit mittels Dampfes einen Lokomobilkessel, der wohl in jeder Stadt zu haben sein wird, und verfährt folgendermaßen: Ein nach fünf Seiten gut verschlossener Holzkasten von einigen Metern Länge (etwa 4 bis 5 m), 80 cm Breite und 70 cm Höhe wird mit der offenen Seite auf den Erdboden, und zwar in der Richtung des Rohrgrabens, gelegt. Diesem Kasten wird aus dem Lokomobilkessel mittels angeschlossener Dampfschläuche Dampf zugeführt.

Um das Entweichen des Dampfes aus der zwischen Kasten und Erdboden entstehenden Fuge nach Möglichkeit zu verhindern, wird rings um den Kasten herum Sand gelegt. Schon nach ganz kurzer Zeit zeigt sich die Wirkung, und das Erdmaterial kann ohne Mühe mit der Schaufel ausgehoben werden. Daß man bei undichten Gasleitungen zum Auftauen der gefrorenen Erdkruste kein Feuer anwenden darf, ist selbstverständlich. Deshalb ist beim Arbeiten mit dem Pickel darauf zu achten, daß keine Funken entstehen. (Explosionsgefahr.)

Bei **Rohrbrüchen** ist es nicht immer möglich, das beschädigte Rohr sofort durch ein neues zu ersetzen. Man hilft sich in der ersten Not durch Umlegung eines aus Leinen (Sackleinen) und Mennigkitt hergetellten Notverbandes oder einer entsprechend starken Gipsbandage.

Vielfach verwendet wird für derartige Zwecke auch Reuthers Patenthilfsmuffe (Bopp & Reuther, Mannheim), welche ohne Schraubenverbindung um die defekte Rohrstelle gelegt, verstrickt und verbleit wird.

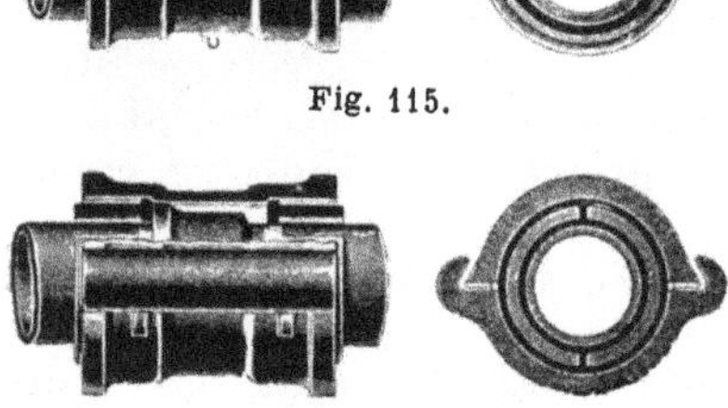

Fig. 115.

Fig. 116.

Die beiden ineinandergreifenden Muffenhälften bilden in ihrer Teilfläche zwei schräge Längsbleifugen, die das erste Abstemmen erfahren; durch das dann folgende Abstemmen der Muffenbleifugen werden die Längsfugen nur noch fester in der Dichtung angepreßt und abgedichtet.

Fig. 115 zeigt eine Hilfsmuffe und deren Anwendung am glatten Rohr bei Schäden und Brüchen.

Fig. 116 zeigt einen Muffenverband und dessen Anwendung bei undichten oder gebrochenen Muffen- und Flanschverbindungen.

Eine eigenartige zweiteilige Überschiebmuffe (System Herget-Hein und Halbergerhütte) wird von der Halbergerhütte G. m. b. H. Brebach/Saar geliefert (Fig. 117 und 118).

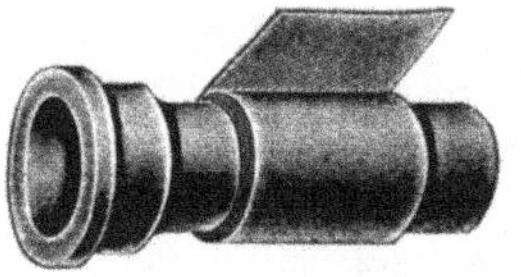

Fig. 117. Rohr mit Bleiblechdichtung.

Fig. 118. Muffenhälfte.

Bei dieser Muffe erfolgt die Dichtung durch Umwickeln des betreffenden Rohres mit einem 0,75 bis 1 mm dicken Bleiblechstreifen von der Breite gleich Muffenlänge + 3 cm. Das Bleiblech wird in der Stärke der Dichtungsfuge in mehreren Lagen gut um das Rohr gewickelt. Hiernach werden die beiden Muffenhälften übergelegt und verschraubt. Das jetzt noch an der Muffe überstehende Bleiblech wird in der üblichen Weise verstemmt. Die Muffenschalen sind im Innern mit zwei kleinen durchlaufenden Längsrippen versehen, die sich beim Anziehen der Schrauben in die Bleiwickelung eindrücken und so die einzelnen Lagen sowohl unter sich, als auch gegen das Rohr und die Muffe abdichten.

Die beiden Muffenhälften sind zum Schutz gegen Herausdrücken der Bleidichtung verzahnt.

Bei Rohrbrüchen mit langen Bruchstellen können mehrere Muffen dicht nebeneinander um das Rohr gelegt werden. Die Bleiwickelung ist dabei entsprechend lang zu wählen.

Die Halbergerhütte fertigt auch zweiteilige Doppelmuffen für undicht gewordene Muffen.

Die Fig. 119 und 120 zeigen eine derartige Einrichtung im Schnitt und in der Ansicht.

VH-Stücke.

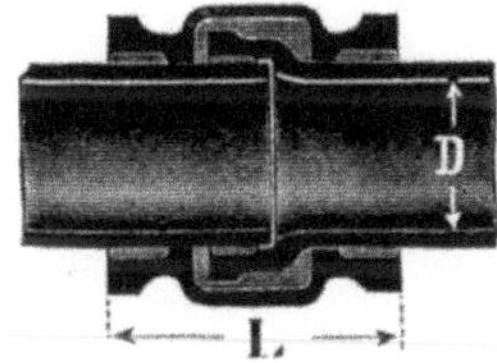

Fig. 119.

Fig. 120.

Wenn auch der **Rohrnetzplan** in der Regel von dem technischen Bureaupersonal bzw. bei kleineren Gasanstalten vom Leiter der letzteren ausgearbeitet wird, so sollte doch jeder Rohrleger wenigstens imstande sein, die Maßskizzen, nach welchen die Eintragungen in die Pläne erfolgen, anzufertigen.

Aus diesen Skizzen muß die Lage der Rohrleitung zu den Häusern, die genaue Entfernung derselben von festgelegten Punkten (am besten der Hausflucht), die Länge der verlegten Leitungsstrecke, möglichst auch die Tieflage, ferner die Lage zu anderen Leitungen, als: Wasser-, Kanalisationsrohre, Kabel u. dgl., und schließlich auch der Standort der Wassertöpfe sowie der Laternen mit Sicherheit zu ersehen sein. Es empfiehlt sich, zu diesem Zwecke ein besonderes Skizzenbuch anzulegen, aus welchem auch später noch die einzelnen Maße zu ersehen sind.

Wir führen als Beispiel die Maßskizze einer ausgeführten Rohrleitung an (s. Fig. 121). Eine Erläuterung dazu ist wohl überflüssig.

Wenn man gezwungen ist, eine alte **Gußrohrleitung auseinanderzunehmen,** etwa um einzelne Rohre zu erneuern oder

Maßskizze einer ausgeführten Rohrleitung.

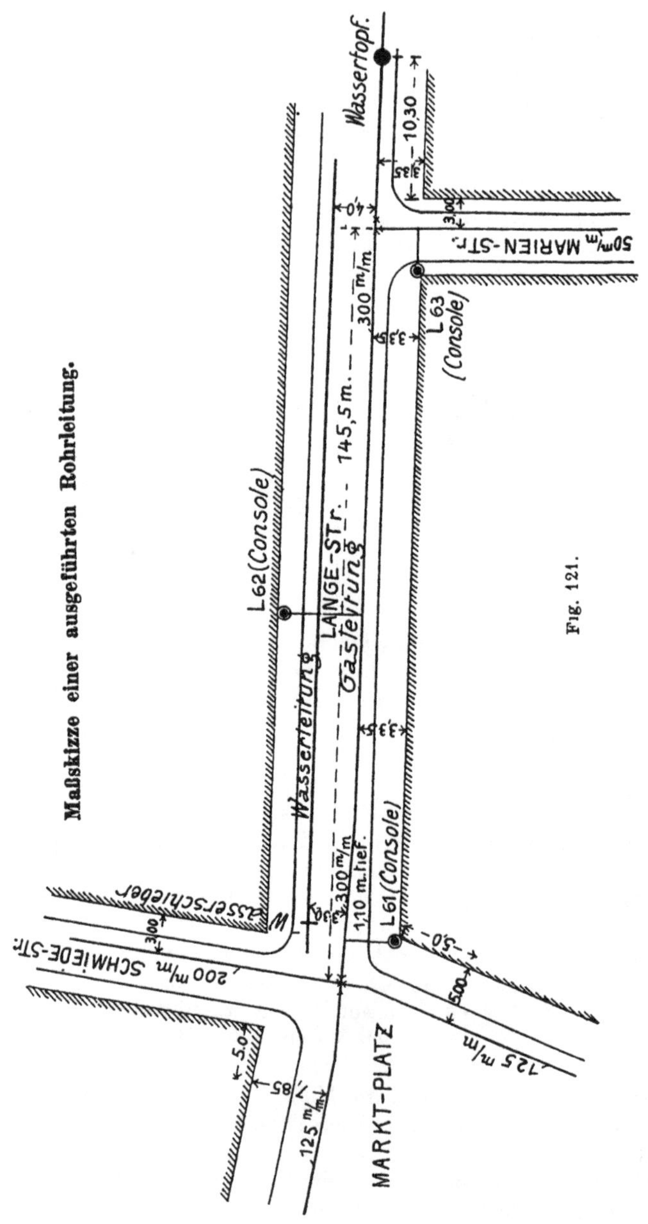

Fig. 121.

sie durch solche anderer Dimension zu ersetzen, so entfernt man das in den Muffen befindliche Blei mit Hilfe eines Kreuzmeißels oder schmilzt es, indem man Feuer um die Muffe legt, heraus. Dabei ist es Bedingung, daß sich kein Gas in den Rohren befindet. Es ist dies natürlich eine umständliche und zeitraubende Arbeit. Bopp & Reuther in Mannheim fabrizieren einen Rohr-

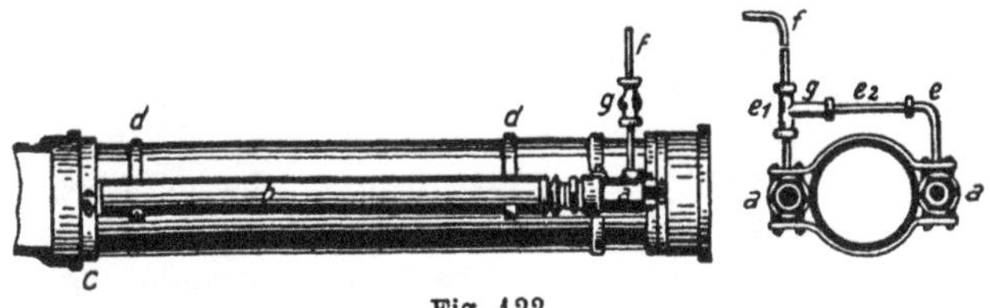

Fig. 122.

Ausziehapparat, der bis 200 mm Rohrdurchmesser mit der Hand, bei größeren Durchmessern (bis 1000 mm) mittels hydraulischen Druckes betrieben wird. Fig. 122 zeigt den letzteren in der Ansicht und im Querschnitt, Fig. 123 den Handapparat in der Ansicht.

Der erforderliche Druck wird beim hydraulisch betriebenen Apparat durch eine Preßpumpe hergestellt. Man legt die Rohrschellen um das

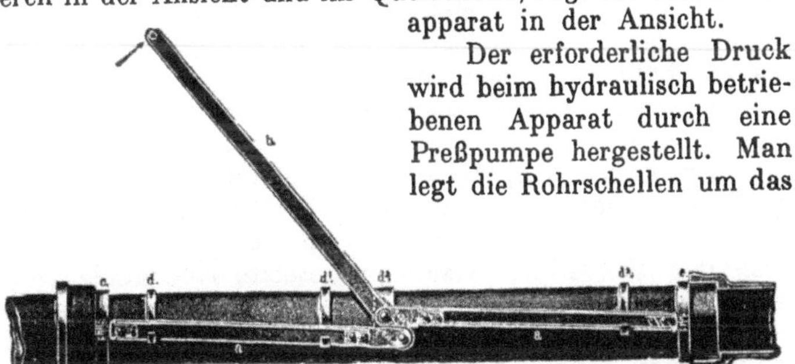

Fig. 123.

Rohr, befestigt die Preßzylinder *aa* mittels der Rohrschellen, legt die Tragschellen *dd* auf das Rohr, setzt die Preßbalken ein und verbindet die Druckleitung *e* mit dem Druckrohr *f*.

Durch die direkte Hebelübertragung bei dem Handapparat werden bei entsprechender Bewegung des Hebels die Druckstangen mit großer Kraft gegen die Rohrschellen und somit gegen die Muffen gepreßt und dadurch die Rohre voneinander abgeschoben.

Die Frage, ob der Anschluß der Blitzableiter[1]) an

[1]) Journal f. Gasbel. 1897, S. 853; 1900, S. 604; 1902, S. 4—6; 1903, S. 702; 1905, S. 232; 1906, S. 108; 1911, S. 563.

die Gas- und Wasserleitungsrohre zulässig, ist wiederholt in Fachzeitschriften und fachtechnischen Vereinen, so auch im Deutschen Verein von Gas- und Wasserfachmännern erörtert worden. Sie hat an Bedeutung gewonnen, seitdem dieser Anschluß von den Elektrotechnikern befürwortet wurde. Es ist darauf hingewiesen worden, daß durch die Menge von metallischen Rohrleitungen in einem Hause die Blitzgefahr erhöht werde, und daß es sich zur Verminderung dieser Gefahr empfehle, die metallischen Leitungen in einem Hause leitend zu verbinden und an den Blitzableiter anzuschließen. Von derselben Seite wird jedoch zugegeben, daß bei unterbrochener Leitung die Blitzgefahr erhöht werde. Dieser Fall kommt in der Praxis sehr leicht vor bei baulichen Veränderungen, bei vorübergehender Abtrennung der Leitungen usw.

Bei bedingungsweiser Zulassung des Anschlusses übernimmt man eine große Verantwortung und eine Anzahl von Verpflichtungen gegenüber dem Eigentümer des Blitzableiters. Die Rohrleitungen haben nicht überall leitende Verbindungen, oft ist die Leitung durch nicht- oder schlechtleitende Materialien unterbrochen, z. B. bei Flanschenverbindungen durch ölgetränkte Pappe, Gummidichtung, durch Kitt u. dgl.

Da wo die Gaswerke gezwungen worden sind, den Anschluß der Blitzableiter zu gestatten, hat man in der Regel den Eigentümer für etwaige Schäden verpflichtet oder den Anschluß auf Widerruf gestattet und eine jährliche Gebühr verlangt. Eine zur Prüfung dieser Frage vom Deutschen Verein von Gas- und Wasserfachmännern eingesetzte Kommission steht auf dem Standpunkt, daß die Gas- und Wasserleitungen von Blitzableiterleitungen möglichst freizuhalten sind. Allgemein ist man der Ansicht, daß der Anschluß an die Wasserleitung keine so großen Bedenken habe wie derjenige an die Gasleitung.

Der Eigentümer trägt selbstverständlich die volle Verantwortlichkeit für den guten Zustand seiner Blitzableitungsanlagen sowie des Anschlusses derselben an das städtische Röhrennetz.

Das Kgl. Bayer. Staatsministerium hat unterm 15. Juli 1912 »Richtpunkte für das Setzen und die Unterhaltung von Blitzableitern" bekanntgegeben.

Daraufhin hat der Deutsche Verein von Gas- und Wasserfachmännern den damaligen Staatsminister gebeten, diese Richtpunkte, soweit darin die Gas- und Wasserrohrleitungen als einzige Erdleiter empfohlen werden, entweder zurückzuziehen oder aber diesen Richtpunkten nachträglich besondere Vorschriften folgen zu lassen.

Es wurde gebeten, als Vorschriften die von dem Deutschen Verein von Gas- und Wasserfachmännern auf seiner 29. Jahresversammlung in Stettin im Jahre 1889 aufgestellten Bedingungen als maßgebend für den etwaigen Anschluß von Blitzableitern an Gas- und Wasserrohrleitungen anzunehmen.

Der Verein hat auf jener Versammlung in Stettin erklärt, daß der Anschluß der Blitzableiter an Gas- und Wasserrohrleitungen weder als ein Bedürfnis anerkannt, noch aus praktischen Gründen im Interesse des Betriebs der Gas- und Wasserwerke empfohlen werden könne, daß aber für den Fall eines Anschlusses die Bedingungen einzuhalten sind, welche die von dem Verein eingesetzte Sonderkommission als unerläßlich zur Abwendung von Gefahren festgesetzt hat.

Richtlinien für den Anschluß der Blitzableitungen an Wasser- und Gasleitungsrohre[1]).

Der Anschluß der Blitzableiter an die Wasser- und Gasleitungen verhindert ein Überspringen des Blitzes auf die Rohre, bewahrt Menschen, Gebäude und Leitungen vor Schaden und verbilligt die Herstellung.

I. Allgemeine Ausführung des Anschlusses.

Die Gebäudeblitzableitungen können zur Erdung an die Zuleitungs- oder Straßenrohre für Wasser und Gas angeschlossen werden. Der Anschluß an die Wasserleitung ist im allgemeinen vorzuziehen.

Alle Anschlüsse müssen durch Schellenverbindung erfolgen. Die Schelle muß eine gutleitende Berührung gewährleisten und daher großflächig, dicht anschließend, fest und dauerhaft sein, wie z. B. die in Fig. 124 dargestellte Blitzableiter-Anschlußschelle. Die Schellenverbindung ist durch guten Anstrich gegen den Zutritt von Feuchtigkeit zu schützen. Auf gleiche Art ist die ganze Erdleitung da zu schützen, wo nach den örtlichen Verhältnissen Irrströme in sie eintreten können.

Es empfiehlt sich, den Anschluß von Blitzableitern an die Zuleitungsrohre von Wasser- und Gasleitungen im Gebäude zwischen Frontmauer und Wassermesser herzustellen, jedoch darf auch an anderen Stellen an die im Keller

[1]) Das Gas- u. Wasserfach 1921, 26. Heft, S. 429/30.

vorhandenen Rohre oder außerhalb des Gebäudes an Rohre, welche im Erdboden liegen, angeschlossen werden.

In Städten, deren Straßen durch unterirdische Anlagen besonders stark in Anspruch genommen sind oder wo durch häufige Aufgrabungen eine Unterbrechung des Anschlusses des Blitzableiters an Wasser- oder Gasrohre zu befürchten ist, endlich wo durch Senkungen, namentlich infolge von Bergschäden, Brüche von Rohren zu gewärtigen sind, ist sowohl an die Zuleitungs- wie an die Straßenrohre der Wasser- und

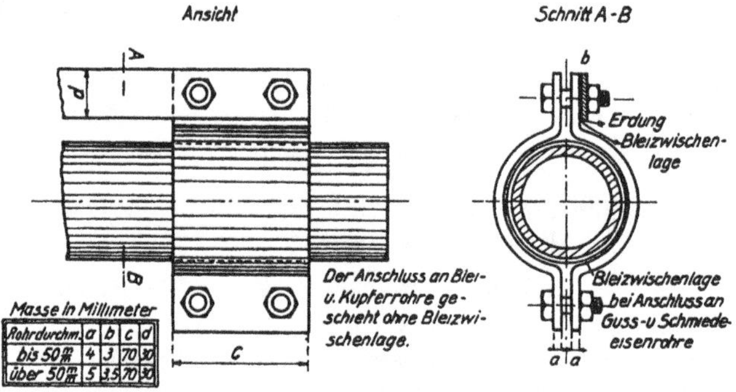

Rohrdurchm.	a	b	c	d
bis 50 m/m	4	3	70	30
über 50 m/m	5	3,5	70	30

Fig. 124.

Gasleitung anzuschließen. Unter sehr ungünstigen örtlichen Verhältnissen läßt sich durch besondere Erdleitung erhöhte Sicherheit schaffen.

Der Anschluß an eine Bleirohrleitung darf erst von der Stelle ab erfolgen, wo ihr Metallquerschnitt mindestens 150 mm^2 beträgt.

Gestänge von Fernsprech- und Telegraphenleitungen können an die Wasser- und Gasleitungen auf kürzestem Wege angeschlossen werden.

Wassermesser brauchen in der Regel nicht überbrückt zu werden, nur in Gebäuden mit feuergefährlichem Inhalt oder in solchen Gebäuden, in denen größere Menschenansammlungen vorkommen, sind sie zu überbrücken, wenn der Anschluß der Blitzableitung hinter dem Messer erfolgt ist. Gasmesser hingegen sind in allen Gebäuden zu überbrücken, wenn sie sich in der Haupt- oder Steigleitung befinden; bei Gebäuden mit feuergefährlichem Inhalt auch in Nebenleitungen. Unter Steigleitungen sind auch Zweigleitungen zu verstehen, die in ihrem oberen Teil an die Blitzableitung angeschlossen sind.

II. Anschlußpunkte.

Unter gewissen Umständen kann von der Mitbenutzung der Gebäude-, Wasser- oder Gasleitungen zur Blitzableitung abgesehen werden, so daß sich der Anschluß an die Wasser- oder Gasleitung auf die Erdung der Gebäudeblitzableitung beschränkt.

A. Die Wasser- oder Gasrohrnetze sollen zur Erdung der Gebäudeblitzableitung benutzt werden.

Der Anschluß der Wasser- und Gasrohrleitungen innerhalb des Gebäudes an die Blitzableitung kann unterbleiben, wenn die Wasser- oder Gasrohrleitungen sich nirgends der Dach- oder Gebäudeblitzableitung oder anderen mit dem Blitzableiter verbundenen Metallmassen so weit nähern, daß der Blitz überspringen kann. In diesem Falle dürfen die Wasser- und Gasleitungsrohre, auch ohne in ihren oberen Enden angeschlossen zu sein, zur Erdung des Blitzableiters benutzt werden.

1. Es ist nur Wasser- oder Gasleitung vorhanden. Die Erdleitung ist an das Zuleitungsrohr oder an das Straßenleitungsrohr anzuschließen.

2. Es ist Wasser- und Gasleitung vorhanden. Die Erdleitung ist an das Zuleitungsrohr oder an das Straßenrohr der Wasserleitung anzuschließen. Auch mit der Gasleitung ist möglichst eine Verbindung herzustellen.

B. Die Wasser- oder Gasrohrleitungen der Gebäude sollen als Gebäudeblitzableitungen mitbenutzt werden.

1. Es ist **nur** Wasser- oder **nur** Gasleitung vorhanden. Die Steigleitung ist an höchster Stelle mit der Dach- oder Gebäudeblitzableitung leitend zu verbinden. Weitere Steigleitungen sind, wenn sie sich mit ihren höchsten Punkten der Dach-, Gebäude- oder angeschlossenen Steigleitung so weit nähern, daß ein Überspringen des Blitzes zu befürchten steht, mit der Dach-, Gebäude- oder der angeschlossenen Steigleitung an der Stelle größter Annäherung zu verbinden. Das gleiche gilt für sonstige ausgedehnte Metallteile, die den angeschlossenen Steigleitungen nahekommen.

Die Gebäudeblitzableitung ist zu erden durch Anschluß an das Zuleitungs- oder Straßenrohr (Fig. 125). Ist die Gasleitung eingeführt, wogegen Wasserleitung nur in der Straße liegt, so ist möglichst auch an diese anzuschließen.

2. Es ist Wasser- und Gasleitung vorhanden. Der höchste Punkt der Wasser- oder Gasleitung ist mit der Dach- oder Gebäudeblitzableitung leitend zu verbinden. Dasselbe gilt für alle sonstigen Steigleitungen für Wasser und Gas, die bis in den Dachraum hineinragen oder sich sonstwie der Blitzableitung so weit nähern, daß ein Überspringen des Blitzes möglich ist. Sonstige ausgedehnte Leitungs- und Metallteile müssen mit einer angeschlossenen Steigleitung da ver-

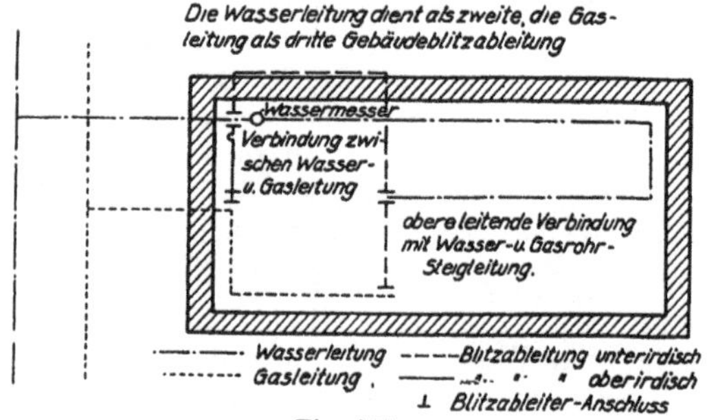

Fig. 125.

bunden werden, wo sie ihr so nahe liegen, daß ein Überspringen des Blitzes gewärtigt werden kann. Zur Erdung ist die äußere Blitzableitung an das Zuleitungs- oder Straßenrohr der Wasserleitung anzuschließen und möglichst auch mit der Gasleitung zu verbinden (Fig. 125).

III. Genehmigung des Anschlusses.

Anschlüsse an Leitungen, die in Eigentum und Unterhaltung der Grundstückseigentümer stehen und den vorstehenden Richtlinien gemäß ausgeführt sind, bedürfen keiner Genehmigung durch die Wasser- und Gaswerksverwaltungen.

Soll jedoch an Straßenrohre für Wasser und Gas oder an Zuleitungen, die in Eigentum oder Unterhaltung der Wasser- und Gaswerksverwaltung stehen, angeschlossen werden, so ist die Genehmigung der zuständigen Verwaltung einzuholen. Dabei hat sich der antragstellende Grundstückseigentümer folgenden allgemeinen Vorschriften zu unterwerfen.

a) Dem Antrag ist Plan oder Handskizze in Aktenformat beizufügen, in denen die Lage von Anschlußleitung und Blitzableitung durch eingeschriebene Maße bezeichnet ist.

b) Die Blitzableitung darf nur mit den von der genehmigenden Stelle zugelassenen Rohrschellen und unter Aufsicht dieser Stelle an die Wasser- und Gasleitungsrohre angeschlossen werden. Für sorgfältige Wiederherstellung des Rostschutzes ist der Antragsteller haftbar.

c) Bei Arbeiten an Blitzableitungsanlagen darf Straßen- und sonstiges dem öffentlichen Verkehr dienendes Gelände nicht ohne vorherige Genehmigung der zuständigen Stelle aufgegraben werden.

Für Änderungen bestehender Anlagen gelten dieselben Vorschriften wie für Neuanlagen.

d) Die genehmigende Stelle übernimmt keinerlei Gewähr für die Sicherheit der Blitzableitungsanlage innerhalb des Straßenkörpers gegen Beschädigungen oder Zerstörungen irgendwelcher Art.

e) Falls die Wasser- oder Gaswerksverwaltung das mit dem Blitzableiter verbundene Straßen- oder Zuleitungsrohr umlegt oder entfernt, oder falls sich durch den Anschluß des Blitzableiters an solche Rohre Mißstände irgendwelcher Art ergeben, sind die genannten Verwaltungen zur Trennung des Anschlusses berechtigt. Der Grundstückseigentümer hat keinen Anspruch auf eine Entschädigung oder auf Vergütung der ihm aus dieser Trennung erwachsenden Nachteile.

f) Der Wasser- oder Gaswerksverwaltung sind etwaige Kosten zu ersetzen, die ihr aus dem Anschluß der Blitzableitungen an ihre Rohre erwachsen.

Die in der zweiten Auflage dieses Buches bekannt gegebenen Bedingungen für den Anschluß von Blitzableitern außerhalb der Häuser — auf der öffentlichen Straße, in Höfen oder Gärten — an das Rohrnetz der städtischen Gas- bzw. Wasserwerke in Berlin haben keine Gültigkeit mehr; sie sind ersetzt worden durch die vorstehend angeführten und vom Verein von Gas- und Wasserfachmännern genehmigten neuen Richtlinien für den Anschluß von Blitzableitern an die genannten Leitungen.

Die Zuleitungen (Anschlußleitungen).

Als Material für die Zuleitungen, das sind diejenigen Leitungen, welche das Gas vom Hauptrohr bis zu dem zu versorgenden Grundstück (Gebäude) führen, verwendet man gußeiserne, starkwandige schmiedeeiserne und verzinkte schmiedeeiserne Röhren.

Die einfachen schwarzen schmiedeeisernen Röhren kommen ohne irgendeine schützende Umhüllung für Zuleitungen nicht in Betracht, da sie dem Verrosten in der Erde ausgesetzt sind.

Gußeiserne Rohre sind, da es sich bei Anschlußleitungen im allgemeinen um kleinere Dimensionen handelt, erfahrungsgemäß, namentlich durch die für diese Rohrleitungen so verhängnisvollen Entwässerungsarbeiten, mehr gefährdet, als die starkwandigen und verzinkten schmiedeeisernen.

In den letzten Jahren hat man daher in vielen Städten die frühere Methode, Gaszuleitungen aus Gußeisen herzustellen, verlassen und ist zu der Verwendung von starkwandigen bzw. verzinkten Schmiedeeisenröhren übergegangen. In Berlin, Düsseldorf, Bremen, Frankfurt a. M., Hamburg und vielen anderen deutschen Städten legt man teils verzinkte, teils starkwandige schmiedeeiserne, mit einer schützenden Umhüllung versehene Rohrleitungen. In Berlin kam früher eine Umhüllungsmasse zur Verwendung, die aus einer Mischung von: 50 l Teer mit 30 l Sand, 10 l an der Luft zerfallenem Kalk, 10 l getrocknetem Lehmpulver, 5 kg Pech bestand. Mit dieser Masse wurden dann die vorgewärmten Röhren etwa 3 mm dick bestrichen. Nach dem Erkalten ist die Masse fest. Für den Transport werden die Röhren mittels Umwicklung gegen Beschädigung geschützt.

Als schützender Anstrich hat sich auch die unter dem Namen Siderosthen von der Aktiengesellschaft Jeserich in Hamburg in den Handel gebrachte Rostschutzfarbe bewährt.

Dieses Siderosthen bildet einen elastischen Überzug, der nicht abspringt oder rissig wird.

Die gußeisernen Zuleitungen werden entweder mittels eines Formstückes (B-Stück), welches bei Neuanlage der Hauptrohrleitung gleich mit eingebaut werden kann oder mit Hilfe einer Anbohrschelle abgezweigt. Erfolgt die Zuleitung in schmiedeeisernen Röhren, so wird in der Regel die letztere Ausführung gewählt. Die einfachste Vorrichtung zum Anbohren ist in Fig. 126 dargestellt. Dieselbe besteht aus einem Bohrbügel mit verstellbarem Querstück, welch letzteres zum Feststellen der Bohrknarre dient. Das direkte Einschrauben eines schmiedeeisernen Rohres in das Hauptrohr ist unzulässig, da die geringe Wandstärke des letzteren zu einer reichlichen Dichtung des Gewindes nicht genügt. In jedem Falle ist vielmehr die Anbringung einer Rohrschelle oder Sattelmuffe (Überwurf) erforderlich. Diese besteht in der einfachsten Ausführung aus einem gußeisernen Bügel, welcher durch ein schmiedeeisernes Band, dessen Enden mit Schraubengewinden und Muttern versehen sind, auf dem Rohre befestigt wird (Fig. 127).

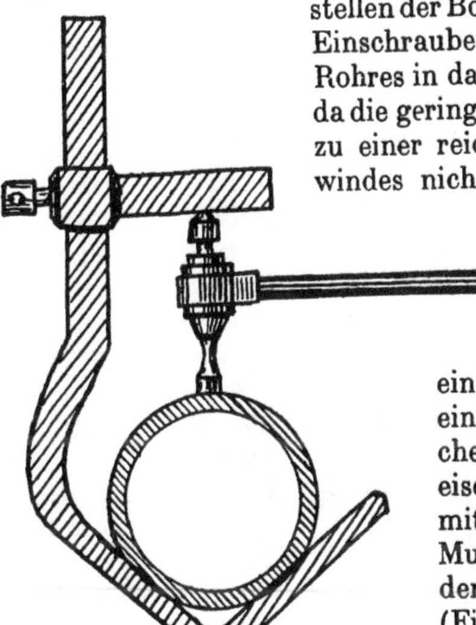

Fig. 126.

Soll ein Hauptrohr angebohrt und mit einer Schelle zwecks Herstellung einer Anschlußleitung versehen werden, so ist, falls dies leicht möglich, der Gaszufluß abzusperren. Ist eine Absperrung schwer ausführbar, so kann das Anbohren und Umlegen der Rohrschelle von einem geschickten Rohrleger auch ohne Gefahr und ohne größeren Gasverlust unter Druck ausgeführt werden. In diesem Falle ist die Öffnung des Überwurfs mit einem gut schließenden Holzspund zu versehen, dann das Hauptrohr anzubohren und der Überwurf so schnell als möglich anzubringen. Jedes in der Leitung folgende Rohr muß ebenfalls am Ende mit einem Pfropfen versehen sein, ehe es in den Überwurf oder in die Muffe des vorhergehenden Rohres eingedichtet wird. — Nachdem die Zuleitung fertiggestellt ist, muß dieselbe zuerst durch den Geruch und dann durch Ableuchten auf ihre Dichtigkeit untersucht werden.

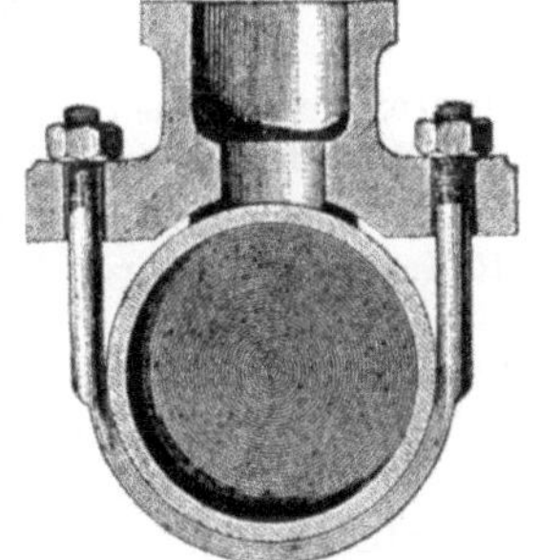

Fig. 127.

In den Figuren 128 bis 132 ist ein Anbohrapparat mit Zubehör von Bopp & Reuther in Mannheim dargestellt, bei dessen Anwendung der Gasverlust auf das geringste Maß herabgemindert wird. Die Anbohrung mit diesem Apparat geschieht in folgender Weise:

Nachdem die Rohrschelle (Fig. 132) mit untergelegter Dichtungsscheibe fest um das anzubohrende Rohr gelegt ist, wird der Bohrapparat auf dieselbe aufgesetzt und durch zwei Gelenkketten, welche sich um das Hauptrohr schlingen, befestigt. Hierauf wird, bei geöffnetem Hahn, die Bohrstange mit dem Bohrer in den Apparat eingeführt, die Bajonettverschlußstopfbüchse angezogen, die Bohrrätsche auf die Bohrstange gesetzt und die obere Brücke geschlossen. — Das Bohren mittels Rätsche und Zuspannschraube kann nun beginnen. — Ist das Loch in das Rohr gebohrt, so wird der Bohrer, soweit es der an der Bohrstange befindliche Bund gestattet, hochgezogen, der Hahn des Apparates geschlossen, der Bajonettverschluß gelöst und dieser mit Bohrstange und Bohrer herausgenommen. Mittels der Schlüsselstange, deren unteres konisches Ende in den Ventilstopfen paßt, wird letzterer in den Apparat eingeführt. Hierauf schließt man den Bajonettverschluß, öffnet das Hahnküken und schraubt den Verschlußstopfen mit Hilfe der Bohrrätsche in die Rohrschelle fest ein, wodurch die Anbohrung wieder verschlossen wird. Die Anbohrung ist damit fertiggestellt und der Apparat wird, nachdem man die Schlüsselstange herausgenommen hat, wieder abgenommen. Nun wird die Stopfbüchse mit Spindel auf die Schelle geschraubt, worauf der Rohrgraben zugefüllt werden kann.

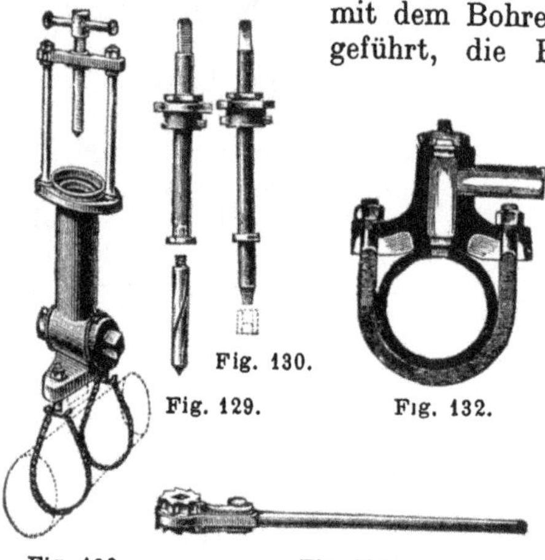

Fig. 128. Fig. 129. Fig. 130. Fig. 131. Fig. 132.

Die Dichtung der Rohrschelle auf das Gußrohr geschieht mittels in heißen Talg getauchter starker Filzscheiben, Bleiringe, Teerpappringe oder mit Hanf umwickelter und mit Mennig getränkter Pappringe.

Die Kölnische Maschinenbau-Akt.-Ges. Köln-Bayenthal (jetzt Bamag-Meguin, Berlin) fertigt Rohrschellen, System Reinbrecht, ganz aus Gußeisen. Die beiden Rohrschellenteile werden mittels Schrauben miteinander verbunden. Durch eine eigenartige Gestaltung der seitlichen Ansätze liegen die Verbindungsschrauben vollständig versenkt.

Bei der Rohrschelle der Berlin-Anhaltischen Maschinenbau-Akt.-Ges. (Bamag-Meguin) (Fig. 133, 134 und 135) sind

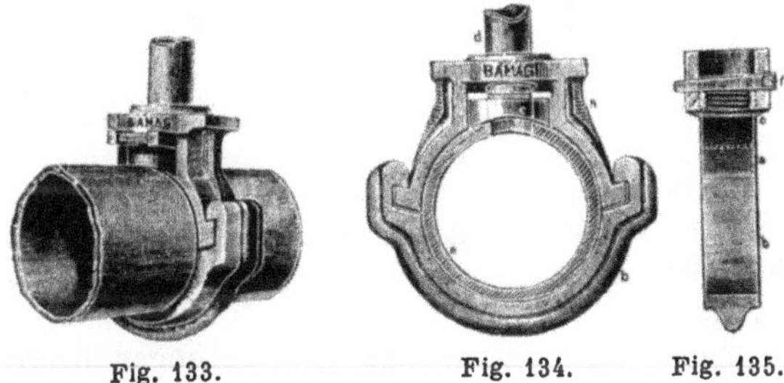

Fig. 133. Fig. 134. Fig. 135.

Schrauben und Schmiedeteile, welche dem Rosten im Erdreich ausgesetzt sind, vermieden.

Diese Rohrschelle besteht aus zwei ineinanderschiebbaren gußeisernen Schellenhälften (*a* und *b*) und einem der Wölbung des Hauptrohres angepaßten Sattelstücke (*c*), welches in der oberen Schellenhälfte Führung findet und dazu dient, das Anschlußrohr (*d*) aufzunehmen und die Verbindung desselben mit dem Hauptrohre (*e*) zu vermitteln.

Das Anpressen des Sattelstückes gegen das Hauptrohr bewirkt ein hufeisenförmiger Keil (*f*) aus schmiedbarem Guß, wobei die Schelle lediglich als Widerlager dient.

Wie ohne weiteres ersichtlich, kann das Aufbringen der Rohrschelle auf einfachste Weise erfolgen und läßt sich hiermit, schon bei leichtem Anziehen des Keiles, vollständige Dichtigkeit zwischen Hauptrohr und Sattelstück bzw. Abzweigrohr erreichen.

Eine andere Klemm- oder Keilrohrschelle, bei welcher gleichfalls Schmiedeteile nicht vorhanden sind, hat Fricke, Bielefeld, konstruiert.

Der Durchmesser der Zuleitungen richtet sich nach der Flammenzahl bzw. nach der Größe der mit Gas zu versorgenden Gasherde, -Kocher, -Öfen oder Gaskraftmaschinen.

Bei Anwendung von Gußrohr soll die lichte Weite niemals unter 40 mm betragen, da bei kleineren Dimensionen die Gefahr des Durchbrechens eine sehr große ist.

Für Leitungen, welche lediglich Beleuchtungszwecken dienen, gibt Schaar bei Verwendung schmiedeeiserner Rohre folgende Durchmesser an:

Für 1 bis 5	Flammen	. . . .	20 mm,
» 6 » 15	»	. . . .	25 »
» 16 » 25	»	. . . .	30 »
» 26 » 40	»	. . . .	35 »
» 41 » 100	»	. . . .	50 »
» 101 » 150	»	. . . .	60 »
» 151 » 250	»	. . . .	75 »
» 251 » 500	»	. . . .	100 »

Selbstverständlich ist bei der Dimensionierung der Zuleitung auch die Länge derselben zu berücksichtigen. Vorstehende Rohrdurchmesser gelten für Anschlüsse von gewöhnlicher Länge.

Kommen Koch- oder Heizgaseinrichtungen in Betracht, so kann man Kochapparate mit zwei Brennern für 4, Gasherde mit Brat- und Backöfen für 8 bis 10, Heiz- oder Badeöfen, je nach Größe, für 10 bis 30 Flammen rechnen. Ist der Verbrauch der zu versorgenden Koch- oder Heizapparate bekannt, so berücksichtige man, daß ein Gasverbrauch von 1 cbm in der Stunde ungefähr 8 Leuchtgasflammen (Auerlicht) entspricht.

Man wähle den Durchmesser niemals zu klein, da erfahrungsgemäß die Zahl der Flammen und Apparate später eher vermehrt als vermindert wird.

Bei Versorgung von ausgedehnten Grundstücken oder sehr großen Gebäuden empfiehlt es sich häufig, statt einer großen Zuleitung an einer Stelle deren mehrere mit geringerem Durchmesser an verschiedenen Stellen auszuführen.

In einigen Städten (Paris, Charlottenburg) ist es üblich, Absperrvorrichtungen in die Anschlüsse der Hausleitungen einzubauen, doch wird die Anlage dadurch verteuert und unnötig kompliziert.

Die Tieflage der Anschlußleitungen richtet sich im allgemeinen nach derjenigen des Hauptrohres, von welchem abgezweigt wird, unter Beachtung der Regel, daß alle Abzweigleitungen möglichst mit Gefälle nach dem Hauptrohre anzulegen sind.

Bei langen Zuleitungen und bei Kanal- oder Bachkreuzungen ist die Aufstellung eines Wassertopfes vor der Grundstücksgrenze oder die Anbringung eines Wassersackes im Keller des Gebäudes manchmal nicht zu vermeiden.

In einigen Städten ist es üblich, in die Hauszuleitungen Absperrtöpfe einzubauen. Diese sind mit einer Scheidewand versehen und werden, wenn die Gaszuführung unterbrochen werden soll (etwa im Falle eines Brandes), mit Wasser gefüllt.

Die Scheidewand hat allerdings verschiedene Nachteile. So z. B. stellt sie unter Umständen die Gaszuführung ungewollt plötzlich ab, wenn der Durchgangsquerschnitt für das Gas schon durch wenig Wasserzufluß verringert wird.

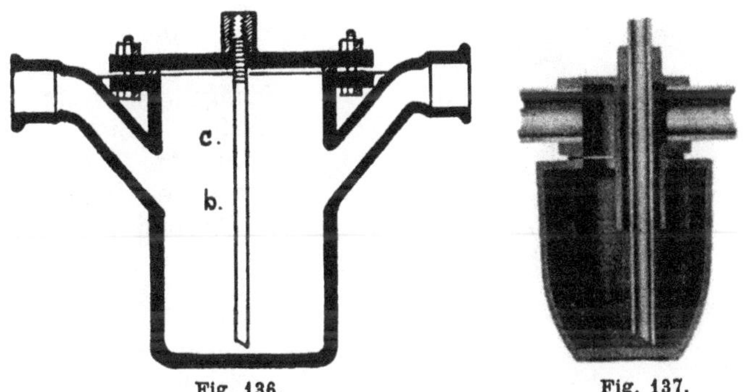

Fig. 136. Fig. 137.

Wie aus nachstehender Fig. 136 zu ersehen ist, hat der Sartorius-Topf keine Scheidewand, sondern die Absperrung wird durch Überfüllung der Ein- und Austrittsöffnungen bewirkt.

Zu diesem Zwecke sind die das Gas ein- und ausführenden Stutzen in schräger Richtung angeordnet. Nimmt das sich im Topf absetzende Wasser bei *b* zu, verringert sich allmählich der Querschnitt; es gehört ziemlich viel Wasser dazu, bis die vollständige Absperrung bei *c* erfolgt.

Auch das Guß- und Armaturwerk A.-G., Kaiserslautern, liefert Absperrtöpfe für Gaszuleitungen besonderer Bauart, ähnlich wie wir sie auf Seite 66 bereits beschrieben haben, nämlich deckellose Kugel-Wassertöpfe. Auch diese haben zwischen Anschlußstück und Wassertopf nur eine kleine Flanschenverbindung.

Die Form der Töpfe ist aus der Schnittzeichnung Fig. 137 zu ersehen.

Die Einführung der Zuleitung in ein Gebäude geschieht in der Regel durch die Fundamentmauer, welche zu diesem Zwecke zu durchbrechen und bei Anwendung von schmiedeeisernen oder Mannesmannröhren ohne Gefahr für die letzteren wieder dicht vermauert werden kann.

Unmittelbar nach dem Eintritt der Rohrleitung in den Kellerraum ist ein Hauptabsperrhahn anzubringen, welcher dazu dient, die gesamte Privatgaseinrichtung nötigenfalls abzusperren.

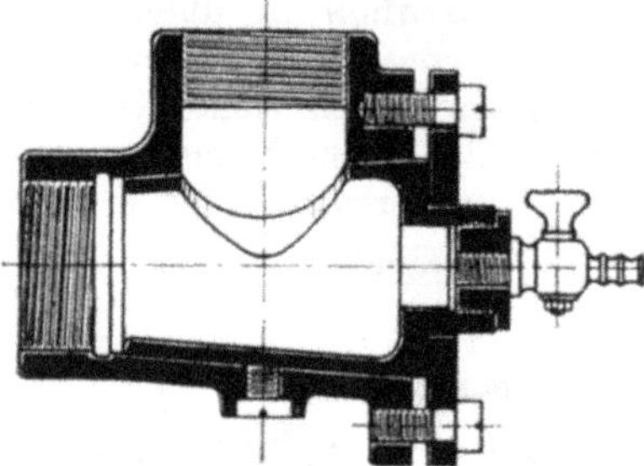

Fig. 138.

Der von der Firma Oskar Schneider & Co., G. m. b. H., Leichlingen b. Solingen, in den Handel gebrachte Sicherheits-Absperrhahn »System Pohlitz« vereinigt, wie Fig. 138 und 139 zeigt, einen Hahn mit einem T-Stück. Er vereinfacht wesentlich die Verbindung der Zuleitung mit der Innenleitung, besitzt eine Vorrichtung zur schnellsten Feststellung des Gasdruckes in der Zuleitung ohne Gasverlust (Fig. 140) und verhindert jede unerlaubte Gasentnahme, da bis zu den Gasmessern keine Abzweigstellen mehr nötig sind.

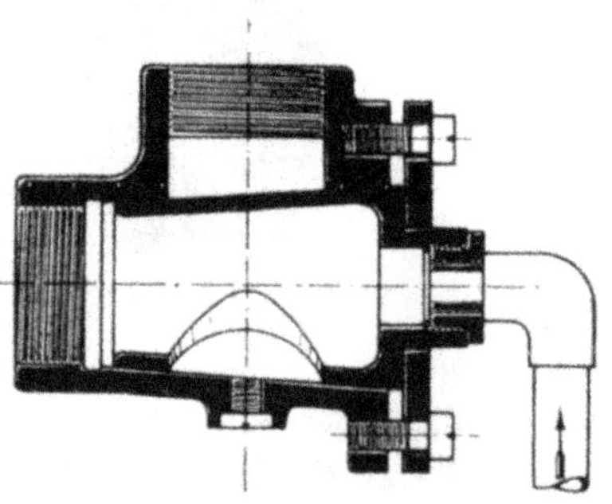

Fig. 139.

Fig. 139 zeigt die Hahnstellung beim Reinigen der Leitung mittels einer Preßpumpe; der Gasmesser braucht dabei nicht entfernt zu werden. In Fig. 141 ist die Anordnung der Leitung mit diesem Hahn im Keller eines Wohnhauses dargestellt.

Wenn ein Keller nicht vorhanden ist, so wähle man einen passenden Raum im Erdgeschoß. Die in früheren Jahren vielfach angewendete Methode, die schmiedeeisernen Röhren an der Außenseite oder dicht hinter derselben im Putz der Mauer in die Höhe zu führen und außerhalb mittels Flanschetts mit der gußeisernen Zuleitung zu verbinden, hat sich nicht bewährt. Diese Ausführung hat den Nachteil, daß die schmiede-

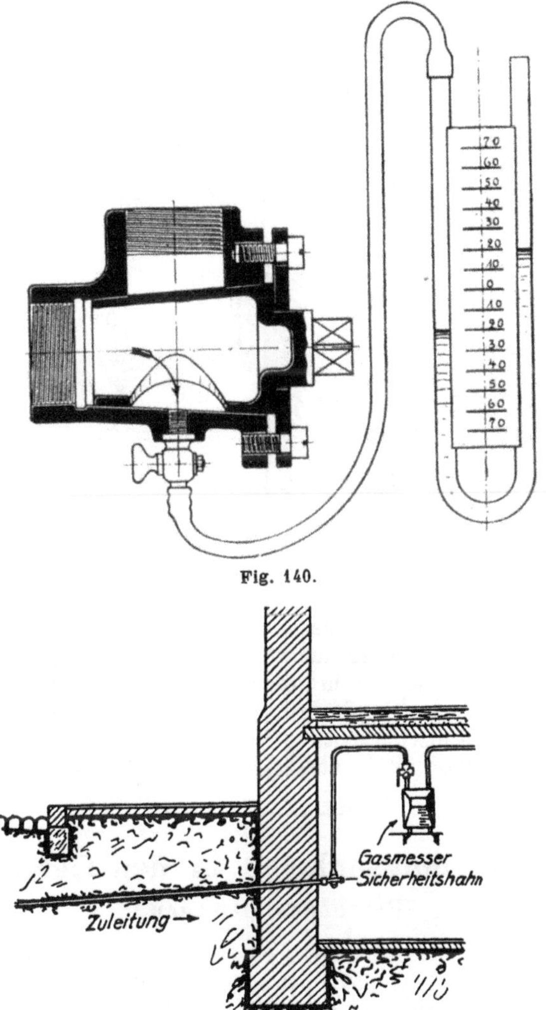

Fig. 140.

Fig. 141.

eisernen Röhren im Winter leicht einfrieren, und daß die Flanschetts mit ihren Schrauben verrosten und undicht werden.

Besondere Aufmerksamkeit muß man denjenigen Hauszuleitungen zuwenden, welche an Hochdruckgasleitungen angeschlossen werden müssen.

In Amerika ist es üblich, die Anbohrungen derartiger Zuleitungen möglichst kleiner zu wählen, als dies bei Niederdruckleitungen der Fall ist.

Um z. B. zu verhüten, daß bei Brüchen von Gasanschlüssen, welche unter hohem Druck stehen, zuviel Gas ausströmt,

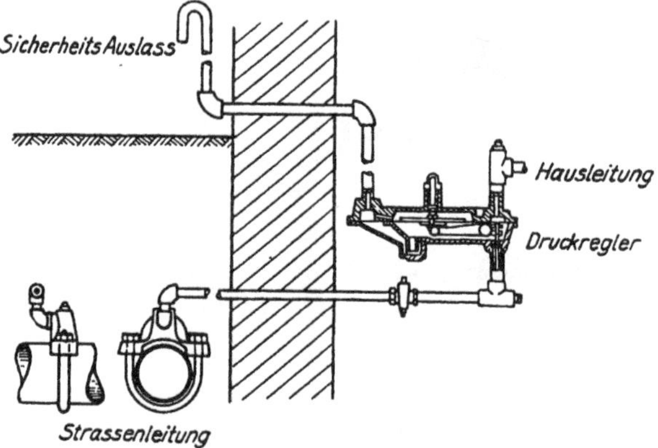

Fig. 142.

macht man die Anbohrungen nur so groß als es die Menge des in der Abzweigleitung gebrauchten Gases erfordert. Zur Begründung dieser Maßnahme führt man an, daß eine $\frac{1}{2}''$-Öffnung bei 2 at Druckdifferenz in 24 Std. 14000 cbm Gas durchläßt.

Eine Hausanschlußleitung für Gashochdruck nach amerikanischem Muster ist in vorstehender Fig. 142 abgebildet.

Die Gasleitungsanlagen in den Gebäuden.

(Privatgasleitungen.)

Diejenigen Gasleitungen, welche sich innerhalb eines Grundstückes (Gebäudes) befinden, nennt man Privatgasleitungen. Je nach dem Zwecke der Anlage unterschied man bis vor kurzem:

1. Leuchtgasleitungen,
2. Koch- und Heizgasleitungen,
3. Motorengasleitungen.

Da schon seit einer Reihe von Jahren in der Berechnung des Gaspreises für Leucht-, Koch- und Heizgas ein Unterschied nicht mehr gemacht, vielmehr überall ein Einheitspreis für diese Verwendungsarten berechnet wird, ist auch die getrennte Fortleitung des Gases in Leucht- und Kochgas-Rohrleitungen nicht mehr üblich.

Nur Motorengasleitungen und Heizgasleitungen für sehr großen Verbrauch werden aus technischen Gründen— manchmal auch wegen des geringeren Gaspreises für diesen Zweck — getrennt verlegt.

Als Material für Privatgasleitungen kommt in Deutschland fast ausschließlich schmiedeeisernes Rohr in Betracht. Das früher namentlich in Süddeutschland so beliebte Bleirohr, welches sich zwar leicht und schnell verlegen läßt, aber wegen seiner geringen Widerstandsfähigkeit gegen Schlag und Stoß äußeren Beschädigungen mehr ausgesetzt ist als Eisenrohr, ist zur Herstellung von Gasleitungen in den meisten deutschen Städten verboten[1].) Auch Kupferröhren sind infolge ihres hohen Preises und weil sie durch Gas, welches von Ammoniak nicht ganz frei ist, sehr leicht angegriffen werden, weil sich ferner in diesen Röhren ein explosives Gemenge bildet, zur Anfertigung von Privatgaseinrichtungen nicht geeignet.

Der Preis der Zinnröhren ist ein so hoher, daß sich die Verwendung dieses Materials von selbst verbietet. In feuchten Räumen oder da, wo die Rohrleitungen verdeckt bzw. so verlegt werden müssen, daß sie später nicht oder nur schwer zugängig sind, verwendet man verzinkte schmiedeeiserne Röhren.

Schmiedeeiserne Rohre werden unter sich und mit den erforderlichen Hähnen, Verbindungsstücken, Beleuchtungs- etc. Gegenständen mittels Gewinde und Gewindemuffen verbunden. Als Dichtungsmaterial kommen hierbei die verschiedensten Kitte zur Anwendung, und zwar Mennige, Bleiweiß-, Zinkweißkitt, Manganesit, Felinit, Fermit von Heinrich Clasen, Hamburg, Schlemmkreide mit Leinölfirnis; auch haben sich in Firnis getränkte Hanffäden als brauchbares Dichtmaterial bewährt. Mennige- und Bleiweißkitt sichern zwar einen dichten Abschluß, verursachen aber häufig bei unvorsichtigem Hantieren und namentlich bei ungeschickten Leuten und Anfängern Bleivergiftungen. Aus diesem Grunde sollte die Verwendung aller aus Bleioxyd hergestellten Kitte,

---

[1]) In Frankreich verwendet man heute noch Bleirohre für Hausgasleitungen.

zumal man mit anderen ungefährlichen Mitteln eine vollständig gasdichte Leitung herzustellen vermag, nicht geduldet werden. Die mit Mennigekitt gedichteten Rohrleitungen sehen meistens nicht einmal schön aus, da die wenigsten Installateure in der Anwendung der Dichtmaterialien Maß zu halten wissen und die Rohrleitungen unnötig verschmieren. Das von der Firma Clasen in Hamburg in den Handel gebrachte Fermit ist giftfrei und als Dichtkitt sehr geeignet. Außerdem werden Kitte für Rohrverbindungen von folgenden Firmen geliefert:

Nissen & Volk, Hamburg,
Manganesitwerke, G. m. b. H., Hamburg, Große Bleiche 23,
Friedrich Goetze, Burscheid bei Köln a. Rh. (Mastixkitt),
F. Schacht, Braunschweig, Bültenweg 21/22,
Kittöl liefert die Chemische Fabrik Flörsheim, Dr. Noerdlinger, Flörsheim a. M.

Manche Gaseinrichter verwenden nur Hanffäden in Leinölfirnis getränkt und Schlemmkreide mit Firnis zu einem Kitt angerührt und haben damit die besten Erfahrungen gemacht.

Die Bezeichnung der schmiedeeisernen Röhren geschieht wohl in den meisten Fällen nach englischen Zollen und stets nach der lichten Weite. Eine Berechnung nach Millimetern ist weniger gebräuchlich, da es sich dabei um Bruchteile derselben handelt. So hat z. B. ein englischer Zoll 25,4 mm. Bezeichnet man die lichten Weiten jedoch nach metrischem Maß, so läßt man die Bruchteile weg oder rundet sie ab.

Die gebräuchlichsten schmiedeeisernen Röhren sind in nachstehender Tabelle zusammengestellt:

Lichter Durchmesser		Äuß. Durchm. in mm	Gewicht pro laufd. m in kg
Zoll engl.	mm		
1/8	3,18	10	0,60
1/4	6,35	13,5	0,70
3/8	9,53	16,5	0,82
1/2	12,70	20,5	1,18
3/4	19,05	26,5	1,75
1	25,40	33,5	2,45
1 1/4	31,75	41,5	3,6
1 1/2	38,10	48	4,5
1 3/4	44,50	51,5	5,3
2	50,80	59	6,0
2 1/4	57,15	69	7,1
2 1/2	63,50	76	8,2
2 3/4	69,85	82	9,0
3	76,20	88,5	10,1
3 1/2	88,90	102	11,5
4	101,60	114	13,5

Eine anerkannte Norm gibt es für Gasgewinde zwar z. Z. noch nicht, doch sind die Abweichungen der einzelnen Fabriken so gering, daß man die Röhren von beliebigen Lieferanten untereinander verbinden kann. Das sog. Messinggewinde MG wird nicht nach dem inneren, sondern nach dem äußeren Rohrdurchmesser bezeichnet.

Folgende Tabelle enthält die üblichen Abmessungen der Gasgewinde:

Lichter Rohrdurchm.		Äuß. Gewindedurchm.		Gewindetiefe		Anzahl d. Gänge auf 1 Zoll engl.
Zoll engl.	mm	Zoll engl.	mm	Zoll engl.	mm	
1/8	3,18	13/32	10,32	0,023	0,58	19
1/4	6,35	17/32	13,49	0,034	0,86	19
3/8	9,53	5/8	15,88	0,034	0,86	19
1/2	12,70	13/16	20,64	0,046	1,17	14
5/8	15,88	29/32	23,02	0,046	1,17	14
3/4	19,05	1 1/32	26,19	0,046	1,17	14
7/8	22,23	1 3/16	30,16	0,058	1,47	11
1	25,40	1 5/16	33,34	0,058	1,47	11
1 1/4	31,75	1 5/8	41,27	0,058	1,47	11
1 1/2	38,10	1 7/8	47,62	0,058	1,47	11
1 3/4	44,50	2 1/8	53,97	0,058	1,47	11
2	50,80	2 3/8	60,33	0,058	1,47	11
2 1/4	57,15	2 5/8	66,67	0,058	1,47	11
2 1/2	63,50	3	76,20	0,058	1,47	11
2 3/4	69,85	3 1/8	79,37	0,058	1,47	11
3	76,20	3 1/2	88,90	0,058	1,47	11
3 1/2	88,90	3 15/16	100,01	0,058	1,47	11
4	101,60	4 7/16	112,71	0,058	1,47	11

Schmiedeeiserne Röhren werden von nachstehend genannten Firmen hergestellt:

Balcke, Tellering & Co., A.-G., Benrath-Düsseldorf,
Mannesmann-Röhrenwerke, Düsseldorf,
Rheinstahl A.-G., Düsseldorf,
Düsseldorfer Röhrenindustrie A.-G., Düsseldorf.
Phoenix A.-G., Düsseldorf,
Eschweiler-Ratinger Maschinenbau-A.-G., Ratingen,
Thyssen & Co., A.-G., Mülheim-Styrum,
Gewerkschaft Grillo, Funke & Co., Gelsenkirchen-Schalke,
Gelsenkirchener Bergwerks-A.-G., Gelsenkirchen,
Wittener Stahlröhrenwerke Abt. Gelsenkirchen-Schalke,
Gustav Kuntze, Göppingen,
Weeks & Co., Oberhausen,
Röhrenwerke Raunheim G. m. b. H., Raunheim,
Siegener Stahlröhrenwerke G. m. b. H., Weidenau (Sieg),

Hallesche Röhrenwerke A.-G., Halle,
Vereinigte Königs- und Laurahütte, Berg- und Hüttenwerke A.-G., Laurahütte O.-S.,
Maschinenfabrik und Eisengießerei Saaler A.-G., Tenningen,
Bismarckhütte, A.-G. für Eisen- und Hüttenbetrieb, Bismarckhütte, O.-S.,
Aktiengesellschaft Lauchhammer i. S.

Zur Herstellung von Abzweigen, Bögen, Verjüngungen u. dgl. in den schmiedeeisernen Rohrleitungen verwendet man Verbindungsstücke (Fittings). Das Material derselben ist entweder Schmiedeeisen oder schmiedbarer Eisenguß.

Der Bedarf an Fittings ist so groß geworden, daß für die Herstellung derselben nur noch die allergrößte Massenfabrikation in Frage kommen kann. Fast allgemein wird bei der Fabrikation die Formmaschine benutzt. Durchweg kommen als Formplatten für die Maschinen „Metallplatten" zur Verwendung.

Diese haben den großen Vorteil gegenüber den sonst auch üblichen Gipsplatten, daß eine Verschiebung der Modelle auf ihnen ausgeschlossen ist. Außerdem wird durch die Verwendung der Formplatten die Fabrikation der Fittings außerordentlich verbilligt. Dasselbe gilt auch für die Kerne, welche ebenfalls nach Möglichkeit mit maschinellen Vorrichtungen bzw. in metallenen Kernkasten durchgeführt werden. Da es sich durchweg um kleinere Formstücke handelt, so kann bei einigermaßen sauberer Arbeit von Form und Kern eine unbedingt gleichmäßige Wandstärke in dem ganzen Stück und damit auch eine unbedingte Dichtigkeit der Abgüsse gewährleistet werden.

Auch die Zusammensetzung des Eisens dieser Weichguß-Fittings — wie man sie eigentlich nennt — ist von allergrößter Wichtigkeit. Fast jede Fabrik hat ihre eigene Mischung. Eine große Rolle spielt auch das Tempern sowie dieZusammensetzung des Tempererzes.

Schmiedeeiserne Fittings haben heute — nach allgemeiner Einführung der Temperguß-Fittings — nicht mehr die Bedeutung als früher. Die Fabrikation derselben beschränkt sich lediglich auf Rohrbogen, Muffen, Nippel, Doppelnippel, Langgewinde und Gegenmuttern.

In den Fig. 143 bis 162 sind die gebräuchlichsten Verbindungsstücke abgebildet. Bei dieser Gelegenheit sei besonders auf die sog. Randfittings (Schweizer Verbindungsstücke) von Georg Fischer in Singen in Baden und Schaffhausen,

Schweiz, welche sich in der Praxis seit Jahren bestens bewährt haben, aufmerksam gemacht.

Fig. 143. Fig. 144. Fig. 145. Fig. 146.
Fig. 147. Fig. 148. Fig. 149. Fig. 150.
Fig. 151. Fig. 152. Fig. 153. Fig. 154.
Fig. 155. Fig. 156. Fig. 157. Fig. 158.
Fig. 159. Fig. 160. Fig. 161. Fig. 162.

Auch andere namhafte Firmen befassen sich seit Jahren mit der Herstellung von Weichguß-Rand-Fittings.

Wir wollen nicht unterlassen, einige dieser Firmen zu nennen:

Ackermann & Co., Haspe i. Westf.,
Bänninger, G. m. b. H., Gießen,
Gußstahlwerke Wittmann, A.-G., Haspe i. Westf.,
R. Woeste & Co., Düsseldorf,
Bergische Stahlindustrie, G. m. b. H., Remscheid,
Fittingswerke Gebrüder Inden, A.-G., Düsseldorf,
Lauchhammer, A.-G., Lauchhammer.

Schmiedeeiserne Fittings werden fabriziert von folgenden Firmen:

Gebr. Vetter, Benrath,
R. Woeste & Co., Düsseldorf,
Fittingswerke Gebrüder Inden, A.-G., Düsseldorf,
Rheinische Stahlwerke, Hilden,
Gustav Bader, Fittingsfabrik, Bruchsal.

Fig. 143 ist ein Bogen mit beiderseitigem äußeren Gewinde, Fig. 144 ein solcher mit einer Muffe und einem Gewinde, Fig. 145 ein Knie (Winkel) mit zwei inneren Gewinden, Fig. 146 ein solches mit einem inneren und einem äußeren Gewinde, Fig. 147 ein verjüngtes Knie, Fig. 148 T-Stück mit gleichweitem Abzweig und Innengewinde, Fig. 149 ein T-Stück mit einseitig äußerem Gewinde, Fig. 150 Kreuzstück, Fig. 151 Reduktionsmuffe (Verjüngungsmuffe), Fig. 152 gerippte gerade Muffe, Fig. 153 Gewindenippel, Fig. 154 Doppelnippel, sechskantig, Fig. 155 Reduktionsstück (Verjüngungsstück), Fig. 156 Verschlußkappe, Fig. 157 Verschlußstöpsel (Pfropfen) Fig. 158 Gegenmutter, Fig. 159 runde Flansche, Fig. 160 ovale Flansche, Fig. 161 Verschraubung, Fig. 162 Doppelnippel, konisch geschnitten.

Zur einheitlichen Bezeichnung der T- und Kreuzstücke und um bei der Bestellung Mißverständnissen vorzubeugen, ist nachstehende Reihenfolge einzuhalten:

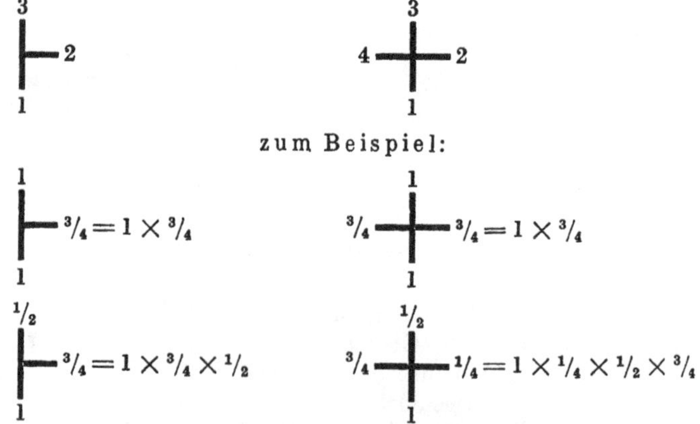

Das Ineinanderschrauben der schmiedeeisernen Röhren geschieht mit Hilfe der in Fig. 163 abgebildeten **Rohrzange.**

Zum Abschneiden auf die jeweils erforderliche Länge bedarf man eines **Rohrabschneiders** (Fig. 164). Letzterer wird auch mit drei Schneiderädchen versehen und dient dann namentlich dazu, aus einer bereits verlegten Rohrleitung ein

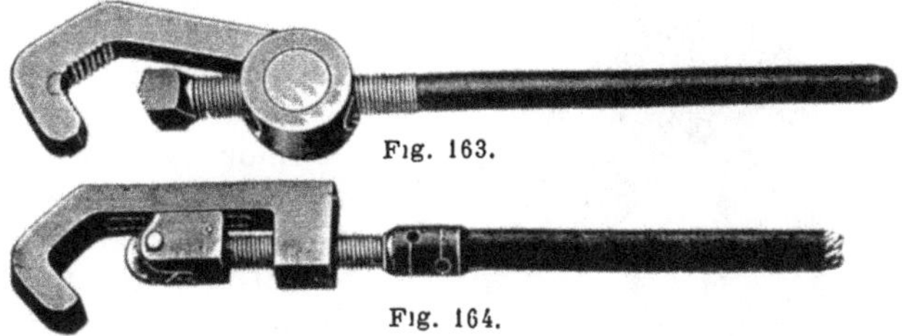

Fig. 163.

Fig. 164.

Stück von bestimmter Länge behufs Einsetzen eines Abzweiges herauszuschneiden.

Beim Abschneiden mittels des Rohrabschneiders bildet sich an der Schnittfläche innen und außen ein Grat, welcher beseitigt werden muß, bevor man auf die abgeschnittenen Enden ein Gewinde aufschneidet.

Zu diesem Zwecke wird das schon vor dem Abschneiden in einen **Rohrschraubstock** (Fig. 165, 166 und 167) eingespannte

Fig. 165. Fig. 166.

Rohr mit einem in eine Brustleier eingesetzten Fräser (Fig. 168 und 169) außen und innen glatt gefräst oder mit einer Feile glatt gefeilt. Von der Firma J. K. Müller in Siegmar wird ein Rohrabschneider Fig. 170 geliefert, bei welchem die Schneiderädchen durch einen Abstechstahl in einem gegen das Rohr beweglichen Schlitten ersetzt sind. Dieser Rohrabschneider hat den großen Vorzug, daß er keinen Innengrat verursacht, wodurch das Nachfräsen erspart wird. Der Abstechstahl fügt sich allen Unrundungen an, so daß eine Beschädigung des abzuschneidenden Rohres ausgeschlossen ist.

Fig. 167.

Zum Schneiden der Gewinde bedient man sich der **Kluppen,** welche in den verschiedensten Konstruktionen in den Handel kommen.

Die Reishauer-Kluppe (Fig. 171) besteht in der Hauptsache aus dem Kluppenkörper, den aufsteckbaren Armen, den geteilten Schneidebacken und der Führungsbüchse. Die für die einzelnen Dimensionen beigegebenen Führungsbüchsen, welche durch eine Umdrehung zweier Halbkopfschrauben an dem Kluppenkörper befestigt werden, verhindern das Schiefwerden der Gewinde.

Fig. 168.

Fig. 169.

Fig. 170.

Sehr praktisch und exakt gearbeitet sind auch die Reinecker- und Remscheider-Kluppen (Rex-Kluppe). Die im Preise allerdings billigeren amerikanischen, bei welchen der Körper aus Gußeisen besteht, die Schneidebacken aus einem Stück und deshalb auf den Rohrdurchmesser nicht einstellbar sind, haben sich nicht so gut bewährt wie die obengenannten deutschen

Fig. 171.

Kluppen. Statt der Kluppen verwendet man auch **Gewindeschneidmaschinen,** welche von den meisten Werkzeugfabrikanten geliefert werden.

Fig. 172. Fig. 173.

Die Firma Müller in Siegmar bringt eine solche Maschine in Verbindung mit einem Rohrschraubstock in den Handel.

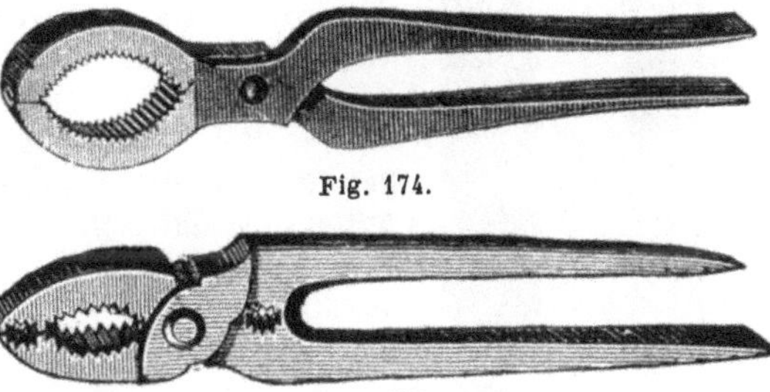

Fig. 174.

Fig. 175.

Eine derartige Kombination bietet jedenfalls manchen Vorteil beim Arbeiten auf der Baustelle. Mit der Maschine, welche in den Figuren 172 und 173 in zwei verschiedenen Stellungen abgebildet ist, können alle Gewinde von ½″ bis 4″ mit einem Schnitt geschnitten werden. Die mit Kurbel versehene Antriebswelle lagert neben dem Rohrschraubstock; diese Lagerung ist gleichzeitig der Drehpunkt, um welchen die Maschine vom Schraubstock weggehoben und auf die Seite gesetzt werden kann, wie dies aus den Figuren zu ersehen ist.

Fig. 176.

Außer der Rohrzange (Fig. 163) für große, gibt es noch kleinere, sog. Blitzzangen und Kappenzangen (Fig. 174 u. 176) zum Festschrauben kleiner Rohre und der später erwähnten Kappenverschraubungen. Kugelbewegungen u. dgl. Die Brennerzange (Fig. 175) verwendet man, wie die Bezeichnung schon andeutet, zum Aufschrauben der Brenner.

Innerhalb der Gebäude werden die Rohrleitungen mittels Rohrhaken an den Wänden und mittels Rohrbänder an den Decken befestigt. Bei vertikalen Leitungen ist es zweckmäßig, immer einen Rohrhaken von der linken, den nächstfolgenden von der rechten Seite bzw. umgekehrt über das Rohr greifen zu lassen. Bei horizontalen Leitungen greifen die Rohrhaken von unten über das Rohr, und genügt es, solche in Abständen von 2 m anzubringen.

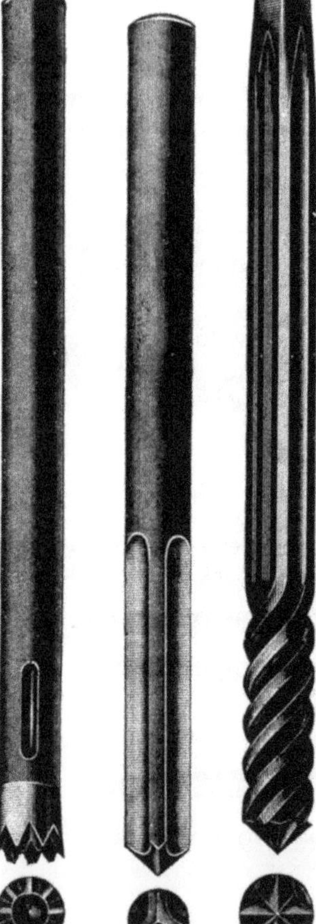

Fig. 177. Fig. 178. Fig. 179.

Rohrbänder werden mittels Holzschrauben bei gewöhnlichen, mittels Steinschrauben bei Stein- oder Betondecken befestigt.

Zum Durchbohren der Mauern und Wände verwendet man besondere, aus Stahl gefertigte Bohrer, wie solche in den Fig. 177, 178 u. 179 abgebildet sind. Der aus Rundstahl hergestellte, massive Mauerbohrer mit ausgefrästem Seitenschlitz ist vielfach im Gebrauch.

Die Anordnung der Leitungen in einem Gebäude.

Die Anordnung der Gasleitungen innerhalb der Gebäude richtet sich in erster Linie nach den in manchen Städten geltenden Ausführungsbestimmungen. Solche Bestimmungen schreiben in der Regel nicht allein das zu verwendende Material, den Standort der Gasmesser, die Art der Befestigung der Rohre und der Beleuchtungsgegenstände, sondern auch die Anordnung der Absperrhähne, der Steige- und Verteilungsleitungen vor und geben damit dem Gaseinrichter gewissermaßen die gesamte Disposition an. Handelt es sich um die Versorgung nur einer in einem einstöckigen Hause gelegenen Wohnung mit Leuchtgas, so ist die Anordnung der Leitung die denkbar einfachste. Man sucht zunächst einen geeigneten Platz für den Gasmesser, durch welchen die Menge des verbrauchten Gases gemessen wird, am besten im Keller, wenn ein solcher vorhanden ist, aus und führt von diesem auf dem kürzesten Wege eine Leitung (Steigleitung) in den Flur des Erdgeschosses, um von hier aus die Verteilung der einzelnen Abzweigleitungen nach den mit Gas zu versorgenden Räumen zu bewerkstelligen.

Ist ein mehrstöckiges Wohnhaus mit Gasleitung einzurichten, so sind entweder im Keller so viel Gasmesser aufzustellen und von dort aus so viel Steigleitungen zu legen, als Wohnungen mit Gas versorgt werden sollen, oder aber es ist eine entsprechend weite Rohrleitung durch sämtliche Stockwerke zu führen, und sind dann in den letzteren die Gasmesser unterzubringen. Die erste Art der Anordnung ist kostspielig; sie findet heute wohl keine Anwendung mehr. Das Aufstellen von sogenannten Hauptgasmessern in den Kellern und Nebengasmessern in den einzelnen Wohnungen ist noch in einigen Städten gebräuchlich. Diese Anordnung gibt zu Differenzen mit den Gasabnehmern häufig Veranlassung, da es vorkommen kann, daß der Stand des Nebengasmessers von demjenigen des Hauptgasmessers bei der Berechnung nicht abgezogen oder daß bei etwaigen Aufnahmefehlern für den ersteren ein größerer Verbrauch angegeben wird als für den letzteren und dergleichen

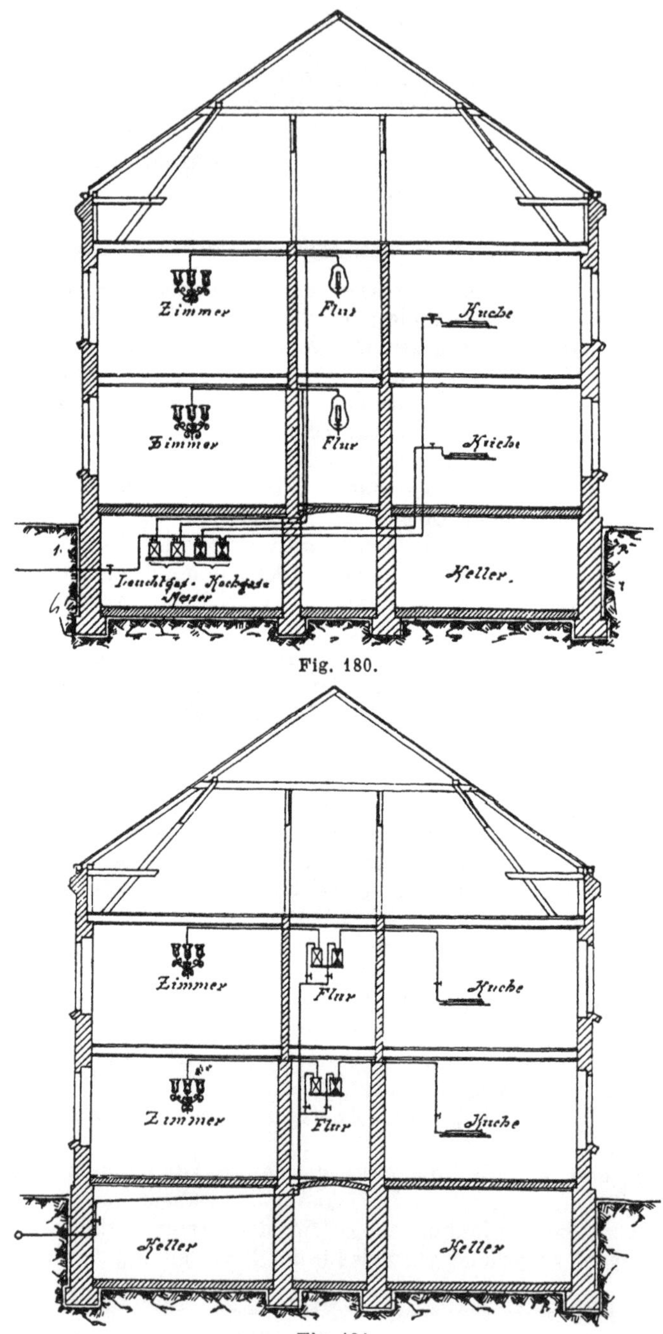

Fig. 180.

Fig. 181.

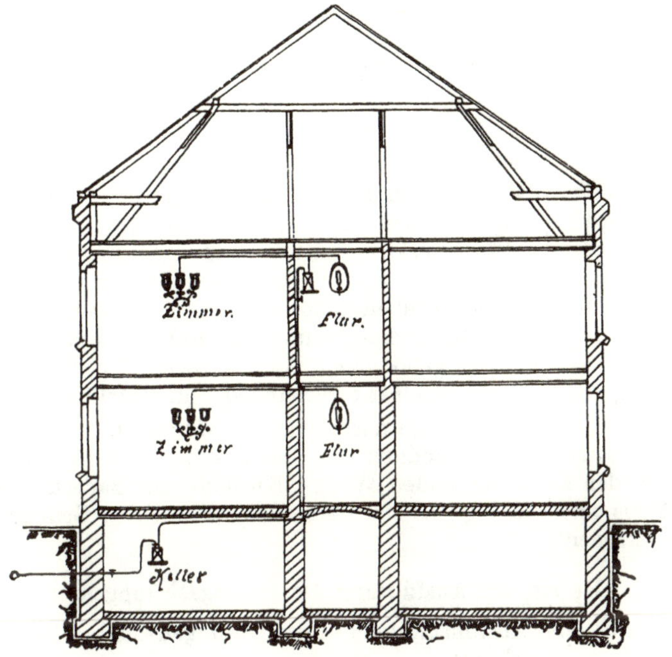

Fig. 182.

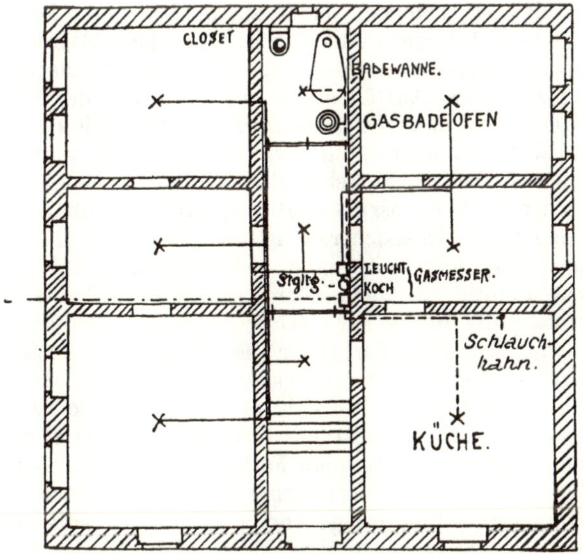

Fig. 183.

mehr. Deshalb ist die Aufstellung von Nebengasmessern (Kontrollgasmessern) keinesfalls zu empfehlen.

Die Fig. 180, 181 und 182 zeigen in schematischer Form die vorstehend beschriebenen Gaseinrichtungen.

In Fig. 180 haben sämtliche Gasmesser in einem Kellerraum Aufstellung gefunden, und es sind von dort nach den verschiedenen Stockwerken Leucht- und Kochgasleitungen getrennt geführt. Diese Art der Gasmesseraufstellung kommt seit Einführung des Einheitsgaspreises nur noch selten vor. In Fig. 181 ist eine Hauptsteigleitung vom Keller aus durch die zu den Wohnungen gehörenden Flure gezogen; Leucht- und Kochgasmesser sind daselbst nebeneinander aufgestellt worden.

Fig. 182 zeigt eine Anordnung mit Haupt- und Nebengasmessern. Die Verteilung des Gases von den Gasmessern nach den zu versorgenden Wohn-, Küchen- und Baderäumen ist aus einem in Fig. 183 zur Darstellung gebrachten Grundriß zu ersehen.

Regeln zur Ausführung der Privatgasleitungen.

Für die Ausführung der Privatleitungen sind folgende Regeln zu beachten:

Die Gasmesser und Absperrhähne sollen so angebracht werden, daß sie jederzeit leicht zugänglich sind. Dieselben sollen nicht mit Gegenständen, wie Schränken, Regalen oder dergleichen, welche das Ablesen der Gasmesserstände und bei nassen Messern das Auffüllen bzw. die Bedienung der Absperrhähne behindern, umstellt werden. Der zu wählende Platz muß trocken, aber nicht übermäßig warm sein und muß, wenn irgend möglich, vom Tageslicht beleuchtet werden. Bei nassen Gasmessern ist noch zu berücksichtigen, daß die Aufstellung in einem möglichst frostsicheren Raum geschieht. Die Rohrleitungen sollen leicht zugänglich gelegt werden, doch so, daß sie nicht unnötig auffallen. Man benutze deshalb die Ecken und streiche die Rohre nach erfolgter Prüfung der gesamten Anlage mit einer dem Farbenton der Wand oder Decke entsprechenden Ölfarbe. Ist man gezwungen, etwa bei bemalten oder verzierten Decken, die Leitung einzulassen, so verwende man verzinktes schmiedeeisernes Rohr und überstreiche dieses noch mit einer rostschützenden Farbe. Bei Neubauten nimmt man häufig durch die Herstellung einer senkrechten, durch alle Stockwerke hindurchgehenden Rinne auf die Unterbringung der Steigröhren Rücksicht. Die Rinnen werden dann durch ein Brett, welches mit der Wandfläche abschneidet und mit Holzschrauben befestigt ist, geschlossen.

An den Wänden befestigt man die Rohrleitungen mit Rohrhaken und Rohrschellen in Abständen von 1 bis 2 m (siehe Fig. 184 u. 185).

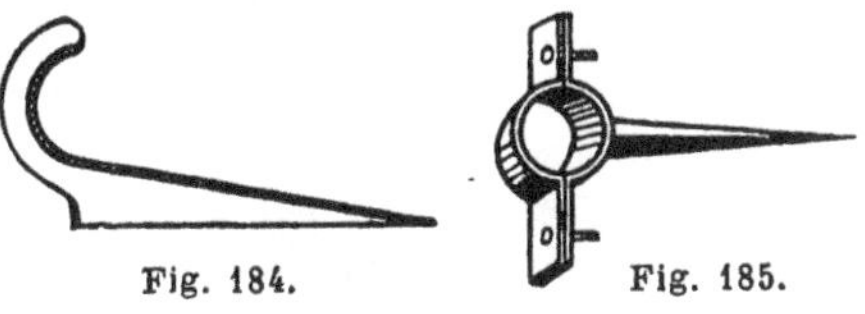
Fig. 184. Fig. 185.

Das Legen der Rohre unter Fußboden ist nicht zu empfehlen und nur ausnahmsweise zu gestatten, wenn die Zugänglichkeit durch mit Holzschrauben befestigte, besonders kenntlich gemachte Fußbodenbretter oder auf andere Weise ermöglicht wird. In manchen Städten ist diese Art der Rohrführung verboten. Die Rohre durch einen Schornstein zu legen, ist unstatthaft.

Es bedarf kaum der Erwähnung, daß man alle Rohrleitungen stets geradlinig, nicht krumm und nicht schräg, an Wänden und Decken hinführt.

Senkrechte Leitungen müssen genau nach dem Lot (Senkel), Leitungen an Decken genau rechtwinklig zu denjenigen an den Wänden, von welchen sie abgezweigt, gelegt werden.

Leider wird von vielen Installateuren gegen diese selbstverständlichste aller Regeln sehr häufig verstoßen. Das kommt daher, daß solchen Leuten jeglicher Schönheitssinn und jegliches Verständnis für akkurate Arbeit mangelt. »Wenn die Leitung nur dicht ist und das Gas gut brennt«, wenden die Pfuscher zu ihrer Entschuldigung ein, und da in vielen Fällen seitens der Bauleiter an das noch immer ziemlich stiefmütterlich behandelte Installationsgewerbe auch keine hohen Anforderungen gestellt werden, so wird weiter gepfuscht.

Jeder Meister sollte es sich zur Pflicht machen, unsaubere Arbeit nicht zu dulden und lieber eine schief oder krumm gelegte oder mit sonstigen Schönheitsfehlern behaftete Gasrohrleitung nicht abzunehmen. Leute, welche keinen angeborenen Schönheitssinn besitzen, müssen durch Schulung zum guten Geschmack erzogen werden, und wenn das nicht möglich ist, können sie als Gaseinrichter keine Verwendung finden. Jedenfalls sollte man im allgemeinen viel höhere Anforderungen an das Installationsgewerbe stellen, als dies bisher häufig der Fall gewesen ist. Eine schlechte Gaseinrichtung ist der größte Feind der Gasindustrie. — Nachdem wir die verschiedensten Anordnungen und die wichtigsten Regeln, welche beim Verlegen der Rohrleitung zu beachten sind, kennen gelernt haben, erübrigt noch die Besprechung der zu wählenden Rohrdurchmesser.

In vielen Städten dürfen mit Recht engere Rohre als solche von $^3/_8''$ engl. nicht verwendet werden. Enge Rohre verursachen zu große Druckverluste und geben bei späterer Benutzung der Einrichtung Veranlassung zu Klagen über schlechtes Brennen des Gases.

Bei der **Bestimmung der Rohrweiten** lege man nicht allein den Gasverbrauch zugrunde, auf welchen in der allernächsten Zeit zu rechnen ist, sondern berücksichtige stets möglicherweise eintretende Vergrößerungen der Anlage und Vermehrung der Gasabgabe in dem betreffenden Gebäude. Falsch angebrachte Sparsamkeit rächt sich durch später notwendig werdende größere Ausgaben.

Häufig kommt es vor, daß zunächst nur Gas zu Beleuchtungszwecken verlangt wird, während nach einigen Jahren Gaskocher, Badeöfen u. dgl. aufgestellt werden sollen. Ist dann die Leitung zu eng, so entschließt sich der Gasabnehmer nur schwer — namentlich wenn eine größere Geldausgabe damit verknüpft ist —, die ungenügende Anlage durch eine neue ersetzen zu lassen. Dazu kommt, daß jede spätere Auswechslung einer Rohrleitung auch Belästigungen der Hauseinwohner und Beschädigungen der Wände, Decken, Tapeten und Malereien verursacht.

Fig. 186.

Die Preisunterschiede zwischen den einzelnen Rohrdimensionen sind so gering, daß die Mehrkosten z. B. für eine Steigleitung in einem Hause mit mehreren Etagen nur einige Mark betragen, wenn statt eines engen ein weites Rohr gewählt wird.

Die Askania-Werke A.-G. in Dessau, vorm. Centralwerkstatt in Dessau, bringen einen kleinen Apparat zur Ermittlung der Durchlaßfähigkeit von Gasleitungen in den Handel. In Nr. 37 des »Journals für Gasbeleuchtung und Wasserversorgung« 1901 wird darüber folgendes berichtet:

Das in Fig. 186 abgebildete kleine Instrument gestattet, an irgendeiner Stelle einer vorhandenen Gasleitung schnell und in einfachster Weise die mögliche Durchlaßmenge unter einem bestimmten Druck zu ermitteln und dadurch festzustellen, ob die Leitung zur Speisung neu anzuschließender Apparate und

Brenner, z. B. eines Gasbadeofens, noch ausreicht, wozu man bisher auf mehr oder minder umständliche Berechnungen oder wenig zuverlässige Schätzungen angewiesen war. Das Instrument besteht aus einem mit Schlauchtülle versehenen, mit einem Druckmesser verbundenen Hohlkörper aus Metall, in welchem eine Ausströmöffnung von willkürlich veränderlicher Lichtweite angebracht ist. Die der jeweiligen Weite dieser Öffnung entsprechende Ausflußmenge kann an einer empirisch geeichten Skala abgelesen werden. Die Handhabung des in zwei Teile zerlegbaren und daher bequem in der Tasche mitzuführenden Gerätes ist sehr einfach: Man schließt es mittels Gummischlauches an die zu untersuchende Leitung an, stellt den Zeiger auf das erforderliche stündliche Durchflußquantum ein und liest am Druckmesser den dabei vorhandenen Druck ab, oder man dreht so lange an dem Knopfe, bis am Druckmesser der zulässige Mindestdruck sich einstellt, und liest dann auf der Skala die Durchflußmenge ab. Das Instrument wird für 20, 25 oder 30 mm Wassersäule Mindestdruck gebaut.

Für die Wahl der inneren Röhrendurchmesser gilt die folgende Tabelle.

Länge der Leitung in Meter	Innere Durchmesser der Röhren											
	3/8″ 9,5 mm	1/2″ 12,7 mm	5/8″ 16,0 mm	3/4″ 19,0 mm	1/1″ 25,4 mm	1 1/4″ 31,8 mm	1 1/2″ 38,1 mm	2/1″ 50,8 mm	2 1/2″ 63,5 mm	3/1″ 76,2 mm	3 1/2″ 88,9 mm	4/1″ 101,6 mm
	Größter stündlicher Gasverbrauch in cbm											
2	0,45	1,50	2,70	4,50	9,00	18,00	27,00	60,00	122,50	211,80	340,00	499,50
4	0,45	1,20	2,40	3,75	7,50	15,00	22,50	48,00	87,00	149,00	239,00	320,50
6	0,30	0,90	1,95	3,00	6,00	12,00	18,00	39,00	71,25	122,00	180,10	290,00
8	0,30	0,75	1,50	2,25	4,80	9,60	15,00	33,00	61,25	106,00	169,00	251,00
10	0,15	0,60	1,20	1,90	3,75	7,50	12,00	27,00	55,00	93,50	150,50	223,00
15	0,15	0,45	0,75	1,35	3,00	6,00	9,00	23,25	45,50	77,50	123,50	184,00
20	—	0,30	0,75	1,20	2,55	5,25	8,25	19,80	38,00	66,50	107,50	158,50
25	—	0,15	0,60	1,05	2,25	4,50	7,50	18,00	35,40	60,00	97,00	144,00
30	—	0,15	0,60	0,90	1,80	3,75	6,75	16,80	31,80	54,00	87,50	129,50
35	—	—	0,45	0,75	1,65	3,30	6,00	15,45	29,20	50,50	80,50	120,00
40	—	—	0,30	0,60	1,50	3,00	5,25	14,40	27,40	47,50	76,00	112,50
45	—	—	0,30	0,60	1,35	2,85	4,50	13,20	25,80	45,00	72,00	107,00
50	—	—	0,15	0,45	1,20	2,55	4,20	12,00	24,50	42,50	68,00	101,00
60	—	—	0,15	0,45	1,05	2,40	3,90	10,50	22,50	38,50	62,00	92,09
70	—	—	—	0,30	0,90	2,25	3,60	9,75	20,60	36,70	57,00	85,00
80	—	—	—	0,30	0,75	2,10	3,30	9,00	19,20	33,50	53,25	78,50
90	—	—	—	0,15	0,60	1,95	3,00	8,25	18,10	31,70	50,00	74,50
100	—	—	—	0,15	0,45	1,80	2,70	7,50	15,75	27,25	44,00	66,00
150	—	—	—	—	0,30	1,35	2,25	6,45	12,80	22,30	36,50	54,00
200	—	—	—	—	0,15	1,20	1,95	5,40	11,10	19,35	31,50	47,00
250	—	—	—	—	—	1,05	1,80	4,50	10,00	17,55	28,20	42,25
300	—	—	—	—	—	0,90	1,05	3,75	9,05	15,80	25,35	38,00
350	—	—	—	—	—	—	—	3,60	7,15	14,80	21,70	32,75
400	—	—	—	—	—	—	—	3,35	6,65	13,80	20,20	30,50
450	—	—	—	—	—	—	—	—	6,25	12,90	19,20	28,90
500	—	—	—	—	—	—	—	—	5,80	12,20	18,10	27,20

Schmiedeeiserne Leitungen im Freien dürfen nicht unter 20 mm (¾") genommen werden.

Von dem in der Gasleitung herrschenden Druck hängt es zum großen Teil ab, ob die Beleuchtung bzw. die Beheizung der Räume und die Bereitung des warmen Wassers eine gute oder mangelhafte ist. Ein zu niedriger Druck beeinträchtigt die Lichtwirkung im Auerbrenner und verursacht eine ungenügende Heizwirkung der Gasöfen und der sonstigen Heiz- und Kochapparate.

Jeder Überschuß an Druck ist aber ein Verlust für die Gaswerke, deshalb geben die letzteren nicht mehr Druck, als daß er zur Zeit des größten Konsums an den ungünstigsten Stellen des Rohrnetzes noch gerade über der untersten zulässigen Grenze bleibt.

Bei Steinkohlengas genügt für die Flamme im Auerbrenner noch etwa ein Druck von 20 mm.

Der Druck im Rohrnetz, welcher durch den Druckregler im Gaswek geregelt wird, erleidet auf dem weiten Wege durch das Rohrnetz Veränderungen je nach den Höhenunterschieden im Versorgungsgebiet und nach der Weite der Röhren. Bei jeder Steigung einer Gasleitung nimmt der Druck zu, bei jeder Senkung fällt er.

Zur **Feststellung des Druckes** bedient man sich der **Druckmesser (Manometer)**, von welchen der zweischenklige (U-förmige) der einfachste und bekannteste ist.

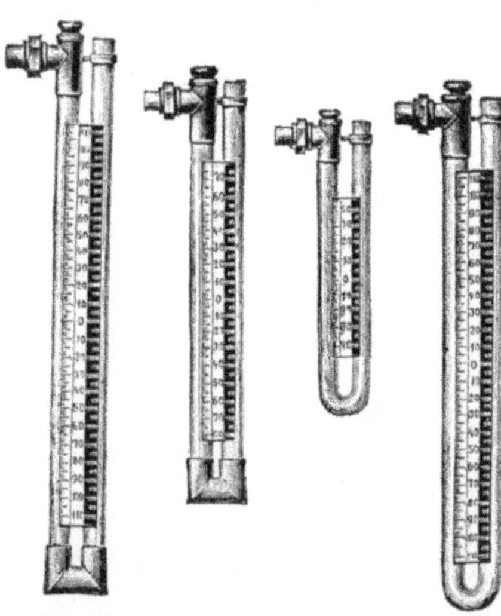

Fig. 187. Fig. 188. Fig. 189. Fig. 191.

Die Fig. 187 bis 191 zeigen dieses Manometer in verschiedenen Größen. Bei demselben wird das eine obere Ende zum Zwecke der Druckmessung mittels eines Schlauches mit der Gasleitung in Verbindung gebracht, während das andere offen bleibt und so mit der Atmosphäre in Verbindung steht. Das Manometer wird mit Wasser oder einer gefärbten Flüssigkeit (sehr brauchbar und in Gaswerken viel verwendet ist alkalisiertes Fluoreszein, in Wasser aufgelöst) bis zu einer gewissen Höhe gefüllt. Läßt man nun das Gas auf das Wasser einwirken, so drückt es dieses auf der einen Seite hinauf, auf der anderen Seite hinunter. An einer Skala liest man dann den Unterschied als Maß für den Druck ab.

In Fig. 192 ist ein sog. multiplizierendes Manometer, wie man dieses in Gaswerksbetrieben vielfach verwendet, abgebildet. (S. Elster-Berlin.)

Dasselbe besteht aus zwei kommunizierenden Gefäßen, die so hergestellt sind, daß in einem geschlossenen, mit der Gaszuführung versehenen Wasserkasten ein oben offener Zylinder dicht eingefügt ist, welcher zwar bis auf den Boden des Wasserkastens reicht, aber am unteren Rande noch Wasserdurchflußöffnungen hat. In diesem Rohre, welches den offenen Schenkel des Wassermanometers darstellt, schwimmt eine hohle Kugel und zeigt das Steigen und Fallen des Wassers durch den Zeiger eines mit ihr durch einen Faden verbundenen Schnurrades an. Dieser Zeiger gibt auf einer Skala die Druckhöhen an, welche dem geschlossenen Schenkel durch den Hahn zugeführt werden. Zum Einstellen des Apparates auf 0 bei geöffnetem mit der Luft verbundenen Eingangshahn dient einmal das Zugießen von Wasser in den Schwimmerzylinder bzw. Ablassen durch den Hahn und dann für seine Justierung die vordere Stellschraube.

Fig. 192.

Die **selbstregistrierenden Druckmesser (Druckschreiber)** zeichnen den Druck in Form von Kurven in der Regel 24-stündig auf und geben so ein übersichtliches Bild von den an einer bestimmten Stelle des Rohrnetzes oder einer Hausleitung herrschenden Druckverhältnissen. Ein bequem zu transportierender und sogar in einer Straßenlaterne unterzubringender Druckschreiber ist der unter dem Namen »Universal« bekannte

Apparat der Berlin-Anhaltischen Maschinenbau-Aktien-Gesellschaft., jetzt Bamag-Meguin (Fig. 193). Das Gehäuse besteht aus dem unteren Gefäß, welches mit Glyzerin gefüllt ist und in welchem der die Schreibfeder tragende Schwimmer sich befindet. Die obere Haube des Druckschreibers hat ein Fenster mit Verglasung, so daß bei geschlossener Haube die Aufzeichnung der Schreibfeder beobachtet werden kann. Durch einen Bajonettverschluß mit angehängtem Sicherheitsschloß ist der kleine tragbare Apparat vollständig verschließbar. Über der Haube befindet sich ein Handgriff zum Tragen des Druckschreibers, welcher mit der Haube so verbunden ist, daß der Druckschreiber nach allen Richtungen hin gedreht und bewegt werden kann. Das Uhrwerk zur Drehung der Trommel, auf welche die Druckbilder aufgespannt werden, liegt innerhalb der Trommel. Dieses Uhrwerk ist so eingerichtet, daß die Geschwindigkeit der Umdrehung verändert werden kann, und zwar wird die Geschwindigkeit entweder so eingestellt, daß sich die Trommel in 24 Stunden oder in 48 Minuten einmal dreht. Durch diese letztere größere Geschwindigkeit und Drehung in 48 Minuten ist man in der Lage, zur Zeit der Drucksteigerung in den Abendstunden oder zur Zeit besonders großer Gasabgabe in sehr deutlich lesbarer Linie jede einzelne Druckschwankung zu übersehen, die auf

Fig. 193.

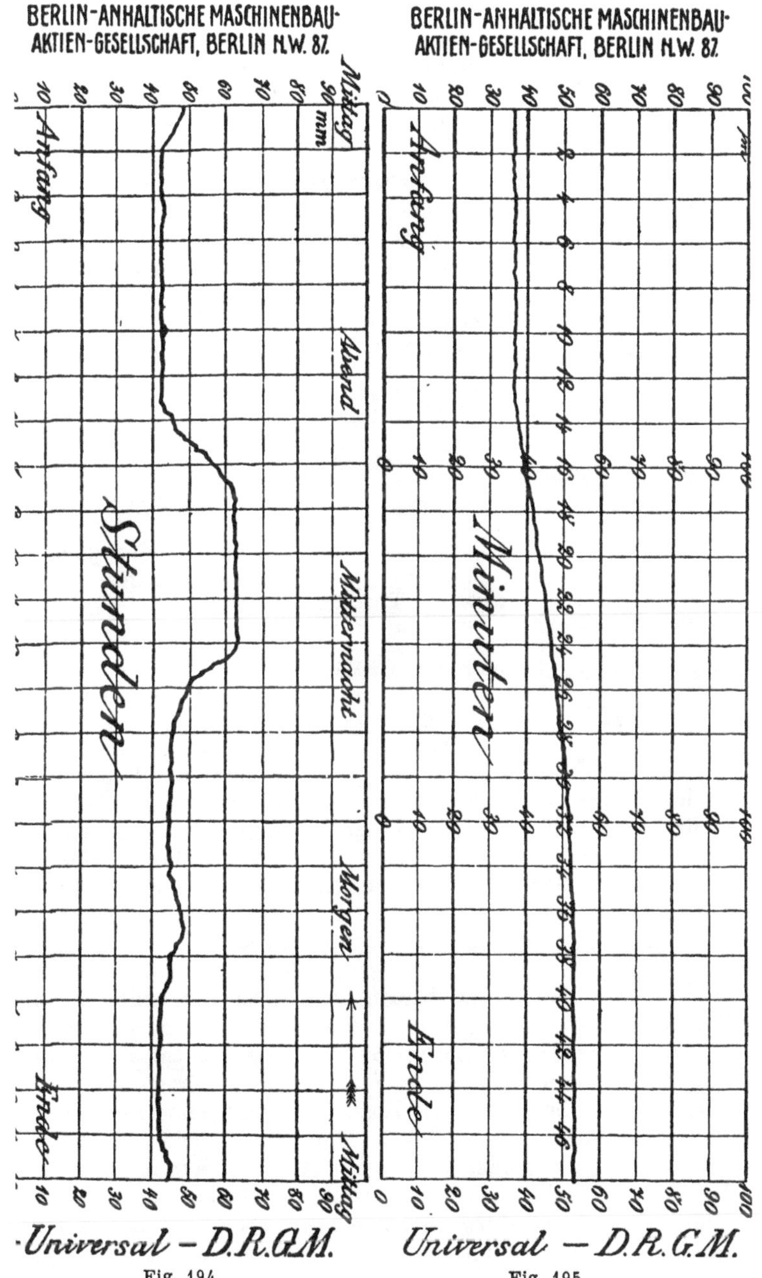
BERLIN-ANHALTISCHE MASCHINENBAU-
AKTIEN-GESELLSCHAFT, BERLIN N.W. 87.
Mittag
Anfang
Abend
Stunden
Mitternacht
Morgen
Ende
Mittag
mm
Universal – D.R.G.M.
BERLIN-ANHALTISCHE MASCHINENBAU-
AKTIEN-GESELLSCHAFT, BERLIN N.W. 87.
Anfang
Minuten
Ende
Universal – D.R.G.M.

Fig. 194.

Fig. 195.

jedem anderen Druckbild bei Umdrehung der Trommel in 24 Stunden nur einzelne Zacken oder dicke Striche ergibt, so daß eine Beurteilung der wirklich vorhanden gewesenen Wellenbewegungen darnach sonst nicht möglich ist.

Fig. 194 zeigt einen Druckbogen mit 24 Stunden-Beobachtungen, Fig. 195 einen solchen mit 48 Minuten-Beobachtung. Die zur Aufschreibung dienende Schreibfeder ist als Stahlfeder ausgebildet und wird alle 8—14 Tage mit einem Tropfen Farbe gefüllt.

Die **Befestigung der Beleuchtungsgegenstände** an Decken und Wänden geschieht mit Hilfe der Deckenscheiben (Fig. 196 bis 199). Diese werden entweder aus Messing oder schmiedbarem Guß hergestellt und mit Lappen oder Scheiben versehen, welche zur Aufnahme der Befestigungsschrauben dienen.

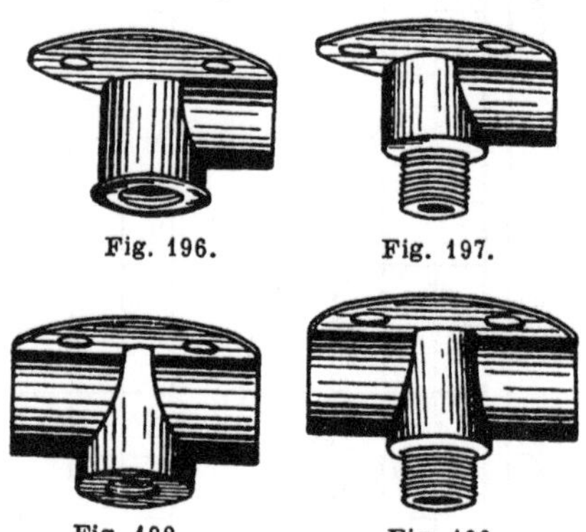

Fig. 196. Fig. 197.

Fig. 198. Fig. 199.

Zur Befestigung an einer Holz- oder verputzten und mit Latten verschalten Zimmerdecke ist es nur nötig, die Deckenscheiben mit entsprechend langen Holzschrauben anzuschrauben, wobei zu beachten ist, daß die Schraubenlöcher gut versenkt und die flachen Schraubenköpfe mit der Scheibe glatt abschneiden. Bei schweren Kronleuchtern empfiehlt es sich, zur Befestigung der Deckenscheibe ein besonders starkes Brett zwischen zwei Deckenbalken anzubringen oder durch die Decke gehende Mutterschrauben zu verwenden.

Zur Befestigung einer Deckenscheibe an einer Wand, Stein- oder Betondecke bedient man sich der keilförmigen Holzdübel oder entsprechend langer und starker Steinschrauben, welche sorgfältig in Gips oder Zement in die in das Mauerwerk eingehauenen Vertiefungen eingesetzt werden. Bei den Holzdübeln muß die Holzfläche des dünnen Endes mit der Mauerfläche abschneiden. Man unterscheidet Winkel- und durchgehende oder T-Deckenscheiben. Letztere kommen bei durchgehenden Leitungen sowohl an Decken als auch an Wänden zur Anwendung. Bei Wandarmen schraubt man in das untere Gewinde der durchgehenden Deckenscheibe ein kurzes, auf der unteren Seite mit Verschlußkappe versehenes Stück Rohr, welches als Wassersack dient, oder man bringt einen Schlauchhahn zum Speisen einer Stehlampe oder eines Kochers an. Des besseren Aussehens wegen verdeckt man die Deckenscheiben häufig mit Rosetten aus Holz oder solchen aus Messingblech.

Eine **Prüfung der Gasleitung** ist nicht allein nach Fertigstellung, sondern schon während der Herstellung derselben unbedingt erforderlich. Man bringt gleich zu Anfang des ersten Rohres einen Schlauchhahn und mit diesem ein

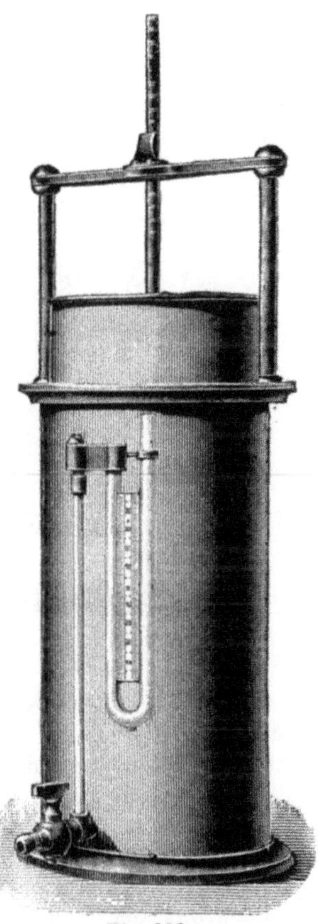

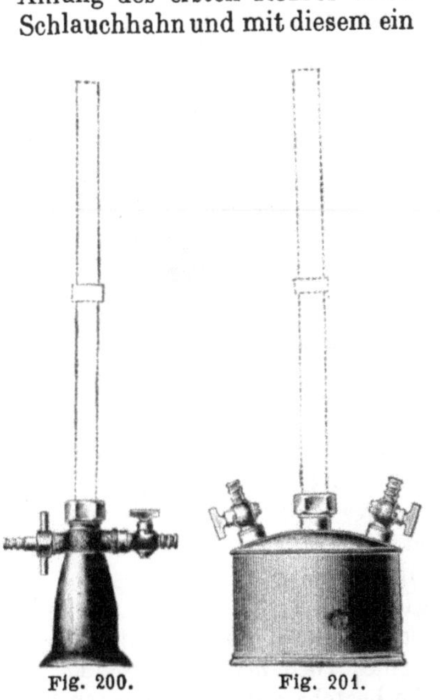

Fig. 200. Fig. 201. Fig. 202.

Manometer, welches bis zur Vollendung der Einrichtung sitzen bleibt, mit dieser in Verbindung und prüft sie von Zeit zu Zeit auf ihre Dichtigkeit.

Die Prüfung einer fertigen, also namentlich auch einer alten in Gebrauch befindlichen Leitung auf Dichtigkeit geschieht am sichersten mit dem Gasmesser unter Beobachtung des Literzeigers.

Die Prüfung kann mit einem einfachen Manometer, bestehend aus gebogenem Glasrohr mit Skala (Fig. 187 bis 191) geschehen, (siehe S. 122) oder mit solchen Manometern, die der bequemen Handhabung wegen mit eisernem Fuß oder Windkessel, wie in den Figuren 200, 201 angegeben, versehen sind.

Der Elstersche **Undichtigkeitsprüfer** (Fig. 202) ist ein kleiner Gasbehälter mit Schlauchhahn und Manometer. Die Führungsstange der Glocke ist mit einer Teilung versehen, welche $^1/_{10}$ Liter Glockenraum abzulesen gestattet.

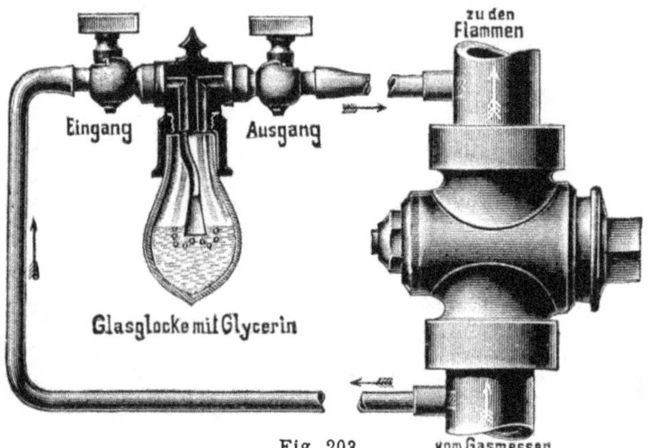

Fig. 203.

Der bis zu einer Überlaufschraube mit Wasser gefüllte Behälter wird vermittelst eines Schlauches an die zu prüfende Leitung angeschlossen, die Größe der Undichtigkeit wird an der fallenden Glocke bzw. der geteilten Führungsstange, welche als Inhaltsskala gilt, genau abgelesen.

Ein anderer Undichtigkeitsprüfer ist von Muchall konstruiert worden. Der Apparat, welcher auch zur ständigen Beobachtung der Dichtigkeit einer Gaseinrichtung dient, ist in Fig. 203 abgebildet. Derselbe besteht aus einem kleinen bis zur Hälfte mit verdünntem Glyzerin angefüllten birnförmigen Glasbehälter, in welchen ein Gaseintrittsröhrchen bis 2 mm in die Flüssigkeit eingeführt ist. Der Apparat wird in eine besondere Leitung, welche den Haupthahn umgeht, eingeschaltet und dient sowohl dazu, nachdem die Leitung zu den Flammen durch den Haupthahn abgesperrt wurde, Undichtigkeiten dieser Leitung selbst festzustellen, als auch zu kontrollieren, ob alle Brennerhähne nach Schluß eines Betriebes geschlossen wurden. In beiden Fällen wird sich die Größe der Undichtigkeit nach Öffnung des Eingangs- und Ausgangshahnes des Undichtigkeitsprüfers nach dem mehr oder weniger häufigen Durchschlagen von Gasblasen beurteilen lassen. Der Apparat wird von Elster, Berlin, geliefert.

In den meisten deutschen Städten bestehen heute Vorschriften über die Ausführung von Privatgasleitungen, nach welchen in vielen Fällen eine amtliche Prüfung nach Fertigstellung der Einrichtung stattfindet.

Daß es dringend notwendig ist, eine sorgfältige und sachgemäße Herstellung der Gasleitungseinrichtungen anzustreben, zur Abwendung von Gefahren, welche für Leben, Gesundheit und Eigentum sonst entstehen können, bedarf wohl keiner Erörterung.

Je mehr das Bedürfnis nach Gaseinrichtungen sich vermehrt, um so größer wird die Zahl der Gewerbetreibenden sein, welche sich mit der Ausführung solcher Anlagen beschäftigen, und es liegt daher die Gefahr nahe, daß die betreffenden Anlagen nicht immer mit der notwendigen Sorgfalt ausgeführt werden, wenn nicht geeignete Vorschriften erlassen werden.

In Dresden wird derjenige, welcher ohne stadträtliche Erlaubnis Gasanlagen herstellt, mit einer Geldstrafe oder entsprechender Haftstrafe belegt. Gegen Unternehmer, welche mit Erlaubnis zur Ausführung von Privatgasanlagen versehen sind, konnte bei Zuwiderhandlungen außerdem die Entziehung der Erlaubnis verfügt werden.

Wir lassen nachstehend die Installationsvorschriften und Regeln für die Ausführungen von Gasanlagen folgen, welche der Deutsche Verein von Gas- und Wasserfachmännern, e. V., gemeinschaftlich mit dem Verbande selbständiger deutscher Installateure, Klempner und Kupferschmiede, e. V., Düsseldorf, ausgearbeitet hat.

Installationsvorschriften und Regeln für die Ausführung von Gasanlagen,

aufgestellt vom Deutschen Verein von Gas- und Wasserfachmännern, e. V., im Zusammenwirken mit dem Verbande selbständiger deutscher Installateure, Klempner und Kupferschmiede, e. V., Sitz in Düsseldorf.

A. Die Ausführung der Gasleitungen.

1. Arbeiten, welche ausschließlich dem Gaswerk vorbehalten sind.

Die Herstellung der Zuleitung, soweit sie ungemessenes Gas führt, sowie die Aufstellung und Verbindung aller Gasmesser mit der Leitung und alle Änderungen an diesen Teilen sind ausschließließlich dem Gaswerk vorbehalten und dürfen nur von dessen Beauftragten ausgeführt werden.

Jedes Anwesen, das ein einheitliches Besitztum bildet, soll seine eigene Zuleitung erhalten. Hauszuleitungen an Laternenzuleitungen und umgekehrt anzuschließen, ist nur in Ausnahmefällen gestattet.

Die Zuleitungsröhren müssen aus Eisen sein; hinter der Einführung an zugänglicher Stelle ist ein Abschlußhahn anzubringen, bei größeren oder feuergefährlichen Objekten außerdem eine leicht erreichbare Absperrvorrichtung auf der Straße. Dauernd unbenutzte Zuleitungen müssen am Hauptrohr totgelegt, solche, an denen die innere Einrichtung noch nicht angebracht oder zeitweilig abgenommen ist, gut und sicher verschlossen werden.

Die Größe, den Standort und die Art der Aufstellung des Gasmessers bestimmt die Gasanstalt. Räume, in denen Gasmesser stehen, sollen womöglich nicht als Schlafräume benutzt werden.

Gasmesser und Haupthähne sollen nur in einem leicht und jederzeit zugänglichen, frostfreien und ausreichend gelüfteten Raum aufgestellt bzw. angebracht werden.

Die Aufstellung von Gasmessern in Räumen, die mit offenem Licht nicht betreten werden dürfen, oder in denen explosible Stoffe lagern oder verarbeitet werden, ist unzulässig.

Vor jedem Gasmesser ist ein leicht zu bedienender Abstellhahn anzubringen.

Bei Wegnahme eines Gasmessers müssen beide Leitungsenden durch Schlußzapfen, Kappen oder Blindflanschen gasdicht verschlossen werden.

Aus abgenommenen Gasmessern ist der Gasinhalt durch Auffüllen mit Wasser oder Ausblasen mit Luft alsbald gründlich zu entfernen.

Einem abgenommenen Gasmesser mit Feuer nahe zu kommen, ist streng verboten. (Explosionsgefahr.)

Den Installateuren wie auch den Besitzern der Gasleitungsanlage und allen fremden Personen ist es verboten, Gasmesser von den Leitungen loszuschrauben oder Änderungen an ihnen oder an der Zuleitung bis zum Gasmesser vorzunehmen.

Alles weitere bestimmt die Gasbezugsordnung.

2. Arbeiten, welche auch von Privatinstallateuren ausgeführt werden können.

Die Ausführung der übrigen, hinter den Gasmessern liegenden Einrichtungen im Innern der Anwesen kann sowohl vom Gaswerk wie auch von Privatinstallateuren erfolgen. Diese Arbeiten unterliegen der Prüfung und Aufsicht durch das Gaswerk.

3. Material und Weite der Rohrleitungen.

Die im Innern von Gebäuden zu verwendenden Gasrohre müssen in der Regel aus Schmiedeeisen sein; Messingrohre sind gegebenenfalls zulässig, Kupfer- und Bleirohre sind für Verteilungsleitungen unzulässig und müssen bei nächster Gelegenheit durch eiserne ersetzt werden. Verbindungsstücke müssen aus Schmiedeeisen oder schmiedbarem Eisenguß bestehen.

Da wo Leitungen der Feuchtigkeit oder chemischen Einflüssen ausgesetzt sind, müssen sie durch einen gegen Zerstörung wirksamen, bei Bedarf zu erneuernden Anstrich geschützt sein.

Rohrleitungen, die in die Erde gebettet werden, sollen aus starkwandigen schmiedeeisernen, asphaltierten Röhren oder aus asphaltierten Mannesmannröhren bestehen. Bei Verwendung von gußeisernen Röhren ist auf genügende Bruchsicherheit zu achten.

Die inneren Weiten der Gasleitungen bestimmen sich nach dem zu erwartenden stündlichen Höchstverbrauch an Gas und der Länge der Leitung nach folgender Tabelle:

Tabelle der Rohrweiten. (Zulässiger größter Gasdurchlaß in cbm/Std.)

Lichter Durchmesser		Länge der Leitung in Metern							
Zoll engl.	mm	3	5	10	20	30	50	100	150
1/4″	6	0,160	0,120						
3/8″	10	0,500	0,400	0,250	0,150				
1/2″	13	1,4	1,1	0,700	0,400	0,260	0,160		
3/4″	20	4,3	3,3	2,1	1,1	0,600	0,400	0,160	
1″	25	8,5	6,5	4,0	2,5	1,5	1,1	0,450	0,320
1 1/4″	32	16,5	12,5	8,0	5,0	3,5	2,8	1,8	1,2
1 1/2″	40	25	20	12	8,5	7,0	4,4	2,7	2,2
2″	50	54	44	28	19,8	16,5	12,0	7,5	6,5
2 1/2″	63	100	76	53	37	30	24	15	12,5
3″	75	170	130	90	62	51	40	26	21
4″	100	360	300	210	150	125	100	64	52

Für Bemessung der Rohrleitung ist als stündlicher Verbrauch anzunehmen:

Bei	Glühlichtern	125 l
»	Kochapparaten, und zwar für jeden einzelnen Brenner	300 l
»	Heizöfen je nach Größe	1000—2000 l
»	Badeöfen	3000—4000 l
»	Gasmotoren, soweit nicht besondere Vorschriften seitens der Fabrikanten gegeben sind, für die PS	750 l

Schmiedeeiserne Leitungen im Freien oder an kalten Wänden sollen möglichst weit, nicht unter 20 mm (3/4") genommen werden.

Wo Frost zu befürchten ist, sind die Rohrdurchmesser immer etwas größer als in der Tabelle angegeben, zu wählen.

4. Die Anordnung der Rohrleitungen.

Die Rohrleitungen sollen möglichst zugänglich und vor Frost geschützt sein.

Bei größeren Anlagen und da, wo Leitungen unter Putz in Zwischenböden oder sonst verdeckt verlegt werden sollen, kann das Gaswerk Vorlage eines Planes mit genauen Maß- und Rohrweitenangaben verlangen.

Verdeckt liegende Leitungen sollen mindestens 13 mm l. W. haben und müssen vor der Zudeckung der Prüfung durch das Gaswerk unterzogen werden.

Bei Rohrleitungen unter Fußböden darf die Deckung nicht auf den Röhren aufliegen.

Die Führung der Rohrleitungen durch Schornsteine und Kanäle ist verboten.

Die Durchführung von Rohren durch unzugängliche, hohle Räume oder durch starke Mauern soll in einem an beiden Enden offenen Futterrohr geschehen. Dieses muß in seiner ganzen Länge dicht und mindestens 1 cm weiter sein als der äußere Durchmesser des Leitungsrohres.

Innerhalb der Futterrohre dürfen keine Rohrverbindungsstellen liegen. Ebenso sind bei allen Mauerdurchführungen Verbindungsstellen innerhalb der Mauern unstatthaft.

Beim Durchstemmen von Wänden, Gewölben und Balken ist Rücksicht zu nehmen, daß keine tragenden Gebäudeteile geschwächt werden, nötigenfalls ist die Zustimmung des Architekten oder Bauherrn einzuholen.

Humus, Mull und Schlacken sind unter allen Umständen aus der Umgebung der Rohrleitungen fernzuhalten.

5. Schutz der Leitungen vor Wasseransammlungen und Frost.

Um die Ansammlung von Wasser in den Rohrleitungen zu verhindern, sind diese mit entsprechendem Gefälle zu legen. Das Gefälle ist bei nassen Gasmessern nach dem Gasmesser hin, bei trockenen Gasmessern von diesem weg zu richten.

An allen tiefsten Punkten der Rohrleitungen sind mit Kappen oder Schlußzapfen zu verschließende Wasserablässe anzubringen.

Wo größere Wasseransammlungen zu erwarten sind, sind Wassersäcke (Siphons oder Schwanenhälse) anzubringen, die einen Gasaustritt verhindern und mit einer Messingkappe oder einem Hähnchen zu verschließen sind.

Wenn eine Leitung von einem warmen in einen kalten Raum tritt, ist das Gefälle nach dem warmen Raum hin zu führen und dort ein Wasserablaß anzubringen.

Leitungen, die vor Frost nicht vollständig geschützt werden können, sind mit Ansätzen zum Einschütten von Flüssigkeit behufs Auftauens der Leitung zu versehen.

Leitungen im Erdboden, außerhalb der Gebäude, sollen in der Regel 0,75 bis 1 m Deckung haben; sie erhalten anstatt der Wassersäcke leicht zu bedienende Wassertöpfe.

6. Ausführung der Rohrleitungen.

Die einzelnen Rohr- und Verbindungsteile sind vor ihrer Verwendung und während der Arbeit stets auf ihre Brauchbarkeit, Durchlässigkeit und Dichtheit zu prüfen. Schadhafte Stücke sind auszuscheiden.

Es ist stets auf Freihaltung des vollen Rohrquerschnittes zu achten. Der beim Abschneiden der Rohre entstehende innere Grat ist zu entfernen. Hanffäden dürfen nicht in das Rohr hineinragen.

Es ist darauf zu achten, daß alle Gewinde gerade, sauber geschnitten, genügend lang (halbe Muffenlänge) und unbeschädigt sind.

Die Verbindung der einzelnen Gasröhren unter sich und mit den Formstücken ist unter Verwendung von in Leinöl getränkten Hanffäden oder Hanf mit bleifreiem Kitt vollständig fest und gasdicht herzustellen. Der Kitt soll nicht in das Innengewinde der Verbindungsstücke hineingestrichen werden.

Eisenasphaltlack und ähnliche Mittel oder weiches Lot dürfen nicht zur Dichtung verwendet werden. Das aus dem Gewinde hervortretende Dichtungsmittel ist sauber zu entfernen.

Die Leitungen sind sauber unter Vermeidung scharfer Ecken und überflüssiger Wege geradlinig und winkelrecht zu Decken und Wänden anzubringen und ausreichend (alle 1,5 m) zu befestigen.

Verbindungsstellen, die sich als undicht erweisen, sind sofort auseinanderzunehmen und vollständig dicht wieder herzustellen. Das Verstreichen undichter Verbindungsstellen mit Kitt oder anderen Mitteln sowie das Dichten solcher Stellen durch Verstemmen ist verboten.

Die gesamte Rohrleitung darf erst nach vollendeter Prüfung mit einem Anstrich oder mit Abdeckung versehen werden. Ein Anstrich ist überall da notwendig, wo Rostgefahr vorliegt. Fertiggestellte Leitungen sind an ihren Enden mittels metallener Stopfen und Kappen gasdicht zu verschließen. Jedes auch nur vorübergehende Verschließen mit Holz, Kork, Papier, Pfropfen oder ähnlichen Mitteln ist aufs strengste untersagt.

Während aller Arbeiten an bereits in Betrieb befindlichen Gaseinrichtungen ist der Hahn am Gasmesser zu schließen, der Hahnschlüssel abzunehmen und der Hahn so lange geschlossen zu halten, bis die hinter ihm liegenden Leitungsteile mit Verschlußzapfen oder Kappen wieder gasdicht verschlossen sind.

Auf eine längere Dauer ist auch das Schließen eines Hahnes oder die Auffüllung eines in der Zuleitung etwa vorhandenen Absperrtopfes nicht als sicherer Verschluß anzusehen, in solchen Fällen ist daher die Leitung außerdem durch Schlußzapfen oder Kappen zu verschließen.

Das Ableuchten von Gasleitungen ist streng untersagt. Die Ermittelung von Fehlerstellen soll durch Abseifen oder Abriechen der Leitung erfolgen.

B. Die Gasverbrauchsapparate.

1. Zubehörteile.

(Hähne, Schlauchverbindungen, Druckregler.)

In den Leitungen und an den Gasverbrauchsapparaten dürfen nur Hähne verwendet werden, deren Kegel mit einem

Anschlagstift versehen sind, nur eine Viertelsdrehung machen und nicht ohne weiteres aus dem Gehäuse gezogen werden können.

Alle Hähne müssen leicht erkennen lassen, ob sie geöffnet oder geschlossen sind. Zu diesem Zweck müssen Hahngriffe und Kerben in die Richtung der Hahnbohrung fallen, so daß der Hahn geschlossen ist, wenn der Griff oder die Kerbe quer zur Rohrrichtung steht. Wo drei Rohrrichtungen, wie bei Lyren, zusammenstoßen, muß die Griffstellung des offenen Hahnes in die Richtung des Gasaustrittes fallen.

Hahnschlüssel sind so einzurichten, daß sie nicht durch einseitiges Übergewicht Anlaß zu selbsttätigem Öffnen des Hahnes geben können.

Schläuche dürfen nur zur Speisung einzelner Lampen und kleinerer Kochapparate verwendet werden. Bei Schlauchverbindungen, die nur für einzelne Lampen und kleinere Apparate verwendet werden dürfen, muß ein Absperrhahn vor dem Schlauch vorhanden sein.[1])

Schläuche müssen stets so angebracht werden, daß sie nicht in den Bereich der Flamme kommen können.

Die Anbringung von Druckreglern in Leitungen ist möglichst auf Gasmotoren und jene Fälle zu beschränken, wo größere Druckschwankungen vorkommen.

Druckregler in Leitungen dürfen nur in hellen, gut gelüfteten Räumen untergebracht werden und nur da, wo eine regelmäßige Überwachung des sicheren Gasabschlusses vorausgesetzt werden kann. Zweckmäßig ist ein dichter Abschluß mit einer Entlüftungsvorrichtung ins Freie.

An Reglern empfiehlt es sich, einen Ein- und Ausgangshahn und ein Umgangsrohr mit Hahn vorzusehen.

2. Beleuchtungskörper.

Die Beleuchtungskörper müssen durchaus dicht sein und sind mit der Leitung vollkommen gasdicht und derart fest zu verschrauben, daß eine Lockerung durch den Gebrauch ausgeschlossen ist. Zu dem Behuf werden sie zweckmäßig

---

[1]) Absperrhähne an mit Schlauch zu verbindenden einflammigen Lampen, Kochern und Heizapparaten selbst sind unzweckmäßig und entweder ganz zu vermeiden oder nur als Regulierhähne auszubilden, die das Gas nicht ganz absperren, so daß man gezwungen ist, zum Absperren stets den Hahn vor dem Schlauch zu benutzen.

mittels genügend großer Decken- und Wandscheiben, die anzuschrauben — nicht anzunageln — sind, befestigt.

Die Befestigung an Gipserlättchen oder Stak-Stecken ist verboten.

Decken- und Wandscheiben müssen so befestigt sein, daß sie mehr wie das Vierfache des Gewichts der für sie bestimmten Apparate, mindestens aber 25 kg mit Sicherheit tragen.

An der Decke hängende Lampen und Kronen sind möglichst mit Kugelbewegungen aufzuhängen; diese sind nur mit voller Kugel zulässig.

Schwere Hängeleuchter müssen mit durchgehenden Schrauben oder in besonderer Weise sicher befestigt werden. Auch müssen derartige Leuchter gegebenenfalls durch besondere, leicht zugängliche Hähne abgeschlossen werden können.

Sog. Korkzüge sind verboten. Flüssigkeitsverschlüsse sind zu vermeiden, jedenfalls aber nicht mit Wasser, sondern mit schwer verdunstender, nicht harzender Flüssigkeit, wie Glyzerin oder nicht harzendes Öl, zu füllen.

Alle Beleuchtungskörper sind so hoch anzubringen, daß sie bei gewöhnlichem Gebrauch nicht leicht verletzt oder unbrauchbar gemacht werden können und den Verkehr nicht hindern. Wenn keine Möbel (Tische) unter ihnen stehen, muß eine freie Höhe von mindestens 1,9 m bleiben.

Bei der Anbringung von Beleuchtungskörpern ist darauf zu achten, daß diese von brennbaren Stoffen (Decken, Wänden, Verschlägen, Möbeln, Vorhängen usw.) so weit entfernt bleiben, als zur Verhütung einer Entzündung oder Verkohlung, also für völlige Feuersicherheit erforderlich ist.

Bewegliche Wandlampen dürfen nicht in der Nähe brennbarer Stoffe angebracht werden.

Wenn eine vollkommene Sicherheit bietende Entfernung der Flammen von brennbaren Stoffen nicht eingehalten werden kann, so ist durch geeignete Schutzmittel (Hitzefänger, Schutzbleche, Isolierungen, Glasglocken u. dgl.) für Feuersicherheit zu sorgen.

3. Gasheizapparate.

Größere Gasheizapparate, wie Gasherde und Gasöfen sowie Gasbadeöfen, dürfen nicht durch Schläuche mit der Leitung verbunden werden, sondern müssen durch feste Rohrleitungen angeschlossen werden.

Auch für kleinere Koch- und Heizapparate empfiehlt sich, wenn möglich, ein fester oder gelenkiger Rohranschluß.

Unmittelbar vor jedem Heizapparat muß ein bequem zugänglicher Hahn in der Rohrleitung angebracht sein.

Heißwasserautomaten müssen so konstruiert sein, daß auch im Falle einer Störung kein Gas in den Aufstellungsraum austreten kann.

Baderäume, in denen Gasbadeöfen benutzt werden, besonders solche von kleinem Rauminhalt, müssen neben der Abführung der Abgase auch Vorrichtungen zur Zuführung frischer Luft besitzen.

Beim Fehlen besonderer Lüftungsvorrichtung kann schon eine unten an der Türe ausgeschnittene Öffnung dem Mangel abhelfen.

An jedem Gasbadeofen oder in dessen Nähe muß eine deutlich sichtbare kurze Gebrauchsanweisung angebracht sein.

4. Abzugsvorrichtungen für die Abgase.

Zimmeröfen, Badeöfen sowie größere Herde und andere größere Gasheizapparate sind stets an eine gut wirkende Einrichtung zur Abführung der Abgase anzuschließen.[1])

Diese Apparate sind von allen zufälligen Störungen im Schornstein (fehlender Zug, Windstöße) unabhängig zu machen, um eine ungestörte Verbrennung des Gases zu sichern. Dies kann durch besondere Konstruktion der Öfen oder durch Unterbrechungen mit Deflektor im Abzugsrohre bewirkt werden.

Die Weite des Abzugsrohres für die Verbrennungsprodukte richtet sich nach dem stündlichen Gasverbrauch des angeschlossenen Heizapparates. Das Abzugsrohr soll mindestens den 20fachen Querschnitt des Gaszuführungsrohres besitzen (Weiten der Gasrohre siehe Abschn. A, Ziff. 3).

Kanäle oder Kamine, die hiernach einen viel zu weiten Querschnitt haben, sind als Abzug von Gasheizapparaten im allgemeinen nicht geeignet.

Wo es möglich ist, sollen, um Zugstörungen durch die Einwirkung der Abgase anderer Heizapparate zu vermeiden, die Abgase größerer Gasheizapparate einen gesonderten Abzugskamin erhalten.

---

[1]) Siehe Anleitung zur richtigen Konstruktion, Aufstellung und Handhabung von Gasheizapparaten, R. Oldenbourg.

Um das Austreten von Niederschlagswasser in das Mauerwerk zu vermeiden, empfiehlt es sich, in Neubauten für Gasheizapparate dicht verputzte, gemauerte Kamine oder am besten Abzüge aus Tonröhren oder mit Tonröhren oder sonst dichten Röhren ausgefütterte Kamine vorzusehen.

Tabelle der lichten Weiten von Abzugsrohren.

Weite des Gasrohres			Weite des Abzugsrohres		
Durchmesser		Querschnitt	Querschnitt	Durchmesser	
Zoll	mm	qmm	qcm	cm	abgerundet cm
3/8	10	78	14	4,2	5
1/2	13	133	27	5,9	6
5/8	16	201	40	7,2	8
3/4	20	314	63	9,0	9
1	25	491	98	11,2	12
1 1/4	32	804	161	14,3	15
1 1/2	40	1257	251	17,9	17
2	50	1963	393	22,4	22

Die Muffen der Tonrohre sind mit nachgiebigem Material (Lehm) zu dichten. Die Rohre sollen mit dem Mauerwerk nicht in fester Verbindung stehen, damit sie nicht durch Setzen desselben zerdrückt oder in den Verbindungen gelockert werden können.

Abzugsrohre aus Blech sind zweckmäßig aus verbleitem Eisenblech herzustellen.

Bei allen Abzugsrohren muß die Muffe bzw. der weitere Teil nach oben gerichtet sein; das Gefälle ist so zu legen, daß Ansammlungen von Niederschlagwasser in der Leitung nicht erfolgen können. Da etwa die Hälfte der Verbrennungsprodukte aus Wasserdampf besteht, empfiehlt es sich, an den tiefsten Stellen der Abzugsleitungen Wasserauffangvorrichtungen anzubringen.

Die Abzugsrohre sind möglichst vor starker Abkühlung zu schützen, deshalb ist ihre Anlage in kalten Außenwänden und im Freien möglichst zu vermeiden.

Um einen ersten Auftrieb zu erhalten, empfiehlt es sich, das Abzugsrohr unmittelbar hinter dem Gasapparat zunächst im Raume frei in die Höhe und erst unterhalb der Decke in den Kamin bzw. ins Freie zu führen.

Lange, vielfach die Richtung ändernde oder gar abwärts gerichtete Rohrleitungen für die Abgase sind zu vermeiden.

Die Kamine oder Abzugsrohre für Gasheizapparate sind, um unnötige Abkühlung zu vermeiden, nur eben bis über Dach zu führen und ihre Mündungen durch feststehende Schutzhauben vor Oberwind zu schützen. In besonderen Fällen kann auch die Ausmündung von Abzugsrohren in unbewohnten Dachböden durch den Prüfungsbeamten zugelassen werden.

5. Gasmotoren.

Gasmotoren sind unter Verwendung von Gummibeuteln oder Druckreglern so anzuschließen, daß keine Druckschwankungen und Stöße sich auf das Rohrnetz übertragen. Vor dem Gummibeutel ist ein Absperr- und Regulierhahn anzubringen, der im Betrieb nötigenfalls soweit klein zu stellen ist, daß der Regler und Gummibeutel arbeiten (atmen) und die Zündflammen ruhig brennen. Die Zündflammen sind vor diesem Regulierhahn abzuzweigen.

C. Gaseinrichtungen für besondere Zwecke.

1. Einrichtungen in großen oder feuergefährlichen Gebäuden (Gesellschafts- und Warenhäusern), Schaufenstern.

Weit ausgedehnte Gasleitungen müssen nach Angabe des Gaswerks in einzelne, mit besonderen Absperrvorrichtungen versehene Teile getrennt sein.

In größeren, von vielen Menschen besuchten Gebäuden, wie Warenhäusern, größeren Geschäftshäusern, Schulen, Krankenhäusern, Fabriken, Vergnügungslokalen u. dgl., sind die Leitungen so anzulegen, daß jedes Stockwerk bzw. jeder größere Seitenstrang am Hauptstrang durch einen leicht zugänglichen Hahn für sich absperrbar ist.

In solchen Gebäuden und Räumen sind die Beleuchtungskörper von leicht brennbaren Stoffen fernzuhalten und möglichst über den Verkehrswegen anzuordnen.

Bewegliche Gasarme und Stehlampen sowie mit Schlauch verbundene Gasverbrauchsapparate sind in der Nähe leicht entzündlicher Stoffe unzulässig.

Die Beleuchtung von Auslagen und Schaufenstern, in denen sich besonders leicht entzündliche Stoffe befinden, soll womöglich von außen oder in der Weise erfolgen, daß die Lichtquellen von dem Raume durch dichte Glaswände abgeschlossen sind. Gasflammen im Innern von Auslagen und Schaufenstern müssen so angebracht und durch entsprechende

Garnituren geschützt sein, daß jede Entzündung oder starke Erwärmung der brennbaren Bauteile oder der in dem Raume befindlichen Stoffe durch die Gasflammen ausgeschlossen ist. Nötigenfalls sind die Räume zu lüften; auch kann das Gaswerk besondere Zündung — z. B. mittels Zündflammen oder elektrischer Zündung — unter Ausschluß der Verwendung von Streichhölzern oder anderer beweglicher Zündmittel anordnen.

2. Preßgasanlagen.

Apparate zur Erzeugung von Preßgas dürfen nur in unbewohnten Räumen aufgestellt werden, die genügend vom Tageslicht erhellt, leicht zugänglich und jederzeit lüftbar sind.

Die Apparate selbst müssen aus bestem Material gefertigt und vollkommen gasdicht sein. Ein Quecksilbermanometer muß jederzeit den Druck in der Preßgasleitung erkennen lassen.

In dem Raum, in dem die Kompression des Gases erfolgt, soll eine kurze Anleitung zur Behandlung der Anlage und Bedienung der zugehörigen Hähne und Ventile leicht sichtbar angebracht sein.

D. Prüfung, Abnahme und Überwachung der Gaseinrichtungen.

1. Prüfungspflicht.

Alle Anlagen zur Verteilung und Verwendung von Gas im Anschluß an das Gaswerk müssen nach den vorstehenden Vorschriften in allen Teilen sachgemäß und mit Sorgfalt ausgeführt sein, so daß durch den Bestand und Betrieb der Anlage jede Gefährdung des Lebens und der Gesundheit und jede Sachbeschädigung vermieden wird.

Sie unterliegen deshalb der Prüfung und Aufsicht durch das Gaswerk. In Anlagen, die diesen Bedingungen nicht entsprechen, darf Gas nicht abgegeben werden.

Der die Prüfung vornehmende Beamte (Prüfungsbeamte) muß mit der Erzeugung, Abgabe und Verwendung des Leuchtgases und seinen Eigenschaften sowie mit dem Installationswesen genau vertraut sein. Als Grundlage und Richtschnur seiner Wirksamkeit dienen die gesamten Vorschriften, Regeln und Unterweisungen für die Einrichtung und Benutzung des Leuchtgases, vornehmlich aber die eigentlichen »Installationsvorschriften«. Gegen seine Entscheidungen ist Berufung an einen Unparteiischen zulässig, der vom Gaswerk und von der Vertretung der Installateure gemeinsam ernannt wird.

Anzeigepflichtig ist jede Neuanlage, Erweiterung und Veränderung der Gasanlage.

Eine Prüfung und Abnahme durch den Prüfungsbeamten ist vorzunehmen:

a) bei jeder Neuanlage;
b) bei jeder größeren Erweiterung oder Veränderung nach dem Ermessen des Gaswerks;
c) wenn Gasleitungen, die länger als sechs Monate nicht benutzt worden sind, wieder in Gebrauch genommen werden sollen;
d) wenn bauliche Änderungen an Gebäudeteilen vorgenommen werden, wodurch Gasleitungen in Mitleidenschaft gezogen werden können.

Die Prüfungsanzeige ist vom Verfertiger der Gaseinrichtung zu unterzeichnen und muß folgende Angaben enthalten:

a) Straße, Nummer und Stockwerk des Anwesens, in dem die angemeldete Arbeit, die Augenscheinnahme oder die beantragte Prüfung vorgenommen werden soll;
b) Name, Stand und Wohnort des Hausbesitzers bzw. des Antragstellers und des ausführenden Installateurs;
c) Zahl und Art der Gasverbrauchsstellen.

Jede prüfungspflichtige Gaseinrichtung darf erst dann in Benutzung bzw. unter Gasdruck genommen werden, wenn sie die in den Vorschriften vorgesehene Prüfung bestanden hat.

2. Abnahmeprüfung.

Alle der Prüfung unterworfenen Leitungen sind vor Zudeckung der Rohre und vor Verbindung mit den Gasmessern zur Prüfung vorzubereiten.

Die Prüfungen erfolgen in Gegenwart des Installateurs oder seines Stellvertreters, der auch den Probierapparat und das erforderliche Werkzeug und Geräte bereitzustellen und die Prüfung vorzuführen hat.

Der Prüfungsbeamte hat sich durch Besichtigung der gesamten Anlage von der genauen Einhaltung der Vorschriften zu überzeugen.

Diese Besichtigung erstreckt sich auf die Beschaffenheit des verwendeten Materials und dessen sachgemäße Bearbeitung, auf Einhaltung der richtigen Rohrweiten, zweckmäßige Rohrführung, Schutz vor Frost, Gefälle, Wassersäcke, ausreichende Befestigung und Verbindung der Röhren.

Hat die Besichtigung keine Beanstandung ergeben, so wird die Dichtheitsprobe vorgenommen; sie geschieht (mittels Wassermanometer) unter mindestens dem Fünffachen des Betriebsdruckes und gilt noch als gut, wenn der Druck innerhalb 5 Minuten um nicht mehr als 10% sinkt (z. B. Betriebsdruck 40 mm, Prüfungsdruck 200 mm, zulässiger Druckabfall 20 mm in 5 Minuten).

Bei größeren Anlagen kann die Prüfung erstmalig in Abteilungen vorgenommen werden, denen alsdann eine Dichtheitsprobe der gesamten Leitung zu folgen hat.

Nach Feststellung der Dichtheit untersucht der Prüfungsbeamte durch Öffnen einzelner Auslässe, ob sich die Leitung durch Ausströmen von Luft als frei, d. h. als durch Verstopfung nicht unterbrochen erweist.

Größere Leuchter und größere Gasverbrauchsgegenstände sind, wenn es von dem untersuchenden Beamten gefordert wird, vor der Anbringung besonders auf Dichtheit zu prüfen.

Bei solchen Einrichtungen, an denen Veränderungen oder Ausbesserungen vorgenommen worden sind, oder die eine Zeitlang unbenutzt waren, und aus denen Gas schon verbraucht worden ist (z. B. bei Nachprüfungen bestehender Anlagen), bleibt die Art der Prüfung, besonders ob solche nur mit dem Gasmesser vorzunehmen ist, dem Ermessen des Prüfungsbeamten vorbehalten.

Bei Prüfung mit dem Gasmesser kann die Einrichtung für genügend dicht gehalten werden, wenn die Gasmesserablesungen zu Anfang und Ende der halbstündigen Beobachtungszeit keinen größeren Unterschied zeigen als den 1000. Teil der Gasmenge, die innerhalb einer Stunde bei vollem Betrieb der ganzen Einrichtung als Verbrauch anzunehmen ist.

Das Aufsuchen von Undichtheiten hat, soweit nicht schon der Geruch Aufschluß gibt, durch »Abseifen« zu erfolgen. Ableuchten ist verboten.

Das Füllen der Leitungen mit Wasser oder Säuren zur Ermittelung und Beseitigung von Undichtheiten ist gleichfalls verboten. In solcher Weise behandelte Anlagen sind von jeder Abnahme ausgeschlossen.

Jede sich bei der Prüfung ergebende Undichtheit oder vorschriftswidrige Ausführung ist sofort zu verbessern und der vorschriftsmäßige Zustand in neuer Prüfung nachzuweisen.

Über jede erfolgte Abnahme einer Leitung wird ein Prüfungsschein ausgefertigt. Durch diese Abnahme wird aber der

Verfertiger der Anlage seiner Haftpflicht für gewissenhafte Ausführung und gutes Material nicht entbunden.

Für die vorbezeichneten Prüfungen und Einsichtnahmen können von demjenigen, für dessen Rechnung die Anlage ausgeführt ist, Gebühren erhoben werden.

Beispielsweise für eine Prüfung mit

1— 10	Entnahmestellen	(Deckenscheiben	oder	Schlauchstellen)	M.	2.—
11— 20	»	»	»	»	»	3.—
21— 30	»	»	»	»	»	4.—
31— 50	»	»	»	»	»	5.—
51—100	»	»	»	»	»	6.—

für jede weiteren 50 Entnahmestellen M. 1.—.

Für versäumte Prüfungstermine oder unbefriedigend verlaufene Prüfungen hat der schuldige Teil die obigen Gebühren zu bezahlen.

3. Übergabe zur Benutzung und spätere Überwachung.

Erst nach Übergabe des Prüfungsscheines dürfen, soweit erforderlich, die Rohrleitungen mit Anstrich versehen und unter Putz gelegt bzw. verdeckt, die Gasmesser gesetzt und die Gasverbrauchsapparate verbunden werden.

Ein Anzünden der Flammen darf erst erfolgen, nachdem die Luft und das Gasluftgemisch unter nötiger Vorsicht aus der ganzen Einrichtung ausgeblasen ist.

Der Installateur hat sich vor Übergabe alsbald nach Öffnen des Haupthahnes durch Beobachtung des Literrädchens am Gasmesser nochmals zu überzeugen, daß die ganze Einrichtung gasdicht ist; trifft dies nicht zu, so hat die Inbetriebsetzung zu unterbleiben, bis die Gesamtanlage ordnungsmäßig hergestellt ist.

Hat sich die betriebsfertige Einrichtung als völlig gasdicht erwiesen, so hat sich der Installateur von dem richtigen Brennen aller Gasflammen zu überzeugen. (Brennprobe.)

Auf Antrag des Besitzers oder Benutzers der Anlage kann auch die Vornahme einer nochmaligen Dichtheitsprobe mit dem Gasmesser und der Brennprobe durch den Prüfungsbeamten verlangt werden.

Beleuchtungsflammen, sowohl offene als Gasglühlichtflammen, müssen ohne Geräusch und ohne zu zucken oder zu rußen, hell brennen.

Bei allen Flammen (Lampen wie Brennern) ist darauf zu achten, daß in ihrer Nähe kein unangenehmer Geruch auftritt.

und daß sie nicht rußen, denn dies sind Zeichen unvollkommener Verbrennung.

Ganz besonders wichtig ist die Sicherung einer stets vollkommenen Verbrennung bei den Heizflammen. Leuchtende Heizflammen müssen eine klare begrenzte, hellleuchtende Flammenscheibe über dem nichtleuchtenden Kern der Heizflamme bilden. Sie dürfen nicht trübe und unruhig werden und sich nicht in die Länge ziehen. Entleuchtete Heizflammen müssen kurz, mit blauer Farbe und einem inneren, scharf begrenzten grünen oder blaugrünen Kern brennen.

An Abzugsrohre angeschlossene Gasheizapparate sind besonders noch darauf zu prüfen, ob die vollkommene Verbrennung auch dann vorhanden ist, wenn Störungen im Abzugsrohr (Windstöße, Stauungen der Abgase) eintreten. Solche Störungen können durch vorübergehendes Schließen des Abzugsrohres künstlich hervorgerufen werden.

Dem Prüfungsbeamten steht das Recht zu, sich von dem vorschriftsmäßigen Zustand aller Gasleitungsanlagen zu überzeugen und Nachprüfungen anzuordnen.

Solche Nachprüfungen sind namentlich bei größeren Gaseinrichtungen sowie bei solchen Anlagen vorzunehmen, bei denen einzelne größere Apparate in Benutzung sind.

4. Durchführungs- und Schlußbestimmungen.

Die Durchführung dieser Bestimmungen ist auf privatrechtlichem oder öffentlich-rechtlichem Wege örtlich zu regeln.

Vorliegende Vorschriften treten am . . . . in Kraft. Zusätze, Ergänzungen und Auslegungen, die durch die technische und Verwaltungspraxis bedingt werden, bleiben vorbehalten und werden in üblicher Weise bekannt gemacht.

Belehrung über den Gebrauch des Gases.

1. Eigenschaften des Gases.

Das Kohlenleuchtgas ist kein einheitlicher Stoff, sondern aus verschiedenen Gasarten und Dämpfen zusammengesetzt; letztere, namentlich der begleitende Wasserdampf, scheiden sich bei Abkühlung leicht als Flüssigkeit ab, die, wenn sie nicht unschädlich gemacht wird, den Gasdurchgang durch die Leitungsröhre stören kann. Das Gas ist wesentlich leichter als die Luft; durch seinen Kohlenoxydgehalt wirkt es, in größeren Mengen eingeatmet, giftig, besitzt aber einen eigentümlichen scharfen Geruch, der es schon bei geringer Beimengung in der Luft erkennen läßt. Es brennt mit heißer, leuchtender Flamme oder nach Beimischung von Luft im Bunsenbrenner entleuchtet (blau) und ist für sich allein nicht explosibel, sondern nur in Vermischung mit Luft, und auch so nur dann, wenn auf 1 Teil Gas mindestens 4 und nicht mehr als 11 Teile Luft treffen. Die Verbrennungsprodukte des Gases sind zu rund 40% Kohlensäure und 60% Wasserdampf und vollkommen ruß- und geruchlos. Wo bei einer Verbrennung von Leuchtgas dennoch Ruß oder Geruch auftreten, ist das stets eine Folge einer unvollkommenen, fehlerhaften Verbrennung. Unvollkommene Verbrennungsprodukte besitzen einen eigentümlichen, widerlichen Geruch und, da sie in größerer Menge der Gesundheit nachträglich und mit Gasverlust verbunden sind, ist die Verbrennung zu verbessern.

Um unvollkommene Verbrennungsprodukte zu vermeiden, müssen größere, an Kamine angeschlossene Gasapparate von den veränderlichen und schwer zu beherrschenden Zugverhältnissen des Schornsteins unabhängig gemacht werden.

Die mit der Gasbeleuchtung verbundene kräftige Ventilationswirkung und das Verbrennen in der Luft enthaltener schädlicher Mikroorganismen sind nicht zu unterschätzende hygienische Vorzüge der Gasbeleuchtung.

2. Instandhaltung und Benutzung der Gaseinrichtungen.

Die Verantwortung für die gute Instandhaltung der Gaseinrichtung samt allen Gebrauchsapparaten trifft ihren Eigentümer bzw. den Gasabnehmer.

Dieser hat in erster Linie darauf zu achten, daß die ganze Gaseinrichtung völlig gasdicht ist und bleibt. Schon die geringsten Gasentweichungen geben sich durch den starken Geruch des Gases zu erkennen und müssen in fachgemäßer Weise beseitigt werden.

Der Inhaber oder Benutzer einer Gaseinrichtung muß sich des öftern selbst davon überzeugen, daß die Gebrauchsapparate (Lampen, Kocher, Gasöfen etc.) dauernd reinlich und in sicherem betriebsfähigen Zustand erhalten werden. Er muß sich über deren Behandlung soweit unterrichten, daß er ihr richtiges Brennen selbst beurteilen kann. Hierbei ist folgendes zu beachten:

Leuchtende, offene Flammen müssen eine klare, begrenzte, helleuchtende Flammenscheibe über dem nichtleuchtenden Flammenkern haben. Sie dürfen nicht trüb oder unruhig werden und sich nicht in die Länge ziehen.

Entleuchtete Flammen müssen kurz, mit blauem Schleier über einem inneren, scharf abgegrenzten grünen oder blaugrünen Kern brennen; wenn eine Flamme lang, violett oder gar mit leuchtenden Spitzen brennt, dann findet keine vollkommene Verbrennung statt und die Folgen sind: geringe Heizwirkung, Ruß und schlechter Geruch.

Das deutlichste Merkmal einer richtigen Verbrennung ist das Freisein von Geruch und Ruß und eine begrenzte, klare Flamme.

Zum Anzünden eines Brenners halte man schon vorher das Zündmittel bereit, Kochbrenner zünde man etwa zwei Finger breit über dem Brenner.

Man öffne keinen Brennerhahn ohne alsbald anzuzünden! Man hüte sich davor, erst den Hahn zu öffnen und dann erst das Zündmittel zu holen, weil sonst bei längerem Verweilen das Ausströmen des Gases verhängnisvoll werden könnte.

In Wohnhäusern ist das Schließen des Gasmesserhahns nur dann notwendig, wenn die Gaseinrichtung auf längere Zeit außer Gebrauch gesetzt werden soll.

Wo gelegentlich der Haupthahn geschlossen worden ist, überzeuge man sich vor dem Wiederöffnen, daß alle einzelnen Hähne an den Apparaten gehörig verschlossen sind.

Bei Schlauchverbindungen ist darauf zu achten, daß der Schlauch fest auf der Hülse sitzt. Das Absperren muß durch Schließen des Hahns an der festliegenden Leitung vor dem Schlauche erfolgen. Gashahnen sollen durch die Stellung ihrer Griffe oder Einschnitte in der Richtung des Gasdurchlasses jederzeit erkennen lassen, ob der Hahn offen oder geschlossen ist.

Wo an die Gasleitung angeschlossene Apparate und Lampen entfernt werden, ist die Leitung vom Installateur durch eingeschraubte eiserne Stopfen alsbald wieder dicht zu verschließen.

3. Gasglühlicht.

Ein Gasglühlicht brennt nur dann richtig und mit höchster Leuchtkraft, wenn ein in Qualität und Form guter Glühkörper bei klarem Zylinder verwendet wird, wenn ferner die Gasdüse, die für die Strumpfgröße erforderliche Gasmenge — nicht zu wenig und nicht zu viel—liefert, wenn die Luftzumischung eine richtige und der ganze Brenner rein und gut imstande ist.

Zur Richtigstellung der Gasmenge sind Regulierdüsen zu empfehlen, die so einzustellen sind, daß der Glühkörper voll leuchtet, ohne am Kopf schwarz zu werden. Tritt letzteres ein oder wird das Licht heller bei Kleinerstellen des Hahnes, so gibt die Düse zu viel Gas; knattert der Brenner, schlägt er leicht zurück oder leuchtet der Glühkörper nur unten, so gibt die Düse zu wenig Gas.

Düse und Brennerkrone sind durch Ausblasen und Bürsten von Staub, Oxyd und hineingeratenen Insekten freizuhalten.

4. Kochapparate.

Man achte auf richtige Flammenbildung und richtige Verbrennung.

Neben der richtigen Düsenweite und Luftzumischung ist Reinlichkeit im Brenner Haupterfordernis.

Ist die Düse (feine Öffnung, durch die das Gas in das Mischrohr eintritt) zu eng, kommt zu wenig Gas, dann schlägt die Flamme leicht zurück und brennt mit Geräusch und unangenehmem Geruch im Mischrohr. Der Brenner ist sofort zu schließen und von neuem richtiges Brennen zu versuchen oder Abhilfe am Brenner zu veranlassen.

Die Brenner sind stets von Staub und Verunreinigungen freizuhalten. Man gebe nur zum Ankochen die volle Hitze; sobald nach einigen Minuten der Inhalt zum Sieden gebracht ist, stelle man den Hahn auf »klein«. Zum Weiterkochen genügt etwa der fünfte Teil des vollen Verbrauchs.

Bei Beachtung dieser Regel läßt sich außerordentlich im Gasverbrauch sparen, ohne daß deswegen das Kochen länger dauert. Das Ankochen geschieht am zweckmäßigsten und billigsten auf offener Flamme.

5. Heiz- und Badeöfen.

Zimmeröfen, Badeöfen, Heißwasserautomaten sowie größere Herde und andere größere Apparate müssen stets an eine geeignete Einrichtung zur Abführung der Abgase angeschlossen werden. Sie sollen so beschaffen und installiert sein, daß unabhängig von der Wirksamkeit der Abzugsvorrichtung auch bei deren zeitweiligem Versagen weder eine unvollständige Verbrennung des Gases noch gar ein Verlöschen der Flammen eintreten kann.

Bei Gasbadeöfen ist weiter zu beachten, daß sie während des Brennens stets Wasser enthalten. Bleibt das Wasser durch irgend welche Zufälligkeiten aus, so kann der Ofen in kürzester Zeit zerstört werden. Es empfiehlt sich deshalb, bei Gasbadeöfen während ihrer Benutzung auf das Vorhandensein von Wasser zu achten. Wenn unangenehmer Geruch sich im Badezimmer bemerkbar macht, dann beobachte man Vorsicht, bade nicht, schließe den Hahn und lasse den Ofen nachsehen. Man beachte die an den Gasbadeöfen oder in deren Nähe angebrachte Gebrauchsanweisung.

Sind Gasöfen oder Badeöfen beschädigt, oder ist Gasgeruch an ihnen wahrzunehmen, so sollen sie erst wieder in Gebrauch genommen werden, nachdem sie von fachkundiger Hand in Ordnung gebracht sind.

6. Störungen und deren Beseitigungen.

Treten bei Benutzung der Gaseinrichtung Störungen ein (geringer Druck, schlechtes Brennen), so hat sich der Gasabnehmer an die Gasanstalt zu wenden, wenn diese Störungen am Gasmesser oder an der Zuleitung liegen. Dies ist in der Regel dann der Fall, wenn sich die Störung an sämtlichen Flammen der Gaseinrichtung bemerkbar macht. Fehler, die nur an einzelnen Flammen oder Apparaten beobachtet werden, sind durch den Installateur zu beheben.

Wenn in einer Wohnung Gasgeruch bemerkt wird, so kann das die Folge eines offen stehenden Hähnchens oder einer undichten Hausanlage sein.

Kann der Inhaber den Fehler nicht selbst finden oder beseitigen, so ist der Installateur zu rufen und ev. der Haupthahn zu schließen.

Es kann aber auch der Gasgeruch in einer Wohnung von einem Fehler der Straßenleitung herrühren (namentlich im Winter bei gefrorenem Boden und geheizten Wohnungen). Besondere Vorsicht ist in Wohnungen an Straßen geboten, die frisch kanalisiert worden sind, auch wenn in ihnen kein Gas eingerichtet ist. Wenn in solchen Fällen Gasgeruch wahrgenommen wird, ist sofort das Gaswerk oder die von ihm eingerichtete Wach- und Meldestelle zu benachrichtigen.

Kein Raum, in dem es nach Gas riecht, darf zu längerem Aufenthalt für Personen, namentlich nicht zum Schlafen, benutzt werden.

Wo stärkerer Gasgeruch in einer Wohnung sich bemerkbar macht, ist Licht und Feuer fernzuhalten rasch zu lüften, die Gasleitung zu schließen und, wenn der Fehler nicht alsbald gefunden wurde, das Gaswerk zu benachrichtigen.

Das Ableuchten einer fehlerhaften Leitung ist gefährlich und verboten.

Zeigen sich infolge von Gasausströmungen Vergiftungserscheinungen bei Personen, welche das Gas eingeatmet haben, so sind diese Personen sofort an die frische Luft zu bringen, alle beengenden Kleidungsstücke zu lösen und es ist so rasch als möglich ärztliche Hilfe zu holen, nötigenfalls ist künstliche Atmung oder die Überführung des Erkrankten in das Krankenhaus zu veranlassen. Als wirksames Gegenmittel bei Leuchtgasvergiftungen hat sich vor allem die Einatmung von reinem Sauerstoff erwiesen.

Von einer etwa vorgekommenen Gasexplosion ist stets das Gaswerk zu benachrichtigen.

7. Verhalten bei Brandfällen.

In Brandfällen soll der Gaszufluß durch Schließen des Haupthahns am Gasmesser erst dann abgesperrt werden, wenn die Beleuchtung für die Inwohner nicht mehr erforderlich ist.

In allen ernstlichen Fällen ist die Gasanstalt bzw. die mit dem Wachdienst betraute Persönlichkeit zu rufen.

Erläuterungen und Ergänzungen zu den Installationsvorschriften.

Vorwort.

Der erste Entwurf zu dieser »Anleitung« enthielt außer dem Vorwort in einer »Einleitung« Angaben über die für die Sicherheit und Wohlfahrt des Publikums in Betracht kommenden Eigenschaften des Steinkohlengases, ferner über das Straßenrohrnetz und über die Zuführung des Gases zu den Gasabnehmern.

Der zweite Entwurf enthielt ebenfalls eine »Einleitung« mit einer knappen Darstellung der Gasbereitung und der Verteilung und Abgabe des Gases.

In der vorliegenden Fassung sind diese Abschnitte fortgelassen worden, teils im Interesse der notwendigen Kürze, teils weil sie mit der Gasbezugsordnung und den Installationsvorschriften doch nur in losem Zusammenhang standen.

Durchführung der Installationsvorschriften.

So wünschenswert einheitliche Bestimmungen zur Durchführung der Installationsvorschriften gewesen wären, so mußte doch hiervon Abstand genommen werden, weil die Verhältnisse in den einzelnen Städten zu verschieden sind.

Im allgemeinen wird erwartet werden dürfen, daß nach Annahme der Vorschriften durch den Deutschen Verein von Gas- und Wasserfachmännern und nach deren Veröffentlichung in vielen deutschen Städten und Gemeinden die Gerichte geneigt sein werden, sie als »allgemein anerkannte Regeln der Baukunst« im Sinne des § 330 des Reichs-Strafgesetzbuches zu behandeln und grobe Verstöße dagegen nach den gesetzlichen Bestimmungen zu ahnden.

Installationsvorschriften und Regeln für die Ausführung von Gasanlagen.

1. Arbeiten, welche ausschließlich dem Gaswerk vorbehalten sind.

Mit diesem Abschnitt haben sich die Vertreter des Verbandes selbständiger deutscher Installateure usw. bei den gemeinsamen Verhandlungen in Frankfurt a. M. am 12. März 1910 einverstanden erklärt, nachdem hervorgehoben worden war, daß die Ausführung von Zuleitungen und die Aufstellung von Gasuhren durch Privatinstallateure, die als »Beauftragte« des Gaswerks handeln, nicht ausgeschlossen sein soll.

»Die Zuleitungsröhren müssen aus Eisen sein«.

Die unbestimmte Bezeichnung »Eisen« ist deshalb gewählt worden, weil im Kreise der Kommission keine Übereinstimmung darüber herrschte, ob Schmiedeeisen oder Gußeisen sich besser zu Zuleitungen eigne, und man daher eine bestimmte Vorschrift nicht geben wollte.

Der von einigen Kommissionsmitgliedern gewünschte Zusatz, daß Öffnungen in den Grund- und Kellermauern der Häuser (z. B. Kanäle für elektrische Kabel) dicht zu verschließen seien, um bei Undichtheit der Straßenrohre oder Anschlußleitungen den Zutritt des Gases zu verhüten, wurde trotz seiner Wichtigkeit nicht aufgenommen, weil er keine Arbeit betrifft, die vom Gaswerk auszuführen ist.

„Vor jedem Gasmesser ist ein leicht zu bedienender Abstellhahn anzubringen“,

der in vielen Fällen mit dem oben im dritten Absatz geforderten Abschlußhahn identisch sein kann.

2. Arbeiten, welche auch von Privatinstallateuren ausgeführt werden können.

Die Vertreter des Verbandes selbständiger deutscher Installateure usw. äußerten bei den gemeinsamen Verhandungen am 12. März 1910 den Wunsch, folgende »Leitsätze« zu diesem Abschnitt aufzunehmen:

a) Es liegt im Interesse der Privatinstallateure, daß die Installationstätigkeit der Gaswerke hinter dem Gasmesser aufhört.

b) Es ist zu fordern, daß die Bestimmungen für die innere Installation für beide Teile (Gaswerk und Installateure) vollkommen gleich sind, loyal durchgeführt werden und daß die Gaswerke nicht gelegentlich besondere Vorteile (freie Steigleitungen u. a.) bieten dürfen.

Demgegenüber wurde von Mitgliedern der Heizkommission betont, daß diese »Leitsätze« in das wirtschaftliche Gebiet hinüber spielten und die Kommission weder beauftragt noch befugt sei, die wirtschaftlichen Beziehungen zu regeln und die gesetzlich festgelegte Gewerbefreiheit zu beschränken.

Anderseits wurde hervorgehoben, daß nach § 1 der Gewerbeordnung für das Deutsche Reich Ausnahmen oder Beschränkungen der Bestimmung, daß der Betrieb eines Gewerbes jedermann gestattet ist, zugelassen seien, und daß in der vom Geh. Ober-Regierungsrat Dr. F. Hoffmann verfaßten erläuterten Ausgabe der Gewerbeordnung (8. Auflage, Berlin 1910, C. Heymanns Verlag) die Zulässigkeit einer Beschränkung der Gewerbefreiheit in bezug auf die Ausführung von Gasinstallationen ausdrücklich erwähnt sei, wodurch sich die Möglichkeit ergebe, ungeeignete Elemente von der Ausübung des Gasinstallationsgewerbes auszuschließen.

3. Material und Weite der Rohrleitungen.

»Rohrleitungen, die in die Erde gebettet werden, sollen aus starkwandigen schmiedeeisernen, asphaltierten Röhren oder aus asphaltierten Mannesmannröhren bestehen«.

Damit sind nicht die Zuleitungen bis ins Grundstück des Abnehmers, sondern die innerhalb dieses Grundstückes in die Erde zu bettenden Röhren von zumeist geringer Lichtweite gemeint.

»Stündlicher Verbrauch der Gasmotoren 750 l«.

Diese Zahl gilt nur zur Bemessung der Rohrweite und ist im Hinblick auf die mögliche Verringerung der Lichtweite durch feste und flüssige Ausscheidungen größer bestimmt, als nach dem wirklichen Gasverbrauch moderner Gasmotoren notwendig wäre.

E. Prüfung, Abnahme und Überwachung der Gaseinrichtungen.

1. Prüfungspflicht.

„Anzeigepflichtig ist jede Neuanlage, Erweiterung und Veränderung der Gasanlage."

Im dritten Entwurf zu dieser »Anleitung« war gesagt, daß dem Gaswerk »vor Inangriffnahme der Arbeiten« Anzeige zu erstatten sei. Auf Wunsch der Vertreter des Verbandes selbständiger deutscher Installateure usw. wurde diese Bestimmung bei den Verhandlungen am 12. März 1910 gestrichen, wobei betont wurde, daß die Entscheidung über den Zeitpunkt der Anzeige von Fall zu Fall zu treffen sei.

An dieser Stelle wollen wir auszugsweise auch die neuesten Unfallverhütungsvorschriften der Berufsgenossenschaft der Gas- und Wasserwerke (gültig vom 1. Juli 1923), soweit dieselben für den Rohrleger und Gaseinrichter von Interesse sind, folgen lassen.

Diese Vorschriften enthalten so viel Lehrreiches für den Rohrleger wie für den Gaseinrichter, daß uns die Kenntnis derselben als eine Notwendigkeit erscheint.

Rohrlegungen.

Vorschriften für Betriebsunternehmer.

a) Aufgrabungsarbeiten.

§ 247. Bei Aufgrabungen für Rohrlegungen sind alle zur Sicherheit des Verkehrs erforderlichen Maßregeln sorgfältig zu beachten.

§ 248. Alle nicht geböschten Aufgrabungen sind zur Verhinderung des Abstürzens der Wände in sachgemäßer Weise mit Bohlen und Steifen abzuspreizen. Bei stehendem Boden genügt zum Halten der Baugrabenkanten eine Absteifung von ein bis zwei Bohlen Tiefe; bei nicht stehendem Boden muß sich die Aussteifung auf die ganze Tiefe der Baugrube erstrecken.

§ 249. Die Ränder der Aufgrabungen dürfen nicht durch Baumaterialien, Rohre u. dgl. überlastet werden.

Auf den Spreizen dürfen Rohre, Bohlen oder sonstige Baustoffe nicht gelagert werden.

Neben der Aufgrabung darf in der Regel nur soviel Boden lagern, wie zum Zufüllen erforderlich ist.

§ 250. Bei tieferen Aufgrabungen ist zum Hinab- oder Hinaufsteigen stets eine Leiter bereit zu stellen.

§ 251. Jede Aufgrabung ist genügend abzusperren, zur Nachtzeit mit Warnungslaternen zu versehen und bei größerer Ausdehnung und in belebten Straßen zu bewachen.

b) Förderung von Lasten (Rohre usw.) durch Hebezeuge.

§ 252. Schwere Lasten (Rohre usw.) sind nur mittels geeigneter Hebezeuge herabzulassen oder herauszuheben.

§ 253. Hebezeuge aller Art sind mit der Angabe über die größte zulässige Belastung zu versehen; sie dürfen niemals über diese hinaus beansprucht werden. Alle Triebwerksteile sowie die Seile und Ketten müssen für die Gesamtförderlast mindestens fünffache Sicherheit bieten.

§ 254. Das Anhängen der zu hebenden Gegenstände hat in sicherer Weise zu erfolgen.

Die Beförderung von Personen mittels Hebezeugen, die nur für die Lastenförderung bestimmt sind, ist zu verbieten.

§ 255. Unter den in einem Hebezeug hängenden Lasten darf niemand Stellung nehmen oder Arbeit verrichten; ist diese unumgänglich nötig, so ist die Last vorher abzufangen.

§ 256. Hebezeuge mit Kurbelantrieb müssen mit einer wirksamen Sperrvorrichtung versehen sein, sofern sie nicht selbstsperrend sind (Sicherheitskurbeln).

Soll das Hinablassen der Last durch das Eigengewicht geschehen, so muß eine zuverlässige Bremse vorhanden sein.

Die Kurbeln müssen auf dem Zapfen der Kurbelwelle mit Mutter und Splint befestigt sein.

§ 257. Sämtliche Hebezeuge und die zum Tragen oder Heben von Lasten bestimmten Seile, Gurte und Ketten müssen mindestens jährlich einer Untersuchung und Probebelastung unterworfen werden. Das Ergebnis der Untersuchung ist in ein Kontrollbuch einzutragen.

c) Kochen von leicht brennbaren Stoffen (Asphalt, Teer, Pech usw.) und Schmelzen von Blei.

§ 258. Beim Kochen von Asphalt, Teer, Pech und anderen leicht brennbaren Stoffen muß ein zu dem Kessel, der Pfanne usw. gut passender Deckel (Säcke o. dgl.) bereit gehalten werden, um ein etwaiges Feuer sofort ersticken zu können; zum Löschen ausfließender brennender Masse ist trockener Sand hinreichend vorrätig zu halten.

§ 259. Flüssiges Blei darf nur mit trockenen Flächen in Berührung kommen. Das Abkühlen des im Kessel, in der Pfanne oder in der Gießkelle zurückgebliebenen Restes durch Aufgießen von Wasser ist verboten. Der Rest ist in einen trockenen Behälter zu gießen oder in der Kelle zu belassen, um darin zu erstarren.

§ 260. Die Bleiöfen sind standfest und gesichert aufzustellen. Beim Hinabreichen gefüllter Gießkellen haben die an solchen Stellen in der Baugrube beschäftigten Arbeiter so weit beiseite zu treten, daß sie durch das etwa überfließende Blei nicht verletzt werden können.

d) Verlegungsarbeiten.

§ 261. Arbeiten an Leitungen, bei welchen größere Gasausströmungen zu befürchten sind, dürfen nur unter sachverständiger Aufsicht und unter Anwendung geeigneter Vorsichtsmaßregeln vorgenommen werden.

Als solche »geeignete Vorsichtsmaßregeln« sind zu bezeichnen:

I. Es sind nur solche Arbeiter zu verwenden, die mit den Arbeiten und den möglichen Gefahren genau vertraut sind. Niemals darf eine solche Arbeit von einem Arbeiter allein ausgeführt werden, sondern es müssen stets ein zweiter oder mehrere hinzugezogen werden.

II. Während der Arbeit ist Feuer und brennendes Licht von der Arbeitsstelle fernzuhalten. Der Bleischmelzofen soll in größerer Entfernung unter Berücksichtigung der Windrichtung aufgestellt werden, damit etwa ausströmendes Gas sich nicht entzünden kann.

III. Der Betriebsunternehmer hat dafür zu sorgen, daß alle zur sicheren und schnellen Ausführung der Arbeit erforderlichen Werkzeuge, sowie die bei einem etwaigen Gasaustritt zum Abdichten nötigen Materialien vorhanden sind.

IV. Ehe die Leitung unterbrochen wird, muß bei Rohren über 80 mm Durchmesser das Gas durch Blasen oder andere Absperrvorrichtungen abgesperrt werden. Die offenen Rohrenden und sonstigen Ausströmungsstellen sind solange, als die Arbeit es gestattet, dicht, z. B. mit Holzspunden und Ton, zu verschließen.

§ 262. Bei umfangreicheren Arbeiten an Gas- und Wasserleitungen ist folgendes zu beachten:

a) Jeder Arbeitskolonne ist ein Meister oder Vorarbeiter beizugeben, der in der Regel nur die Aufsicht führen soll. Diesem liegt die Verantwortung für die sachgemäße Ausführung der Arbeit ob. Er hat vor Beginn der Arbeit sich zu überzeugen, daß die gebotenen Vorsichtsmaßregeln getroffen sind.

b) Es ist darauf zu sehen, daß immer genügend Leute und geeignete Hilfsmittel (Leitern, Seile, Gurte usw.) zur Hand sind, um im Notfall die Arbeiter aus dem Graben schaffen zu können. Im Graben sollen sich nicht mehr Arbeiter aufhalten, als gerade nötig sind. Sie sollen sich tunlichst nicht in der Richtung des etwa ausströmenden Gases aufhalten.

c) Bei besonders tiefen Schächten, oder wenn es sonst geboten erscheint, müssen die Arbeiter angeseilt werden. Der Aufsichtsführende muß sich laufend davon überzeugen, daß die in der Tiefe beschäftigten Arbeiter nicht gefährdet sind. Bei länger währenden Arbeiten ist darauf zu achten, daß die Arbeiter sich ablösen und jeweils nur kurze Zeit an der Arbeit bleiben. In schwierigen Fällen sind, wenn angängig, Schutzmasken mit Luftzuführung durch Schlauch, Rauchhelme oder andere geeignete Vorrichtungen mit Frischluftzuführungen zu verwenden. Bei sehr umfangreichen Arbeiten in der Verlegung von Gasleitungen empfiehlt es sich, einen Sauerstoffapparat zur Wiedererweckung betäubter Personen an der Arbeitsstätte bereitzuhalten. Bei Arbeitsunterbrechung sind offene Gasrohre mit eisernen Kappen oder Stopfen dauernd dicht zu verschließen.

Vorschriften für Versicherte.

§ 263. Die Vorschriften der §§ 247 bis 262 gelten auch für die Versicherten.

Arbeiten an Leitungen, bei welchen größere Gasausströmungen zu befürchten sind, dürfen nur unter sachverständiger Aufsicht und unter Anwendung geeigneter Vorsichtsmaßregeln vorgenommen werden.

Außer den im § 261, I, II, IV und § 262c aufgeführten sind als solche »geeignete Vorsichtsmaßregeln« für Versicherte nachfolgende zu bezeichnen:

I. Vor Beginn der Arbeit muß sich jeder Arbeiter überzeugen, daß alle zur sicheren und schnellen Ausführung der Arbeit erforderlichen Werkzeuge, sowie die bei einem etwaigen Gasaustritt zum Abdichten nötigen Materialien vorhanden sind.

II. Wenn bei umfangreicheren Arbeiten ein Meister oder Vorarbeiter die Aufsicht führt, dann liegt diesem die Verantwortung für die sachgemäße Ausführung der Arbeit ob. Er hat vor Beginn der Arbeit sich zu überzeugen, daß die gebotenen Vorsichtsmaßregeln getroffen sind, und hat ferner darauf zu sehen, daß immer genügend Leute und Hilfsmittel (Leitern, Seile, Gurte usw.) zur Hand sind, um im Notfall die Arbeiter aus dem Graben schaffen zu können.

III. Im Graben dürfen sich nicht mehr Arbeiter aufhalten, als gerade nötig sind; diese sollen sich tunlichst nicht in der Richtung des ausströmenden Gases aufhalten.

IV. Bei Arbeitsunterbrechungen sind offene Gasrohre mit eisernen Kappen oder Stopfen oder Überschiebern mit Eindichtungen dauernd dicht zu verschließen.

V. Wenn ein Arbeiter das Einatmen von Gas, selbst in kleinen Mengen, nicht vertragen kann, so ist dies den Vorgesetzten anzuzeigen, damit dieser Arbeiter zu solchen Arbeiten nicht verwendet wird. Fühlt ein Arbeiter Beschwerden durch Einatmen von Gas, so hat er die Arbeit sofort zu unterbrechen und nötigenfalls einzustellen.

Einrichtung von Gasleitungen innerhalb von Grundstücken.

Vorschriften für Betriebsunternehmer.

§ 264. Der Betriebsleiter oder sein Vertreter hat die mit der Ausführung von Gasleitungsarbeiten betrauten Arbeiter auf die folgenden Vorschriften für Versicherte noch besonders aufmerksam zu machen.

Vorschriften für Versicherte.

§ 265. Bei der Ausführung von Einrichtungsarbeiten im Innern von Gebäuden ist die Abschlußvorrichtung zu schließen. Müssen bei Gasleitungen solche Arbeiten unter

Gasdruck vorgenommen werden, weil die Gaszufuhr nicht abgestellt werden kann, dann sind sie möglichst unter Hinzuziehung eines zweiten Mannes und bei Dunkelheit nur mit Sicherheitslampen auszuführen. Feuer und offen brennendes Licht muß vermieden werden. Fenster und Türen sind zu öffnen[1]).

[1]) Wenn man ein brennbares Gas vor der Entzündung in seiner ganzen Masse mit der zur Verbrennung erforderlichen Menge Luft oder Sauerstoff mischt und einen weiteren Zutritt von Luft bzw. Sauerstoff dadurch verhütet, daß man das Gemisch in geschlossenen Räumen zur Entzündung bringt, so verläuft die Verbrennung rasch als Explosion durch die ganze Gasmasse. Geschieht die explosive Verbrennung in einem geschlossenen Gefäß, so üben die durch die Verbrennungswärme ausgedehnten Gase während der Dauer der Verbrennung einen Druck auf die Gefäßwände aus. Die durch die Explosion ausgeübte mechanische Kraft kann zerstörend wirken. Im Gasmotor wird diese Kraft ausgenützt dadurch, daß durch die Explosion eines Gas-Luftgemisches in einem geschlossenen Zylinder ein dicht anschließender Kolben bewegt wird.

Die Grenzen, innerhalb deren eine Leuchtgas-Luftmischung explodiert, wechselt mit der Zusammensetzung und verschiedenen Umständen (Explosionsbereich). Die untere Explosionsgrenze liegt beim Leuchtgas bei 7,9, die obere bei 19,1% der Mischung im brennbaren Gas. Das heißt also, wenn sich in einer Leuchtgas-Luftmischung 7,9% bis 19,1% Leuchtgas befinden, so verbrennt die Mischung explosiv. (Explosionsbereich im 19 mm-Rohr nach Professor Eitner.)

Bei Wassergas ist die allergrößte Vorsicht geboten, da es geruchlos ist und sich durch den Geruchsinn nicht bemerkbar macht. Es ist daher bei Wassergasbeleuchtung sowohl die Erstickungsgefahr als auch diejenige der Entstehung von Explosionen größer als bei Steinkohlengas. Wassergas ist wegen seines hohen Kohlenoxydgehaltes auch sehr giftig, deshalb müssen Rohrleger und Gaseinrichter überall da, wo dem Steinkohlengas Wassergas zugesetzt wird, **sehr vorsichtig** arbeiten. Vor allen Dingen beim Aufsuchen von undichten Stellen **nicht ableuchten. Bei Arbeiten unter Gasdruck und bei Gasausströmungen nicht allein sein, sondern immer in Gegenwart einer zweiten Person derartige Arbeiten ausführen.**

Bezüglich der Behandlung der durch Leucht- und Wassergas bewußtlos gewordenen Personen noch einige Worte:

Leucht- und Wassergasvergiftungen sind in der Hauptsache als Kohlenoxydgasvergiftungen aufzufassen und wie letztere zu behandeln. Es ist so schnell wie möglich ein **Arzt zu holen.** Als Merkmale werden angegeben: leicht gedunsenes, gerötetes Gesicht, Lippen bläulichrot, Augenbindehaut stark gerötet.

Atmung: bei leichterer Vergiftung unregelmäßig, mühsam, stellenweise aussetzend; in schweren Fällen sehr flache, kaum

§ 266. Jeder Arbeiter darf die von ihm hergestellten, ausgebesserten oder anzubringenden Gaseinrichtungen (Leitungen, Lampen, Apparate, Gasmesser und deren Verbindungen) der Benutzung erst dann übergeben, nachdem er sich davon überzeugt hat, daß sie sich in gutem, dauernde Dichtigkeit und Sicherheit gewährendem Zustande befinden.

---

wahrnehmbare Atembewegungen, die längere Zeit ganz aussetzen.

Der Kranke ist so schnell als möglich an die frische Luft zu bringen.

Bei leichter Vergiftung durch kräftige Bewegung zum Atmen zwingen, zunächst dadurch, daß zwei Personen den Kranken unter die Arme fassen und schnell mit ihm gehen.

Sofern er dazu unfähig oder bewußtlos ist, den Kranken flach hinlegen, beengende Kleidungsstücke entfernen, Kragen öffnen; Hauttätigkeit durch heiße Umschläge anregen; gebe guten Kognak, schwarzen Kaffee, Essigäther auf Zucker (kein Wasser); Salmiakgeist unter die Nase. (Salmiakgeist sollte jeder Rohrleger in einem Fläschchen bei sich führen.) Bei schwererer Vergiftung außer der vorgenannten Hilfeleistung: sogleich künstliche Atmung. Dieselbe muß etwa 15 mal in der Minute vorgenommen und mit kurzen zeitweisen Pausen so lange fortgesetzt werden, bis der Kranke selbständig atmet bzw. bis der Arzt kommt. Sehr zu beachten ist bei der künstlichen Atmung, daß die bei den bewußtlosen Kranken nach hinten gesunkene Zunge den Eintritt der Luft in den Kehlkopf nicht hindere. Deshalb: den Kopf des Kranken seitlich drehen und die Zunge mit irgend einem Instrument (Pinzette aus dem Verbandkasten) zwischen die Zahnreihen hervorziehen lassen. Falls nach fortgesetzter künstlicher Atmung die selbständige Atmung nicht eintritt, alsdann: verstärkte Hautreizmittel, als die nackte Brust mit nassen Tüchern schlagen.

Es empfiehlt sich auch, um das Einatmen von giftigen Gasen bei Unglücksfällen zu vermeiden, hierfür besondere Schutzvorkehrungen zu treffen. Hierher gehören Respirationsapparate u. dgl. Die bekanntesten dieser Apparate sind: der Respirationsapparat von E. R. Weise, Berlin W., der Aluminiumrespirator System Simmelbauer, der Rauchhelm von G. R. König, Altona a. Elbe. In neuerer Zeit hat auch der Giersbergsche Apparat der Sauerstoff-Fabrik G. m. b. H. in Berlin N. mehrfach Verwendung gefunden.

Diese Kästen beruhen auf dem Prinzip der Zuführung von Sauerstoff, ähnlich der wie bei den Giersbergschen Atmungsapparaten, die sich bei der Feuerwehr bewährt haben.

Solche Apparate werden geliefert von der Sauerstoff-Fabrik Berlin, ferner vom Medizinischen Warenhaus (A.-G.), Berlin NW. 6, Karlstr. 31 (System Dr. Roth-Dräger).

§ 267. Bei Benutzung von Leitern sind vorhandene Schutzvorrichtungen gegen das Ausgleiten wirksam anzuwenden, oder die Leiter ist von einem zweiten Mann festzuhalten.

Fig. 204 stellt den leicht transportabeln, 12 kg schweren Dräger-Original-Sauerstoffkoffer dar (Drägerwerk, Lübeck).

Sämtliche Teile des Apparates sind an der Deckel-Innenseite des Sauerstoffkoffers so befestigt, daß durch bloßes Öffnen des Deckels der ganze Apparat in eine handgerechte und betriebsfertige, sichere Lage gebracht wird.

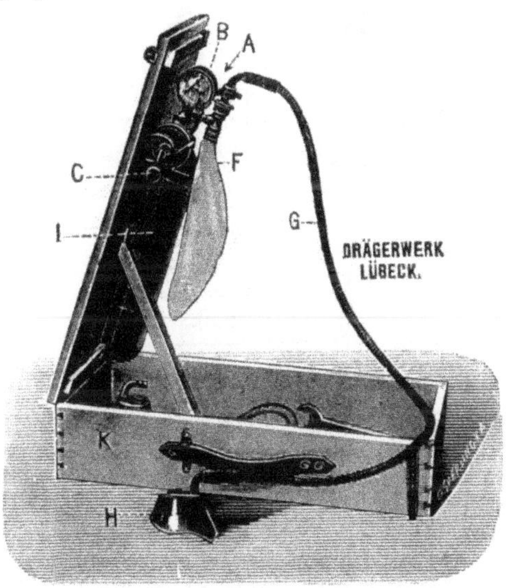

Fig. 204.

Der Apparat setzt sich aus folgenden Bestandteilen zusammen:

A Verschlußventil auf dem Sauerstoffzylinder,
B Finimeter,
C Exzenter zum Öffnen und Schließen des Sauerstoffstromes,
F Sparapparat Dr. Roth-Dräger,
G Metallschlauch,
H Maske Dr. Roth-Dräger,
I kleiner Sauerstoffzylinder,
K Holzkoffer;

außerdem befinden sich noch im Koffer: Ein Bügel zur Männermaske, eine Maske für Frauen und ein Bügel dazu, ein Mundstück, ein Schlüssel und eine Gebrauchsanweisung.

Der Sauerstoffzylinder enthält 180 l Sauerstoff und reicht bei Gebrauch eine Stunde aus.

§ 268. Die Arbeiter sollen alle von ihnen zu benutzenden Baugerüste vorher prüfen und sich von deren sicherer Beschaffenheit selbst überzeugen.

Fig. 205 zeigt den Apparat im Gebrauch.

Man öffne den Sauerstoffkoffer, wodurch der Deckel mit dem Apparat feststeht (Fig. 204). Dann öffne man zuerst das Verschlußventil *C* auf dem Sauerstoffzylinder.

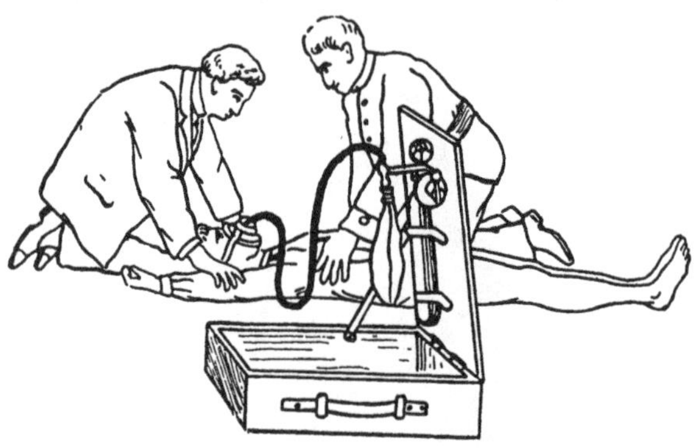

Fig. 205.

Die Maske *H* am Schlauch wird jetzt dem Verunglückten über Nase und Mund gelegt und nötigenfalls mit dem Bügel und Kopfband befestigt.

Jetzt lasse man mit der künstlichen Atmung, falls diese erforderlich, beginnen.

Darauf stelle man die Scheibe *C* am Exzenter ganz nach oben, worauf dem Apparat in der Minute 3 l Sauerstoff entströmen.

Fig. 206.
Geöffnet: 3 Liter pro Minute.

Fig. 207.
Geschlossen.

Bläht sich der Sparbeutel (Fig. 204, 206, und 207) auf, weil nur wenig eingeatmet wird, oder möchte man aus einem anderen

§ 269. Wenn in geschlossenen Räumen Gasgeruch bemerkt wird, so ist vor Aufsuchung der undichten Stellen zunächst durch Öffnen der Türen und Fenster, namentlich der oberen Flügel der letzteren, eine vollkommene Auslüftung herzustellen. Erst dann darf die Untersuchung beginnen, wobei

---

Grunde pausieren oder den Sauerstoffstrom unterbrechen, so klappt man die Scheibe *C* nach unten.

Falls bei dem Verunglückten nicht die geringste Spur einer Atmung mehr zu erzielen ist, so muß vorher der Apparat zum Aufblähen der Lungen in Tätigkeit treten.

Man legt den Zylinder mit dem kleinen Regulierventil und dem Gasbeutel **rechts** neben den Verunglückten auf den Boden. Mit der einen Hand hält man das Nasenoval in ein Nasenloch des Verunglückten dicht schließend fest, gleichzeitig verschließt man durch festen Druck das zweite Nasenloch und den Mund. Mit der anderen Hand betätigt man zuerst das kleine Regulierventil am Apparat, um den Beutel zu füllen; darauf preßt man nach Bedarf mit derselben Hand auf den Beutel, wodurch die Lungen des Verunglückten durch Sauerstoff aufgebläht werden. Nach darauf erfolgter Wiederentleerung der Lungen wird die Manipulation so häufig wie nötig wiederholt. Sobald der Verunglückte selbst ein wenig zu atmen beginnt, etwa unter dem Einfluß der künstlich bewirkten Atmungsbewegungen, wird der eigentliche Inhalationsapparat des Sauerstoffkoffers, der automatisch arbeitet, in Tätigkeit gesetzt.

In Heft 4, »Das Gas- und Wasserfach«, Jahrg. 1925, weist Sanitätsrat Dr. Cramer, Berlin-Zehlendorf, darauf hin, daß die künstliche Atmung als Wiederbelebungsmittel bei Scheintoten einen wichtigen Teil des Rettungsdienstes darstellt. Am besten wird die künstliche Atmung auf die sog. »Sylvestersche« Art weniger ergiebig, aber auch wirksam, auf die »Howardsche« Art mit Menschenhand ausgeführt. Beiden Arten ist gemeinsam, daß sie das wichtigste bei dieser Lebensrettung, einmal das Vorwärtstreiben der stillstehenden Blutsäule im Herzen und den Blutgefäßen gleichzeitig mit den Atmungsbewegungen, welche sauerstoffhaltige Luft in die Lungen saugen und kohlensäurebeladene wieder ausstoßen, aufs einfachste besorgen. Dr. Cramer sagt, daß man soviel Luft in die Lungen schaffen kann, wie man nur will, sie nützt gar nichts, wenn nicht ihr Sauerstoffgas sich mit immer neuen, bei der Blutbewegung an den Lungenbläschen vorübereilenden roten Blutkörperchen verbinden und so in den ganzen Körper als Lebensgas gelangen kann, während bei demselben Vorgange auch gleich die überschüssige Kohlensäure von den Blutkörperchen an die Luft in den Lungen abgegeben und bei der Ausatmung ausgestoßen wird.

Bei Ausübung dieser künstlichen Beatmung tritt sehr bald schwerste Ermüdung des Helfers ein, und dann wird die Ausführung

aber keinesfalls ein offenes Licht (Streichholz oder Feuer) zum Aufsuchen der undichten Stellen angewendet werden darf. Wenn eine besondere Beleuchtung einzelner Teile nicht zu umgehen ist, so muß sie mittels Sicherheitslampen erfolgen, von deren ordnungsmäßigem Zustande der Arbeiter sich vorher zu über-

---

mangelhaft. Ein Ersatzhelfer ist nicht immer zur Stelle, manchmal auch nicht geschickt genug, und auch er würde bei der oft auf Stundenlänge sich ausdehnenden Notwendigkeit dieser Rettungsarbeit ermüden. Da hat nun der schwedische Arzt Dr. Fries eine

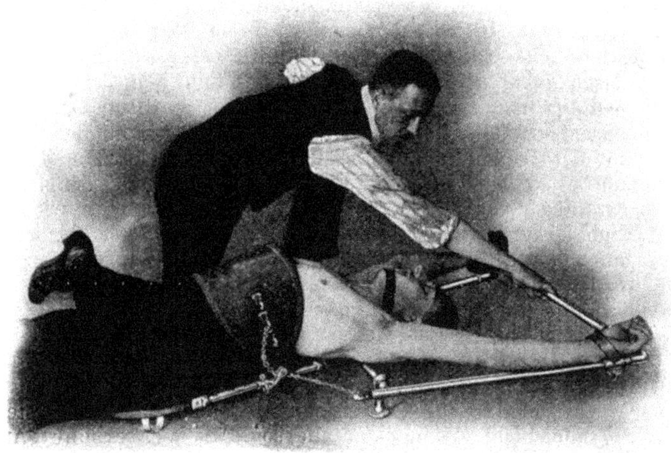

Fig. 208. Einatmung.

sinnreiche Vorrichtung, das sog. Inhabad-Gerät (Fig. 208 u. 209) erdacht, welches leicht vom Helfer zu bedienen, die Sylvestersche und Howardsche Art der künstlichen Atmung ins Maschinenmäßige überträgt, und zwar so ausgezeichnet, wie das überhaupt nur denkbar erscheint. Nicht nur der Augenschein lehrt das, sondern, was doch allein beweiskräftig ist, ausgedehnte Versuche in Universitäts-Anstalten haben neben anderen ähnlichen festgestellt, daß durch das Inhabadgerät nicht nur die natürliche Atmung nachgeahmt wird, bei der durch Erweiterung des Brustkorbes, und damit Entfaltung der Lungen, Luft angesaugt, also eingeatmet wird, und durch sein Zusammendrücken Luft ausgepreßt, also ausgeatmet wird, sondern daß auch zugleich die vorher in erster Linie als notwendig bezeichnete Bewegung der Blutsäule bewirkt wird, ohne

zeugen hat. Das Anzünden von Zündmitteln oder das Ein- und Ausschalten des Stromes bei elektrischen Lampen (Funkenbildung) ist in diesen Räumen streng untersagt. Bei Gasanhäufungen ist besondere Vorsicht nötig; die erforderlichen

---

welche dem bloßen Lufthineinbringen in die Lungen jeder wiederbelebende Erfolg versagt bleiben muß.

Nun gibt es noch eine Anzahl Geräte zur Wiederbelebung, vor allem die Überdruckgeräte, als deren Vertreter der sog. Dräger-

Fig. 209. Ausatmung.

sche Pulmotor am bekanntesten ist. Diese Überdruckgeräte stellen den von Dr. Cramer geschilderten Atmungsvorgang, also Erweiterung des Brustkorbes — Ansaugung der Luft — Einatmung, Verengerung des Brustkorbes — Auspressen der Luft — Ausatmung, wie es richtig durch Sylvesters und Howards Verfahren und ausgezeichnet durch ihre maschinelle Nachahmung, das Inhabad-Gerät, bewirkt wird, auf den Kopf, indem sie unter Überdruck Sauerstoff (der nebenbei nur bei Gas- und Rauchscheintoten notwendig ist) in die Lungen hineinpressen (was überdies oft nur unter Schwierigkeiten, manchmal sogar gar nicht, also im ganzen genommen unzuverlässig gelingt), das soll dann die Einatmung sein und unter Unterdruck das Gas wieder absaugen, was die Ausatmung sein soll. Daß hierbei von der notwendigen gleichzeitigen Fortbewe-

Untersuchungen sind womöglich in Gegenwart von wenigstens zwei Personen auszuführen. Die Erzeugung von Flammen ist

---

gung der Blutsäule nicht wirksam die Rede ist, haben die Versuche von Bruns gezeigt. Ja, es wird übereinstimmend von deutschen, wie englischen und amerikanischen Ärzten der Wissenschaft und der Praxis eine Schädigung des Lungengewebes bei diesem Verfahren

Fig. 210.

für durchaus leicht möglich gehalten und das Gerät daher als geradezu gefährlich neben seiner sonstigen Unzuverlässigkeit bezeichnet.

Wenn man daher Überdruckgeräte (Pulmotoren) in eine Rettungsausrüstung einstellt, übernimmt man eine schwere Verantwortung, indem man ein Gerät verwendet, welches nicht sicher geeignet ist, den gewünschten Zweck zu erfüllen und überdies noch Gefahren für den zu Rettenden mit sich bringen kann.

Das von Dr. Fries konstruierte Inhabad-Gerät ist dagegen in vollem Maße wirksam, dabei, wie auch bei den wissenschaftlichen

verboten. Diese Vorsichtsmaßregeln sind auch dann zu beobachten, wenn kurz vorher Gasgeruch beobachtet war.

Versuchen ausdrücklich festgestellt ist, durchaus unschädlich in der Anwendung. Seine Handhabung ist aus den Abbildungen leicht ersichtlich. Es hat den Vorzug bequemer Bedienung, ist neuerdings sogar in zusammenlegbarer und daher sehr leicht, z. B. von einem Radfahrer auf dem Rücken tragbarer Form hergestellt und für Fälle von Gasscheintod mit einer Vorrichtung versehen, die den sofortigen Anschluß einer Sauerstoffzuführung ermöglicht. Dabei ist es schließlich noch wesentlich billiger als alle Überdruck-(Pulmotor-) Geräte.

Ein von der Firma Oxygenia, G. m. b. H., Berlin, gefertigter Apparat ermöglicht neben der Zufuhr von Sauerstoff auch die Anstellung der künstlichen Atmung. Die Konstruktion des Apparates (von Dr. Brat) beruht darauf, daß die künstliche Atmung abwechselnd durch Zuführen von Sauerstoff unter Druck und durch Absaugen der verbrauchten Luft mittels eines ein Vakuum erzeugenden Ejektors bewirkt wird.

Bei Verbrennungen legt man einfache Leinölkompressen auf die Brandwunden, darüber größere reine Tücher (3 bis 4fach), befeuchtet mit einer Mischung von Wasser und Bleiessig; über beide Lagen ein Stück Guttaperchapapier lose befestigt. Die Leinölkompresse wechselt man täglich zweimal, die Bleiwasserkompresse stündlich.

Das von der Firma Karl Hoffbaur in Dortmund gelieferte Brandol hat sich sehr gut bewährt und kann als Linderungs- und Heilmittel für Brandwunden empfohlen werden.

Fig. 210 zeigt einen Königschen Rauchhelm (C. B. König-Altona a. Elbe).

Wie der Helm zu gebrauchen ist, geht ohne weiteres aus der Abbildung hervor. Die in den Fig. 210 und 211 dargestellte Lampe ist eine Davysche Sicherheitslampe.

Alle Gaswerke haben einen Rauchhelm mit Luftzuführung durch Gebläse, alle Gaswerke mit über 1 000 000 cbm Jahreserzeugung ferner einen Sauerstoffapparat zur Wiedererweckung betäubter Personen im Werk an leicht zugänglicher Stelle vorrätig zu halten, wenn nicht die Gewähr gegeben ist, daß solche Apparate in unmittelbarer Nachbarschaft des Gaswerks, z. B. in Feuerwachen, Krankenhäusern, Fabriken, ohne Zeitverlust zu erhalten sind.

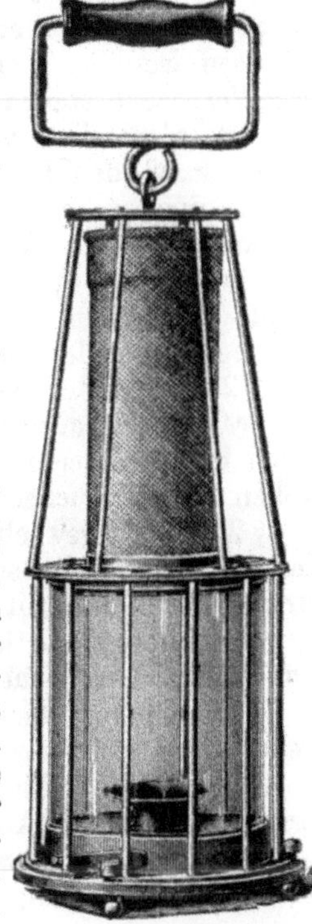

Fig. 211.

§ 270. Undichte Stellen an Gasleitungen sind durch Abriechen oder Bestreichen mit Seifenwasser aufzusuchen. Auch wenn Gasgeruch nicht wahrnehmbar ist, der Gasmesser aber Gasverlust anzeigt, sind die gleichen Vorsichtsmaßregeln wie bei Gasgeruch anzuwenden. Kann der Arbeiter nicht selbst Abhilfe schaffen, dann hat er durch Abschließen des Haupthahnes Gefahren vorzubeugen und den nächsten Vorgesetzten zur weiteren Erledigung zu veranlassen.

§ 271. Nachdem die Ursachen der Gasentweichung gefunden und beseitigt sind, sind die Rohrleitungen erneut auf ihre Dichtheit zu untersuchen. Handelte es sich um Gasentweichungen aus Leitungen vor dem Gasmesser, so sind sie, nachdem die Hauptabsperrvorrichtung geöffnet worden ist, abzuseifen. Bei Leitungen hinter dem Gasmesser ist die Untersuchung auf Dichtheit durch Beobachtung der Literscheibe des Gasmessers vorzunehmen.

§ 272. Beim Auswechseln von Gasmessern oder bei Beseitigung von Störungen darf die Absperrvorrichtung erst geschlossen werden, nachdem die Verbraucher zur Schließung ihrer Verbrauchsstellen veranlaßt worden sind. Besondere Vorsicht ist erforderlich, wenn mehrere getrennte Gasverbrauchsstellen durch den betreffenden Gasmesser mit Gas versorgt werden. In allen Fällen sind die Gasabnehmer vor dem Schließen und kurz vor dem Wiederöffnen der Abschlußvorrichtung zu benachrichtigen, damit Gasentweichung durch offenstehende Hähne vermieden wird. Es ist darauf hinzuwirken, daß erloschene Zündflammen wieder angezündet werden.

§ 273. Bei der Ausführung von Einrichtungsarbeiten in Innenräumen ist ausgeströmtes Gas durch Zugluft (Öffnen von Türen und Fenstern) oder, wo dies nicht möglich ist, durch Wehen mittels Tüchern ins Freie zu entfernen.

§ 274. Ausgewechselte Gasmesser sind sofort mittels Kappen zu verschließen, nasse Gasmesser sind tunlichst bald durch Überfüllung mit Wasser zu entgasen. **In keinem Falle darf das Innere eines Gasmessers mit Hilfe eines offenbrennenden Lichtes untersucht werden.**

§ 275. Beim Nachsehen von Gasmessern ist mit offen brennendem Licht vorsichtig umzugehen, wobei besonders auf das etwaige Durchschlagen nicht genügend aufgefüllter Wasserverschlüsse an der Ablaßschraubenöffnung bei nassen Gasmessern hingewiesen wird. Gasmesser, deren Wasserverschlüsse bei normaler Füllung durchschlagen, sind durch betriebssichere auszuwechseln. Die Füll- und Ablaßschrauben sind gasdicht einzuschrauben, Gasmesser in unbenutzten Räumen sind dicht abzuschließen.

§ 276. Unter Gasdruck stehende Rohrleitungen sind, soweit die Ausführung der Arbeiten es gestattet, durch geeignete Verschlußstücke (Rohrkappen, Gewindepflöcke, Stöpsel) gasdicht zu verschließen, ebenso die Ein- und Auslaßöffnung des Gasmessers.

§ 277. Bei Ausführung von Arbeiten an Straßenanschlußleitungen haben die auf der Straße und in den Innenräumen beschäftigten Arbeiter sich beim Abstellen und kurz vor dem Wiedereinlassen des Gases rechtzeitig zu verständigen und darauf zu achten, daß Gasentweichung durch unverschlossene Leitungen, Lampen oder Apparate vermieden wird.

Nach § 30 uff. der Unfallverhütungsvorschriften (vom 1. Juli 1923) darf in Räumen, in denen leicht entzündliche oder explosible Gase, Dämpfe oder staubförmige Körper sich in gefahrdrohender Menge entwickeln, ansammeln oder ausbreiten können, kein offenes Licht oder Feuer verwendet werden. Solche Räume sind durch Anschlag von außen kenntlich zu machen.

Müssen solche Räume in dringenden Fällen mit Licht betreten werden, so darf dies nur mit elektrischen Sicherheitslampen oder mit Sicherheitslampen geschehen, die den nachstehenden Bedingungen entsprechen, in ordnungsmäßigem Zustande zu halten und auf ihre Sicherheit von Zeit zu Zeit zu prüfen sind[1]). Das Ergebnis der Prüfung ist in ein Kontrollbuch einzutragen.

Es wird empfohlen, für planmäßige Beseitigung aller leicht entzündlichen und explosiblen Gase, Dämpfe und staubförmigen Körper zu sorgen.

---

[1]) Für den Handgebrauch gibt es Laternen verschiedener Größen, welche sämtlich nach dem Prinzip von Davy für Grubenlampen ausgeführt werden. Die Laternen werden mit Rüböl oder auch mit Petroleum aufgefüllt. Sämtliche Konstruktionen sind derart, daß mit solchen Lampen ohne Gefahr Räume, welche mit explosionsfähigen Gasgemischen gefüllt sind, betreten werden können. In Gasanstalten empfehlen sich Sicherheitslampen mit Kerzenbeleuchtung, da solche jeden Augenblick betriebsfertig sind. Für längere Arbeitsdauer empfehlen sich Rüböllampen, da die Kerze öfters ersetzt werden muß, und wenn die Laterne nicht besonderen Schwankungen ausgesetzt wird, solche mit Petroleumfüllung.

Für Davysche Sicherheitslampen ist der Prüfungsapparat von Friemann & Wolf, Zwickau i. S., zu empfehlen.

Jede Sicherheitslampe muß mit Einrichtungen versehen sein, die eine vollkommen dichte Verbindung der einzelnen Teile untereinander dauernd gewährleisten.

Der Glaszylinder muß aus gut ausgeglühtem Glase bestehen, die Schnittflächen müssen rechtwinklig zur Achse genau abgeschliffen sein.

Das Netz des Drahtkorbes muß mindestens 144 gleich große Öffnungen auf einen Quadratzentimeter besitzen. Die Drahtstärke des Netzes darf nicht weniger als 0,3 und nicht mehr als 0,4 mm betragen.

Haben die Lampen eine besondere Luftzuführung, so ist diese durch das gleiche Drahtnetz zu schützen.

Elektrische Sicherheitslampen sind vor dem Betreten des betreffenden Raumes einzuschalten[1]).

Elektrische Einrichtungen, Leitungen, Glühlampen usw. dürfen in Innenräumen nur dann verwendet werden, wenn sie in ihrer Anlage und Unterhaltung den vom Verbande deutscher Elektrotechniker aufgestellten Vorschriften entsprechen. Vergleiche insbesondere Abschnitt XI § 14.

Für Handlampen ist insbesondere zu beachten:

Körper und Griff der Handlampen müssen aus Isolierstoff bestehen. Die spannungführenden Teile müssen der zufälligen Berührung durch ausreichend widerstandsfähige Schutzmittel entzogen sein.

Die Anschlußstellen der Leitungen müssen von Zug entlastet sein.

Gewöhnliche Schaltfassungen in Handlampen sind verboten.

Schalter in Handlampen sind nur bis 250 V zulässig. Sie müssen den Vorschriften für Dosenschalter entsprechen und so im Körper oder Griff eingebaut sein, daß sie mechanischen Beschädigungen bei Gebrauch der Handlampe nicht unmittelbar ausgesetzt sind.

Metallteile der Betätigungsvorrichtung des Schalters müssen auch beim Bruch des Schaltergriffes der zufälligen Berührung entzogen bleiben.

Die Einführungsstellen für die Leitungen müssen derart ausgebildet sein, daß eine Beschädigung der biegsamen Leitungen auch bei rauher Behandlung nicht zu befürchten ist.

---

[1]) Es empfiehlt sich, elektrische Handlampen infolge der starken Abnutzung mindestens alle 4 Wochen nachzusehen und auf guten Zustand zu prüfen und sie erforderlichenfalls instand setzen zu lassen.

Ist die Lampe mit einem Schutzkorbe, Aufhängehaken, Tragebügel oder dergleichen aus Metall versehen, so müssen diese auf dem isolierenden Körper befestigt sein.

Zu allen Arbeiten, die leicht Augenverletzungen veranlassen können, sind geeignete Schutzmittel — Brillen, Masken, Schirme und andere mehr — zur Verfügung zu stellen. Dasselbe gilt für Arbeiten mit Säuren.

Auf Arbeitsstellen, wo sich gesundheitsschädliche Staub- oder **Gasentwicklung** nicht vermeiden läßt, sind geeignete Respiratoren, Mundschwämme oder andere Schutzmittel zur Verfügung zu stellen.

Die Inbetriebnahme von Rohrleitungen und Apparaten, die mit Luft gefüllt waren, darf nicht früher erfolgen, als bis die Leitungen durch Ausblasen von explosiblen Gasgemischen befreit sind.

Öffentliche Beleuchtung.

Vorschriften für Betriebsunternehmer.

§ 31. Besondere Aufmerksamkeit ist der sicheren Aufstellung und Befestigung von Laternenträgern aller Art (Kandelabern, Wandarmen und dergleichen) zuzuwenden. Mauerwerk, Holzteile, und bauliche Einrichtungen, an denen Laternenträger angebracht werden sollen, sind vorher auf ihre Festigkeit zu untersuchen.

§ 32. Die Laternenträger sind gegebenenfalls mit Vorrichtungen zum Anlegen oder Einhängen von Leitern und Sicherheitsgürteln zu versehen.

§ 33. Die Leitern der Laternenwärter sollen gegen Rutschen — nötigenfalls oben und unten — gesichert und so beschaffen sein, daß sie den Wärtern bei ihren Arbeiten einen festen Stand bieten.

Bei Verwendung einfacher Leitern sind die Laternenträger mit Vorrichtungen zum sicheren Anlegen oder Einhängen der Leitern zu versehen.

Vorschriften für Versicherte.

§ 34. Wo Laternenwärter für ihre Arbeit sich der Leitern bedienen, sollen sie diese stets vorsichtig anstellen oder einhängen, auch vor und nach dem Besteigen der Leitern sich überzeugen, ob ihnen etwa Gefahr droht, zu fallen oder zu Fall gebracht zu werden; letzteres gilt besonders bei dem Dienst in Straßen mit starkem Verkehr. Bei der Ausführung von Arbeiten an über 5 m hohen Laternen (Preßgaslampen) sind Sicherheitsgürtel anzulegen.

§ 35. Kandelaber, Wandarme und andere Laternenträger, welche ungenügend befestigt scheinen, darf der Wärter zum Anlegen seiner Leiter niemals benutzen. Von solchen ungenügenden Befestigungen hat er seinen Vorgesetzten baldigst Meldung zu machen.

Dritter Hauptabschnitt.

Ausführungs-, Straf- und Schlußbestimmungen.

A. Ausführungsbestimmungen.

§ 1. Diese Unfallverhütungsvorschriften gelten für alle Haupt-, Neben- und Hilfsbetriebe der Berufsgenossenschaft der Gas- und Wasserwerke.

Neben ihnen gelten unverändert Verordnungen der Landespolizeibehörden und sonstige allgemeine obrigkeitliche Vorschriften.

§ 2. Für Betriebe, die ihrer Art nach einer anderen Berufsgenossenschaft zuzuteilen wären (§ 849 RVO.), gelten deren Unfallverhütungsvorschriften, soweit für sie die Berufsgenossenschaft der Gas- und Wasserwerke keine erlassen hat. Ob und inwieweit dies im einzelnen Falle zutrifft, entscheidet der Genossenschaftsvorstand.

§ 3. Für Maschinen, Apparate und sonstige Betriebseinrichtungen, die auf Ausstellungen im Betriebe vorgeführt werden, gelten, wenn daran versicherungspflichtige Personen beschäftigt werden, die Unfallverhütungsvorschriften der Berufsgenossenschaften, die für den Betrieb dieser Ausstellungsgegenstände zuständig sind.

§ 4. Maschinen- und Betriebseinrichtungen müssen, auch wenn sie für längere Zeit außer Betrieb gesetzt sind, mit den in den vorstehenden Vorschriften geforderten Sicherheitsvorkehrungen versehen sein. Diese Verpflichtung fällt nur weg, wenn die Maschinen und Betriebseinrichtungen tatsächlich betriebsunfähig sind.

§ 5. Der Betriebsunternehmer ist verpflichtet:

1. Die gesamten Unfallverhütungsvorschriften den Betriebsbeamten mit leitender Stellung, den Betriebsräten und den Meistern gegen Empfangsbescheinigung auszuhändigen;
2. die gesamten Unfallverhütungsvorschriften in allen Betrieben auszuhängen, wobei die für die einzelnen

Betriebszweige gültigen Vorschriften (Zweiter Hauptabschnitt) in den Betrieben, für die sie bestimmt sind, besonders hervorzuheben sind;

3. jedem Versicherten die Unfallverhütungsvorschriften für Arbeitnehmer in geeigneter Weise bekannt zu geben;
4. in jedem Werkstatts-(Meister-)Zimmer je nach Anzahl der Belegschaft einen oder mehrere Abdrücke der gesamten Unfallverhütungsvorschriften auszulegen oder auszuhängen.

§ 6. Wenn in einem Betriebe (selbständigen Betriebsteile) Arbeiter beschäftigt werden, die des Deutschen nicht mächtig sind, so sind ihnen, sofern mindestens 25 gemeinsam eine andere Muttersprache sprechen, die ihre Tätigkeit betreffenden Unfallverhütungsvorschriften in dieser Sprache entweder schriftlich oder durch mündliche Unterweisung bekanntzugeben. Die mündliche Belehrung ist zu wiederholen, so oft es der Arbeiterwechsel erfordert. Es ist jedesmal schriftlich festzustellen, wann und durch wen die Belehrung erfolgt ist.

§ 7. Für Änderung und Neuanschaffung von Betriebseinrichtungen, die sich gegenüber den bisherigen Bestimmungen auf Grund dieser Vorschriften notwendig machen, wird den Betriebsunternehmern eine Frist von 6 Monaten, vom Tage des Inkrafttretens der Vorschriften ab gerechnet, gewährt (§ 850 RVO.).

§ 8. Auf Antrag des Betriebsunternehmers kann der Genossenschaftsvorstand Abweichungen von den Vorschriften genehmigen oder ihre Ausführungsfrist verlängern, wenn diese in einzelnen Fällen ohne unverhältnismäßig große Schwierigkeiten nicht oder nicht fristgemäß ausgeführt werden können. Über solche Ausnahmegenehmigungen ist beim Vorstand ein Verzeichnis zu führen.

§ 9. Wenn der Unternehmer auf Grund des § 913 RVO. die ihm durch die Unfallverhütungsvorschriften auferlegten Pflichten geeigneten Betriebsleitern, Aufsichtspersonen oder anderen Angestellten seines Betriebes überträgt, so ist dies durch eine von beiden Teilen zu unterzeichnende Erklärung, die dem zuständigen Vertrauensmann auf Verlangen vorzulegen ist schriftlich festzustellen.

B. Strafbestimmungen.

§ 10. Genossenschaftsmitglieder und nach § 913 RVO. mit ihrer Stellvertretung betraute Personen können, wenn sie den Unfallverhütungsvorschriften zuwiderhandeln, durch den Genossenschaftsvorstand mit Geldstrafen bis zu dem jeweils gesetzlich zulässigen Höchstbetrage belegt werden (§§ 851, 870 und 913 Abs. 2 RVO.).

Neben den Stellvertretern ist der Unternehmer strafbar, wenn die Zuwiderhandlung mit seinem Wissen geschehen ist oder er bei der Auswahl oder Beaufsichtigung der Stellvertreter nicht die im Verkehr erforderliche Sorgfalt beobachtet hat (§ 913 Abs. 2 RVO.).

Ist die Geldstrafe von dem Stellvertreter nicht beizutreiben, so haftet der Unternehmer[1]) für sie (§ 913 Abs. 3 RVO.).

§ 11. Versicherte Personen, die den Unfallverhütungsvorschriften für Versicherte zuwiderhandeln, können durch das Versicherungsamt mit einer Geldstrafe bis zu dem jeweils gesetzlich zulässigen Höchstbetrage belegt werden (§§ 851, 870 RVO.).

§ 12. Strafgelder der Versicherten fließen, wenn der Bestrafte zur Zeit der Zuwiderhandlung einer Krankenkasse angehört, in diese, sonst aber in die allgemeine Ortskrankenkasse seines Beschäftigungsortes und, wo eine solche nicht besteht, in die Landkrankenkasse (§ 419 RVO.).

C. Schlußbestimmungen.

§ 13. Diese Unfallverhütungsvorschriften treten am 1. Juli 1923 in Kraft. Mit diesem Zeitpunkte verlieren die in der Genossenschaftsversammlung vom 28. September 1907 beschlossenen, vom Reichsversicherungsamt unter dem 21. März 1908 genehmigten, am 1. Juli 1908 in Kraft getretenen Unfallverhütungsvorschriften für Kohlengaswerke, Wasserversorgung und Pumpstationen für Kanalisationszwecke, Wassergasfabriken sowie für Wasser- und Generatorgasanlagen, Luftgasfabriken, elektrische Betriebe als Nebenbetriebe von Gas- und Wasserwerken,

ihre Wirksamkeit.

Der Vorstand
der
Berufsgenossenschaft der Gas- und Wasserwerke.
gez. Dr. Leybold.

---

[1]) Seine Haftung ist in der Straffestsetzung auszusprechen.

Die in die Gasleitung einzuschaltenden Apparate.

a) Absperrhähne.

Unmittelbar nach dem Eintritt der Gaszuleitung in das Haus ist in die Leitung ein Hauptabsperrhahn einzusetzen, auch sind die Eingänge zu den Gasmessern mit Absperrhähnen zu versehen. Ferner muß in jeder Steigleitung, falls der Gasmesser im Keller aufgestellt worden ist, in dem betreffenden Stockwerk ein Absperrhahn angebracht werden. Man verwendet als Absperrvorrichtungen für Gasleitungen Konushähne aus Messing. Nur bei großen Rohrdurchmessern,

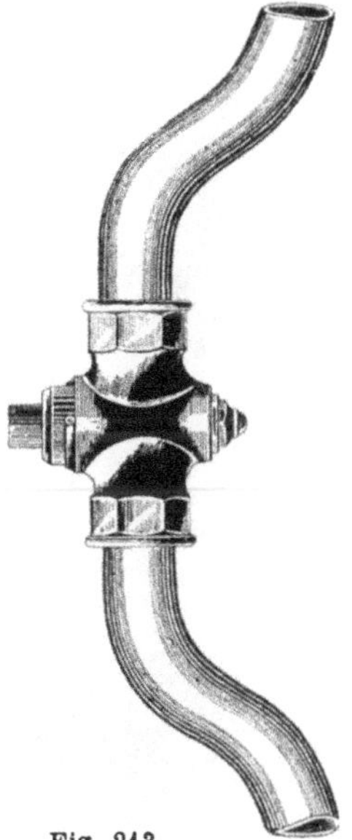

Fig. 212.

Fig. 213.

etwa bei solchen von mehr als 3″ lichter Weite, kommen Absperrschieber zur Anwendung.

In den Fig. 212 bis 216 sind mehrere Arten von Haupthähnen abgebildet. Alle Konushähne bestehen aus einem Gehäuse mit den beiden Ansätzen für Ein- und Ausgangsröhren und dem Konus (Küken oder Lilie), welcher mit einer Durchgangsöffnung von gleichem Querschnitt wie die Röhren versehen ist.

Fig. 214 stellt einen Konushahn mit runder, Fig. 212 einen solchen mit ovaler Durchgangsöffnung dar. Bei diesen Hähnen wird der Konus durch eine am unteren Ende desselben befindliche Mutter mit darunter liegender geschliffener Scheibe angezogen und so ein dichter Verschluß bewirkt. Bei dem

Hahn Fig. 214 wird der Konus von oben mittels einer an demselben befindlichen Scheibe und zweier durch die letztere hindurchgehenden Schrauben angezogen und auf diese Weise ein dichter Abschluß gesichert.

Der oberste Teil des Konus wird mit einem vierkantigen Kopf versehen zum Aufsetzen eines Schlüssels. Auf der oberen Fläche des Vierkants befindet sich ein Einschnitt, welcher erkennen läßt, ob der Hahn geöffnet oder geschlossen ist. Bei geschlossenem Zustande steht der Einschnitt quer zum Durchgang des Hahnes und umgekehrt paralell zu diesem, wenn er geöffnet ist.

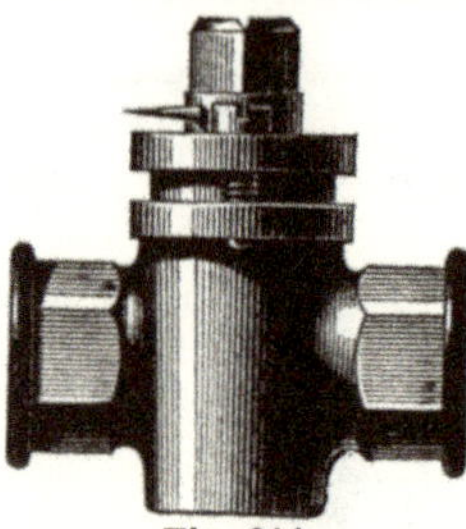

Fig. 214.

Jeder Konus ist oben mit einem Metallstift, dem sog. Anschlagstift, versehen, welcher sich beim Öffnen oder Schließen in einem Ausschnitt des Gehäuses bewegt und verhindert, daß der Konus mehr als eine Viertelwendung machen kann.

Der Hahn Fig. 215 ist außerdem mit einer auf dem oberen Ring befindlichen Skala versehen, welche dazu dient, die Größe

Fig. 215.

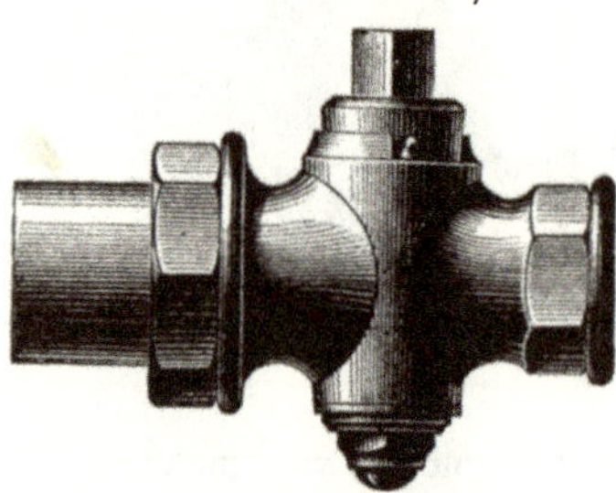

Fig. 216.

der jeweiligen Öffnung auch von außen genau erkennen zu lassen.

Die Hähne mit oberen Anzugsschrauben eignen sich besonders für solche Leitungen, welche sich in einer Ecke befinden und deren Lage das Anziehen einer am unteren Konusende befestigten Mutter nicht zulassen. Viele Installateure verwenden jedoch auch in solchen Fällen den Hahn Fig. 212 und kröpfen das Rohr an der betreffenden Stelle, so daß man die Mutter mit einer Zange fassen kann (Fig. 213).

Häufig empfiehlt es sich, einen Haupthahn mit einer lösbaren Verbindung einzubauen, namentlich dann, wenn in der Nähe eine andere derartige Verbindung, etwa ein Langgewinde, eine Flansche oder Verschraubung, nicht vorhanden ist. Einen solchen Hahn nennt man Kappenhahn oder Hahn mit einseitiger Verschraubung (Fig. 216).

Die Verschraubungen (Kappen) werden mit einer Lederscheibe gedichtet.

b) Die Gasmesser.

Die Gasmesser haben die Aufgabe, den Gasverbrauch einer Privatgaseinrichtung festzustellen und gehören deshalb zu den wichtigsten Apparaten der Gasabgabe. Nach dem Stande der Gasmesser werden die von den Konsumenten zu zahlenden Beträge für verbrauchtes Gas in Rechnung gestellt; es gehört aus leicht begreiflichen Gründen mit zu den Hauptaufgaben einer Gasanstaltsverwaltung, die Gasmesser stets in gutem Zustande zu erhalten. (Siehe Seite 216, Gasmesserprüfung.)

Fig. 217.
Verstellbare Gasmesserstütze von W. Schneiders, Hagen i. W.

Die Gasmesser sollen so aufgestellt werden, daß sie jederzeit bequem zugänglich sind und leicht abgelesen werden können. Sie werden in der Regel auf Holzbretter, welche mit Bankeisen oder eisernen Konsolen zu befestigen sind. gesetzt; keinesfalls dürfen sie freischwebend.

Fig. 218.
Verstellbare Stütze von Müller u. Korte, Berlin-Pankow.

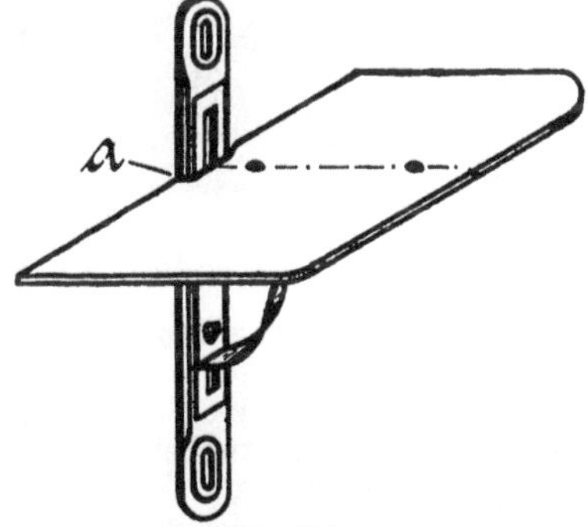

Fig 219.
Verstellbare Stütze von Osk. Schneider u. Co. G. m. b. H., Leichlingen b. Solingen.[1])

[1]) Diese Stütze wird auch von der Firma Paul Schmidt & Co., G. m. b. H., Köln-Klettenberg, geliefert.

nur durch die Rohrleitung gehalten, angebracht werden. Die Messer müssen wagerecht stehen. Verstellbare Gasmesserstützen, wie solche in den Fig. 217, 218 u. 219 abgebildet sind, sind zu empfehlen.

Man unterscheidet nasse und trockene Gasmesser[1]).

1. Die nassen Gasmesser.

In Fig. 220 ist ein nasser Gasmesser der Gasmesserfabrik Mainz, Elster & Co., in der Vorderansicht dargestellt, während

Fig. 220.

[1]) Aus der Eichordnung für das Deutsche Reich (vom 8. November 1911).

§ 124. Zulässig sind nur Gasmesser, welche die hindurchgehende Gasmenge nach metrischem Maße angeben.

§ 129. Die Fehlergrenzen betragen:

1. Zwei Hundertstel der Anzeige bei einer dem angegebenen größten stündlichen Verbrauch entsprechenden Durchlaßgeschwindigkeit (normale Geschwindigkeit).
2. Die trockenen Gasmesser müssen diese Fehlergrenze auch bei der Hälfte dieser Durchflußgeschwindigkeit einhalten.

Je nach der Konstruktion der Meßräume und der Schieberanordnung unterscheidet die Eichbehörde verschiedene Systeme.

Die nassen Gasmesser umfassen zurzeit die Systeme I, Ia, IIa, IIb und VIII,

die trockenen die Systeme III, IIIa, IV, Va, VI und VII.

die innere Einrichtung aus den Fig. 221, 222 u. 223 zu ersehen ist.

Den wichtigsten Innenteil bildet die Trommel *T*, welche durch die horizontale Achse *W* im Vorder- und Hinterboden

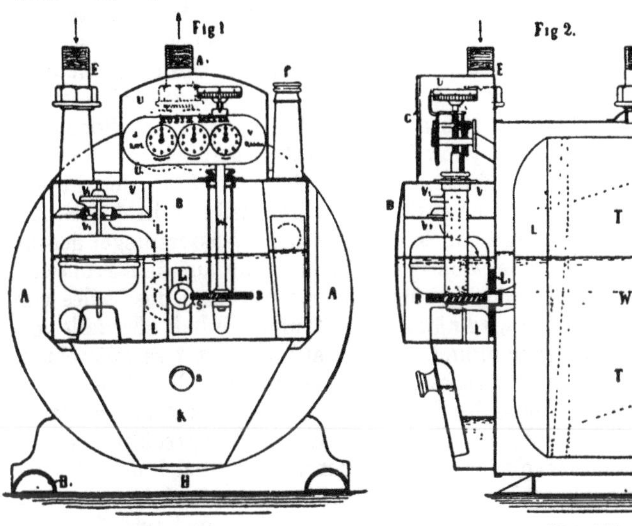

Fig. 221. Fig. 222.

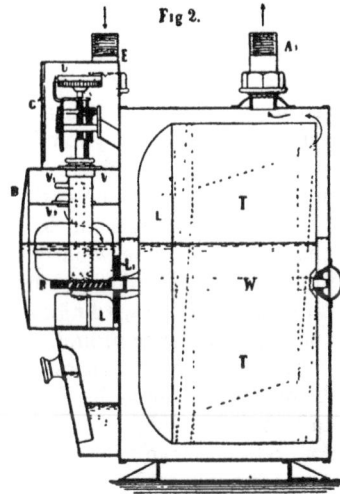

des Gehäuses *A* drehbar gelagert ist (Fig. 222).

Sie besteht aus vier gleich großen Meßkammern, welche von vier schräg zur Achse liegenden Schaufeln gebildet werden. Jede Meßkammer besitzt an der Vorderseite einen Schlitz zum Eintritt, an der Rückseite einen solchen zum Austritt des Gases. Die Schlitze sind so angeordnet, daß entweder der Einströmungs- oder der Ausströmungsschlitz derselben Kammer unter dem Flüssigkeitsspiegel liegt, das Gas also die Kammern nur durchströmen kann, nachdem sich die

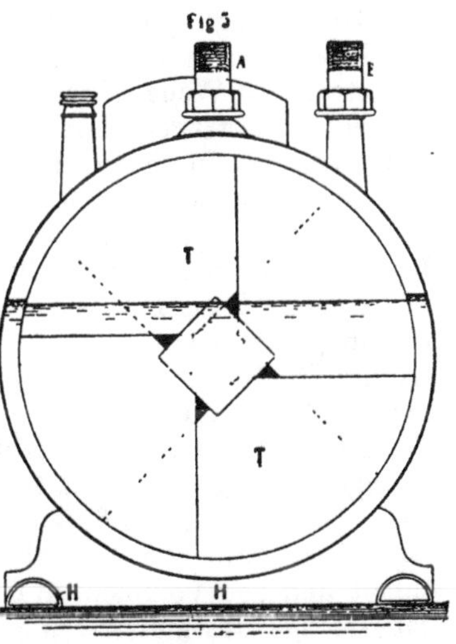

Fig. 223.

Trommel entsprechend gedreht hat. Diese Drehung erfolgt durch die Druckdifferenz des zu- und abströmenden Gases. Die Vorderseite der Trommel ist durch eine gewölbte Kappe begrenzt. Letztere sowie der Vorderboden des Gehäuses haben in der Mitte kreisrunde Ausschnitte, welche im Durchmesser so bemessen sind, daß sie nicht aus der Füllflüssigkeit herausragen; durch diese ist das Knierohr μ L geführt. Um eine leichtere Wasserverdrängung und damit einen geringeren Widerstand (Druckverlust) des Messers zu erreichen, sind die Schaufeln der Trommel nicht ganz bis zur Achse geführt.

Das Gas tritt durch den Einlaßstutzen E in den Messer ein, gelangt zwischen Ventil V_1 und Ventilsitz V_2 in den Brustkasten B, das Knierohr L, das, mit dem Wasserspiegel gerade abgeschnitten, eine wichtige Rolle in bezug auf den Trommelinhalt spielt. Durch Verkürzen oder Verlängern des Teiles von L im Brustkasten wird nämlich der Trommelinhalt ebenfalls verändert. Das Rohr nimmt das Gas auf und leitet es mit seinem etwas über den Flüssigkeitsspiegel herausragenden Schenkel in die gewölbte Kappe der Trommel, von wo es durch einen jeweils außerhalb des Wassers liegenden Einströmungsschlitz in eine der Meßkammern gelangt. Die Trommel dreht sich nun, bis der Ausströmungsschlitz dieser Kammer frei wird und das nunmehr gemessene Gas in den Raum zwischen Trommel und Gehäuse strömt, aus dem es durch das Ausströmungsrohr A austritt.

Die Bewegung der Trommel wird durch die Schnecke S_1, welche auf der, in den Brustkasten verlängerten und von Lager L_1 getragenen Welle W (Trommelachse) sitzt, auf das Schneckenrad R übertragen. Das Schneckenrad auf einer senkrechten Welle W_1, die durch den Brustkasten B in den Uhrkasten U mittels Stopfbüchse eintritt. Die Welle ist zwecks Abdichtung noch mit einem, einen Wasserabschluß bildenden Rohr umgeben. Die Umdrehungen der Welle werden auf das Uhrwerk U_1 übertragen. Dasselbe hat eine horizontal umlaufende Liter-Scheibe, welche auf ihrem Umfang bei 2 Liter kleinster Einteilung 50, 100 Liter usw., je Umdrehung, angibt, dann drei senkrecht gehende Zeiger, welche auf einem Zifferblatt (s. Fig. 221) Kubikmeter, 10 Kubikmeter und 100 Kubikmeter anzeigen. Bei größeren als 10flammigen Messern werden noch 1000, bei größeren als 60flammigen noch 100000 Kubikmeter registriert. Auf dem Zifferblatt ist ferner noch der messende Inhalt und das Volumen, d. h. die stündlich zulässige Durchgangsmenge des Messers, angegeben. Bei einem 3flammigen Messer z. B. $J = 3{,}57$ l. $V = 0{,}45$ cbm.

Vorn besitzt der Uhrkasten eine Glasscheibe *G* und für den äußeren Schutz einen Deckel, der seitlich aufklappbar ist. Im Brustkasten befindet sich noch ein mit dem Ventil verbundener Schwimmer, welcher bei abnehmendem Wasserstand sinkt und dadurch das Ventil V_1 allmählich schließt, wodurch dem Gas der Eintritt gesperrt wird. Durch diese Vorrichtung wird das Gaswerk vor Nachteilen geschützt, da ein niedrigerer als der normale Wasserstand ein größeres Meßvolumen ergibt.

Auf dem Brustkasten ist noch ein Schild befestigt und durch eichamtliche Plombe gesichert, welches den Namen der den Messer herstellenden Firma, das System des Messers, die Größe in Flammen (150 Liter pro Flamme nach den alten Schnittbrennern berechnet), die Fabrikationsnummer und die Jahreszahl der Herstellung trägt. Bei reparierten Gasmessern muß ein zweites Schild angebracht werden, welches die Firma und das Jahr der Reparatur bezeichnet.

Soll der Gasmesser in Betrieb gesetzt werden, so füllt man ihn erst mit Wasser. Zu diesem Zwecke schraubt man die Füllschraube *f* und Ablaßschraube *a* am Wasserkasten *K* ab, gießt Wasser in den Auslaß, bis vorn an der Ablaßschraube Wasser ausläuft. Alsdann werden Einlaß und Auslaß an die Rohrleitung angeschraubt und durch den Gasmesser Gas hindurchgelassen. Wenn sich nun der Gasdruck im Gasmesser allseitig mitgeteilt hat, füllt man durch die Füllschraubenöffnung noch etwas Wasser nach, damit der Wasserstand in der Trommel die Höhe erreicht hat, welche ihm das Knierohr gestattet. Zuletzt werden Füll- und Ablaßschraube wieder eingeschraubt.

Das durch die Füllschraubenöffnung etwa zuviel eingegossene Wasser nimmt seinen Weg durch den Brustkasten und das Knierohr zum Wasserkasten, wo es an der Ablaßschraube gleichfalls ausfließt.

Das Gasmessergehäuse ruht auf einem Fußgestell *H*, das gegen Kippen durch vier Füße H_1 gesichert ist.

Der nasse Gasmesser muß genau horizontal aufgestellt werden, um ein Falschzeigen zu vermeiden. Nach vorn überneigende Messer zeigen unrichtiger als nach hinten oder seitlich neigende; auch ist der Fehler bei den meistgebrauchten kleineren Messern prozentual größer als bei Messern für größeren Stundenverbrauch.

Die Messer werden aus Weißblech, die Trommeln vielfach aus Britanniametall hergestellt. Wellen und Wellenlager sind aus Hartgußmetall, Zählwerke aus Messing gefertigt.

Normal werden die Gasmesser mit einer Wasserabsperrung von 60 bis 70 mm Gasdruck gebaut, doch fertigen die Fabriken auch solche für höheren Druck; auch können ältere Messer für höheren Druck umgebaut werden, wenn dies wegen Höhenlage der Konsumstelle, Einführung von Fernzündung u. dgl. erforderlich wird.

Abmessungen der nassen Gasmesser.

Eine einheitliche Normierung der Abmessungen der Gasmesser ist bisher nicht möglich gewesen, und zwar weniger infolge Widerstandes der Fabrikanten als infolge desjenigen der auftraggebenden Großstädte, welche ihrerseits nicht von den einmal eingeführten Größenverhältnissen abweichen wollen.

Von einigen Fabrikanten werden jedoch vom Auftraggeber angegebene Maße bezüglich der Entfernung der Ein- und Ausgangsstutzen sowie der Höhe derselben, bei Anfertigung neuer Messer berücksichtigt.

Nachstehend folgen einige Tabellen mit äußeren Abmessungen der Gasmesser.

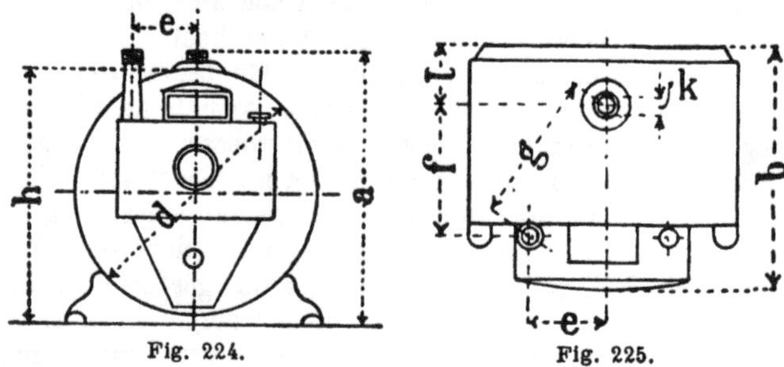

Fig. 224. Fig. 225.

1. S. Elster, Berlin.

Flammenanzahl	Inhalt l	Stündl. Durchgangsmenge cbm	*a*	*b*	*c*	*d*	*e*	*f*	*g*	*h*	*i*	Rohranschluß *k*	*l*
3	3,57	0,45	300	245	160	265	80	120	144	280	10	1/2″	55
5	7,14	0,75	390	270	180	350	100	135	165	363	10	5/8″	62
10	14,28	1,50	463	340	235	400	112	185	216	430	15	3/4″	66
20	28,57	3,00	557	460	330	490	115	250	275	517	25	1″	117
30	41,67	4,50	636	550	400	555	121	296	320	590	30	1 1/4″	138
40	55,56	6,00	690	595	425	616	141	325	354	638	30	1 1/2″	146
60	83,30	9,00	748	690	520	665	145	440	464	696	40	1 1/2″	180
80	111,10	12,00	820	760	565	715	150	477	500	758	45	2″	185
100	142,90	15,00	882	800	610	780	160	500	525	821	45	2″	180
150	200,00	22,50	950	935	748	850	172	600	630	880	45	2 1/2″	215
200	285,00	30,00	1050	1125	760	935	172	658	680	983	45	2 1/2″	185

2. J. Pintsch, A.-G., Berlin.

Flammenzahl	Inhalt der Trommel	Durchgang pro Stunde	Rohranschluß	Durchmesser des Gehäuses	Tiefe des Gehäuses	Ganze Tiefe vom Gasmesser	Höhe des Gasmessers	Entfernung der Ein- und Ausgangsöffnung			Entfernung der Ausgangsöffng. vom Bo
			k	d*		b	a	g	f	e	l
	l	cbm	Zoll	mm	mm	mm	mm	mm	mm	mm	mm
3	3,57	0,45	$^1/_2$	267	153	230	300	145	120	80	44
5	7,14	0,75	$^1/_2$	346	175	255	393	165	132	99	53
10	14,28	1,5	$^3/_4$	409	234	332	465	215	184	111	63
15	20,00	2,2	$^3/_4$	435	270	369	485	255	232	106	55
20	28,57	3	1	485	301	403	556	273	248	113	73
30	41,67	4,5	$1^1/_4$	552	351	458	625	319	293	127	76
40	55,56	6	$1^1/_2$	620	400	510	700	345	257	115	95
50	65,00	7,1	$1^1/_2$	620	454	565	700	345	257	115	150
60	83,30	9	$1^1/_2$	667	506	640	730	432	406	147	125
80	111,10	12	2	718	562	695	825	488	469	135	127
100	142,90	15	2	786	615	755	884	554	531	157	120
150	210,50	22,5	$2^1/_2$	865	722	865	975	648	629	157	130
200	286,00	30	3	865	896	1060	975	806	787	174	158

* S. Fig. 224 u. 225.

Die Gasmesserverschraubungen werden mit Außengewinde geliefert. — Der 200 fl.-Gasmesser hat Ein- und Ausgangsstutzen mit Flanschen.

3. L. A. Riedinger in Augsburg.

Flammenzahl	Gehäuse		Trommeldurchmesser	Lichter Durchmesser des Ein- und Ausganges	Höhe der Uhr vom Boden bis zur Verschraubung	Anzahl der Zifferblätter	Im Eichgesetze vorgeschriebener	
	Durchmesser	Tiefe					Inhalt	Volumen
	mm	mm	mm	Zoll engl.	mm		l	cbm
3	290	140	260	$^1/_2$	335	3	3,50	0,350
5	360	175	325	$^3/_4$	405	3	7,10	0,710
10	430	220	388	1	480	3	14,20	1,420
20	503	305	450	1	560	3	28,40	2,840
30	575	345	519	$1^1/_4$	630	4	42,00	4,200
50	675	420	609	$1^1/_4$	750	4	71,00	7,100
60	725	455	646	$1^1/_2$	792	4	85,00	8,500
80	785	510	705	$1^1/_2$	875	4	113,00	11,400
100	840	575	759	2	925	4	140,00	14,200
150	945	655	852	2	1035	4	213,00	21,300
200	1025	735	948	2	1120	4	281,00	28,400

4. Schirmer, Richter & Co. in Leipzig[1]).

Flammenzahl	Durchmssser des Gehäuses mm	Tiefe des Trommelraumes mm	Gesamttiefe inkl. Vorderkasten mm	Höhe des Gasmessers bis und mit dem Schraubenstutzen mm	Lichter Durchmesser des Ein- und Ausgangs Zoll engl.	Durchmesser der Trommel mm	Wirklicher Trommelinhalt l
2	250	125	205	290	1/2	220	1,78
3	270	155	235	300	1/2	230	3,57
5	345	170	250	380	3/4	310	7,14
10	410	220	330	455	1	370	14,28
20	485	330	420	540	1 1/4	445	28,57
30	550	365	470	610	1 1/4	505	41,67
50	585	410	515	660	1 1/2	545	55,56
60	650	530	660	730	1 1/2	590	83,33
80	710	570	700	800	2	635	111,11
100	780	610	740	870	2	705	142,86
150	880	745	885	990	2	780	210,50

Die nassen Gasmesser von J. Stoll in Düsseldorf stimmen in ihren Maßen mit denjenigen von S. Elster überein.

Da bei der üblichen Konstruktion der nassen Gasmesser eine genaue Angabe des verbrauchten Gases nur dann stattfinden kann, wenn der Wasserstand die normale Höhe besitzt, so ist es einleuchtend, daß durch Verdunstung des Wassers ein Zuwenigzeigen fast unvermeidlich ist. Es ist deshalb von größtem Interesse für die Gasanstaltsverwaltungen, durch regelmäßiges Nachfüllen der nassen Gasmesser den Wasserstand konstant zu erhalten.

Um diesen Übelstand nach Möglichkeit zu beseitigen, haben mehrere Fabrikanten Gasmesser mit konstantem Wasserstand hergestellt.

In den Fig. 226 u. 227 ist ein von der Firma Elster, Berlin, konstruierter nasser Gasmesser mit konstanter Gasabgabe (mit Wasserstandsregulator) in Quer- und Längsschnitten abgebildet.

---

[1]) Die Firma Schirmer, Richter & Co. Leipzig bringt demnächst einen sogenannten Glocken-Gasmesser in den Handel, bei welchem an Stelle der durch Ledermembrane begrenzten Meßräume, starre aus Metall gefertigte um horizontale Achsen schwingende Glocken getreten sind. Die Meßkammern tauchen in Öl oder chem. reines Glyzerin. Durch die Begrenzung des Hubs wird die Meßgenauigkeit gewährleistet, sodaß ein etwa eintretendes Sinken des Flüßigkeitsspiegels dieselbe nicht verändert. Es ist ein Absperrschwimmer vorgesehen, welcher den Gasdurchgang absperrt, falls ein Sinken der Flüßigkeit über das zuläßige Maß eintritt.

In dem hinteren Teile des Gasmessergehäuses *A* ist ein halbkreisförmiger hohler Schwimmer *B* um eine feste Achse drehbar angebracht, welcher die Eigenschaft besitzt, bei einem Steigen des Wassers sich herauszuheben, bei einem Sinken sich einzusenken und dadurch den Wasserstand konstant zu erhalten, und zwar so lange, bis er von oben oder unten sich an den Anschlag *b* anlegt.

Fig. 226.

Beim Füllen des Gasmessers durch die auf dem vorderen Kasten rechts befindliche Füllschraube stellt sich erst der Normalwasserstand her, dann fängt der Schwimmer *B* an sich zu heben, und während dieser Zeit kann man noch ein namhaftes Quantum Wasser nachfüllen, ohne daß der Wasserstand sich erhöht, erst wenn der Schwimmer ganz oben, wie in der Figur gezeichnet, liegt, steigt der Wasserstand, und durch das Knie *L* füllt sich der vorn unten befindliche Überlaufkasten *K*, und das Wasser fängt an, durch die Ablaßschraube *a* abzulaufen.

Fig. 227.

Wenn nun die Wasserverdunstung beginnt, dreht sich der Schwimmer um seine Achse und taucht immer tiefer in das Wasser, dadurch den Wasserspiegel auf derselben Stelle erhaltend. Wenn er ganz eingesenkt ist, hört erst seine Wirksamkeit auf; bis zu diesem Zeitpunkt ist aber eine Wassermenge gleich dem Volumen des Schwimmers *B* verdunstet, ohne daß der Wasserstand nachteilig geändert wird..

Dann erst beginnt der Wasserstand infolge weiterer Verdunstung sich zu senken, und wenn das zulässige Maß erreicht ist, schließt sich das Ventil. Sollte sich ein zu schnelles Ablaufen bei *a* herausstellen, so ist der Gasmesser hinten zu hoch aufgestellt.

Die Größen der Schwimmer *B* sind so bemessen, daß die Gasmesser mit Regulator erst nach einer dreimal so langen Zeit aufgefüllt zu werden brauchen als solche ohne Regulator.

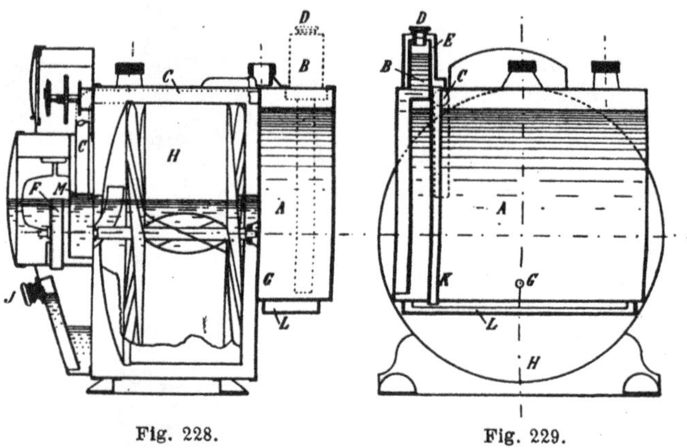

Fig. 228. Fig. 229.

Fig. 228 u. 229 stellen eine Konstruktion der Gasmesserfabrik Mainz, Elster & Co. dar.

Auf dem Hinterboden des Messers ist ein Vorratsbehälter angebracht, der mehrere Liter Wasser als Vorrat enthält, bis zu dessen vollem Verbrauch der Wasserstand des Messers konstant bleibt.

Die Entfernungen der Ein- und Ausgangsstutzen, sowie die Höhe derselben stimmen mit den in der Tabelle für gewöhnliche Messer angegebenen überein, so daß diese Messer jederzeit an Stelle der gewöhnlichen gesetzt werden können.

A ist ein am Hinterboden eines Gasmessers *H* für sich abgeschlossener Wasserbehälter, der kommunizierend durch eine Öffnung *G* mit dem Innern des Gasmessers *H* verbunden ist. *C* ist ein Zirkulationsrohr, welches den oberen Teil des Wasserbehälters A mit dem Vorderkasten verbindet und dessen Mündung M mit der Wasserlinie zusammenfällt. B ist ein bis kurz über dem Boden des Wasserbehälters A mündendes Füllrohr. E, Fig. 229, ist eine das Füllrohr überdeckende Kappe, welche die in das Füllrohr B hineinragende Füllschraube D trägt. Die Kappe kommuniziert durch das Rohr K mit dem Luftkasten L. Diese Einrichtung gestattet somit das Eingießen von Wasser in das Füllrohr B, dagegen macht sie eine von unberufener Seite ausgeführte Druck- oder Saugwirkung an der Füllschraube unschädlich, dadurch, daß sie in einem Falle die eintretende Luft durch das Rohr K in den Luftkasten L abführt und im anderen Falle die Entnahme von Wasser hindert.

Fig. 228 zeigt, wie die Füllung vor sich geht; das Wasser läuft durch das Füllrohr B in den Wasserbehälter A und gibt einen Teil durch die Öffnung G an den Gasmesser ab. Die Füllung wird solange fortgesetzt, bis das Wasser die Mündung des Überlaufrohres F (Fig. 228) erreicht hat, worauf gleichzeitig das überschüssige Wasser durch dasselbe in den Wassersack und durch die Ablaßschraube abfließt. Das Sinken der Wassersäule in dem Wasserbehälter hört auf, sobald die Mündung M vom Wasserspiegel abgeschlossen wird, da sich in dem Zirkulationsrohr C eine Wassersäule bildet, welche der, im Wasserbehälter A befindlichen Wassersäule das Gleichgewicht hält. Wenn wieder die Mündung M frei wird, hört die Gleichgewichtslage auf, die Wassersäule in dem Wasserbehälter A drückt dabei solange Wasser durch die Öffnung G in den Gasmesser hinein, bis in diesem die Wasserlinie wieder die Mündung M erreicht und bis sich in dem Zirkulationsrohr C wieder eine Wassersäule emporgehoben hat, deren Oberkante mit der Wasseroberkante im Wasserbehälter A zusammenfällt.

Eine andere Anordnung, um den Meßraum unabhängig von dem Wasserstande zu machen, gibt die Anwendung der Meßtrommel nach Warner & Cowan.

Einen Teil der Trommel T füllt eine innere Trommel T_1 aus, welche ganz ebenso gebaut ist wie die äußere Trommel, nur sind die Schaufelteile so angeordnet, daß das Gas in entgegengesetzter Richtung strömt.

Aus den Fig. 230 u. 231 ist ersichtlich, daß die kleinere Trommel etwa die halbe Tiefe der großen hat.

Da die Eingänge der kleinen Trommel innerhalb der Kammern der großen Trommel liegen, so wird ein Teil des Gases, und zwar so viel als der Meßraum der kleinen Trommel beträgt, in die große Trommel zurück, und nach nochmaligem Ausmessen wieder aus derselben strömen. Es wird also jedes Herabsinken der Wasserlinie beide Trommeln in gleichem Maße treffen und mithin praktisch jeden Unterschied in der durchströmenden Gasmenge aufheben.

Den gleichen Zweck, die Unveränderlichkeit des Wasserstandes zu sichern, erreicht die Aktien-Gesellschaft Danubia, Straßburg i. E., mit ihrem Gasmesser Duplex, wie ein solcher in den Schnittfiguren 232 u. 233 abgebildet ist.

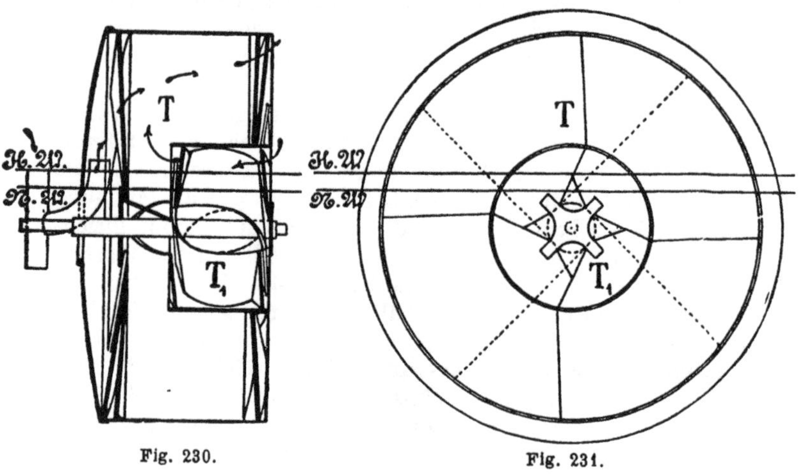

Fig. 230. Fig. 231.

Der Messer besitzt eine Wasserreserve, die das Nachfüllen nur in längeren Zeitabschnitten erforderlich macht. — Ein durch die Trommel in Bewegung gesetzter Löffel schöpft das Wasser aus einem an der Vorderseite des Messers, jedoch im Innern angebrachten Reservoir und hebt es in der Weise, daß die Unveränderlichkeit des Wasserstandes gesichert ist.

Der Überschuß fällt durch den zentralen Siphon in das Reservoir zurück, so daß während der Funktion des Apparates eine ständige Wasserzirkulation zwischen dem Reservoir und dem Fassungsraum, welcher die Trommel enthält, hergestellt ist. Im übrigen ist die Konstruktion des Gasmessers genau entsprechend derjenigen der einfachen Konsumgasmesser.

Die Firma Julius Pintsch A.-G., Berlin, stellt gleichfalls einen Schöpfgasmesser mit Ölfüllung her.

Dieser Messer kann an kalten ungeschützten Orten aufgestellt werden.

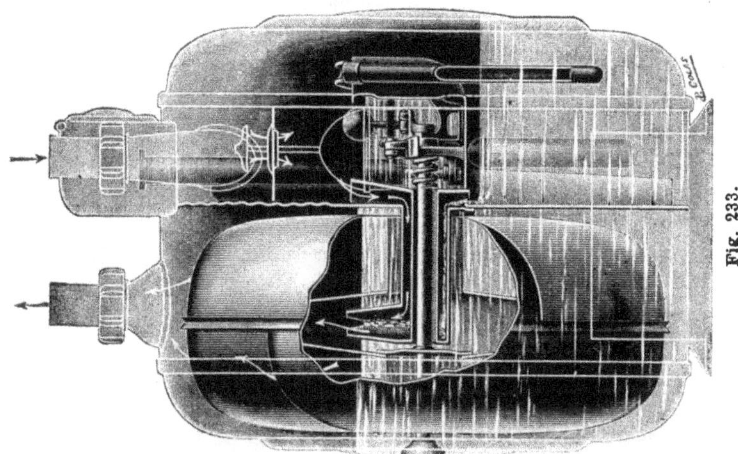

Fig. 233.

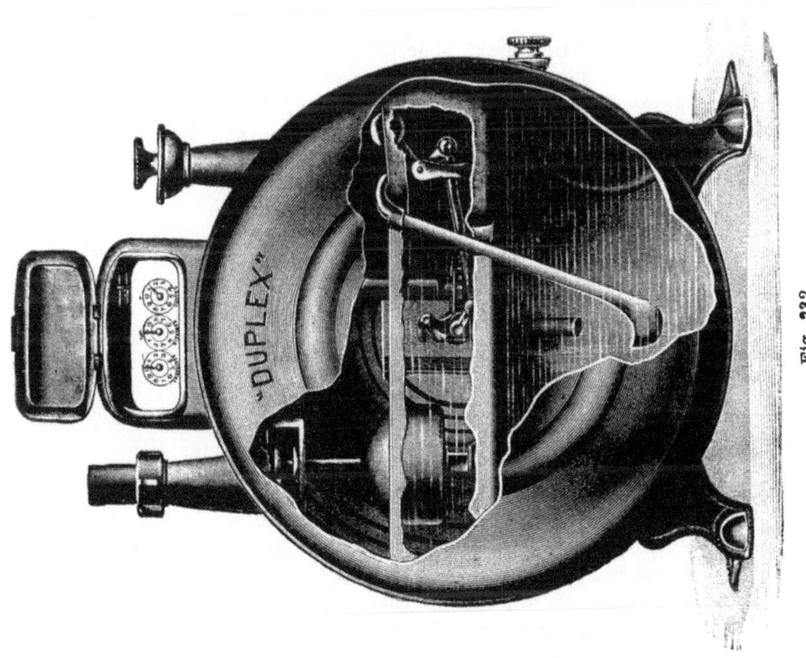

Fig. 232.

Es können zur Füllung alle leichtflüssigen, säurefreien Öle verwendet werden, da keine Rücksichtnahme auf Volumenveränderung des Öles durch Aufnahme von Bestandteilen des Gases oder Abgabe von solchen an dieses erforderlich ist.

Nach den Versuchen von Schirmer, Richter & Co. zeigt ein dreiflammiger Gasmesser bei einer Senkung des Wasserspiegels um 10 mm unter die Normallinie ca. 8% zu wenig, ein 5flammiger 6%, ein 10flammiger 7%, ein 20flammiger 4,5 %. Für größere Messer gibt Elster folgende Zahlen an: Bei einer Senkung des Niveaus von 10 mm unter die Normallinie beträgt das Minus

bei einem	30flammigen	Messer	3,66 %
»	» 50	»	» 3,5 »
»	» 60	»	» 3,0 »
»	» 80	»	» 3,0 »

Nasse Gasmesser in nicht frostsicheren Räumen müssen entweder mit hölzernen Schutzgehäusen versehen und gegen Kälte mit schlechten Wärmeleitern umgeben oder mit Glyzerin gefüllt werden. Zu diesem Zwecke mischt man säurefreies Glyzerin von 24° Bé mit so viel Wasser, daß die Mischung nicht unter 16° Bé und nicht über 18° Bé wiegt; dazu sind nach Schaar auf 70 l Glyzerin 30 l Wasser erforderlich. Je kälter der Gasmesser steht, desto näher muß die Mischung dem Gewichte von 18° Bé sein. Zur Prüfung des Glyzerins dient blaues Lackmuspapier, welches durch eine säurehaltige Mischung gerötet wird.

Der Bedarf an Glyzerin beträgt beim

3flammigen	Gasmesser	ca.	9 l =	10,25 kg
5 »	»	»	13 l =	15,00 »
10 »	»	»	22,5 l =	25,50 »
20 »	»	»	43 l =	49,00 »
30 »	»	»	66,5 l =	79,00 »
50 »	»	»	92,5 l =	105,50 »
60 »	»	»	109 l =	124,00 »
80 »	»	»	156 l =	178,00 »
100 »	»	»	186,5 l =	222,50 »

Als Ersatzmittel zur Füllung von Gasuhren findet das Chlormagnesium sowie das Chlorkalzium Anwendung, doch hat sich dieses nicht in allen Fällen bewährt. Diese Salzlösungen wirken elektrolytisch auf die Metalle und zerstören dieselben. Wohl jedem Fachmann sind die Mühen und Plagen, welche das Einfrieren der nassen Gasmesser im Winter mit sich bringen, bekannt. Außer den empfindlichen Störungen in der Beleuchtung treten auch Zerstörungen durch Oxydation und Beschädigung durch Frost auf.

Der trockene Gasmesser dagegen besitzt solche Nachteile nicht. Dieser kann unbedenklich an kalten Orten aufgestellt werden, er stört auch nicht in solchen Räumen, in welchen das Nachfüllen des nassen Gasmessers und das dabei nicht zu vermeidende Überfließen eines Teiles seines Inhalts durch den Geruch unangenehm würde.

Außerdem sind das richtige Messen und der ungestörte Gang nicht von der wagerechten Aufstellung und einem bestimmten Niveau der Flüssigkeit abhängig; die Kosten des Füllens und Nachfüllens, namentlich des teuern Glyzerins, die des Wiederauftauens eingefrorener Gasmesser usw. fallen bei Verwendung trockener Gasmesser weg.

2. Die trockenen Gasmesser.

Die Messer von Kromschröder, Pintsch und von Schirmer, Richter & Co. haben zwei beutelartige Bälge, deren Hin- und Herbewegung die Messung des Gases vollzieht.

Das Leder der Bälge ist mit Öl getränkt, welches im Gase keine Veränderung erfährt; es erhält die Bälge dauernd geschmeidig. Auch der Einfluß der Luft auf dieses Öl ist kaum merklich; doch es ist gut, Ein- und Ausgang des Gasmessers bei längerem Stehen auf Lager zu verkorken.

Eine andere von der Gasmesserfabrik Mainz, Elster & Co., herrührende Konstruktion, Patent Emil Haas, ist in den Fig. 234, 235 u. 236 dargestellt.

Fig. 234.

Der Gasmesser besteht aus dem gasdichten Gehäuse, den metallenen Meßgefäßen, dem Steuermechanismus und dem Zählwerk. Am Gehäuse befinden sich das Ziffernblatt des

Zählwerkes, links der Eingangsstutzen mit Aufschrift »Eingang«, rechts der Ausgangsstutzen, unten mit einer Ablaßschraube für etwaige Kondensflüssigkeiten, und das Firmenschild wie bei nassen Messern (Fig. 234).

Im Innern des Gehäuses sind die beiden gleichgroßen Meßkasten *A* und *B* (Fig. 236) aus verzinntem Eisen untergebracht. Jeder derselben ist durch eine gasdichte Ledermembrane in 2 Teile zerlegt, so daß vier Meßkammern entstehen.

Fig. 235.

Zur Versteifung der Membrane ist dieselbe beiderseits mit gegenseitig vernieteten Blechen C_1 und C_2 (Fig. 235 u. 236) besetzt, so daß nur das zur Bewegung notwendige Maß unbesetzten Leders der Membrane frei bleibt, wodurch erreicht wird, daß sich die messenden Räume möglichst wenig vergrößern oder verkleinern.

Die Membrane jeder Meßkammer ist bei G und G_1 scharnierartig mit dem, um die vertikale Achse E und E_1 schwingenden Hebel H und H_1 verbunden, so daß die Membrane hin- und herschwingen und sich bald an die eine, bald an die andere Kastenwand dicht anlegen kann.

Dieser Vorgang, der sich während des Gasdurchganges abspielt, wird durch die nach oben verlängerten und aus den Meßkästen herausragenden Achsen E und E_1 auf das Zählwerk übertragen.

Um Reibungen zu verhindern, sind die stehenden Achsen nicht durch eine Stopfbüchse aus der Meßkammer geführt, sondern die Dichtung wird durch eine Säckchenmembrane, welche über Halslager und Welle gebunden ist, hergestellt.

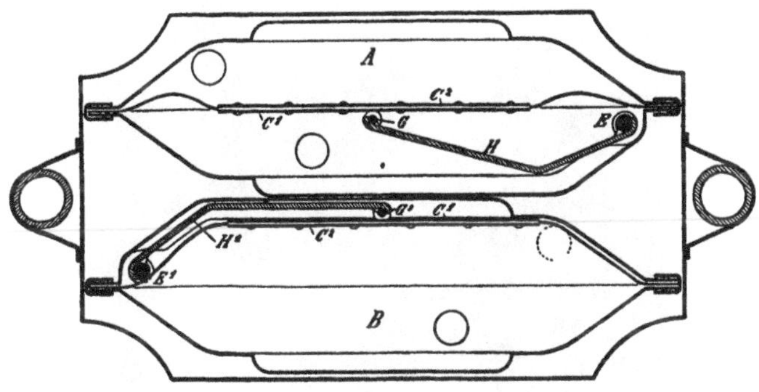

Fig. 236.

Auf jeder der beiden stehenden Achsen (siehe Fig. 237) E und E_1 sitzt am oberen Ende ein horizontal schwingender Hebel F und F_1, welche vermittelst Zug- und Schubstangen 1 und 2 die Bewegung der Membranen auf die Schieber S_1 und S, sowie vermittelst der Pleuelstange P_1 und P auf die Welle W übertragen, deren beide Kurbeln um 90^0 versetzt sind.

Die gekröpfte Welle W ist auf zwei Böcken, sowie in einer Stopfbüchse s gelagert, welch letztere das Zählwerk vom Raume des Steuermechanismuses gasdicht abschließt. Die bis in das Kästchen des Zählwerkes verlängerte Welle trägt vorn ein kleines Zahnrad Z, welches die Umdrehungen auf das Zählwerk überträgt.

Die Anordnung der Kurbeln schließt eine Totlage derselben aus und bewirkt einen vollständig gleichmäßigen, ruhigen Gang des Steuermechanismuses. so daß ein Zucken der Flammen vermieden wird.

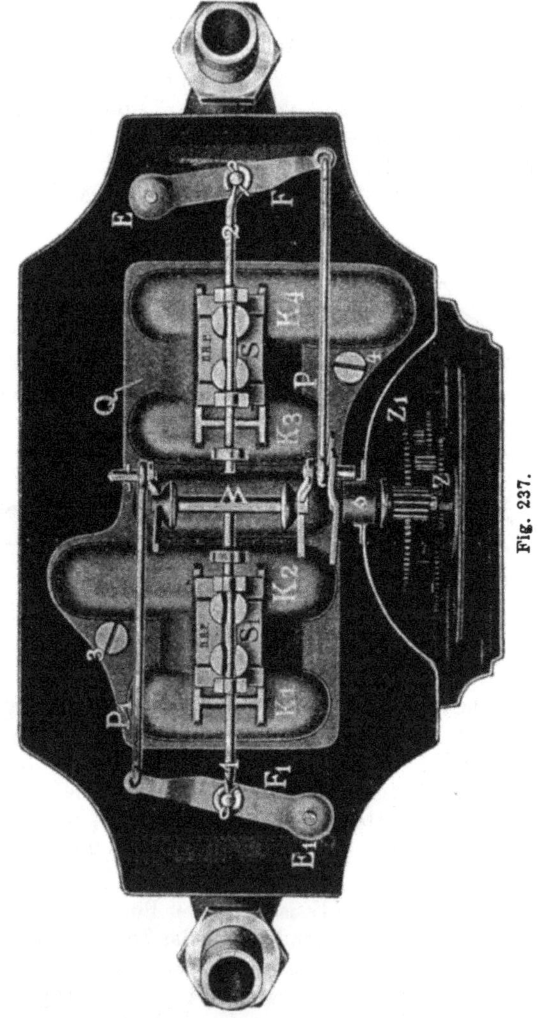

Fig. 237.

Das Kurbelwerk ist auf einer abnehmbaren Platte Q angeordnet, welche auf vier Kanälen K_1, K_2, K_3, K_4, die beiden Schieberspiegel trägt. Muß ein Schieberspiegel nachgeschliffen werden, so läßt sich dazu die Platte herausnehmen durch Lösung der beiden Schrauben 3 und 4.

Die beiden Schieberspiegel sind in einer Linie angeordnet und haben je drei Öffnungen, wovon die beiden äußeren jeweils mit einer der vier Meßkammern, die mittlere, größere Öffnung durch einen darunter liegenden Kanal mit dem Ausgangsstutzen verbunden sind.

Die beiden Schieber S und S_1 sind einfache Muschelschieber, welche durch ihr Eigengewicht auf dem Schieberspiegel genügend abdichten.

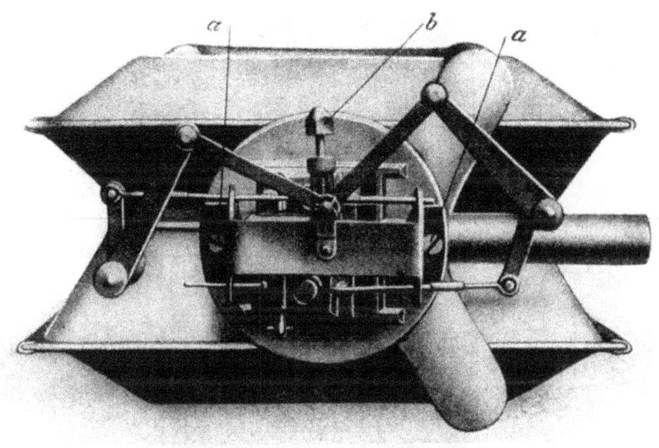

Fig. 238.

Die Justierung des Messers erfolgt durch Einsetzen eines Zahnrades Z_1 mit mehr oder weniger Zähnen auf der Welle des Literzeigers. Es wird direkt von dem auf der Welle W sitzenden kleinen Zahnrad Z angetrieben.

Vor Inbetriebnahme ist der trockene Gasmesser auf einer horizontalen Unterlage lotrecht aufzustellen und an die Rohrleitung anzuschließen.

Nach Öffnung des Haupthahns tritt das Gas durch das Eingangsrohr in den Raum des Steuermechanismuses, von wo es seinen Weg durch eine der gerade unverdeckten Schieberöffnungen und den entsprechenden Kanal K 1 bis 4 in eine der vier Meßkammern sucht.

Infolge des herrschenden Gasdruckes wird nun die bewegliche Scheidewand C_1 C_2 (Fig. 236) so lange bewegt, bis sie sich an eine Seite des Meßkastens dicht anlegt, in diesem Augenblick schließt der Schieber den bisher geöffneten Kanal ab, wogegen der andere entgegengesetzt liegende Kanal geöffnet wird und das einströmende Gas sich nunmehr zwischen die Meßkastenwand und Membrane drängt.

Fig. 239.

Durch die neue Lage des Schiebers ist die zuerst mit Gas gefüllte Kammer durch die Muschel des Schiebers mit dem Ausströmrohr verbunden und damit dem Gase ein Ausweg geschaffen.

Bei den übrigen Kammern spielt sich derselbe Vorgang in wechselseitiger Wirkung ab, was durch die Stellung der beiden Kurbeln unter 90° zueinander bewirkt wird.

Es steht demnach, wenn die Membrane des einen Meßkastens an der Kastenwand dicht anliegt, die andere Membrane gerade in der Mitte des zweiten Meßkastens.

Eine ältere Gasmesserkonstruktion der Gasmesserfabrik Siegmar Elster, Berlin, besaß drei Bälge in Form von vierseitigen Pyramiden mit quadratischer Grundfläche, doch werden Messer dieser Art nicht mehr gebaut, da die Firma im Jahre 1897 eine Lizenz zur Herstellung des Modelles der Mainzer Gasmesserfabrik erworben hat.

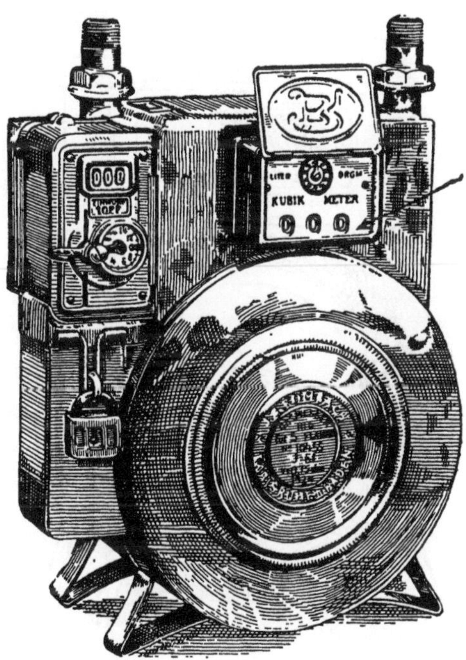

Fig. 240.

J. B. Rombach, Gasmesserfabrik in Karlsruhe, baut einen trockenen Gasmesser, dessen Steuermechanismus aus Fig. 238 ersichtlich ist. Nach Lösen der beiden Schrauben *a* können sämtliche Steuerungsteile abgenommen werden. Die Einregulierung erfolgt durch Schraube *b*. Um eine Nachregulierung des Messers vornehmen zu können, muß nicht der obere Boden des Gehäuses, sondern nur eine etwa zwei Zentimeter große Scheibe an der Rückwand abgelöst werden. Durch Blasen in das Eingangsrohr wird die Regulierschraube *b* vor die Öffnung gebracht und so mit Hilfe eines Vierkantschlüssels die Regulierung vorgenommen (s. Fig. 239). Eine Umdrehung der Schraube entspricht ungefähr 2% + Anzeige.

Neuerdings ist die Firma Rombach zu einem anderen System (R I) übergegangen, bei welchem die einfache Auswechslungsmöglichkeit des Balges besonders vorteilhaft ist.

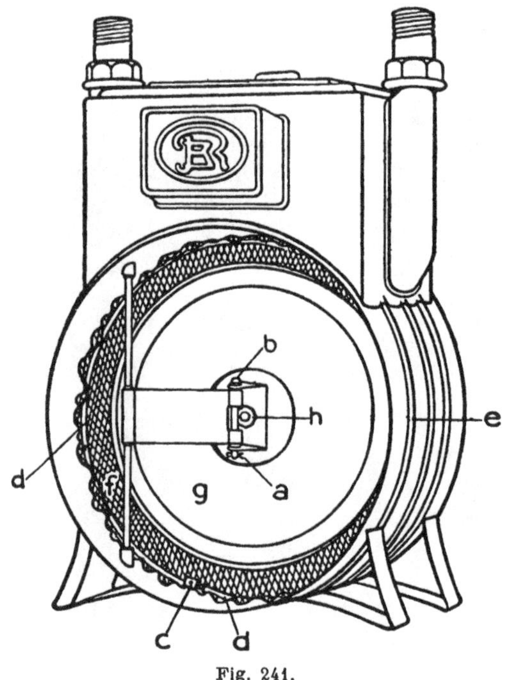

Fig. 241.

Ebenso besitzt dieser Gasmesser ein Zählwerk mit Schaltziffern, welches eine bequeme Ablesbarkeit ermöglicht und der Hausfrau die Kontrolle der Gasrechnung bedeutend erleichtert.

Aus beistehender Figur 241 ist die einfache Auswechslungsmöglichkeit des Balges ersichtlich; die Figur 240 zeigt das Zählwerk mit Schaltziffern.

Maße und Gewichte der trockenen Gasmesser.

1. Von Elster in Berlin
und Gasmesserfabrik Mainz (Elster & Co.).

Großes Modell.

Flammen-zahl	Inhalt pro Umdrehung l	Durchlaß pro Stunde cbm	*A*	*B*	*C*	*D*	*E*	*F*	*G*	Gewicht ca. kg
3	5	0,45	389	445	251	136	1/2″	284	406	6,2
5	7,5	0,75	423	489	285	156	3/4″	320	440	8,4
10	12,5	1,50	497	572	336	200	1″	375	520	13,6
20	20	3	577	653	400	215	1 1/4″	445	600	19,2
30	30	4,5	647	723	450	245	1 1/4″	490	675	23,4
50	50	7,5	752	839	504	281	1 1/2″	551	786	35,7
60	60	9	809	896	559	310	1 1/2″	605	842	43,8
80	80	12	880	973	608	330	2″	670	918	54,5
100	100	15	950	1043	647	356	2″	710	987	65
150	150	22,5	1057	1197	720	410	2 1/2″	800	1160	97
200	200	30	1205	1320	789	450	2 1/2″	870	1250	128
250	250	37,5	1311	1430	876	498	3″	980	1362	161
300	300	45	1375	—	915	510	3 1/2″	1025	1425	180
400	400	60	1490	—	993	555	4″	1100	1540	210
500	500	75	1597	—	1060	600	5″	1200	1647	250
usw.										

Von derselben Firma werden auch für dieselbe Flammenzahl Gasmesser »Kleines Modell« geliefert.

Kleines Modell.

Flammen-zahl	Inhalt pro Umdrehung l	Durchlaß pro Stunde cbm	*A*	*B*	*C*	*D*	*E*	*F*	*G*	Gewicht ca. kg
3	3 1/3	0,45	330	386	215	130	1/2″	240	345	5,4
5	5	0,75	389	445	251	136	3/4″	287	410	6,2
10	7,5	1,5	423	489	285	156	1″	330	440	8,4
20	15	3	520	600	350	205	5/4″	390	550	15,6

Die größeren Gasmesser können auch mit Flanschverbindungen versehen werden.

2. Von G. Kromschröder, Aktiengesellschaft in Osnabrück.

Zahl der Flammen	Höhe einschl. Verschraubung mm	Breite einschl. Rohre u. Verschraubung mm	Breite ohne Rohre u. Verschraubung mm	Weite v. Mitte Ein- bis Mitte Ausgang mm	Tiefe ohne Böden mm	Tiefe mit Vorder- und Hinterböden mm	Lichte Weite des Ein- und Ausgangs mm	Flanschendurchmesser mm	Schraubenlochkreis mm	Gewicht ca. kg	Inhalt l	Volumen cbm
3	390	265	220	230	155	200	13	—	—	4 1/2	3	0,5
5	440	290	238	250	180	230	19	—	—	6	5	0,8
10	490	360	290	310	195	250	25	—	—	8	8,5	1,5
20	580	435	343	365	275	340	32	—	—	14 1/2	16,5	3
30	620	470	390	410	295	355	32	—	—	16 1/2	22	4,5
50	735	565	465	495	335	450	38	—	—	27	36	7,5
60	830	620	520	550	360	500	38	—	—	33	42	9
80	955	710	580	620	405	595	51	—	—	48 1/2	62	12
100	1010	750	620	660	485	670	51	—	—	58 1/2	72	15
150	1165 m Flansch	980	760	810	510	700	60	175	135	82	125	22,5
200	1240 m. Flansch	1095	840	910	560	800	70	185	145	100	166	30

3. Von Adolf Guilleaume & Co. in Köln.

Flammen	Inhalt	Durchgang pro Stunde	Dimensionen				Gewicht	Verbindungsschrauben		
			Höhe	Breite	Tiefe	Abstand d. Rohre v. Mitte zu Mitte		Lichter Eingang	äußerer Durchmesser	entspricht Eisenrohr
	l	cbm	mm	mm	mm	mm	kg	mm	mm	Zoll engl
3	3,57	0,426	370	265	215	240	5,250	15	20,5	1/2
5	5,00	0,710	393	307	217	272	6,250	18	26,5	3/4
10	7,14	1,420	452	342	234	311	7,900	20	26,5	3/4.
20	18,18	2,840	540	407	310	371	15,200	26	33,5	1
30	28,00	4,260	605	484	405	438	21,300	34	41,5	1 1/4
50	45,40	7,100	705	585	450	532	28,250	40	48	1 1/2
60	55,55	8,520	750	635	485	570	32,750	40	48	1 1/2
80	71,43	11,360	827	663	520	598	40,550	52	59	2
100	100,00	14,200	980	740	567	675	52,500	62	59	2
150	125,00	21,300	1028	865	665	787	68,500	67	76	2 1/2
200	200,00	28,400	1228	983	820	880	93,700	67	76	2 1/2
300	300,00	42,600	1360	1180	1060	1057		78	88,5	3

4. Von Julius Pintsch, A.-G., in Berlin.

Flammenzahl	Inhalt l	Durchgang pro Stunde cbm	Rohranschluß Zoll	Entfernung von Mitte Eingang zu Mitte Ausgang mm	Tiefe des Gehäuses mm	Breite des Gehäuses ohne Rohr mm	Höhe bis Oberkante der Verschraubungsunterteile mm
3	3,57	0,45	$^1/_2$	248	216	241	360
5	4,76	0,75	$^1/_2$	286	238	276	398
10	9,00	1,5	$^3/_4$	325	269	309	447
20	16,5	3	1	410	330	387	577
30	23,8	4,5	$1^1/_4$	471	405	447	645
50	41,6	7,5	$1^1/_2$	575	510	549	780
60	45,4	9	$1^1/_2$	611	524	590	788
80	71,4	12	2	695	618	667	964
100	83,3	15	2	745	643	708	1009
150	142,8	22,5	$2^1/_2$	876	710	834	1272

Auch diese Firma fertigt noch ein kleineres Modell für die gleiche Flammenzahl.

An dieser Stelle muß auch der Rotamesser Fig. 242 u. 242a genannt werden. Dieser mißt nicht absolute Mengen, wie der Gasmesser, sondern die Stärke des Gasstromes.

Das Prinzip ist folgendes: durch eine senkrecht aufgestellte Röhre, deren lichte Weite sich nach oben ganz allmählich vergrößert, fließt der zu messende Gasstrom und hebt in der Röhre einen Schwimmer je nach der Strömungsgeschwindigkeit bzw. dem Stundenkonsum verschieden hoch. Die Stellung des Schwimmers gibt das Maß für den Stundenkonsum. Bei dem Rotamesser sind in den zylindrischen Randteil eines leichten Schwimmerchens mit bestimmt gelegenem Schwerpunkt Einkerbungen gemacht. Indem das Gas diese kleinen Kanäle durchströmt, versetzt es nach Art des Segnerschen Wasserrades den Schwimmer in Rotation; dadurch wird derselbe stets senkrecht gestellt und das Klemmen und Haften an den Wandungen vermieden. Ferner befindet sich auf dem Mantel des Schwimmers eine weiße Schraubenlinie, welche die schnelle Rotation desselben anzeigt und damit eine sichere Gewähr für die wirkliche Funktion des Messers gibt. Auf der Glasröhre wird entweder eine Teilung nach Stundenkonsum für bestimmte Gase empirisch gemacht (da die Röhren nicht absolut gleichmäßig konisch herstellbar sind) oder auf Wunsch werden zu einer Millimeterteilung des Rohres Tabellen angefertigt, aus denen für jede Stellung des Schwimmers der

Stundendurchgang eines bestimmten Gases zu ersehen ist. Die Rotamesser werden für Konsumanzeigen von wenigen Litern bis zu vielen Kubikmetern gebaut. Fig. 242 gibt einen Rotamesser für kleinere Gasmengen, z. B. bis 200 Stundenliter wieder, Fig. 242a einen solchen für Messung höherer Konsume.

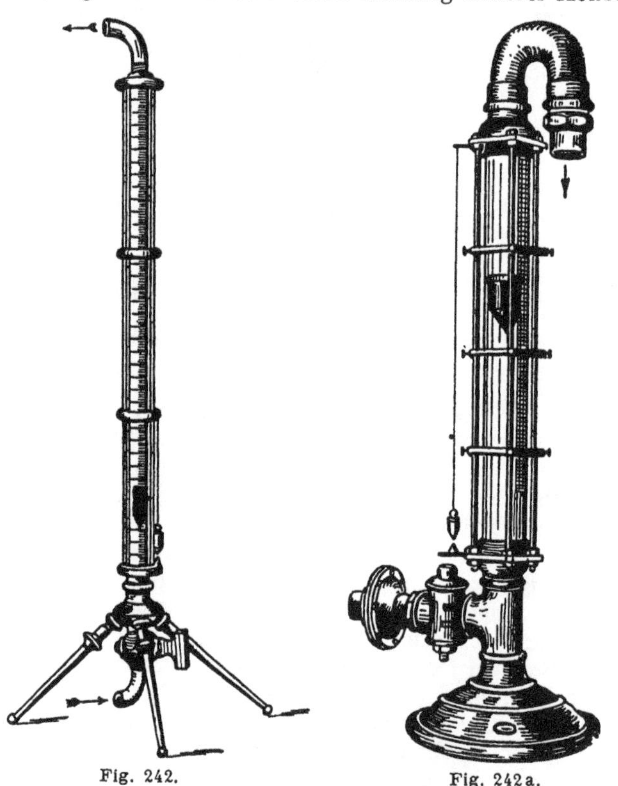

Fig. 242. Fig. 242a.

Der Apparat ist geeignet, bei der Prüfung von Gasmessern zur Kontrolle für den regelmäßigen Gang der Trommeln und Zählwerke zu dienen. Die geringsten Stockungen machen sich als minimaler Druckabfall geltend und bei gleicher Ausströmungsöffnung als Konsumänderung, auf die der Rotamesser sofort durch deutliches Sinken des Schwimmers reagiert. Seine Empfindlichkeit gegen Konsumschwankungen macht ihn auch geeignet zur Beobachtung der Veränderung des spezifischen Gewichts.

Ein anderer Verbrauchstaschengasmesser der Firma Julius Pintsch, Aktien-Gesellschaft, Berlin, ist in Fig. 243 dargestellt[1]).

Die Konstruktion dieses kleinen Gasmessers ist eine derartige, daß man beim Aufsetzen der mitgegebenen Düse sofort den Gasdruck und beim Aufsetzen eines Brenners sofort den stündlichen Gasverbrauch dieses Brenners ablesen kann.

Mit Hilfe des Taschengasmessers läßt sich in der Wohnung des Konsumenten sofort feststellen, ob der Gasmesser reparaturbedürftig ist oder nicht bzw. ob eventuelle Klagen über Zuvielzeigen berechtigt sind.

Fig. 243.

Es ist nur notwendig, die von der Reichsanstalt für Maß und Gewicht vorgeschriebene Prüfung der Dichtheit der messenden Räume durchzuführen; denn wenn ein Gasmesser bei normalem und halbem Durchlaß zu wenig anzeigt, so wird dieses bei der Dichtheitsprüfung erst recht der Fall sein. Wenn sich also bei der Dichtheitsprüfung ergibt, daß der Gasmesser zu wenig zeigt, so ist er auf alle Fälle reparaturbedürftig.

Bei der Dichtheitsprüfung sind durchzulassen:

Bei 3 fl. Gasmessern 90 l pro Stunde; in ca. $2\frac{1}{2}$ Min. also 3,3 l.

Bei 5 fl. Gasmessern 150 l pro Stunde; in ca. 2 Min. also 5,0 l.

Bei 10 fl. Gasmessern 150 l pro Stunde; in ca. 3 Min. also 7,5 l.

Bei 20 fl. Gasmessern 300 l pro Stunde; in ca. 3 Min. also 15,0 l.

Die Prüfung ist in etwa folgender Weise durchzuführen:

Man schraubt den Taschengasmesser auf irgendeine Brenneröffnung der Leitung und schließt alle anderen Hähne. Der Brennerhahn wird so weit geöffnet, daß der Taschengasmesser den Durchgang pro Stunde anzeigt, welcher für den zu untersuchenden Gasmesser vorgeschrieben ist, also bei einem 5 fl. Gasmesser 150 l. Das ausströmende Gas läßt man in einem genügend großen Brenner verbrennen.

---

[1]) Dieser sowohl, als auch der Rotamesser zeigen jedoch den Gasdurchfluß nur dann genau an, wenn das spezifische Gewicht des Gases das gleiche ist, wie das dem Messer bei der Eichung zugrunde gelegte.

Zeigt nun der zu kontrollierende Gasmesser während der Beobachtungszeit den richtigen Durchgang an, so ist der Gasmesser in Ordnung, andernfalls müßte er repariert werden.

3. Gasmesser zur getrennten Berechnung des Tages- und Abendgases.

In fast allen deutschen Städten besteht seit einigen Jahren für Gas zu allen Zwecken ein Einheitspreis; in manchen jedoch ist der Preis für Gas, welches zu Heiz- und Kraftzwecken, d. h. zum Kochen, Plätten, Zimmerheizen, Kaffeerösten, Löten, zum Betriebe von Gasmotoren usw. verwendet wird, ein billigerer als derjenige für solches Gas, welches ausschließlich zu Beleuchtungszwecken dient.

Es ist hier und da noch üblich, für verschiedene Verbrauchszwecke getrennte Gasleitungen zu legen und zwei Gasmesser aufzustellen.

Derartige Gaseinrichtungen werden allerdings durch die doppelten Leitungen bzw. durch den zweiten Gasmesser teuer, und unter Umständen sind sie der Vermehrung des Tageskonsums, namentlich zu Kochzwecken, hinderlich.

Um daher die zweite Leitung mit besonderem Gasmesser zu vermeiden, hat man verschiedene Mittel ersonnen. In einigen Städten hat man, wie gesagt, einen Einheitspreis eingeführt, in anderen hat man Sommer- und Winterpreise eingerichtet, d. h. im Sommer kostet das Gas weniger als im Winter. Sodann hat man Einrichtungen getroffen, welche es ermöglichen, daß auch ohne eine zweite Leitung bzw. ohne einen zweiten Gasmesser eine besondere Berechnung von Gas für Beleuchtungszwecke einerseits und für Heiz- und Kraftzwecke anderseits ermöglicht wird.

Es sind Gasmesser konstruiert worden mit zwei besonderen Zählwerken, von welchen das eine während der Beleuchtungszeit — also des Abends — das andere außerhalb der Beleuchtungszeit tagsüber — in Benutzung ist.

Zwar wird von dieser Einrichtung nur selten Gebrauch gemacht; doch sind in verschiedenen Städten noch einige Messer dieser Art vorhanden, weshalb wir eine kurze Beschreibung derselben bringen wollen.

Ein Gasmesser zur getrennten Berechnung des Tages- und Abendgases mit Schaltung des Zählwerks durch ein Uhrwerk entsprechend dem Sonnenlauf wird von der Firma Elster, Berlin (System Pfudel), hergestellt; derselbe ist in den Fig. 244 u. 245 abgebildet und nachstehend beschrieben:

Der Gasmesser ist mit zwei Zählwerken *G* und *A* ausgestattet, von denen das erstere mit der Gasmessertrommel in dauerndem Eingriff steht und den gesamten Gasverbrauch angibt, während das zweite Zählwerk *A* durch ein besonderes Uhrwerk *U* zur Zeit des Sonnenunterganges mit dem

Fig. 244.

ersten Zählwerk *G* gekuppelt wird und den Verbrauch an Abend- bzw. Nachtgas besonders angibt; bei Sonnenaufgang findet wieder die Ausschaltung des Zählwerkes *A* statt. Das Zählwerk *G* gibt somit den Gesamtverbrauch an und das Zählwerk *A* den Abendverbrauch, so daß der Unterschied der Angabe beider Zählwerke den Tagesverbrauch an Gas ergibt.

Zwei als Hebel ausgebildete Zeiger T und N des Uhrwerkes U bewirken die Umschaltung eines Hebels L, welcher auf der Achse E drehbar gelagert ist.

Der Hebel L überträgt seine Bewegung auf einen um C schwingenden Arm L_1, welcher das Rad R_4 trägt und nach

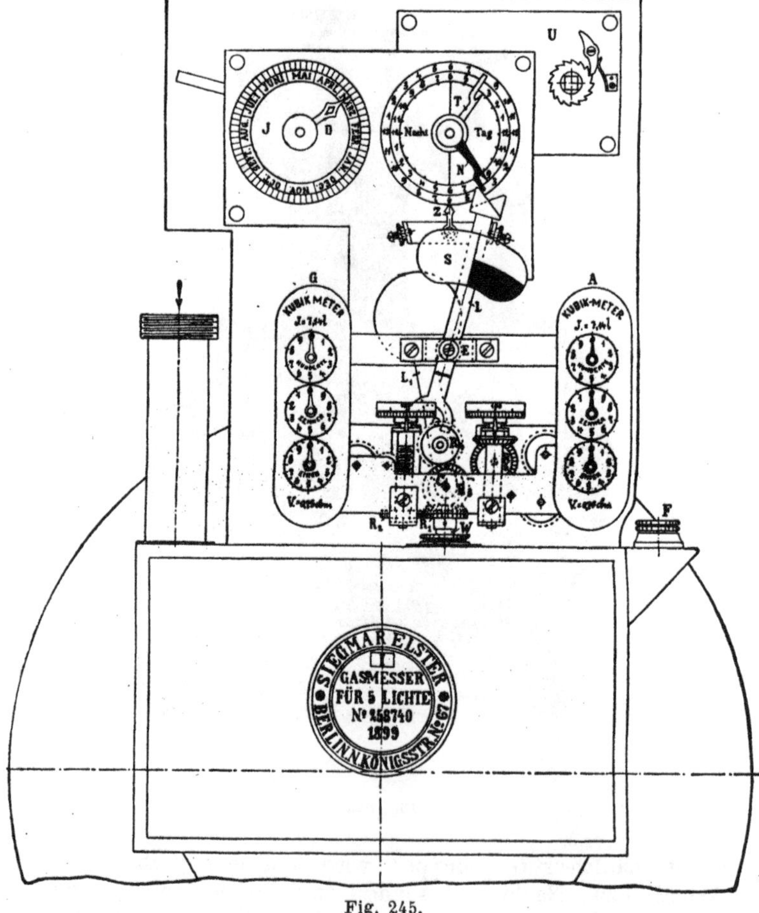

Fig. 245.

Einschaltung mit dem Rade R_5 das Zählwerk A betätigt; den Eingriff der Räder R_4 und R_5 sichert ein am Arm L_1 befindliches Gegengewicht. Die Zeiger T und N, von denen der Zeiger T die Ausschaltung und der Zeiger N die Einschaltung des Zählwerks *A* bewirkt, erhalten durch das Uhrwerk *U* je eine Umdrehung in 24 Stunden, und zwar bewegen sich die Zeiger gegeneinander, so daß also der Zeiger *T* alle 12 Stunden die Einschaltung und der Zeiger *N* alle 12 Stunden die Ausschaltung des Zählwerkes *A* bewirkt. Um nun das Zählwerk dem Sonnenlauf entsprechend ein- und auszuschalten, muß die Stellung der beiden Zeiger *T* und *N* veränderlich sein.

Zu diesem Zweck ist die Scheibe mit der Bezeichnung »Nacht und Tag« um die Zeigerachse des Uhrwerks drehbar gelagert und erhält mittels einer Kurbelschleife eine hin und her schwingende Bewegung, und zwar nur eine einzige während eines Zeitraumes von 365 Tagen. Die Scheibe ist in 24 Teile geteilt, und zwar zählen die Stunden im inneren Teilkreis links, im äußeren Kreise rechts herum, entsprechend der Drehrichtung der beiden Zeiger *T* und *N*.

Am unteren Teile der Scheibe kann mit Hilfe des Zeigers *Z* die Zeit abgelesen werden, zu welcher die Einschaltung und Ausschaltung des Zählwerkes *A* erfolgt; durch eine schwarz und rot gestrichene Signalscheibe *S* wird diese Schaltung noch besonders kenntlich gemacht. Die Kurbelschleife wird durch ein Gesperre vom Uhrwerk *U* betätigt und mit ihr zugleich der auf der Monatsscheibe *J* befindliche Zeiger *D*, welchem eine Umdrehung in 365 Tagen erteilt wird.

Da bei einer Kurbel mit gleicher Winkelgeschwindigkeit die horizontale Bewegung eine beschleunigte und verzögerte ist, und diese Beschleunigung und Verzögerung dem beschleunigten oder verzögerten Zu- und Abnehmen der Tages- und Nachtstunden entspricht, so wird mit Hilfe des Uhrwerkes und der vorbeschriebenen Einrichtung eine genaue selbsttätige Einteilung des Tages- und Nachtgases dem Sonnenlauf entsprechend bewirkt.

Die in der Zeichnung (Fig. 245) veranschaulichte Stellung der Tag- und Nachtscheibe sowie die Stellung des Zeigers *D* auf der Monatsscheibe *J* entspricht dem 20. März (Tag und Nacht gleich), der Abendgasverbrauch beginnt nach Zeiger *Z* um 6 Uhr abends und endet um 6 Uhr morgens.

Hierher gehört auch der Gasmesser von Wybauw, welcher die getrennte Berechnung des Tages- und Abendgases mittels Hahnstellung durch die Gasabnehmer bewirkt. Dieser Gasmesser (Fig. 246) hat zwei Ausgänge, deren einer *S* die möglichst übersichtlich anzulegende Leitung für Wärme verbrauchenden Apparate speist, während der andere S^1 die Leitung für die Leuchtflammen versorgt.

Aus diesem letzteren Ausgange S^1 sitzt dicht am Zählwerk ein Hahn R, dessen Wirbel durch einen Hebel mit dem beide Zählwerke kuppelnden Mechanismus in Verbindung steht. Ist dieser Hahn geschlossen, so sind die beiden Zählwerke außer Zusammenhang, das obere C^1 steht still, das untere C gibt allein den Verbrauch an, und zwar zu niedrigem Preise, da alles verbrauchte Gas in die Heizleitung strömt.

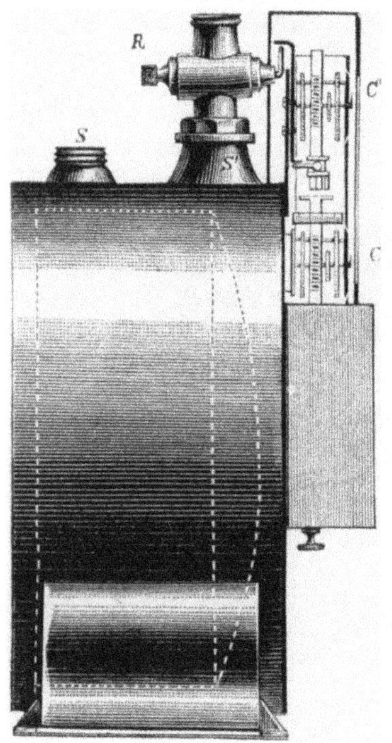

Fig. 246.

Braucht der Abnehmer abends Gas zur Beleuchtung, so öffnet er den Hahn R und kuppelt durch diese Bewegung die beiden Zählwerke. Sie gehen dann zusammen, und das in dieser Stellung verbrauchte Gas für Beleuchtung und für Heizung wird angezeigt durch das obere Zifferblatt und nach dessen Angaben zu höherem Preise berechnet. Das untere Zählwerk C, welches dem an jedem Gasmesser ursprünglich vorhandenen entspricht, läuft immer, zeigt also das insgesamt verbrauchte Gas an, während das zeitweise eingerückte obere Werk C^1 das zur Beleuchtungszeit konsumierte angibt und auch um soviel teurer berechnet wird als in der betreffenden Stadt Abendgas mehr kostet als Tagesgas. Kostet z. B. Tagesgas 12, Abendgas 18 Pfennig, so wird zu dem durch das untere Zifferblatt angegebenen Konsum mit 12 Pfennig pro Kubikmeter die Angabe des oberen Zifferblattes mit 6 Pfennig pro Kubikmeter addiert.

4. Gasmesser mit Vorausbezahlung.
(Gasautomaten.)

Ebenso wie man Fahrkarten auf den Bahnhöfen, Ansichtskarten, Schokolade, Zigarren u. dgl. mittels Automaten, d. h. gegen Vorausbezahlung, verkauft, ebenso hat man seit etwa

30 Jahren, und zwar mit den besten Erfolgen versucht, Leuchtgas zu Beleuchtungs- und Kochzwecken durch Automaten zu verkaufen.

Der Zweck dieser Art des Verkaufs zielt zunächst auf eine Vermehrung des Gaskonsums hinaus, und es muß zugegeben werden, daß in manchen Städten, namentlich Englands, Hollands, Frankreichs und auch Deutschlands in dieser Beziehung Bedeutendes erreicht worden ist.

Gerade die kleinen Leute, wie Arbeiter, untere Beamte usw., die bis dahin auf den Gebrauch des Gases verzichten mußten, sind durch die Anwendung der Automaten in den Kreis der Gasabnehmer getreten. Eine Schwierigkeit für die Gasanstaltsverwaltungen ist stets die Einziehung der Geldbeträge durch Gasanstaltsbeamte bei Wohnungen, deren Inhaber den größten Teil des Tages außer dem Hause sind. Dazu kommt, daß kleinen Leuten die Bezahlung einer größeren Summe in der Regel unangenehmer ist, ja sogar schwerer fällt, als die zeitweise Ausgabe eines Zehnpfennigstückes. Direktor Wagner, Vegesack, dem das Verdienst gebührt, als einer der Ersten in Deutschland Versuche in verhältnismäßig großem Maße ausgeführt zu haben, berichtet ausführlich über seine Erfahrungen mit Gasautomaten in Nr. 15 des »Journals für Gasbeleuchtung und Wasserversorgung« 1901. Was er damals gesagt hat, gilt heute noch.

»Die Gasautomateneinrichtungen werden für Beleuchtungs- und Kochzwecke hergestellt; nur für Beleuchtungszwecke kommen sie nicht zur Ausführung. Die Ausdehnung der Einrichtung ist durch die Anwendung von fünfflammigen Automatengasmessern eine begrenzte. Der Hausanschluß, die gesamte Einrichtung mit Lampen und Kochern, nebst allem erforderlichen Zubehör wird den Konsumenten kostenlos geliefert, also auch erstmalig Glühkörper, Glaswaren, Schläuche usw. Der Ersatz von Glühkörpern, Glaswaren und Schläuchen ist natürlich zu bezahlen. Geht man einmal zu Automaten über, so ist es von großem Werte, alle Teile, die notwendig sind, kostenlos zu liefern. Wenn die Bezahlung der Kocher und Lampen oder auch nur der Glaswaren und Glühlichtbrenner verlangt wird, kann man niemals solche Erfolge haben, als wenn man alles frei liefert. Man muß einfach dem Abnehmer sagen können: ‚Hier hast du eine fix und fertige Gaseinrichtung, benutze sie fleißig!': und dann bleibt der Erfolg nicht aus. Nicht empfehlenswert ist es ferner, einen bestimmten Jahresverbrauch von vornherein zu verlangen. Daran wird man sich am meisten stoßen, und die Einführung wird dadurch gehindert. Man wird sich aber im Vertrage die Entscheidung vorbehalten, ob man eine Einrichtung überhaupt ausführen oder ablehnen will. Dann ist man völlig gesichert und kann Einrichtungen, die von vornherein als nicht rentabel erscheinen, abweisen. Doch soll man auch hierin nicht zu ängstlich sein, denn wenn den Konsumenten die Möglichkeit gegeben ist, Gas groschenweise einzukaufen, wie sie vorher Petroleum und Spiritus eingekauft haben, so wird auch Gas gebraucht, und zwar viel mehr, als man glaubt. Übrigens hat man es auch durch eine vierwöchentliche Kündigungsfrist in der Hand, Automatenanlagen, die zu wenig benutzt werden, wieder zu entfernen. Von diesen Bestimmungen ist hier fast noch kein Gebrauch zu machen gewesen. Man wird, wenn man auch Automat und Lampen in einem solchen Fall entfernt, die Leitung liegen lassen, um sie später einem anderen Mieter in Benutzung geben zu können.

Die Anmeldung für eine Automateneinrichtung hat unter Benutzung eines vorgeschriebenen Formulars, mit der Zustimmungserklärung des Hausbesitzers versehen und unter Anerkennung der ‚Bedingungen' schriftlich zu geschehen. In den Bedingungen ist das Eigentumsrecht der Anlage gewahrt und die Haftung des Mieters für alle Beschädigungen ausgesprochen.

Für eine Gasautomateneinrichtung werden in der Regel geliefert: 1—2 Lampen (Lyren mit Flachschirm und Augenschoner) mit Normalglühlicht für die Wohnräume, je eine Flamme für Flur und Küche mit Juwellicht und der Größe der Haushaltung entsprechend ein Zwei-, Drei- oder Vierlochkocher. Ist ein Bedürfnis dafür vorhanden, können auch noch mehrere Lampen angebracht werden. Für die Lampen und Kocher verwenden wir einfache, aber nette und dauerhafte Stücke.

Als Automatengaspreis ist 20 Pf. für 1 cbm festgesetzt.

Leuchtgas kostet hier 18 Pf., Kochgas 15 Pf. Das Mittel zwischen beiden Preisen ist 16½ Pf., wozu ein Zuschlag von 3½ Pf. für Miete der Einrichtung kommt. Für 10 Pf. erhält der Konsument 500 l Gas.

Sollte das Gasautomatenwerk infolge eines Schadens nicht richtig anzeigen oder das eingelegte Geld mit dem Stande des Uhrwerkes nicht übereinstimmen, so erfolgt die Berechnung nach dem Hauptzählwerk des Gasmessers.«

Der in Fig. 247 abgebildete Gasmesser für Vorausbezahlung (Gasautomat) von Elster & Co. in Mainz ist ein trockener Gasmesser, der mit einer Einrichtung versehen ist, welche nach Einwurf einer entsprechenden Münze (Wertmarke) die Entnahme, einer dem Wert der Münze gleichkommenden Menge Gas gestattet und, nach Verbrauch dieser vorausbezahlten Gasmenge, den weiteren Zufluß selbsttätig absperrt. Durch Einwurf bis zu 10 Geldstücken kann auch eine größere Menge Gas vorausbezahlt werden. Bei Einwurf der Münze muß der Drehknopf *S* nach links gedreht werden, wobei sich nach Einwurf der zehnten Münze der Einwurfsschlitz *E* selbsttätig verschließt. Erst nach Verbrauch einer gewissen Gasmenge wird derselbe wieder freigegeben, so daß weitere Münzen eingeworfen werden können.

Die Scheibe *M* gibt stets die Zahl der noch vorausbezahlten Münzen an, während am Zählwerk *L* die Summe der insgesamt eingeworfenen Münzen abgelesen wird.

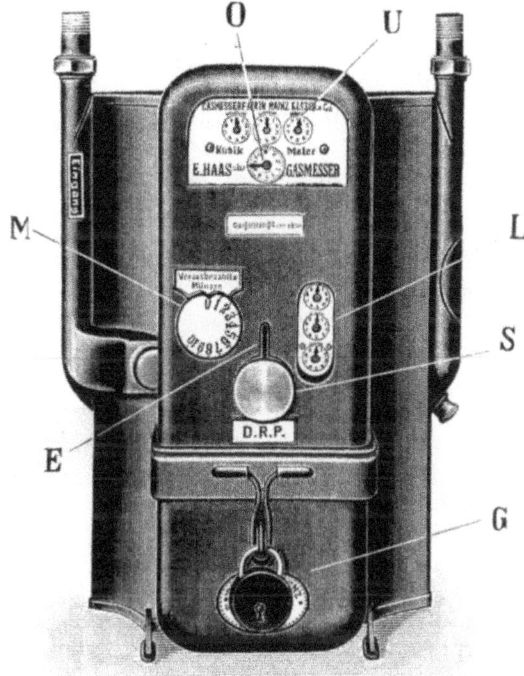

Fig. 247.

An gleicher Stelle, wie bei den bereits besprochenen Gasmessern, besitzt auch der Gasautomat ein Zählwerk zur Registrierung des Gasverbrauches.

Das Automatenwerk steht mit dem Gasmesserzählwerk mittels Zahnräder in dauerndem Eingriff, jedoch so, daß eine Betätigung des Automaten keinen Einfluß auf das Gasmesserzählwerk ausübt; wohl aber überträgt das bei einem Verbrauch von Gas sich drehende Zählwerk jede Bewegung auf das Automatenwerk, welches in seine Nullstellung zurückgekehrt, den weiteren Zufluß von Gas zur Verbrauchsstelle absperrt.

Das Automatenwerk befindet sich, wie das Zählwerk, in einem besonderen Kasten. Es ist durch Abnahme eines Deckels zugänglich, ohne daß dadurch das Zählwerk freigelegt wird. Die Außenmaße des Automaten sind gegenüber dem gewöhnlichen Gasmesser nur unwesentlich verändert, insbesondere sind die Stellungen der Ein- und Ausgangsstutzen übereinstimmend, so daß die Auswechslung eines gewöhnlichen Konsumgasmessers gegen einen Automatengasmesser gleichen Systems und Größe keine Schwierigkeiten bietet[1]).

Die Abgabe einer bestimmten Gasmenge zu dem jeweils festgelegten Preise erfolgt durch ein Zahnräderpaar, die sogenannten Gaspreisräder oder Wechselräder, deren Übersetzungsverhältnis entsprechend gewählt ist und welche gleichzeitig die Verbindung zwischen Zählwerk und Automatenwerk herstellen. Wie ihr Name schon besagt, sind dieselben leicht auszuwechseln, um sie dem jeweiligen Gaspreis anzupassen.

In Fig. 248 u. 249 sind die Gaspreisräder der Gasmesserfabrik Elster & Co., Mainz abgebildet.

Das rechts befindliche Rad ist ein einfaches, aus einem Stück gefertigtes Vollrad mit 40 Zähnen. Es ist das angetriebene Rad, das durch seine Drehung den Gasabschluß bewirkt.

Das linke Zahnrad hat dieselbe Zahnteilung, doch ist die Hälfte der Zähne weggeschnitten. Es besteht aus zwei flach aufeinander liegenden Scheiben, welche zusammen dieselbe Zahnbreite, als das rechts befindliche Vollrad haben.

Liegen nun die übrig gebliebenen 20 Zähne der beiden Scheiben des linken Zahnrades flach aufeinander, so kann bei seiner Drehung das rechte Zahnrad nur um 20 Zähne fortbewegt werden. Das Übersetzungsverhältnis ist also 20:40 oder 1:2.

Die das linke Zahnrad bildenden beiden Scheiben können derart zueinander verschoben werden, daß 21, 22, 23 usw. Zähne bis zu 40 entstehen. Man kann dementsprechend den

---

[1]) Die Bestrebungen zur Vereinfachung des Verrechnungsbetriebes in den Gaswerken haben dazu geführt, daß man statt der Gasmessermiete sogenannte Grundgebühren erhebt, welche der Gasautomat kassiert. Die Einrichtung ist so getroffen, daß der Gasabnehmer zuerst die Münze für die Grundgebühr einwerfen muß, bevor er Gas entnehmen kann. Sobald der Automat geleert wird, wird der Gas-Bezugsschlitz selbsttätig gesperrt.

Gasautomaten mit derartigen Einrichtungen werden von der Firma Schirmer, Richter & Co. Leipzig geliefert.

Gasautomaten allen Gaspreisen, die zwischen 8 und 16 oder 10 und 20 Pf. liegen, anpassen. Das linke Zahnrad wird vom Gasmesser angetrieben, das rechte Rad dreht sich nur dann, wenn es in das erstere eingreift. Damit nun das rechte Rad, solange es außer Eingriff steht, seine Stellung nicht verändern kann, wird es durch eine Sperrklinke, die in den Abbildungen

Fig. 248.

Fig. 249.

ersichtlich ist, festgehalten. Fig. 248 zeigt das Räderpaar auf einen Gaspreis von 18 Pf. pro cbm, Fig. 249 auf einen solchen von 19 Pf. eingestellt.

Der Vorgang bei Benützung des Gasautomaten ist folgender:

Der Gasmesser ist zunächst, trotz Öffnung des Haupthahns außer Betrieb. Der außerhalb des Gehäuses befindliche Knopf *S*, Fig. 247, wird nach rechts gedreht (im Sinne des Uhrzeigers) bis der in seiner Achse befindliche Schlitz mit dem Einwurfschlitz *E* übereinstimmt, was unschwer zu erreichen ist, da die Achse einen entsprechenden Anschlag besitzt. Wirft man nun ein Zehnpfennigstück in die Öffnung, so stellt dieses eine Verbindung des Knopfes mit dem Automatenwerk her. Wird jetzt der Knopf nach links gedreht, so wird durch die Münze das Werk betätigt und ein Ventil geöffnet, wodurch der Gasdurchgang frei wird. Gleichzeitig wird die Münze von dem Kontrollwerk *L* und dem Zifferblatt *M* registriert, während sie selbst in die unten angebrachte Geldkassette *G* fällt. Wird nun Gas verbraucht, so schließt sich allmählich das Ventil wieder, bis die entsprechende Gasmenge verbraucht ist, während das Zifferblatt *M* in seine Anfangsstellung zurückläuft, welche erreicht ist, wenn die 0 oben steht.

Auch der automatische nasse Gasmesser ist mit der beschriebenen Einrichtung versehen.

5. Hochleistungsgasmesser[1]).

Seitdem das Leuchtgas für industrielle, gewerbliche und häusliche Zwecke in **größeren Mengen** Verwendung gefunden hat, macht sich das Bedürfnis nach Gasmessern mit **größerem stündlichen Durchgang** geltend.

Die Beschaffungskosten für normale Gasmesser mit großem Durchlaß sind aber außerordentlich hoch. Einige Gasmesserfabriken fertigen deshalb seit einigen Jahren sogenannte Hochleistungsgasmesser, die im Vergleich zu ihrer Leistungsfähigkeit billiger sind als normale Messer.

II-Messer Nr.	Stündl. Durchlaßfähigkeit in Litern		Maße in mm					Lichte Weite des Ein-und Ausganges			Ungefähres Gewicht	Inhalt
	Eichleistung	Spitzenleistung	*a*	*b*	*c*	*d*	*e*	mm	Zoll	Gegenflansch	kg	Liter
1	2 250	3 000	405	215	232	155	195	25	1	—	5,7	4
2	4 500	6 000	500	290	314	200	250	32	1¼	—	9,7	10
3	10 000	12 000	630	390	423	295	355	38	1½	—	17,3	27,5
4	18 000	19 500	745	465	490	335	430	51	2	—	26,0	40
5	22 500	25 000	810	520	550	380	515	70	—	2½"	44,5	55
6	30 000	33 000	900	580	610	405	590	70	—	3"	54,5	72,5

[1]) Siehe Nachtrag.

Hochleistungsmesser sind in den Ein- und Ausgängen sowie in den Kanälen und Schieberöffnungen größer dimensioniert als die normalen Messer, während sie in der Konstruktion mit diesen übereinstimmen.

Die Gasmesserfabrik G. Kromschröder Aktien-Ges., Osnabrück, baut Hochleistungsgasmesser (= H-Messer) in

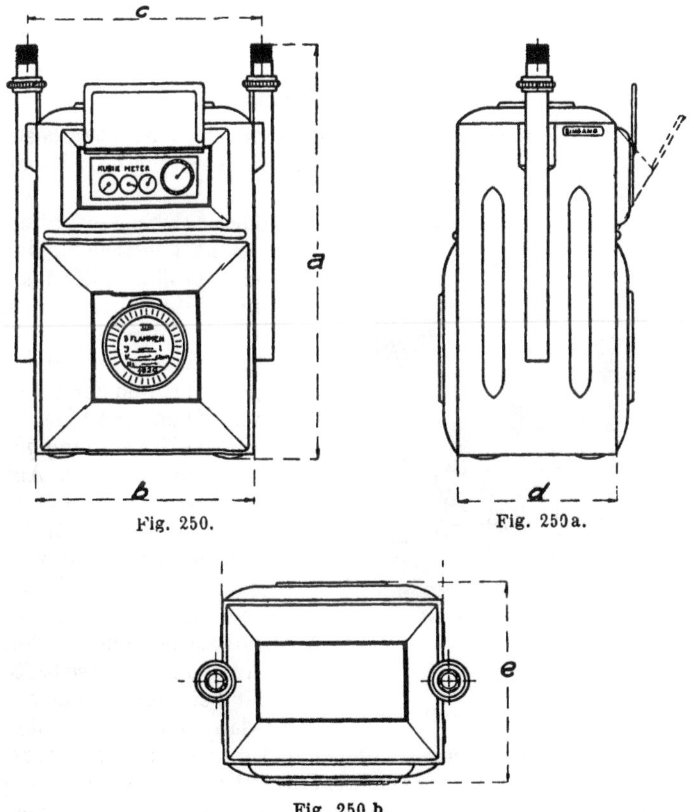

Fig. 250. Fig. 250a.

Fig. 250 b.

6 Größen, deren Maße und Leistungen aus der vorstehenden Tabelle zu ersehen sind (siehe auch Fig. 250 bis 250 b).

Auch andere Gasmesserfabriken, wie die Askaniawerke A.-G., Dessau, Braun & Cie., Stuttgart, Elster & Co., Mainz, fertigen Hochleistungsgasmesser. Von den Askaniawerken werden dieselben vorläufig in zwei Größen mit folgenden Abmessungen hergestellt:

Type	Gehäuse-Größe	Stündlicher Durchlaß bei Dauerbetrieb				Abmessungen				
		normal l	normal fl.	gesteigert l	gesteigert fl.	Höhe	Breite	Tiefe	Entfernung von Mitte bis Mitte Rohr	Rohranschluß in Zoll
I	3 fl.	1500	10	3000	20	390	245	225	250	1″
II	10 fl.	3000	20	7500	50	470	320	250	340	$1^1/_4$″

6. Gasmesser-Prüfapparate.

Ein Gasmesser-Prüfapparat »System Ehlert« (siehe Fig. 251 u. 252) wird von der Aktien-Gesellschaft G. Kromschröder, Osnabrück, gefertigt.

Das Zählwerk nachstehend abgebildeten Gasmesserprüfers ist so konstruiert, daß ein großes Zifferblatt mit Literteilung von 0 bis 300 den Gasdurchgang deutlich abzulesen gestattet und der Literzeiger von Hand jeweils auf die Nullstellung gerückt werden kann. Auf der Gaseintritt-Seite ist der Anschluß als Halbzoll-Schlauchhahn zum bequemen Anschließen an irgendeine Entnahmestelle ausgebildet. Auf der Austrittseite sind ein durch einen abklappbaren Blechkasten geschützten Druckmesser und ein Brenner untergebracht. Am Brenner ist eine Skala mit Zeiger befestigt, so daß man durch Drehen des (für den Transport abschraubbaren) Brennerrohres eine geeignete Brennerstellung für jede Gasmessergröße von 3 bis 100 fl. findet. Die Brenndauer beträgt nur etwa 5 bis 8 Minuten, auch bei großen Messern.

Fig. 251. Transportbereit.

Um den Prüfmesser selbst im Bedarfsfalle mittels Kontrollmesser oder Kubizierapparat nachregulieren zu können, ist das im Zählwerkgehäuse untergebrachte Regulierrad nach

Lösung einer Plombe auswechselbar. — Zum bequemen Tragen ist der Prüfer mit einem Handgriff ausgerüstet.

Zur Nachprüfung eines Messers wird der Apparat mittels Schlauch an eine Entnahmestelle angeschlossen. Nach Aufnahme des Standes bringt man den Zeiger in die Nullstellung, öffnet den Brennerhahn bis zu der der Gasmessergröße entsprechenden Stellung und entzündet das Gas. Nach erfolgtem Durchgang ergibt sich durch Vergleich der beiden Registrierungen direkt der Anzeigefehler. Um die Hausleitung auf Dichtigkeit zu prüfen, beobachtet man in bekannter Weise bei geschlossenem Haupthahn und Brenner den Manometerstand. Bei dichter Leitung bleibt der Druck konstant, eine etwa vorhandene Undichtigkeit in der Rohrleitung hat ein Sinken des Manometerstandes zur Folge.

Auch die Firma Wichmann&Weber, Gasmesser- und Apparate-Fabrik, in Göttingen-B., fabriziert einen Gasmesser - Prüfapparat »System Wichmann«, der ebenfalls gestattet, eine Gasmesserprüfung am Standorte in ca. 15 Minuten auszuführen (s. Fig. 253)[1]).

Fig. 252. Betriebsbereit.

7. Stationsgasmesser.

Der Stationsgasmesser dient in erster Linie zum Messen der auf dem Gaswerke erzeugten Gasmenge. Man trifft ihn aber auch bei Großabnehmern in einzelnen Fällen an; deshalb wollen wir ihn beschreiben und abbilden.

Der genannte Messer besteht aus einer mehrkammerigen Meßtrommel, die, durch den Gasdruck bewegt, sich in einem

[1]) Siehe Nachtrag.

gußeisernen Gehäuse dreht und durch ein Räderwerk die Umdrehungen auf ein Zählwerk überträgt. Er wird mit Wasserstandsglas, Überlauf und Manometer ev. auch mit Schreibvorrichtung und Uhr zum Aufzeichnen der stündlich durchgegangenen Gasmenge ausgerüstet (s. Fig. 254 und 255).

Fig. 253.

8. Die Gasmesser-Prüfungs- und Eichstationen.

Viele Gaswerke führen einen Teil der Reparaturen an Gasmessern selbst aus und prüfen die instandgesetzten Messer auf Grund der amtlichen Eichvorschriften bezüglich ihrer Registrierfähigkeit.

In mittleren und größeren Gaswerken findet man heute fast überall Gasmesser-Reparaturwerkstätten mit den erforderlichen Kubizierapparaten. Diese werden von allen größeren Gasmesserfabriken in der üblichen Ausstattung geliefert.

Übrigens sollte jedes Gaswerk im eigenen Interesse eine regelmäßige Prüfung **aller** Gasmesser vornehmen.

Fig. 256 stellt eine Gasmesser-Prüfungsstation für trockene und nasse Gasmesser der Firma Gasmesserfabrik Mainz, Elster & Co., dar.

Die Apparatur ist ohne weiteres verständlich.

Der Apparat besteht aus einem Behälter mit Rohrleitung, Glocke, Gegengewicht und Gerüst mit Ausgleichspirale.

Das Gerüst steht auf zwei Säulen, die an dem Rand des Gefäßes befestigt sind. Die Rohrleitung besteht aus einem

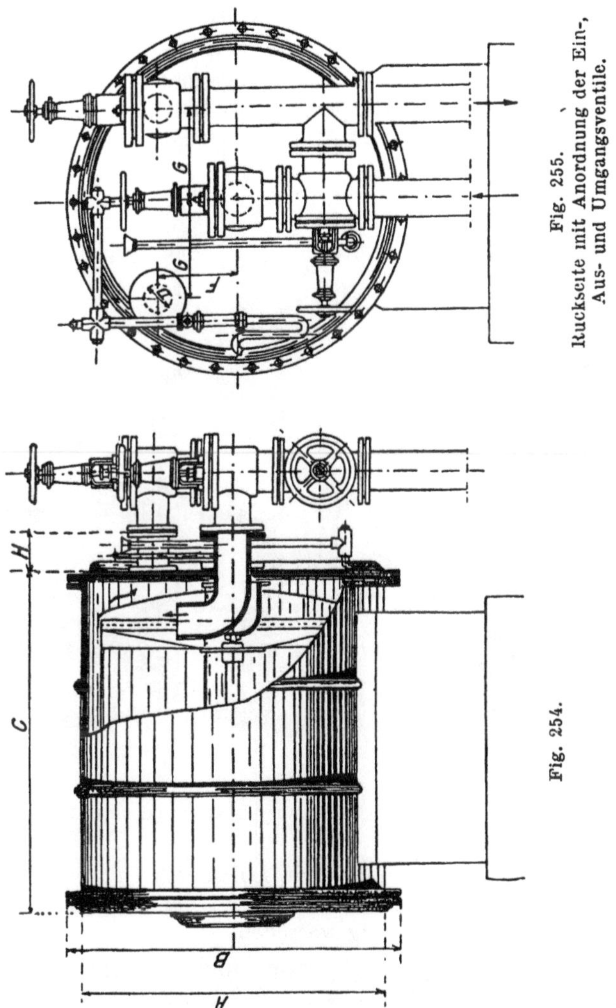

Fig. 255. Rückseite mit Anordnung der Ein-, Aus- und Umgangsventile.

Fig. 254.

unterhalb des Gefäßbodens angebrachten horizontalen Stück und zwei vertikalen bis zur Oberkante reichenden Enden. Das innere, oben offene Rohr steht mitten im Gefäß und kommuniziert mit dem Luftraum der Glocke. Das andere Ende geht außen an der Gefäßwand hoch und endigt in einen Manometerhahn. An den Ausgang des Apparates schließt sich die Leitung an, die nach den zu prüfenden Gasmessern führt.

Zwischen Ausgangshahn und dem abwärts führenden vertikalen Luftrohr ist ein T-Stück eingeschaltet, dessen seitliche Mündung in seiner Verlängerung den Lufthahn zum Einlassen der Luft beim Füllen des Apparates trägt.

Fig. 256.
Gasmesser-Prüfungs-Station für trockene und nasse Messer.

Um kleine durchzulassende Luftmengen zum Prüfen der Messer genau einstellen zu können, ist der Ausgangshahn mit einem Mikrometerumgang versehen.

Die Anordnung der Apparate und die Arbeitsweise derselben sind aus vorstehender Beschreibung und der Abbildung leicht zu verstehen. In der Mitte steht der Eichtisch, rechts davon der Kubizierapparat, links unten und oben sind Wassergefäße mit Flügelpumpe und Rohrleitung zum Füllen der nassen Gasmesser angebracht.

c) Druckregler.

Der Zweck der in die Privatgasleitungen eingeschalteten Druckregler ist die Erhaltung des den Entnahmestellen (Brennern) zugeführten Gases auf gleicher Druckhöhe. Ob die Anbringung eines Druckreglers notwendig ist, bedarf der jedesmaligen genauen Prüfung der vorliegenden Verhältnisse, und nichts ist widersinniger, als derartige Apparate für alle Fälle zu empfehlen, wie dies bedauerlicherweise und häufig zum Nachteil der Gasverbraucher seitens einiger Fabrikanten geschieht.

Bekanntlich muß der Druck bei Anwendung des Gasglühlichtes an der Ausströmungsstelle wenigstens 20 mm betragen. Von der Gasanstalt aus wird der Druck im Rohrnetz ziemlich auf gleicher Höhe erhalten. Bei Anwendung selbsttätiger Druckregler in der Gasanstalt (Gareis, Blum-Ledig, Bessin u. a.) und bei einem gut ausgebauten Rohrnetz paßt sich der Druck dem jeweiligen Verbrauch an, so daß die Druckschwankungen im Stadtrohrnetz in mäßigen Grenzen bleiben.

Bei der früheren Schnitt- und Argandbrennerbeleuchtung, bei welcher sich jede Druckschwankung unangenehm bemerkbar machte, war die Anwendung der Druckregler eher berechtigt. Die offenen Flammen brannten bei geringem Druck heller und sparsamer als bei hohem Druck, während die heute allgemein eingeführte Gasglühlichtbeleuchtung einen gewissen hohen Druck erfordert.

Wird dieser erforderliche Druck bedeutend überschritten so tritt eine Verschwendung an Gas ein, und dann ist allerdings die Einschaltung eines Druckreglers berechtigt, sonst aber nicht.

Dem Verfasser sind zahlreiche Fälle bekannt, in welchen durch die Einschaltung eines Druckregelers (sog. Sparapparates) wohl Ersparnisse an Gas erzielt, die Beleuchtung jedoch derart verschlechtert würde, daß die Apparate wieder entfernt werden mußten.

Es gibt besondere Fälle, in welchen die Anwendung von Druckreglern unbedingt erforderlich ist, z. B. bei Gasmotoren, genau eingestellten Flammen gewisser Koch- und Heizeinrichtungen, in Laboratorien usw.

Man unterscheidet nasse und trockene Druckregler, und zwar:

1. nasse Druckregler mit Wasser- oder Ölverschluß,
2. nasse Druckregler mit Quecksilberverschluß,

3. trockene Druckregler mit Membranverschluß,
4. trockene Druckregler ohne Membrane mit Feder- oder Gewichtsbelastung.

In Fig. 257, 258 u. 259 sind die ersten drei Arten (von S. Elster, Berlin) im Schnitt dargestellt, während in Fig. 260 ein Regler der Firma Oskar Schneider, ohne Membrane gezeigt wird.

Fig. 257 zeigt einen nassen mit Wasser-, bzw. mit Glyzerin- oder Ölfüllung, Fig. 258 einen nassen mit Quecksilberverschluß und Fig. 259 einen trockenen Regler mit Membranverschluß.

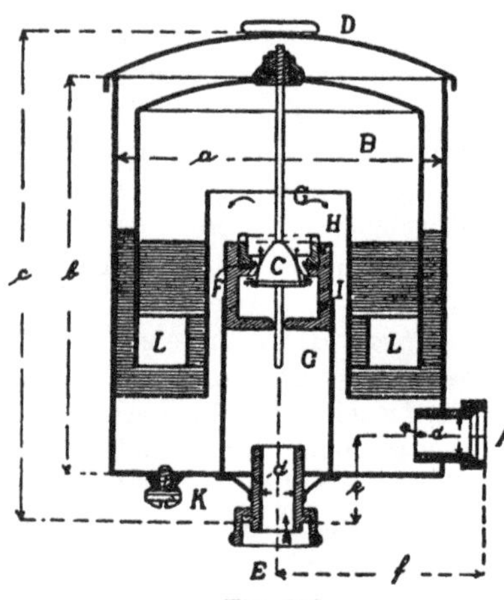

Fig. 257.

Sämtliche Druckregler sind nach den Grundsätzen der Cleggschen Regler, wie solche in den Gasanstalten verwendet werden, gebaut. Sie bestehen aus einem Abschlußorgan *C*, welches von einer beweglichen Decke herabhängt, deren Höhenlage durch den Druck des Gases beeinflußt wird, und welche gestattet, durch Belastung verschieden gewünschten Druck in der Leitung zu erzielen. Das Gas tritt durch den Eingang *E* um den Ventilkegel *C* herum in den Raum unter der Glocke (oder Membran) *B*, von dort durch den Ausgang *A* in die Rohrleitung zu den Flammen.

Ist die Glocke (Membran) *B* mit den beigegebenen Bleiplatten derart belastet, daß sie ganz herabgedrückt ist, so läßt das Ventil *C* das Gas ungehindert passieren, und es ist der Gaszutritt derselbe wie ohne Regulator.

Wird die Belastung verringert, so steigt die Glocke (Membran) *B* mit dem Regulierventil *C*, wodurch dasselbe um so viel geschlossen wird, daß der den Gewichten entsprechende Gasdruck in der Rohrleitung stattfindet.

Jede höhere Spannung des Gases bewirkt ein Steigen, jede geringere ein Sinken der Glocke (Membran) *B* nebst Ventilkegel *C*. Es herrscht deshalb bei einer gewissen Belastung ein bestimmter Druck in der Leitung von dem Regulator bis zu den Flammen, mögen deren viele oder wenige brennen, und alle Flammen werden gleichmäßig brennen, wenn die Rohrleitung weit genug und im besonderen nicht durch Verstopfungen verengt ist, in welchem Falle der Druck des Regulators nicht zu allen Flammen gelangen könnte.

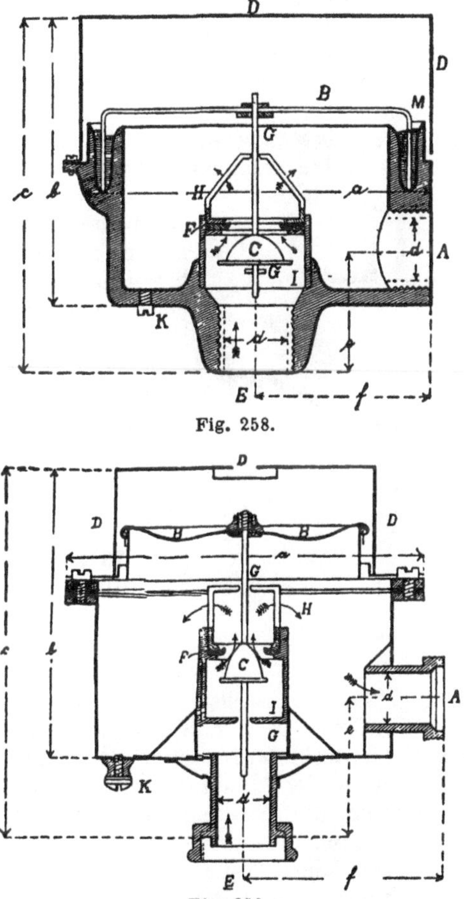

Fig. 258.

Fig. 259.

Die Verbindung des Regulators mit der Leitung geschieht entweder durch Verschraubungen, für Schmiedeeisenrohr bis zu 65 mm Rohrweite, oder durch Flanschen für Gußeisenrohr und größere Rohrweiten.

Bei der Aufstellung ist besonders darauf zu achten, daß der Apparat genau vertikal zu stehen kommt, damit die Glocke ein freies und leichtes Spiel in ihren Führungen erhält.

Die Füllung bei Fig. 257 ist, bevor das Gas zutritt und nach dem Öffenen der nächsten Hähne vorzunehmen; es wird solange nachgefüllt, bis die Flüssigkeit aus der oben seitlich angebrachten Füllschraube auszulaufen beginnt.

Das anzuwendende Glyzerin bei Fig. 257 muß säurefrei sein, kann aber, wenn es rein ist, zu gleichen Teilen mit Wasser gemischt werden.

Bei der Inbetriebsetzung wird die Glocke (Membran) *B* nur soweit belastet, daß diejenigen offenen Flammen, welche am tiefsten und entferntesten sich befinden, bei ganz geöffnetem Brennerhahn gerade hinreichend brennen; alsdann haben die höher gelegenen Flammen bei normaler Rohrweite auch ausreichenden Druck.

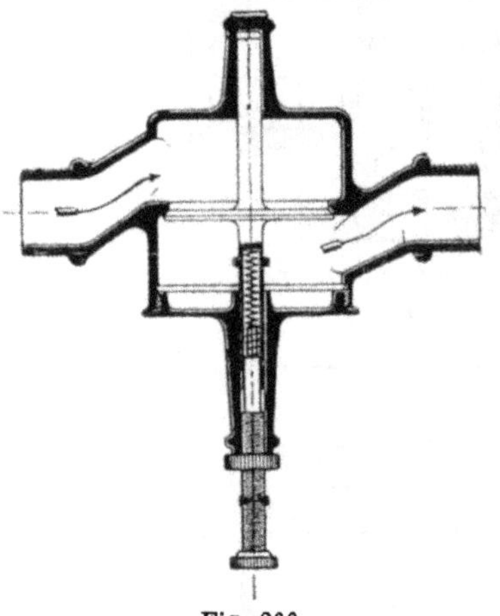

Fig. 260.

In den Abbildungen ist *D* Schutzkappe, *F* Manschette von Leder, *G* Führung des Ventils, *H* und *I* Ventilsitz-Ober- und Unterteil. *L* (Fig. 257) ein Schwimmer zur Entlastung der Glocke. *M* (Fig. 258) ist die zur Aufnahme des Quecksilbers bestimmte Rinne.

Der in Fig. 260 dargestellte und früher von der Firma Oskar Schneider & Co., G. m. b. H., Leichlingen bei Solingen, fabrizierte Regler ist wohl nur imstande, vorhandenen Druck zu reduzieren, da, wie aus der Abbildung ersichtlich, der Gasdruck am Ausgang nur um die Wirkung der Feder gegenüber dem Eingangsdruck vermindert ist; er wird also stets mit dem Vordruck steigen oder fallen, kann deshalb nur da verwendet werden, wo es sich darum handelt, einen gleichmäßig hohen Gasdruck um ein durch mehr oder weniger starkes Spannen der Feder veränderliches Maß herabzumindern.

Von den übrigen bekannten Druckreglern erwähnen wir noch den Stottschen, von Martin Marcus, Charlottenburg, den Giroudschen und den in letzter Zeit vielfach angewendeten

»Haarscharf«, welcher von der Gesellschaft für Gas-Sparapparate in Berlin in den Handel gebracht wird. Dieser Apparat ist in Fig. 261 abgebildet und nachstehend beschrieben:

a) Bewegliche Gewichte, um den Druck zu ändern,
b) Glocke, welche sich in einem ringförmigen, mit Vaselinöl gefüllten Becken bewegt,
c) mit Vaselinöl gefülltes ringförmiges Becken,
d) Gasdurchgangsöffnung,
e) Eingang für horizontales Rohr,
f) Deckel,
g) Wasserschrauben zum Ablassen von etwa sich ansammelndem Wasser,
h) Quecksilberverschluß, welcher durch die Wirkung des Gases auf die Glocke funktioniert,
i) untere Verschlußklappe,
k) obere Verschlußklappe,
l) Füllschraube.

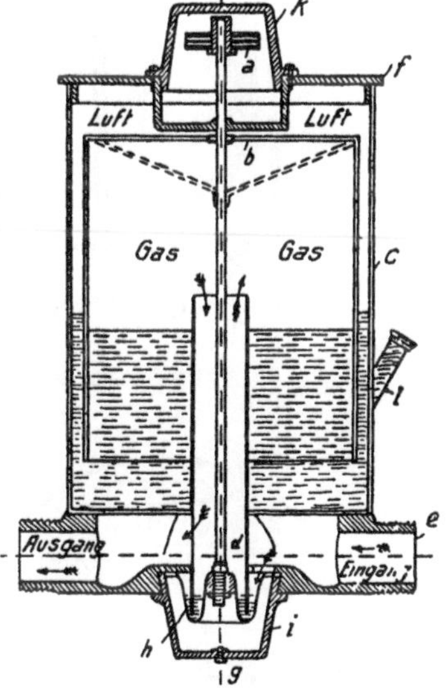

Fig. 261.

Der Druck aus dem Straßennetz wirkt auf die Glocke *b*, die sich in einem mit Vaselinöl gefüllten Becken *c* befindet.

In der Mitte der Glocke ist eine einfache Stange angebracht, welche in einem tassenförmigen, mit Quecksilber gefüllten Ventil *h* endigt; ist dieses gehoben so schließt es die Öffnung *d*. Ein starker Druck hebt die Glocke *b* und folglich das Ventil *h*, welches die Mündung bei *d* schließt. Dagegen erlaubt ein schwächerer Druck der Glocke, sich zu senken, und dem Ventil, sich zu öffnen.

Der Regler ist hinter dem Gasmesser in das Hauptleitungsrohr an geeigneter Stelle einzusetzen (Fig. 262).

1. Man nehme die Kappe *i* und den Deckel *f* ab, schraube das Ventil *h* (Tasse) ab,
2. hierauf öffne man die Füllschraube *k*, um zwischen die Wandungen *c* so weit Vaselin einzulassen, bis einige Tropfen aus der Füllschraubenöffnung heraustreten,

3. dann fülle man die Abschlußvorrichtung *h* (Tasse) mit Quecksilber bis zu der punktierten Linie, an welcher Stelle sich der Abschluß *h* (Tasse) erweitert, und schraube denselben vorsichtig, damit nicht Quecksilber verschüttet werde, wieder an die Glockenspindel an.
4. Der Kappenverschluß *i* wird sodann wieder luftdicht angeschraubt, und nun die Glocke *b* mit der beigegebenen Gewichten bis zu dem gewünschten Drucke belastet. Die Glocke selbst übt einen Druck von 28 mm aus.

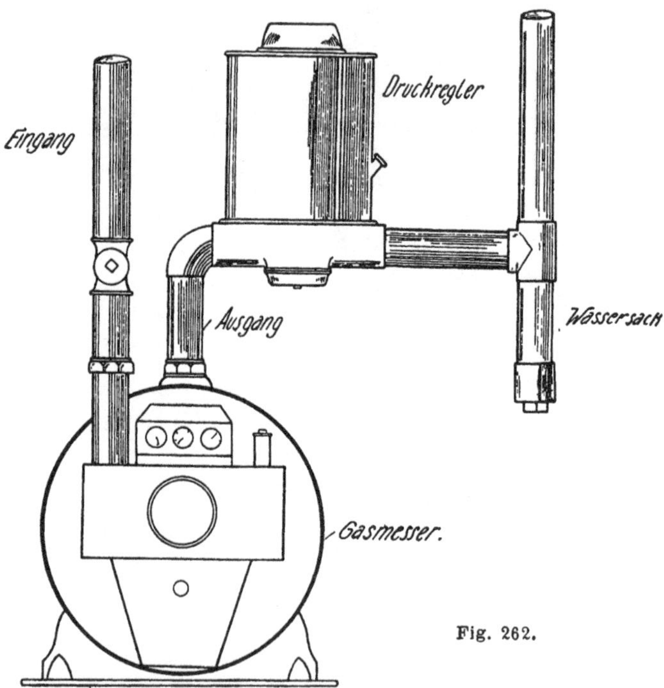

Fig. 262.

Ein vielfach, namentlich bei Gasmotorenbetrieben angewandter Druckregler, welcher sich bewährt hat, wird von der Firma Schaeffer & Oehlmann, Berlin, unter dem Namen Berliner Speiseventil angefertigt. Wir kommen bei der Besprechung der Gasmotoren auf die Wichtigkeit dieses Apparates nochmals zurück, wollen aber schon jetzt darauf aufmerksam machen und bei dieser Gelegenheit eine Beschreibung desselben geben. Hierzu diene die Fig. 263.

Wesentlich unterscheidet sich dieser Regler von anderen nassen Systemen dadurch, daß die Schwimmerglocke nicht durch den Gasdruck von unten, sondern von oben über die Flüssigkeitsabsperrung beeinflußt wird. Ein Nachteil ist, daß beim Verdunsten eines Teiles der Sperrflüssigkeit das Ventil abschließt, weshalb die Firma ein Füllöl, das schwer verdunstet, nicht gefriert und Metalle nicht angreift, mitliefert.

Im Blechgefäße *aa* befindet sich die Schwimmerglocke *ee*, welche an der Führungsstange das Ventil *g* trägt. Das T-Stück enthält den Ventilsitz und die Wasserschraube; in diese muß, falls die Leitung hinter dem T steigt, als Wassersack ein Stück Rohr eingeschraubt werden. Das Röhrchen *L* verbindet den Luftraum unter der Glocke mit der Außenluft.

Fig. 263.

Die Füllschraube *b* dient zum Eingießen der Füllung; der Deckel *c* sowie die Belastung müssen dabei abgenommen werden. Das Röhrchen *L* darf niemals geschlossen werden.

Das Gas in der Konsumleitung tritt hinter dem Ventil *g* durch die Röhre *d* über die Glocke in den Raum *k* und wirkt mit seinem Druck gegen den Auftrieb des Schwimmers; die Glocke senkt sich und schließt das Ventil *g* so weit, daß das Gleichgewicht zwischen den beiden entgegengesetzt wirkenden Kräften hergestellt wird. Da nun der Auftrieb bei gleichem Flüssigkeitsstand immer gleich stark ist, wird auch der ihm das Gleichgewicht haltende Gasdruck in der Konsumleitung stets gleich hoch sein müssen; wird er infolge einer Gasentnahme niedriger, so entlastet er die Glocke, sie hebt sich und öffnet das Ventil *g* so lange, bis das Gleichgewicht durch Erhöhung des Gasdrucks wieder hergestellt ist und umgekehrt.

Bei geschlossener Gaszuführung ist das Ventil ganz geöffnet, weil dann kein Druck in der Konsumleitung vorhanden ist und auf die Glocke wirkt.

Die Einstellung der gewünschten Druckhöhe geschieht durch Beschwerung der Glocke. Nachdem der Deckel *c* entfernt ist, wird das obere Ende der Führungsstange sichtbar. Auf dieses werden der Plattenhalter und so viele der durchlochten Bleischeiben gelegt, bis der gewünschte Druck hergestellt ist.

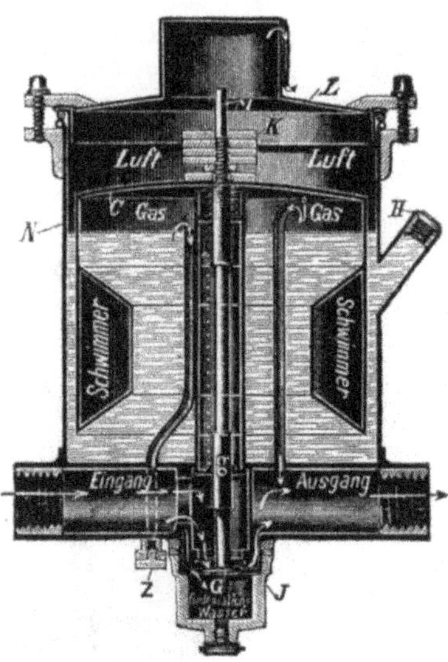

Fig. 264.

Auch der in Fig. 264 abgebildete Patent-Sicherheits-Gasdruckregler der Firma Johannes Fleischer in Gießen hat große Verbreitung gefunden und sich in der Praxis bewährt.

Eine Kombination eines Reglers mit Abstellhahn stellt der in Fig. 265 abgebildete Druckreglerhahn »Gafeg« der Gasfernzünder-Gesellschaft m. b. H., Berlin O, Romintenerstraße 26, dar.

Derselbe wird an Stelle eines Haupthahnes beim Eintritt der Gasleitung in ein Gebäude eingebaut; Bedingung ist, daß an dieser Stelle die Leitung wagerecht liegt.

In senkrechten Leitungen ist er nicht zu gebrauchen.

Der Apparat besteht aus Hahn und Regler; letzterer ist teilweise in den Konus eingebaut, während ein Gehäuse als Membraneträger oberhalb des Konus sitzt.

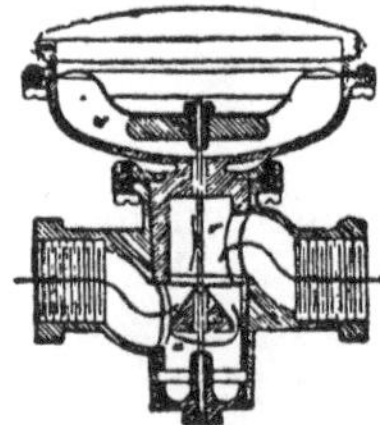
Fig. 265.

Das Gas strömt durch die Zuleitung in der Richtung des Pfeils in den Apparat ein und tritt zunächst in den Hohlraum des Konus, von wo es durch das offene Ventil nach der Ableitung und durch dieselbe nach dem Gasmesser usw. gelangt.

Die Gaszufuhr kann durch eine Drehung des Gehäuses, von *A* nach *Z*, geschlossen und der Reglerhahn dadurch außer Betrieb gesetzt werden.

In dem Gehäuse ist eine mit Fett getränkte geschmeidige Leder-Membrane eingespannt, welche durch eine senkrecht geführte Achse mit dem Ventilkegel verbunden ist und die je nach der Höhe des auf sie wirkenden Gasdrucks den Ventilkegel hebt oder senkt, wodurch die Weite des Ventilquerschnittes und der Gasdurchgang selbsttätig geregelt werden.

Der Hahnregler wird von der Fabrik auf 35 mm Gebrauchsdruck eingestellt geliefert, doch kann durch Auflegen von gleichzeitig beigegebenen Bleischeiben dieser Druck leicht erhöht werden. Gebaut sind dieselben für einen Vordruck bis 150 mm, doch hat der Herausgeber dieses Buches selbst in den letzten Jahren mehrere eingebaut an Orten, wo weit höhere Vordrucke im Hauptgasrohr vorhanden sind, ohne daß Störungen beobachtet wurden.

Zu beachten ist ferner, daß die Abmessungen des Druckreglerhahns folgende Beanspruchung zulassen:

¾″	= 5 Fl.	= 750	Liter	Gas	pro	Stunde
1″	= 15 »	= 2250	»	»	»	»
1¼″	= 30 »	= 4500	»	»	»	»
1½″	= 50 »	= 7500	»	»	»	»
2″	= 100 »	= 15000	»	»	»	»

10% Mehrbeanspruchung sind zulässig.

Für die Aufstellung aller Druckregler ist es wichtig, daß diese stets zugängig und an einer Stelle angebracht werden, an welcher sie ständig beobachtet werden können.

Es ist deshalb verwerflich — wie dies aus Unkenntnis häufig geschieht —, diese Apparate in Kellern oder ähnlichen Räumen, welche selten betreten werden, zu montieren, da durch das Verschwinden der Sperrflüssigkeit — etwa durch außergewöhnliche Druckerhöhung oder durch Verdunstung — Gasausströmungen leicht eintreten können.

Die Beleuchtungsgegenstände.

Wenn eine fertiggestellte Gasleitung sich bei der Prüfung als dicht erwiesen hat, so dürfen Beleuchtungsgegenstände angebracht werden. (Die übrigen Gasverbrauchsgegenstände, als Kocher, Gasheiz- und Badeöfen, werden in einem anderen Kapitel besprochen werden.)

Man unterscheidet Wandlampen, Hängelampen und transportable Tischlampen.

Die Wandlampen sind entweder beweglich oder fest. Die ersteren (Fig. 266) bestehen aus Hinterbewegung, Eisen- oder Messingrohr und Brennerknie, die letzteren aus Rohr mit Spitzhahn und Brennerknie oder Kniehahn (Fig. 267.)

Häufig versieht man die Wandarme noch mit einer zweiten, in der Mitte des Rohres befindlichen sog. Mittelbewegung (Fig. 268).

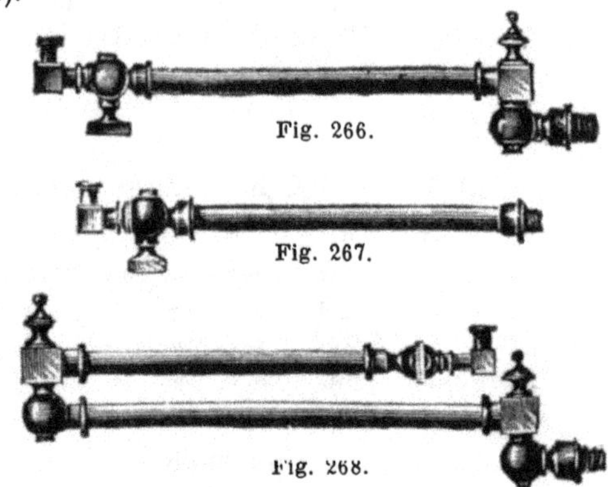
Fig. 266.

Fig. 267.

Fig. 268.

Die Hängelampen bestehen aus einem von der Decke herabhängenden Rohr mit dem daran befindlichen Unterteil beziehungsweise den Armen beim Doppelarm.

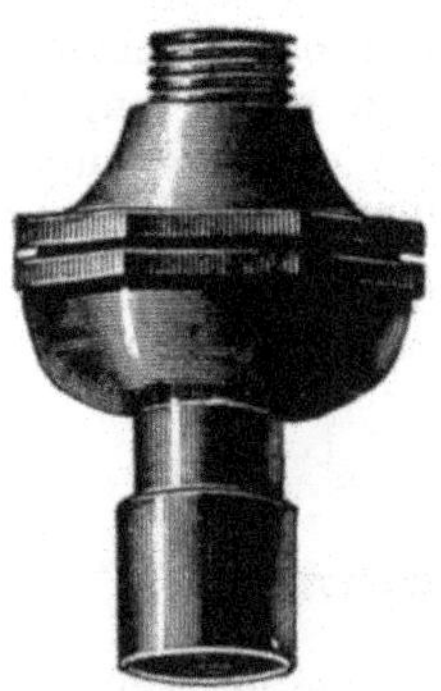
Fig. 269.

Die Kronleuchter (Lüster) sowie die Lyren gehören ebenfalls zu den Hängelampen. Man versieht diese häufig mit sog. Stopfbüchsenzügen, um ein Auf- und Abwärtsbewegen zu ermöglichen. Zum Zwecke der horizontalen Bewegung bringt man zwischen Deckenscheibe und Hängerohr eine Kugelbewegung (Fig. 269) an.

Will man eine Petroleumlampe für Gasglühlicht verwenden, wie dies manchmal aus Sparsamkeitsgründen geschieht, so bedient man sich der Umwandler. Dieselben bestehen für Hängelampen aus einem Deckenhaken mit Schlauchhahn oder seitlichem Rohrabgang, aus dem elastischen Metallschlauch und dem Bassinaufsatz mit Gewinde für Petroleumbrenner. Fischer & Co., Mainz, haben sich einen Umwandler schützen lassen, bei welchem anstatt des Schlauches ein ausziehbares Rohr mit Stopfbüchse zur Verwendung gelangt (Fig. 270).

Eine Einrichtung, bei welcher sich der Abschlußhahn oben befindet, damit der Schlauch nicht unter Gasdruck steht, ist in Fig. 271 abgebildet.

Für besondere Zwecke, wie Beleuchtung großer Räume, freier Plätze u. dgl. hatte man früher stehende Brenner aneinandergereiht oder im Kreise gruppiert und in besondere Lampen oder Laternen eingebaut; so z. B. bei der Gruppenbrennerlampe der Deutschen Gasglühlicht A.-G., bei der Gas-

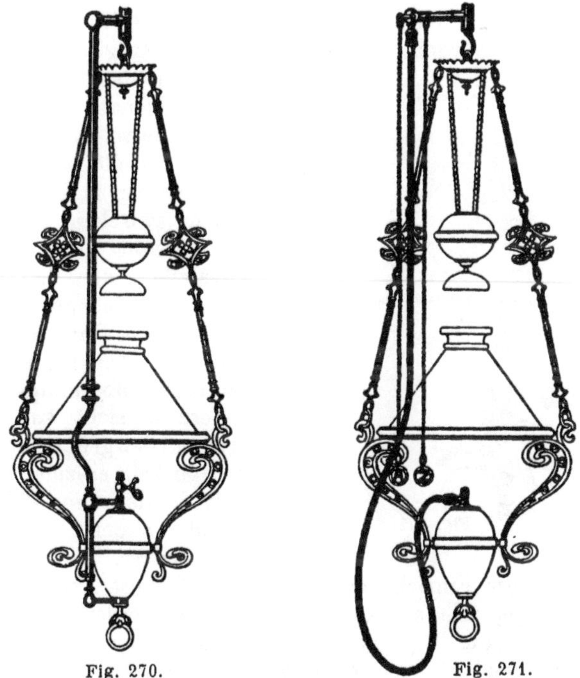

Fig. 270. Fig. 271.

glühlicht-Kugellampe der Vereinigten Metallwarenfabriken vorm. Schülke, Brandholt & Co., Berlin, u. a. m., doch sind dieselben heute allgemein durch die mehrflammigen Invert- oder Starklichtlampen, deren Besprechung später erfolgt, ersetzt.

In Betrieben, in denen feine Präzisionsarbeiten gefertigt werden, eignet sich eine allgemeine Beleuchtung mit wenig großen Lichtquellen nicht. Es empfiehlt sich vielmehr, an jedem Arbeitsplatz eine besondere Beleuchtung anzubringen.

Die von der Deutschen Gasglühlicht-Aktiengesellschaft hergestellten, in Fig. 272 abgebildeten beweglichen Wandarm-Hängelampen haben sich in solchen Fällen sehr gut bewährt.

Infolge ihrer leichten Beweglichkeit nach jeder Richtung kann die Lichtquelle nahe an das Arbeitsfeld herangeführt werden. Hierdurch erreicht man, daß, nicht wie sonst, wenn ein Brenner auf einen vorhandenen Wandarm oder Hängearm geschraubt wird, ein großer gewöhnlicher Auerbrenner in Gebrauch genommen werden muß, sondern daß die Anwendung eines kleinen Juwelbrenners, der nur die Hälfte des Gaskonsums beansprucht, genügt. Damit der Arbeiter durch das Leuchten des Glühkörpers nicht geblendet wird, kann die Lampe während der Arbeit so gestellt werden, daß sie mit dem grün emaillierten Schirm zwischen das Auge des Arbeiters und die Arbeitsstelle, den Schraubstock, das Zeichenbrett usw., plaziert wird. Der Arbeitende sieht also den leuchtenden Glühkörper überhaupt nicht, sondern er sieht von oben herab auf den grünen Schirm, und, da kein einziger Lichtstrahl in das Auge fällt, erscheint die Beleuchtung um so intensiver.

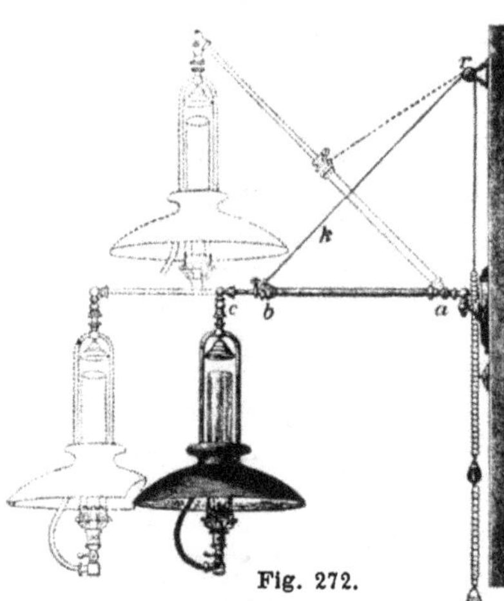

Fig. 272.

Es ist die Einrichtung getroffen, daß diese Arme, welche in der Lage, wie sie abends gebraucht werden, hinderlich sein würden, am Tage ganz beseitigt und an die Wand oder bis an die Decke hochgezogen werden können. Dadurch wird gleichzeitig der Glühkörper geschützt, denn es ist bekannt, daß in Fabriken am Tage die meisten Beschädigungen derselben vorkommen.

Die transportablen Tisch- oder Stehlampen werden mittels eines Gummi- oder Metallschlauches (Fig. 273) mit einem in der Regel an der Wand befindlichen Schlauchhahn (Fig. 274) in Verbindung gebracht.

Es ist ganz selbstverständlich, daß Schläuche ohne Unterschied des hierfür verwendeten Materials nur zur Überleitung des Gases für **kurze** Strecken verwendet werden und ebenso selbstverständlich ist es, daß eine Schlauchleitung stets durch einen in der festen Leitung befindlichen Hahn abgeschlossen werden muß, wenn die Benutzung des angeschlossenen Beleuchtungs- oder Heizapparates aufhört.

Fig. 273.

Den Schlauchverbindungen muß besondere Aufmerksamkeit geschenkt werden, da mangelhafte Verbindungen leicht Gasausströmungen verursachen. Ein großer Teil der durch ausströmendes Gas herbeigeführten Unglücksfälle ist auf schlechte Schlauchleitungen bzw. Schlauchverbindungen zurückzuführen. So lauten die Zeitungsberichte häufig:

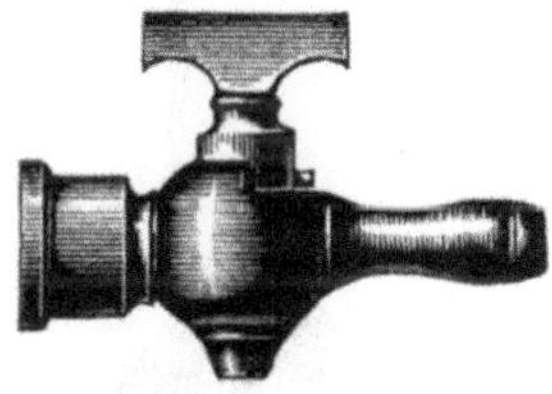

Fig. 274.

»Der Gummischlauch hatte sich gelöst und das Gas war ungehindert in die Küche ausgeströmt« oder »auf dem Tische stand ein Gaskocher, von dem der Schlauch abgeglitten war« usw.

Eine Auslese derartiger Zeitungsnotizen ist in Nr. 27 u. ff.

Fig. 275.

»der Verbands-Nachrichten des Verbandes elektrotechnischer Installationsfirmen in Deutschland« veröffentlicht worden. Der Sicherheitshahn des Metallschlauch-Syndikates, G. m. b. H.

Pforzheim (Fig. 275) bietet die Gewähr, daß die Gasleitung abgesperrt ist, solange der Metallschlauch nicht an dem Hahn befestigt ist. Man kann den Schlauch erst abnehmen, nachdem der Hahn geschlossen worden ist. Durch das Abnehmen des Schlauches wird zugleich der Hahnschlüssel gesperrt und kann nicht gedreht werden, bevor der Metallschlauch wieder an dem Hahn befestigt worden ist.

Der Sicherheits-Gashahn bietet daher höchste Sicherheit gegen unzeitiges Ausströmen von Gas.

Der Behr-Pintsch-Sicherheits-Steckhahn mit Metallschlauch (Fig. 276 u. 277) (von der Pintsch Akt.-Ges., Berlin) ge-

Fig. 276. Gas-Steckhahn. Fig. 277.

stattet die gefahrlose Verwendung beweglicher Beleuchtungskörper. Er steht wie ein gewöhnlicher Schlauchhahn mit der Rohrleitung, die unter Verputz verlegt ist, in Verbindung. Da aber bei ihm nicht ein außen liegender Hahn zu drehen ist, sondern das Hahnküken im Innern des in der Wand eingelassenen Stutzens liegt, ist es möglich, den ganzen Steckhahn in die Wand einzulassen. Wird der Metallschlauch von dem Steckhahn gelöst, so erfolgt gleichzeitig die selbsttätige Schließung des feststehenden Hahnkontaktes, so daß ein Ausströmen des

Gases vollkommen ausgeschlossen ist. Umgekehrt erfolgt die Verbindung einer beweglichen Tischlampe mit dem Steckhahn in der Weise, daß der am Schlauch befindliche Schlüssel in die Steckdose eingeführt wird und durch eine Drehung um 90° die Befestigung des Schlauches und gleichzeitig die Öffnung des Hahns erfolgt.

Emil Aug. Grell in Lüdenscheid empfiehlt eine Schlauchsicherung, welche ein Abgleiten des Schlauches von der Tülle des Hahns verhindert.

Wenn wir nun zur Besprechung der **Brenner** übergehen, so bedarf es kaum der Erwähnung, daß heute fast ausschließlich die Glühlichtbeleuchtung in Frage kommt, und daß die Schnitt- und Argandbrenner nur noch ein historisches Interesse haben. Dasselbe gilt von den Regenerativlampen, welche noch vor etwa 35 Jahren eine hervorragende Rolle auf dem Gebiete der Gasbeleuchtung spielten.

Die offenen sog. Schnitt-, Fledermaus- oder Schmetterlingsbrenner sowie die Einloch-, Zweiloch-, Bray- und Brönnersbrenner aus Speckstein oder Eisen kommen nur noch vereinzelt vor, und zwar finden sie Anwendung in Räumen, in welchen die Verwendung des Glühlichtes aus irgendwelchen Gründen unmöglich oder unzweckmäßig ist.

Das Gasglühlicht.

Das Gasglühlicht oder nach seinem Erfinder Dr. Auer von Welsbach auch kurz Auerlicht genannt, besteht aus einem Bunsenbrenner (siehe diesen) und einem Glühkörper. Es unterscheidet sich von den übrigen Gasbeleuchtungsarten dadurch, daß nicht das Leuchtgas direkt als Lichtquelle benutzt wird, sondern, daß dasselbe, mit Luft gemischt, nur dazu dient, einen aus Gewebe hergestellten und mit einer Lösung von Salzen seltener Erdmetalle getränkten Glühkörper, den sog. Strumpf oder das Netz, zu erhitzen. Diese Lösung besteht aus 99% Thoroxyd und 1% Ceroxyd.

Der Brenner ist so konstruiert, daß sich das Gas auf seinem Wege durch denselben mit Luft mischt.

Ein solches mit Luft gemischtes Gas gibt bei seinem Austritt aus der Brennermündung, entzündet, nicht mehr wie das reine Gas eine helle, sondern eine nicht leuchtende, blaue Flamme ab.

Diese Blauflamme beweist schon, daß beim Glühlicht nicht das Gas, sondern etwas anderes, nämlich das mit den Salzen der seltenen Erdmetalle getränkte Gewebe, zum Leuchten gebracht wird[1]).

In Fig. 278 ist ein Glühlichtbrenner mit darauf befindlichem Glühkörper abgebildet.

Der Brenner besteht aus der mit fünf kleinen Löchern versehenen Düse (Fig. 279), dem Brennerrohr mit vier Luftlöchern (Fig. 280), der Brennerkrone mit dem Glühkörperträger (Fig. 281) und der Durchschlagsplatte (Fig. 282). Eine sehr gute, aus

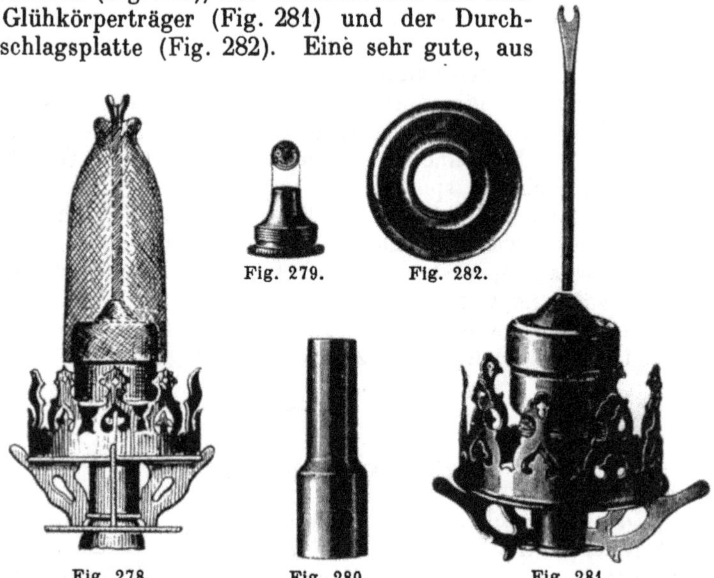

Fig. 279. Fig. 282.

Fig. 278. Fig. 280. Fig. 281.

[1]) Es wird manchmal behauptet, daß durch die Gasbeleuchtung, namentlich in kleineren Wohnungen, eine bedenkliche Verschlechterung der Zimmerluft eintrete.

Diese meistens tendenziöse, stark übertriebene Behauptung ist durch wissenschaftliche Untersuchungen widerleget worden. (Siehe Journal für Gasbeleuchtung und Wasserversorgung 1914, S. 690: Gas und Hygiene von Prof. Dr. v. Gruber). Gegen eine ordnungsgemäß eingerichtete Gasbeleuchtung ist vom hygienischen Standpunkt aus nichts einzuwenden. Die bei der Verbrennung des Gases in Beleuchtungskörpern neben Kohlensäure und Wasserdampf entstehenden Produkte sind in der Luft in so geringen Mengen enthalten, daß sie als bedeutungslos in hygienischer Hinsicht bezeichnet werden müssen.

Glimmer gefertigte und in der Mitte mit einer Verstärkung aus Aluminium versehene Durchschlagsplatte, welche ein Zurückschlagen der Flamme sicher verhindert, findet seit einiger Zeit häufig Verwendung. Diese Platte ist etwas größer als die bisher übliche aus Metall.

Der aus der Fabrik fertig bezogene Glühkörper wird, bevor er auf den Brenner aufgesetzt wird, verascht. Zu diesem Zwecke wird derselbe zunächst über eine Holzform (Fig. 283) gezogen und mit den Händen, welche rein und trocken sein müssen, glatt gestrichen. Sodann wird er mittels eines Drahthakens von der Form abgehoben und an der am oberen Teil, sog. Kopf, befindlichen Asbestöse aufgehängt. Nun wird der Kopf mit einer Bunsenflamme angezündet und die Veraschung geht von oben nach unten von statten. Dabei schrumpft der Glühkörper mehr oder minder zusammen. Um ihm eine schöne glatte Form und eine größere Festigkeit zu geben, wird er nach der Veraschung mit einem Gasgebläse gepreßt.

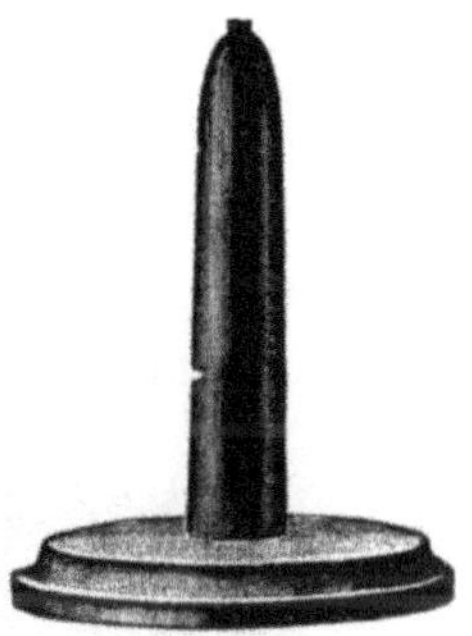
Fig. 283.

Derartige Gebläse (Preßgasvorrichtungen) gibt es in den verschiedensten Ausführungen.

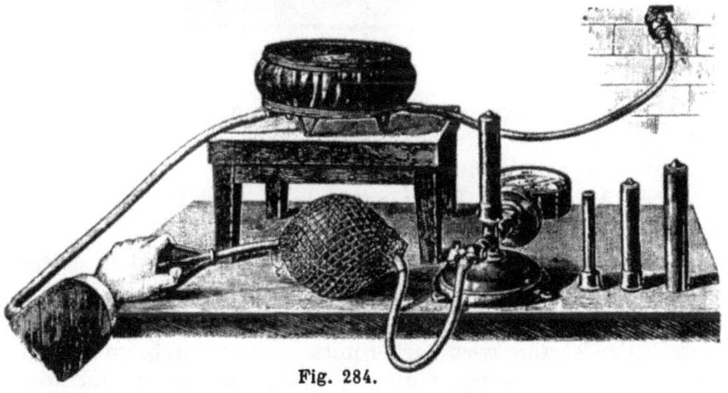
Fig. 284.

Eine Hand-Preßgas-Vorrichtung, bei welcher das Preßgas durch Druck mit der linken Hand erzeugt wird, ist in Fig. 284 abgebildet. Der Brenner ist dabei auswechselbar, so daß große, normale und kleine Glühkörper gepreßt werden können. Es empfiehlt sich, zum Schutze der Augen gegen die beim Pressen entstehende Lichtfülle eine Schutzbrille zu tragen oder eine aus Stativ mit dunkler Scheibe bestehende Lichtschutzvorrichtung aufzustellen (Fig. 285).

Die Arbeit des Abbrennens erfordert nächst peinlichster Aufmerksamkeit leichte, geschickte und geübte Hände. Um das Abbrennen zu erleichtern, haben einige Fabrikanten Abbrennmaschinen für Glühkörper gebaut, mit welchen man diese Arbeit in größerem Maßstabe vornehmen kann. Solche Maschinen sind u. a. von J. Werthen, Berlin, ferner von Butzke, Berlin, Dr. Wolf & Co., Charlottenburg, der Gasglühlichtgesellschaft Krone, Berlin, und von Max Sensenschmiedt, Frankfurt a. M., in den Handel gebracht worden. Die nachstehende Abbildung (Fig. 286), zeigt die Abbrennmaschine »Triumph« von Sensen-

Fig. 285.

Fig. 286.

schmidt. Diese Maschine ist gleichzeitig mit einer verschiebbaren Blendscheibe versehen, welche auch die ausstrahlende Hitze der Preßgasflamme abhält.

Nach Angabe des Fabrikanten kann eine Person 3 bis 4 derartige Maschinen gleichzeitig bedienen.

Das zum Abbrennen erforderliche Preßgas wird in einem Kompressor mittels Wasserdrucks erzeugt.

So vorbereitet, wird der Glühkörper auf den Brenner gesetzt. Der letztere wird vorher mittels einer Bürste und durch Ausblasen gründlich gereinigt, der Glühkörper behutsam über den Brennerkopf geschoben und die bereits erwähnte Asbestöse in die Gabel des Glühkörpers gelegt. Es darf dabei keinerlei Gewalt angewendet werden. Zu beachten ist, daß der Glühkörper an seinem unteren Ende den Brennerkopf gut umschließen muß, also nicht zu weit sein darf.

Nun wird der Zylinder vorsichtig auf den Brenner aufgesetzt, das Glühlicht von oben angezündet und nachgesehen, ob der Glühkörper »voll« leuchtet. Schlägt die Flamme beim Anzünden zurück, was durch ein schwaches, unruhiges, gelbgrünes Licht bemerkbar wird, so drehe man den Brennerhahn wieder zu und zünde das Gas nochmals an.

Sollte der Gasglühlichtbrenner ein heulendes, singendes oder knatterndes Geräusch von sich geben, so kann dies seine Ursache darin haben, daß entweder eine zu große oder eine zu geringe Gasmenge dem Brenner zugeführt wird. Man versuche durch Änderung der Hahnstellung das Geräusch zu beseitigen. Wird das Licht bei kleiner gestelltem Hahn heller, so ist das ein Beweis für zu große Gaszuführung. Hält man eines oder mehrere Luftlöcher am Brennerrohr mit den Fingern zu, so daß die Luftzuführung eine geringere ist, und wird darauf das Glühlicht heller, so ist das ein Beweis für zu geringe Gaszuführung. In ersterem Falle müssen die Düsenlöcher verkleinert, in letzterem vergrößert werden. Zum Verengen bedient man sich eines Düsenschlagapparates (Fig. 287) (Düsenstanze), zum Aufweiten einer Düsennadel (Fig. 288).

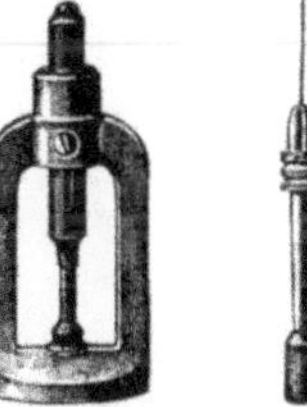

Fig. 287. Fig. 288.

Die Brenner werden zum Schutze des Glühkörpers und der Flamme gegen Zugluft und Staub mit **Zylindern** versehen; diese dienen aber auch zur Erzielung eines ruhigen, gleichmäßigen Lichtes, insofern, als sie zur vollständigen Verbrennung des Gases und zur Erreichung der erforderlichen Temperatur die Luftmenge regulieren. Bei dem geraden Zylinder wird dem Brenner die Luft von unten durch die Galerie zugeführt; bei dem sog. Jenaer Lochzylinder dagegen wird der Luftzutritt durch die Galerie des Brenners aufgehoben und in die Zone der Brenneroberkante durch seitliche Löcher im Zylinder verlegt, wodurch die Leuchtkraft um ca. 14% höher wird als bei dem gewöhnlichen glatten Zylinder. Die Brennergalerie muß dann mit einem konischen Luftabschlußblech versehen werden (siehe Fig. 305).

Glimmerzylinder (Marienglaszylinder) haben zwar eine größere Lebensdauer als Glaszylinder, jedoch beeinflussen sie die Lichtwirkung ungünstig. Ein sehr gutes, widerstandsfähiges Glasmaterial wird von den Glaswerken Schott & Gen. in Jena geliefert. Die Fig. 289 bis 295 zeigen verschiedene Zylinderformen genannter Glasfabrik.

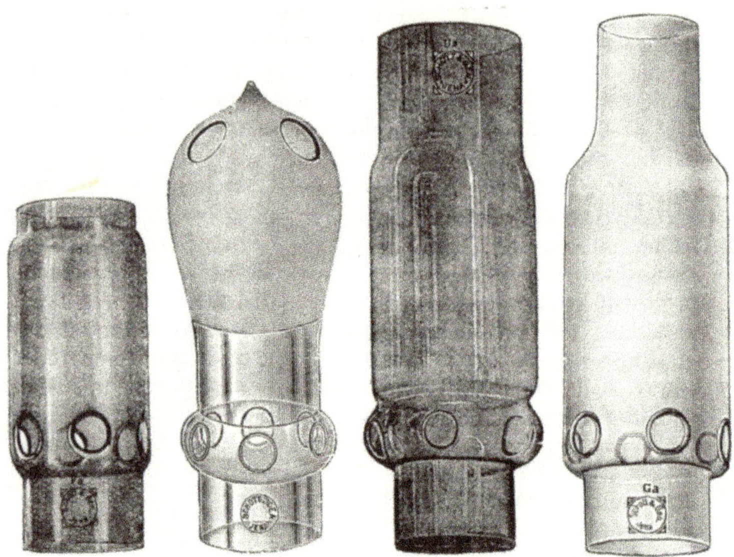

Fig. 289. Fig. 290. Fig. 291. Fig. 292.

Fig. 293.

Fig. 294.

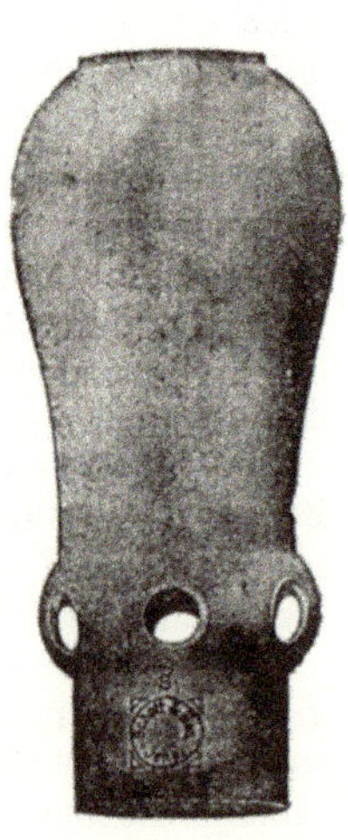

Fig. 295.

Eine Reinigung des Brenners muß von Zeit zu Zeit vorgenommen werden, wobei etwaiger Staub mit dem Munde aus den Düsenlöchern und dem Siebe des Brennerkopfes herausgeblasen wird. Man hüte sich vor unnötigem Aufreiben der Düsenlöcher, etwa um Staubkörnchen daraus zu entfernen; in der Regel wird dem Brenner dadurch zuviel Gas zugeführt und der Glühkörper verliert an Leuchtkraft.

Max Sensenschmidt, Frankfurt a. M., fertigt besondere Brennerputzmaschinen, welche für jeden Brenner passend eingestellt werden können.

Beim Reinigen der Zylinder achte man darauf, daß kein Wasser verwendet wird. Feucht geputzte Zylinder zerspringen sehr leicht, weshalb ein trockenes Abwischen ratsam ist.

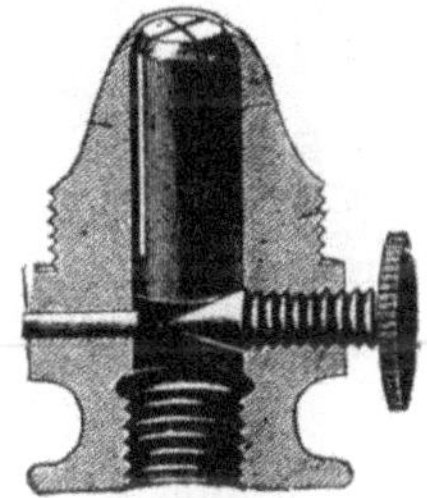
Fig. 296.

Zum leichteren Einstellen der erforderlichen Gasmenge verwendet man sog. Regulierdüsen.

Die Regulierdüse der Deutschen Gasglühlicht-Gesellschaft mit innerem, geschlitztem Hohlkörper, welcher durch eine seitliche, mit konischer Spitze versehene Schraube bewegt wird, hat sich bewährt (Fig. 296). Die Düse funktioniert vollkommen geräuschlos und verdient deshalb den anderen mit Dorn- oder Nadelventil gegenüber den Vorzug.

Zum Schutze der Brenner gegen Staub und Insekten versieht man die Brennerrohre mit Drahtsieben oder bringt über den unteren Teil des Brenners einen Schutzkorb. Auch ordnet man unterhalb der Brennerkrone einen Windschutzkorb an und setzt außerdem noch einen durchbrochenen, schornsteinartigen Aufsatz (Windschutzaufsatz) auf den Zylinder, falls es sich um Beleuchtung von solchen Räumen handelt, welche Wind und Wetter ausgesetzt sind (Fabriken, Hausfluren, Treppen, Gartenlokalen).

Wie schon bei der Besprechung der Brenner bemerkt, bestehen die Glühkörper aus einem Gewebe, und zwar entweder aus Baumwollgarn oder aus Ramiefaser. Letztere ist die Bastfaser einer namentlich in Südamerika und Ostasien vorkommenden Pflanze.

Die Glühkörper werden mittels Maschine gestrickt, dann mit dem Imprägnierungsfluid getränkt, durch eine Wringmaschine gezogen und hierauf auf Glasformen in warmen Räumen getrocknet.

Beim Aufbewahren der Glühkörper achte man darauf, daß der Aufbewahrungsraum nicht feucht ist.

Die Deutsche Gasglühlicht-Gesellschaft liefert einen Aufbewahrungskasten, der ein Gefäß für eine Trockenmasse enthält, welche die Feuchtigkeit an sich zieht und die Glühkörper trocken macht.

Die abgebrannten Glühkörper, welche bekanntlich sehr empfindlich gegen Schlag und Stoß sind, werden von den Glühlichtfabrikanten auch versandfähig geliefert. Um die Glühkörper versandfähig zu machen, werden sie in eine aus Kollodium, rektifiziertem Schwefeläther, Rizinusöl und rektifiziertem Kampfer bestehende Lösung getaucht und dann nochmals getrocknet.

Fig. 297.

Die kollodionierten Glühkörper werden meistens in zylindrischen Pappschachteln (Fig. 297) verpackt, deren beide Enden durch Deckel verschlossen sind. Zur sicheren Aufbewahrung werden beide Deckel mit Watte ausgelegt.

Der auf vorstehende Weise widerstandsfähig gemachte Glühkörper wird auf den Brenner gesetzt und, bevor der Zylinder darüber gebracht wird, angezündet, um das oben angegebene Präparat zu beseitigen.

In bezug auf die Verschiedenartigkeit des Gewebes, der Maschenweite, Garnstärke u. dgl. sind von den Fabrikanten die verschiedensten Glühkörper angefertigt und mit allen möglichen Namen belegt worden, so der Cerofirm-Glühkörper, der Hill-Glühkörper, Degea von der Deutschen Gasglühlicht-Gesellschaft, Hammerfest, Duplex, Egge, Elite, Kadol, Mundus usw. usw.

Fig. 298.

Wie bereits gesagt, werden die Glühkörper in der Regel aus Baumwollgarn oder Ramiefaser, auch Chinagras genannt, hergestellt und die fertigen Körper mit dem Imprägnierungsfluid getränkt. Es werden auch Glühkörper aus einem anderen Material, welches man Kupfer-Zellulose nennt, gefertigt. Diese Glühkörper haben nach Mitteilung von Professor Drehschmidt, Berlin, eine weit größere Lebensdauer als diejenigen aus Baumwolle oder Ramiefaser gefertigten. Dieselben werden von mehreren Glühkörperfabriken in den Handel gebracht, so z. B. von der Butzke-Glühlicht-Aktien-Gesellschaft, Berlin.

Die Deutsche Gasglühlicht-Auer-Gesellschaft m. b. H., Berlin O. 17, hat unter dem Namen »Degea-Selbstformer-Glühkörper« einen neuen Glühkörper in den Handel gebracht. Dieser wird unabgebrannt versandt. Er formt sich erst nach dem Aufsetzen auf den Brenner bei gewöhnlichem Gasdruck zum fertigen Glühkörper. Der Glühkörper wird mit dem Strumpfring auf den gereinigten Brennerkopfrand aufgesetzt, wobei die Höhe zwischen Oberkante-Brennerkopf und tiefstem Punkt des Glühkörperträgers 75 mm betragen muß. Darauf wird das Gas entzündet und etwa 25 Sekunden brennen gelassen. Nach einigen weiteren Sekunden ist der Glühkörper vollständig verascht. Nach vorsichtigem Aufsetzen des Zylinders wird die Flamme wie gewöhnlich von oben in Brand gesetzt. Die Vorteile des Selbstformers sind Raumersparnis beim Lagern, Vermeidung des Bruches beim Aufsetzen; außerdem sind diese Glühkörper billiger als schellackierte.

Der Größe nach unterscheidet man drei Arten von Glühlichtbrennern, und zwar:

Juwel- oder Liliputbrenner,
Normalbrenner und
Starklicht- oder Intensivbrenner.

Der von der Deutschen Gasglühlicht-Aktiengesellschaft angefertigte sog. Zwergbrenner hat nur geringe Verwendung gefunden.

Der Juwelbrenner für Treppen-, Flur- und Küchenbeleuchtung, sowie auch für mehrflammige Kronleuchter in Privaträumen besonders geeignet, hat einen Gasverbrauch von etwa 60 l in der Stunde und eine Lichtstärke von 35 bis 40 Hefnerkerzen. (Lichtstärke siehe später.)

Der Normalbrenner (von der Auergesellschaft C-Brenner genannt verbraucht 100 bis 110 l Gas pro Stunde bei einer Lichtstärke von 70 bis 90 Hefnerkerzen.

Der Starklicht- oder Intensivbrenner hat in der Regel einen stündlichen Gasverbrauch von 200 bis 225 l bei etwa 200 Kerzen Leuchtkraft. — Der Verwendungsart nach unterscheidet man Brenner für Innen- und solche für Außenbeleuchtung (Straßenbrenner).

Sämtliche Brennerarten können mit Kleinstellvorrichtung (Zündflamme) versehen werden. — Brenner mit Kleinstellvorrichtung haben besonders für Straßenbeleuchtung die ausgebreitetste Verwendung gefunden, und wohl in den meisten Städten ist diese Zündmethode in Gebrauch.

In Fig. 298 ist ein Brenner mit Zündflamme, Doppelhebel und Ketten abgebildet. Die Ketten werden für Straßenlaternen häufig durch starke Drähte ersetzt.

Fig. 299 stellt einen Laternenbrenner mit Hahn, Hebel und seitlichem Zündrohr dar, Fig. 300 dieselbe Konstruktion mit zwei Flammen, von welchen eine als Nachtflamme dienen kann. Ein sehr beliebter und viel verwendeter Straßenbrenner

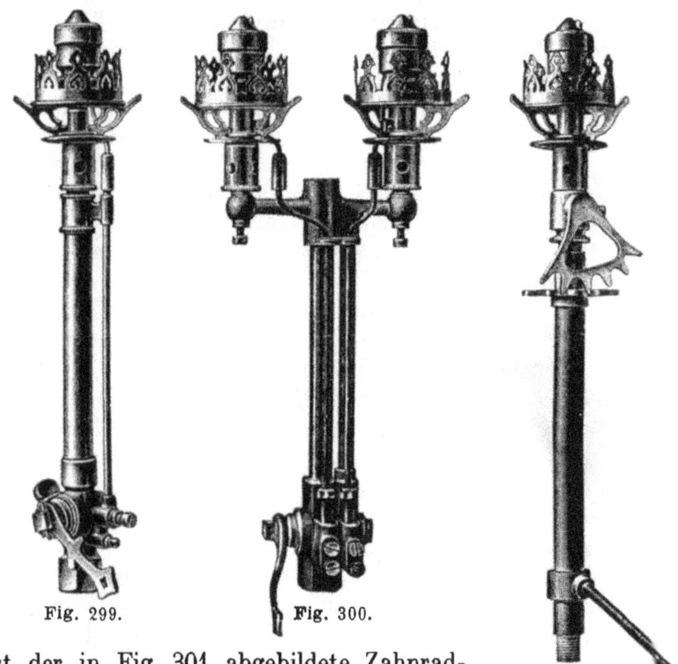

Fig. 299. Fig. 300.

Fig. 301.

ist der in Fig. 301 abgebildete Zahnradbrenner der Deutschen Gasglühlicht-Aktiengesellschaft, Berlin.

Die kleinen Zündflammen werden sowohl für Leuchtgas als auch für entleuchtetes Gas (Bunsenflamme) eingerichtet. Die entleuchtete Flamme verbraucht wenig Gas und verhütet auch das Verrußen der Glühkörper, welches bei einer leuchtenden Flamme nicht immer zu vermeiden ist.

Eine andere Zündmethode für Straßenbrenner ist die L ö f f e l z ü n d u n g, wie eine solche in Fig. 302 abgebildet ist. Ein Vorteil dieser Zündung besteht ohne Frage in der Ersparnis, welche durch das Fehlen der Zündflämmchen mit ihrem durchschnittlich 7 l pro Stunde betragenden Gasverbrauch (die Angaben schwanken zwischen 4 und 10 l) erreicht wird.

Ein Nachteil ist jedoch das häufige Versagen der Einrichtung bei Wind und schlechtem Wetter. Bekannt ist die Löffelzündung von Muchall, welche von Manoscheck wesentlich verbessert worden ist.

Das vorstehend Gesagte gilt auch für die sog. Kletterzündung, von welcher die Konstruktionen von Grosch, Gröbbel, Flosky und Sorge die bekanntesten sind. Die Sorgesche Zündung findet namentlich da Anwendung, wo die Straßenbrenner mit Jenaer Lochzylindern versehen sind.

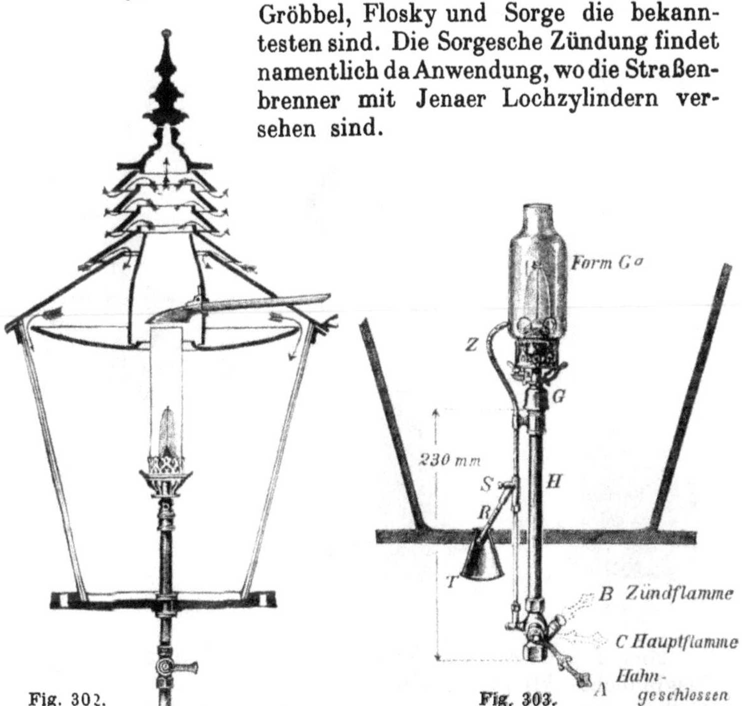

Fig. 302.

Fig. 303.

Fig. 303 zeigt einen von Sorge konstruierten und von der Deutschen Gasglühlicht-Aktiengesellschaft, Berlin, angefertigten Laternenhahn mit Kletterzündung.

Bei der Verwendung von Lochzylindern wird der Luftzutritt zur Brennerkrone unten durch ein sog. Luftabschlußblech abgeschlossen (siehe Fig. 304 u. 305), so daß es nicht möglich ist, das Kletterflammenzündrohr durch den unteren Teil der Brennerkrone hindurchzuführen. Bei der Sorgeschen Einrichtung ist nun das Röhrchen so angeordnet, daß es seitlich durch die Lufteintrittsöffnungen des Zylinders geführt und auf diese Weise die Hauptflamme entzündet werden kann (Fig. 303).

Zum Schutze der Glühkörper gegen Stoßwirkungen und Erschütterungen, welche namentlich durch den Fuhrwerksverkehr in schlecht gepflasterten Straßen, bei elastischem Untergrund, in Fabriken durch die Bewegung von Maschinen, Webstühlen u. dgl. hervorgerufen werden, hat man Apparate, sog. »Stoßminderer oder Antivibratoren« hergestellt, die sich mehr oder weniger in der Praxis bewährt haben.

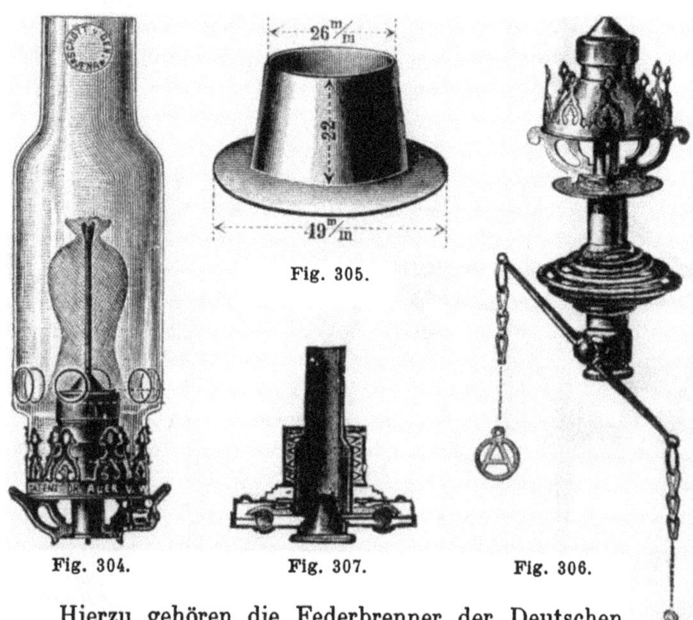

Fig. 305.

Fig. 304. Fig. 307. Fig. 306.

Hierzu gehören die Federbrenner der Deutschen Gasglühlicht-Aktiengesellschaft (Fig. 306) und der von Hudler konstruierte Stoßfänger (Westfäl. Gasglühlichtfabrik, Hagen i. W.).

Wie aus Fig. 307 zu ersehen ist, ruht das Brennerrohr mit der Brennerkrone auf Kugeln, welche sich in seitlicher Richtung zwischen flachen Schalen frei bewegen.

Das hängende Gasglühlicht.

Im Vordergrunde des Interesses steht heute in der Gasbeleuchtungstechnik immer noch das hängende Gasglühlicht oder Invertlicht, welches wir in diesem Kapitel näher besprechen wollen. Dazu ist noch die Verwendung des Preßgases bei der Invertbeleuchtung gekommen. (Siehe Preßgasbeleuchtung.)

Die Ausnutzung des Gases durch hängendes Gasglühlicht ist schon unter gewöhnlichem Druck eine weit bessere als beim stehenden; noch besser ist sie aber bei dem Preßgashängelicht, mit Drucken von 1200 bis 1500 mm WS[1]).

Je nach der Zusammensetzung des Gases beträgt der Gasverbrauch bei hängendem Gasglühlicht unter gewöhnlichem Druck von 40 bis 50 mm WS 0,9 bis 1,2 l für die Hefner-Kerze und Stunde, und zwar ersteres bei 5000 WE, letzteres bei 4000 WE[2]), gegenüber 1,3 bis 2 l bei dem stehenden Licht. Preßgaslampen verbrauchen bei einem Heizwert des Gases von 5000 WE im Mittel 0,5 l pro HK[3]) und Stunde.

Bei dem hängenden Gasglühlicht wird die Hauptmenge des Lichtes unmittelbar nach unten gestrahlt, während das stehende sein Licht vornehmlich nach oben sendet.

Einen weiteren Vorteil bietet das hängende Gasglühlicht dadurch, daß die Glühkörper infolge ihrer mehr oder weniger halbkugelförmigen Gestalt haltbarer sind, als beim stehenden Licht. Hierzu trägt noch die Aufhängung des Gewebes, das an dem Magnesiaring angebunden wird, wesentlich bei.

Ferner haben alle guten Hängelichtbrenner eine sicher wirkende Luftregulierung, die heute um so unentbehrlicher ist, als bei der wechselnden Zusammensetzung und dem wechseln, den Heizwert des Gases eine sorgfältige Regelung der Erstluft notwendig ist. Außerdem sind Lichtstärken zu erzielen, die mit stehendem Glühkörper nicht zu erreichen sind.

Für die Innenbeleuchtung kommen hauptsächlich sechs verschiedene Brennergrößen in Betracht: ein normaler 100 HK-, ein 60 HK-, ein 30 HK- und für untergeordnete Zwecke ein 15 HK-Brenner, für Schaufensterbeleuchtung, größere Räume usw., ein 200- und 300 HK-Brenner.

Für die Außenbeleuchtung, im besonderen für die Straßenbeleuchtung werden Lampen von 150 HK bis 1000 HK, letztere mit 3 Glühkörpern in einer Lampe, für nach unten strahlendes Licht hergestellt, Preßgaslicht bis 2000 HK und mehr in einer Lampe.

Es sind eine Menge Hängelichtbrenner für Innen- und Außenbeleuchtung konstruiert worden, von denen wir einige

---

[1]) = Wassersäule. — [2]) = Wärmeeinheiten. — [3]) = Hefnerkerze.

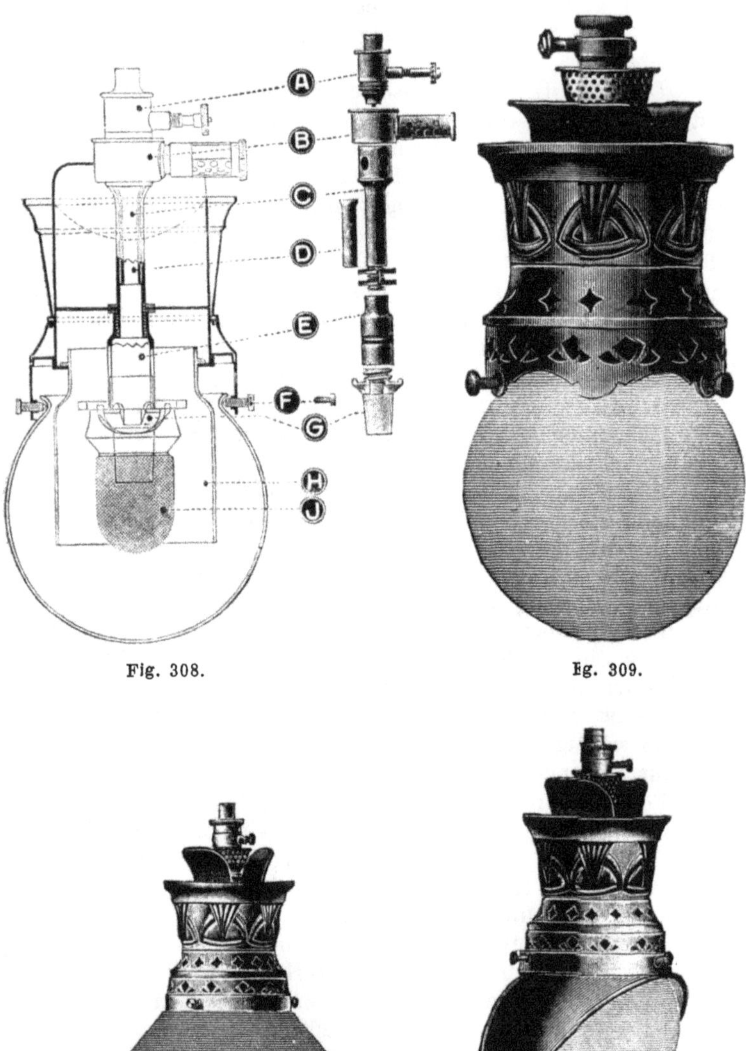

Fig. 308. Fig. 309.

Fig. 310. Fig. 311.

im Schnitt und in der Ansicht veranschaulichen[1]). Fig. 308 und 309 zeigen einen nach den Mannesmann-Patenten hergestellten Graetzinbrenner (Ehrich & Graetz Akt.-Ges., Berlin) mit Kugel in Schnitt und Ansicht, Fig. 310 einen solchen mit Schirm, Fig. 311 denselben Brenner mit Reflektor.

Eine Erläuterung der Fig. 308 geben die den einzelnen, Teilen beigesetzten Buchstaben.

A Regulierdüse mit Regulierschraube, *B* Luftregulierung- *C* Düsenrohr mit Düsenrohrmuttern, *D* Strahlrohr, *E* Gas, kammer mit Sieb, *F* Kranzscheibe, *G* Magnesia-Mundstück *H* Zug — Zylinder, *J* Glühkörper.

In Fig. 312 u. 313 ist eine Graetzinlampe für Außenbeleuchtung in der Ansicht und im Schnitt dargestellt.

Aus der Schnittzeichnung ist die Konstruktion deutlich zu ersehen.

Einen in letzter Zeit viel für Straßenbeleuchtung verwendeten Typ zeigen die Fig. 314 u. 315, die eine Graetzin-Aufsatzlampe (Kölner Modell) in der Ansicht und im Schnitt darstellen. Diese Aufsatzlampen können auf jeden Kandelaber aufgesetzt werden. Sie werden für Normallicht 1 flg. 150 HK, 2 flg. 300 HK, 3 flg. 450 HK und als Graetzinstarklicht 1 flg. 300 HK, 2 flg. 600 HK und 3 flg. 1000 HK hergestellt.

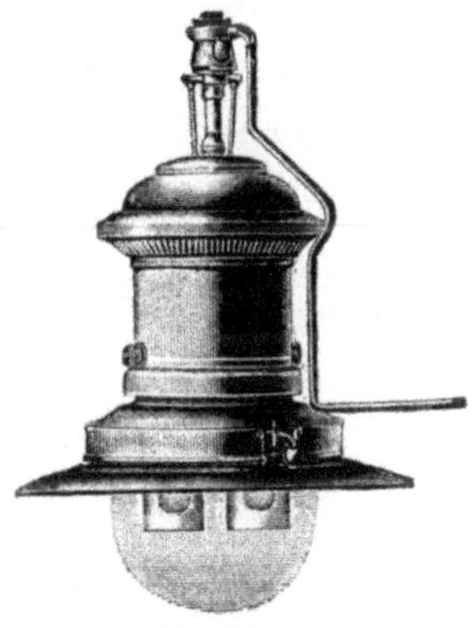

Fig. 312.

Außer ihrer guten Wirkung in ästhetischer Beziehung hat die Aufsatzlampe den Vorzug, daß der Fernzünder gleich im Dach eingebaut werden kann, und daß ferner die Lampe windsicher ist.

Die höhere Lichtstärke bei den Starklichtlampen wird durch eine gute Vorwärmung der Erstluft und des zuströmen-

---

[1]) Das Gasinvertlicht in seiner jetzigen Form ist zwar eine vor etwa 20 Jahren gemachte Erfindung, doch haben sich schon in früheren Jahren Techniker mit dem Gedanken befaßt, Glühkörper, so z. B. »Magnesiakörbe«, hängend anzuordnen. (1881 Clamond.)

In Deutschland kann wohl Dr. Otto Mannesmann in Remscheid als der eigentliche Konstrukteur des heutigen Hängelichtes bezeichnet werden. Zwar arbeiteten gleichzeitig mit ihm Bernt und Cervenka in Prag an der Lösung des Problems, aber immerhin gebührt Mannesmann das Verdienst, einen für die Praxis brauchbaren Invertbrenner zuerst angefertigt zu haben.

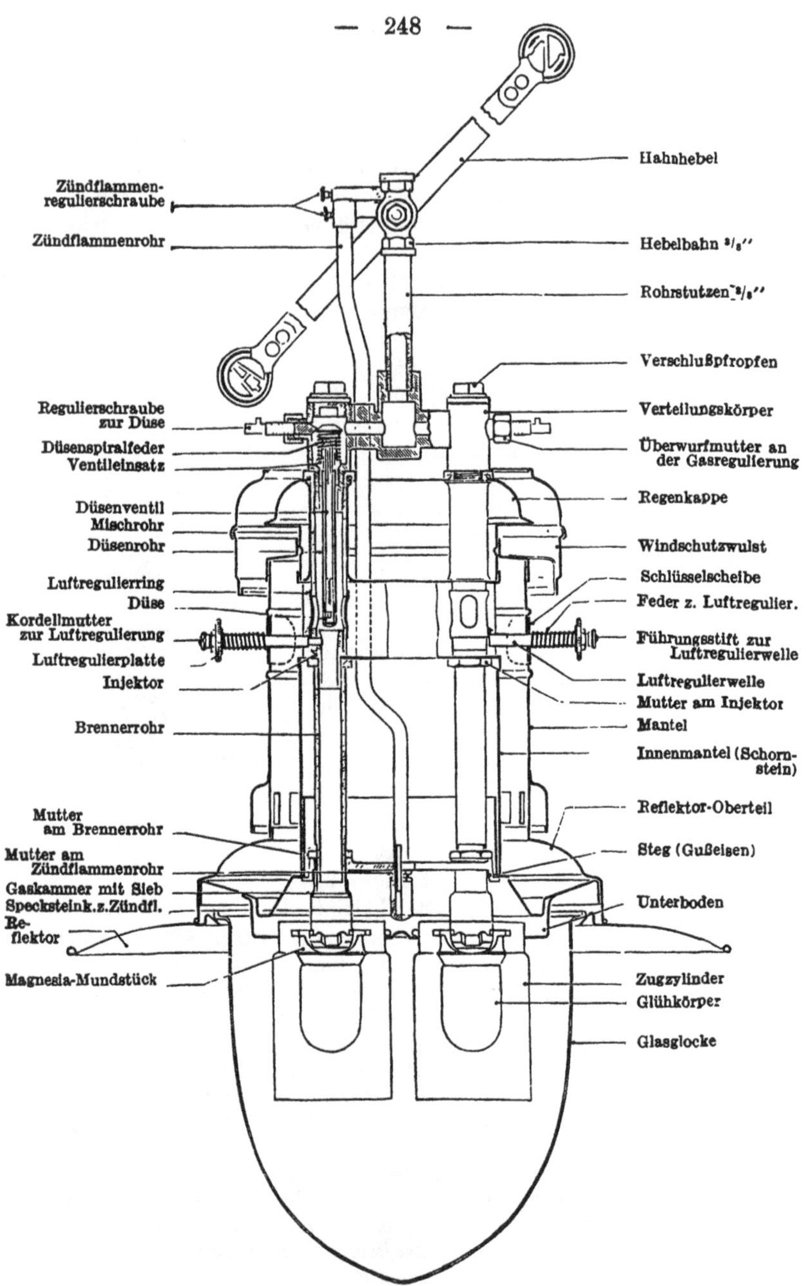
Zündflammen-
regulierschraube
Zündflammenrohr
Regulierschraube
zur Düse
Düsenspiralfeder
Ventileinsatz
Düsenventil
Mischrohr
Düsenrohr
Luftregulierring
Düse
Kordellmutter
zur Luftregulierung
Luftregulierplatte
Injektor
Brennerrohr
Mutter
am Brennerrohr
Mutter am
Zündflammenrohr
Gaskammer mit Sieb
Specksteink.z.Zündfl.
Re-
flektor
Magnesia-Mundstück
Hahnhebel
Hebelbahn 3/8''
Rohrstutzen 3/8''
Verschlußpfropfen
Verteilungskörper
Überwurfmutter an
der Gasregulierung
Regenkappe
Windschutzwulst
Schlüsselscheibe
Feder z. Luftregulier.
Führungsstift zur
Luftregulierwelle
Luftregulierwelle
Mutter am Injektor
Mantel
Innenmantel (Schorn-
stein)
Reflektor-Oberteil
Steg (Gußeisen)
Unterboden
Zugzylinder
Glühkörper
Glasglocke

Fig. 313.

den Gases erreicht. Der Gasverbrauch dieser Lampen beträgt bei Gas von 5000 WE 0,7 l, bei Gas von 3800 bis 4000 WE 0,85 l bis 0,9 l/HK stündlich.

Das Preßgaslicht erfordert einen Kompressor zur Erhöhung des Gasdruckes und hat vor der Preßluftbeleuchtung, also vor der Beleuchtung, bei der das Gas unter normalem

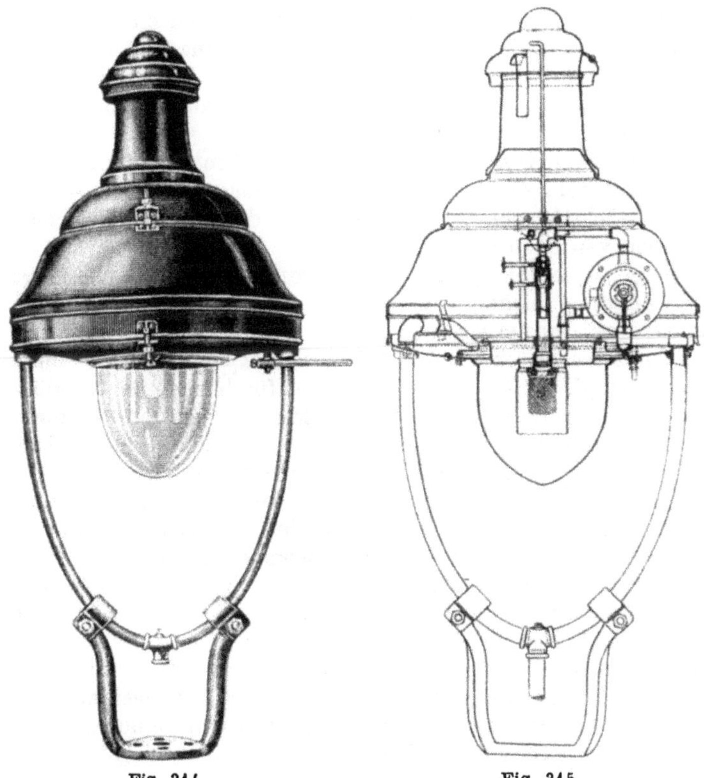

Fig. 314. Fig. 315.

Druck von 40 bis 50 mm WS zugeführt, während die Luft auf 1200 bis 1400 mm WS Druck gebracht wird, den Vorzug, daß nur eine Rohrleitung, nämlich die Preßgasleitung, notwendig ist, während die Preßluftbeleuchtung eines Rohres für das Niederdruckgas und eines zweiten für die Druckluft bedarf.

Außerdem wird durch eine Preßgasanlage das vorhandene Straßenrohrnetz entlastet, da ja, z. B. bei Straßenbeleuchtung, ein besonderes Rohr vom Kompressor zu den einzelnen Straßenlaternen gelegt werden muß.

Die Anwendung der Preßgasbeleuchtung empfiehlt sich von 1000 HK an; es werden Lampen von 1000 HK, 1500 HK und 2000 HK angefertigt.

Eine Eigentümlichkeit der Invertbrenner liegt übrigens darin, daß die guten invertierten Brenner schwieriger anzuzünden sind als stehende Auerbrenner. Bei den mit gelochten Glasbirnen versehenen kann man sich allerdings helfen, indem man das brennende Streichholz durch eines der Luftlöcher in der Birne bis dicht an den Glühkörper heranführt und dann erst den Gashahn öffnet.

Auf diese Weise lassen sich die manchmal recht heftigen, mit Zerstörung des Glühkörpers verbundenen Explosionen und das Zurückschlagen der Flamme vermeiden, während sie beim Zünden von oben fast stets eintreten. Brenner mit unten geschlossener, halbkugeliger Glocke gestatten jedoch diese Art der Zündung nicht. Wenn sie auch im allgemeinen weniger stark zum Zurückschlagen neigen als die vorgenannten, so bieten sie doch ebenso oft Anlaß zu Explosionen wie diese. Daher empfiehlt es sich, alle Brenner für hängendes Gasglühlicht von vornherein mit Kleinstellern auszurüsten, wodurch man bei einigermaßen achtsamer Behandlung eine sichere Zündung und Schonung der Glühkörper erzielt.

Diese Kleinsteller sind auch schon der leichteren Bedienung halber notwendig, da man, um sachlich zu verfahren, Invertbrenner stets wesentlich höher anbringen muß als aufrecht stehende. Hängt man sie ebenso niedrig wie diese, so besteht der Erfolg darin, daß man eine kleine, sehr hell beleuchtete Fläche erhält, während der größte Teil des Tisches und Zimmers nur mangelhaft beleuchtet ist. Derartige Beleuchtungskontraste ermüden aber das Auge stark und sind geeignet, das Invertlicht in Mißkredit zu bringen. Man kann sie nur dadurch vermeiden, daß man Invertlampen allgemein 40 bis 50 cm höher als stehende Auerlampen hängt.

Daß das Invertlicht noch nicht die Verbreitung gefunden, welche es kraft seiner Vorzüge verdient, führte schon Professor Drehschmidt weniger auf die Indolenz des Publikums als vielmehr darauf zurück, daß viele Lampenfabrikanten der Eigenart des neuen Lichtes nicht genügend Rechnung tragen. Es sollte in allen Prospekten über Invertlicht auf den Wert der Kleinsteller, die Notwendigkeit des Höherhängens usw. hingewiesen werden.

Die Glasausrüstung besteht häufig aus mattierten oder geätzten Glocken und Birnen, die zwar bei Tage einen recht gefälligen Eindruck machen, dem Glühkörper jedoch den Glanz nehmen, ihm ein trübes Aussehen verleihen und überdies sehr zum Verschmutzen neigen.

Es empfiehlt sich viel eher, gerippte oder eisartige Klarglasglocken anzuwenden oder, will man bei allgemeiner Beleuchtung einen sehr angenehmen Effekt erzielen, dünne Albatrin- oder Opalglocken zu benutzen.

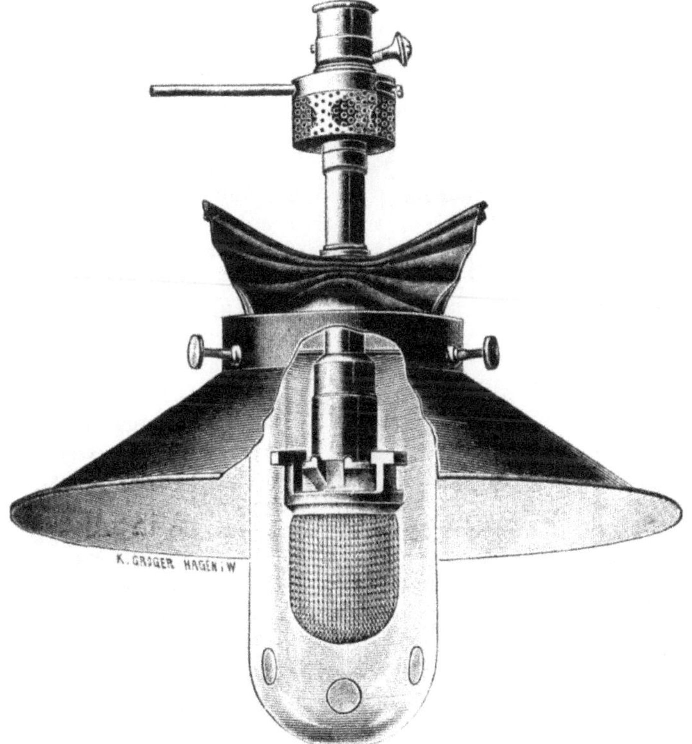

Fig. 316.

Außerdem seien noch genannt die Jacobuslampe von Jacob in Zwickau, Killings Invertlampe »Gala« (aus Porzellan) sowie die Volkslampe von derselben Firma (Dr. Killing, Hagen in Westfalen). Diese Lampe, welche in Fig. 316 abgebildet ist, wird mit emailliertem Reflektor geliefert und ihre solide Konstruktion macht sie zur Beleuchtung von Fabrikräumen, Hallen, Küchen und einfachen Wohnräumen besonders geeignet.

Die Konstruktion des sog. Berliner Hahns ermöglicht es — während der Nacht z. B. —, bei 2- und 3flammigen Lampen nur je eine und bei 4- und 5flammigen Lampen nur je eine oder zwei Flammen brennen zu lassen, so daß neben der großen Gasersparnis eine gleichmäßige Nachtbeleuchtung erzielt werden kann.

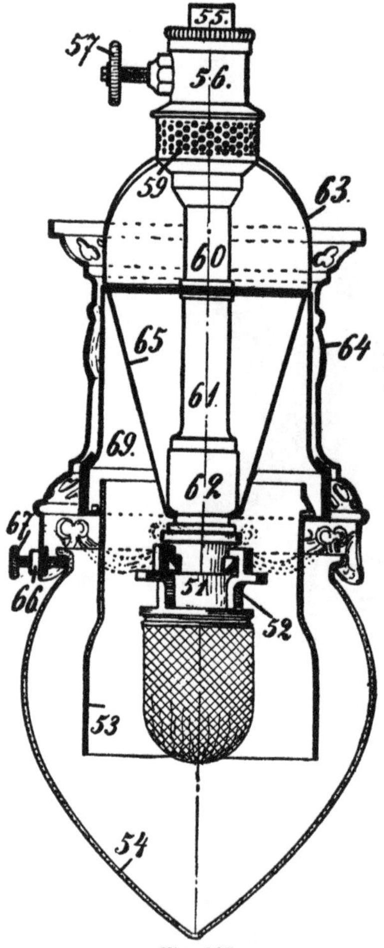

Fig. 317.

Fig. 317 ist eine Schnittzeichnung eines nach unten brennenden Auerlichtes von der Deutschen Gasglühlicht-Gesellschaft Berlin.

Zur Erläuterung dieser Zeichnung dienen die den einzelnen Teilen beigesetzten **Zahlen:**

51 Mundstück, 52 Glühkörperring, 53 Knaggenzylinder, 54 Spitzglas, 55 Schmutzfängerkappe, 56 Regulierdüse mit zwangläufigem Ventil, 57 Handhabe zur Bewegungsschraube der Regulierdüse, 59 Düsenschutzglocke, 60 Oberteil des Brennerrohres mit Öffnungen zum Eintritt der Primärluft, 61 Mischrohr, 62 erweiterter Gewindenippel zur Aufnahme eines Brennersiebes und des Mundstückes Nr. 51, 63 gabelförmige Schutzkappe zur Ablenkung der Verbrennungsgase, 64 äußerer Brennermantel, 65 Hülse zum Schutze des Brennerrohres gegen die Verbrennungsgase, 66 Buchse mit Muttergewinde im äußeren Mantel, 67 Schrauben zur Befestigung des Spitzglases, 69 innerer Mantel zur Abführung der Verbrennungsgase.

Über die Montage der Lampe sei folgendes noch gesagt:

Der Brenner wird ohne Glühkörper gasdicht an den betreffenden Beleuchtungskörper so angeschraubt, daß die Öffnung des Schornsteins nicht unterhalb eines Beleuchtungskörperteiles zu liegen kommt, was durch entsprechendes Einstellen der am Brennerrohr drehbar angebrachten Bügel leicht erreicht wird. Die Bekrönung schiebt man zweckmäßig vorher über den Arm des Beleuchtungskörpers hinauf. Den im Karton verpackten Glühkörper faßt man an den drei nach außen zeigenden Lappen des Glühkörperringes, führt ihn über den Brennerkopf und schiebt durch Drehen die drei Lappen des Glühkörperringes über die hakenartigen Auflager des an dem Brennerkopf befindlichen Glühkörperträgers, so daß sie, wenn man losläßt, auf die hakenartigen Auflager des Trägers zu liegen kommen. Je nach der Brennerkonstruktion muß der Glühkörperträger, der stets aus Magnesia besteht, mit 2 oder 3 Lappen oder mit einer entsprechenden Aufhängevorrichtung versehen sein.

Fig. 318.

Fig. 319.

Zwei Arten solcher Glühkörper-Aufhängevorrichtungen sind in den Fig. 318 u. 319 abgebildet.

Die Glühkörper sind entweder kollodioniert (schellackiert) oder weich. Die letzteren können ebensogut in der Lampe verascht werden, wie die kollodionierten.

Aus der Fig. 320 ist zu ersehen, wie der Glühkörper gefaßt werden muß, damit er bequem und sicher auf den Brennerkopf aufgesetzt werden kann. Diese Außenlampe entstammt der Fabrik »Kramerlicht« in Charlottenburg und wird Kramerlampe (Kramerlicht) genannt.

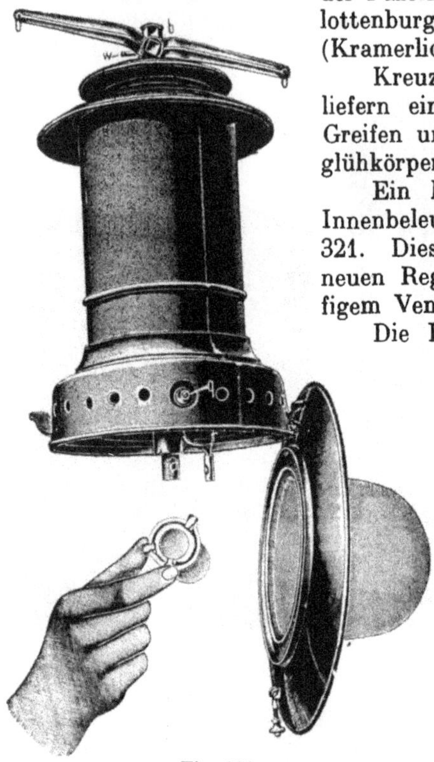

Fig. 320.

Kreuzberger & Sievers, Berlin, liefern eine besondere Zange zum Greifen und Einsetzen von Hängeglühkörpern.

Ein hängendes Auerlicht für Innenbeleuchtung sehen wir in Fig. 321. Dieser Brenner ist mit einer neuen Regulierdüse mit zwangläufigem Ventil versehen.

Die Regulierdüse spielt überhaupt beim hängenden Glühlicht eine große Rolle, da das Verhältnis von Gas und Luft von der allergrößten Wichtigkeit ist.

Professor Dr. H. Bunte hat auf der Jahresversammlung des Deutschen Vereins von Gas- und Wasserfachmännern im Juni 1907 äußerst interessante Mitteilungen über Verbrennungsvorgänge bei hängendem Gasglühlicht gemacht. Aus diesen Mitteilungen, denen eingehende Versuche vorausgingen, geht hervor, daß die Verbrennungsvorgänge bei diesem Glühlichte sich außerordentlich günstig gestalten lassen, namentlich auch gegenüber dem gewöhnlichen stehenden Gasglühlicht, weil sich bei dem ersteren die so wichtige Vorwärmung der Gasmischung gewissermaßen von selbst ergibt. Während man in der ersten Zeit des Auftretens des Hängeglühlichtes nur eine unnatürliche und widersinnige Nachahmung der nach abwärts hängenden elektrischen Glühlampen zu finden glaubte, ergeben sich aus der Anordnung einer abwärts brennenden Flamme erhebliche Vorteile, deren rationelle Ausnutzung für die Gasbeleuchtung außerordentlich wertvoll ist.

Es gibt heute eine sehr große Anzahl von Invertlampen und Brennern in den verschiedensten Ausführungen und mit allen möglichen Ausstattungen.

Es würde den Rahmen dieses Buches weit überschreiten, wenn wir sie alle angeben und beschreiben wollten.

Außer den bereits beschriebenen und abgebildeten nennen wir noch diejenigen der Firmen C. F. Kindermann & Co., Berlin SW (Amatolicht, Terrabrenner), Karl Reiß, Berlin, Voigt & Mader, Hamburg, Proskauer & Co., Berlin, Julius Hardt, Hamburg, Allgemeine Glühlichtindustrie A. Kröll, Berlin (Agilicht), R. Frister Akt.-Ges., Oberschöneweide-Berlin (Lucifer-Hängelicht).

Fig. 321.

Wenn wir nun zur Besprechung der **Gasglühlicht-Intensivbeleuchtung** übergehen, so müssen wir zunächst zwei Arten von Intensivbrennern bzw. -lampen unterscheiden. Während bei der einen Konstruktion das Gas unter dem gewöhnlichen Drucke zur Verbrennung gebracht und eine höhere Leuchtkraft lediglich durch die Beschaffenheit des Brenners und des Glühkörpers erzielt wird, erfolgt die Erhöhung der Leuchtkraft bei der anderen Beleuchtungsart durch Erhöhung des Gasdrucks bzw. der Verbrennungsluft (Preßgas und Preßluft). Die erstgenannten Brenner werden mit dem Namen »Starklichtbrenner« bezeichnet. Diese bringen eine größere Menge Gas zur Verbrennung und haben ein längeres Mischrohr, durch welches das Ansaugen einer größeren Menge Luft und eine innigere Mischung derselben mit dem Gase befördert wird, eine Bedingung, deren Erfüllung zur Erzeugung einer hohen Flammentemperatur und damit zur Erhitzung des Glühkörpers zu hoher Weißglut unerläßlich ist. Die Glühkörper der Starklichtbrenner sind größer als die der Normalbrenner.

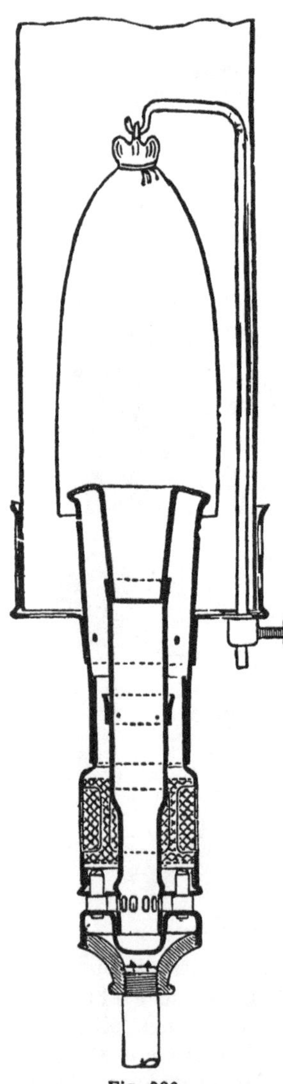
Fig. 322.

Die ersten und bekanntesten dieser Brennerkonstruktionen waren diejenigen von Greyson, Denayrouze und Kern, und alle anderen stützen sich mehr oder weniger auf das Prinzip dieser Konstruktionen. Als zu der Gruppe der Starklichtbrenner gehörig sind zu zählen: der Multiplex-Intensivbrenner, der Brenner »Non plus ultra«, der Großlichtbrenner »Lampros«, der Bernhardbrenner, der Pero-Starklichtbrenner, der Starklichtbrenner »Lupus«, der Starklichtbrenner von der Auergesellschaft, der Starklichtbrenner von Silbermann, der Starklichtbrenner der Rhenania u. a. m. Mehrere dieser Brenner werden heute allerdings nicht mehr hergestellt.

Ein eigenartiger Brenner ist der Goliathbrenner von der Gasglühlicht-Aktiengesellschaft Butzke, Berlin, welcher bedeutend größer ist als die übrigen Intensivbrenner. Durch die eigenartige Konstruktion dieses in Fig. 322 im Schnitt dargestellten Brenners wird eine besonders heiße Bunsenflamme erzeugt, welche sich der inneren Fläche des bei diesen Brennern besonders großen Glühkörpers möglichst anpaßt und welche so ein Erglühen in allen Teilen in vollkommener Weise bewirkt.

Der Glühkörper soll infolge seiner domartigen breiten Form eine hohe Festigkeit und hohe Leuchtkraft besitzen. Im Innern des Brenners befindet sich ein Luftrohr, durch welches dem Innern der Flamme noch besonders Luft zuströmt. Dieser Luftstrom soll neben einer intensiveren Verbrennung bezwecken, daß die Flamme durch die trichterförmige Gestalt des Schachtes noch besonders an den Glühkörper angepreßt wird. Der Gasverbrauch des Goliathbrenners wird zu 230 l pro Stunde, die Leuchtkraft zu 220 HK angegeben.

Außer den vorstehend besprochenen Intensivbrennern gibt es auch Glühlicht-Intensivlampen, welche hohe Lichtstärken bei gewöhnlichem Gasdruck erzeugen.

Eine der bekanntesten dieser Lampen ist die Lucaslampe (Fig. 323), welche von der Aktiengesellschaft vorm. Stobwasser & Co. (Starklicht-Gesellschaft), Berlin, in den Handel gebracht wird. Das Prinzip dieser Lampe beruht darin, daß durch die Zugwirkung eines hohen Zugrohres das vorhandene Gasluftgemisch mit einer großen Ausströmungsgeschwindigkeit dem Brennerkopf entströmt. Dieses hohe Zugrohr wirkt zunächst auf die Menge der angesaugten Luft. Das verstärkte Durchströmen der angesaugten Luftmenge durch das Mischrohr erzielt eine sehr intensive Mischung des Gases mit der Luft.

Fig. 323.

Die Lucaslampe mit ihrem Schornstein hat Ähnlichkeit mit den früheren Regenerativlampen, bei welchen gleichfalls durch die Zugwirkung eines aufgesetzten Schornsteins, unter Umkehrung der Bewegungsrichtung des Gasstromes, eine rege Zuführung der Verbrennungsluft und eine innige Berührung derselben mit den Flammen bezweckt wurde. — Die Lichtwirkung der Lucaslampe wird auf 500 Kerzen, der Gasverbrauch zu 530 l pro Stunde angegeben.

Die Lucaslampe hat sich nicht sonderlich bewährt; es ist schwer, sie einzuregulieren, namentlich stört bei jeder Änderung des Gasdruckes das heulende Geräusch der Lampe. Hierher gehören auch die Gasglühlicht-Intensivlampen von Wolff, Friedländer sowie die Scott-Snell-Lampe. 1908 wurde von der Starklichtgesellschaft Berlin SW. eine Lucas-Kompressorlampe eingeführt. Diese Lampe (Fig. 324) benutzt ihre eigene Abwärme dazu, um mittels einer Thermosäule sich selbsttätig und kostenlos die nötige Kraft zu schaffen, welche, auf einen kleinen Ventilator übertragen, die sechsfache Luftmenge dem Gase beimischt und dieses Gasluftgemisch unter erhöhtem Druck in den Glühkörper treibt.

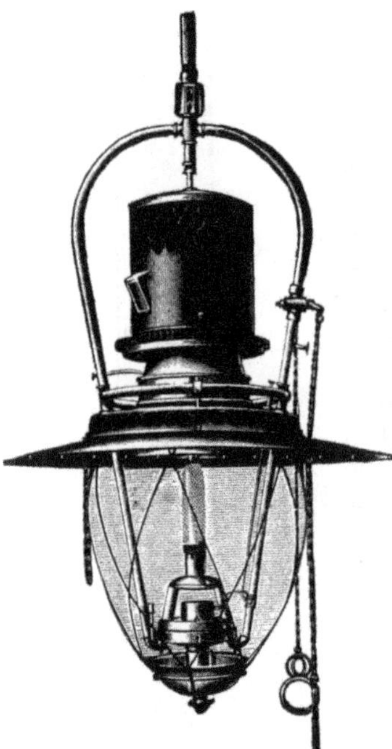

Fig. 324.

Die Ökonomie der Lucas-Kompressorlampe wird von der Starklichtgesellschaft als eine vorzügliche bezeichnet, denn sie soll mit 1000 l Gas pro Stunde eine Helligkeit von 1250 Kerzen geben, dabei soll die Thermosäule eine Lebensdauer von 3000, der Glühkörper eine solche von 600 Stunden haben.

Wie schon erwähnt, erfolgt die Erhöhung der Leuchtkraft bei der zweiten Art der Intensivbeleuchtung durch Erhöhung des Gasdruckes bzw. des Druckes der Verbrennungsluft.

Im Jahre 1891 wurde von der Firma Pintsch, Berlin, auf der Versammlung des Deutschen Vereins von Gas- und Wasserfachmännern in Straßburg i. Els. der erste mit Preßgas gespeiste Intensiv-Auerbrenner vorgeführt, welcher bei einem Gasverbrauch von 265 l eine Leuchtkraft von 250 Kerzen entwickelte. Auf der im Jahre 1900 in Mainz stattgefundenen Jahresversammlung des genannten Vereins wurden derartige Brenner von etwa 600 Kerzen vorgeführt, welche einen Gasverbrauch von 0,8 l pro Kerze und Stunde hatten. Dies letztgenannte Licht ist nach seinem Erfinder, Direktor Salzenberg,

»Salzenbergsches Kugellicht«

genannt worden.

Nach den Angaben des Erfinders ist es möglich, 1500 bis 1800 HK in einem Brenner zu erzeugen.

Durch irgendeine Betriebskraft wird das Gas aus der Hauptleitung angesaugt und mittels eines Kompressors in einen eisernen Behälter gedrückt. Von hier aus wird das Gas durch Rohrleitungen unter Anwendung besonders konstruierter Ventile mit 1,1 bis 0,1 Atm. den Brennern zugeführt.

Die vorstehend beschriebenen Intensivlampen haben heute nicht mehr die Bedeutung wie bei ihrer vor etwa 20 Jahren erfolgten Einführung.

Wenn wir an dieser Stelle trotzdem eine Besprechung dieser Beleuchtungsart vorgenommen haben, so geschah dies mehr aus geschichtlichen Gründen, um dem jüngeren Gaseinrichter die Entwicklung der gesamten Glühlichtbeleuchtung vor Augen zu führen.

Durch die Einführung des Preßgases ist es der Gasbeleuchtung möglich geworden, bei großen Lichtquellen mit der elektrischen Beleuchtung in Wettbewerb zu treten. Besonders durch die Preßgas-Invertlampe können mittels Gasglühlichts Lichtquellen erzeugt werden, welche nicht nur den modernen elektrischen Bogenlampen in der Lichtwirkung gleichkommen, sondern sie noch übertreffen. Die Kompression des Gases geschieht in besonderen Pumpen, welche von den verschiedenen Konstrukteuren verschieden angegeben werden, einmal als Kolbenpumpe, ein anderes Mal als rotierendes Gebläse. So verwendet die Aktien-Gesellschaft für Gas und Elektrizität, Köln-Ehrenfeld, jetzt »Vulkan«, ein rotierendes Kapselgebläse, weil dieses ein geringeres Geräusch verursacht als eine Kolbenpumpe und weil der Anschaffungspreis ein geringerer sein soll. Außer dem Gebläse ist dann noch eine Vorrichtung erforderlich, die den Druck des Gases gleichbleibend erhält. Dies besorgt die Druckreguliervorrichtung.

Der Apparat ruht auf einem hohlen Sockel, der als Saugbehälter dient und so Schwankungen des Gasdruckes in der Leitung, aus der das Gas entnommen wird, verhütet. Durch das Kapselgebläse wird das Gas zusammengepreßt und in die zu den Lampen führende Leitung gedrückt. Würde jetzt dem Apparat weniger Gas entnommen, als das Gebläse liefert, so würde der Druck in der Leitung immer höher steigen. Dies verhütet die Reguliervorrichtung. Die Saug- und Druckleitung sind durch eine Umgangsleitung verbunden, in welche die Druckreguliervorrichtung eingebaut ist. In dieser Vorrichtung läßt sich ein Kolben leicht auf- und abbewegen. Der Raum unter dem Kolben ist mit der Druckleitung verbunden. Bei dem normalen Druck des Gebläses sitzt der Kolben unten und verschließt den Durchgang zwischen der Saug- und Druckleitung.

Fig. 325.

Steigt aber der Druck in der Leitung, so hebt er den Kolben und stellt die Verbindung zwischen Saug- und Druckleitung her. Jetzt strömt das Gas, das von dem Gebläse zusammengepreßt wird, ganz oder zum Teil, je nachdem, wie weit der Durchgang geöffnet ist, wieder in die Saugleitung zurück, bis der Druck wieder auf den normalen Betrag gesunken ist, dann sinkt der Kolben wieder und verschließt den Umgang. Damit nicht beim Heben des Kolbens sofort der volle Querschnitt der Verbindungsleitung geöffnet wird, wodurch heftige Druckschwankungen entstehen würden, ist der Querschnitt dreieckig ausgeführt, so daß zuerst die Spitze des Dreiecks, dann nach und nach das ganze Dreieck den Querschnitt bildet.

Fig. 325 stellt einen Preßgasapparat der genannten Firma in der Ansicht dar. Derselbe wird durch einen Elektromotor angetrieben und hat folgende Leistung:

Apparat	I	II	III	IV	V
stündl. Leistung in cbm. .	10	20	40	75	100
Größe des Elektromotors in PS	¼	½	1	1½	2

Ein durch dasselbe Verfahren erzeugtes Licht ist bekannt unter dem Namen

Millenniumlicht.

Die Millenniumlichtapparate wurden von der Millenniumlichtgesellschaft m. b. H., Hamburg, in den Handel gebracht.

Der Apparat besteht, wie aus beistehender Abbildung ersichtlich ist, aus dem Kessel *a* und der durch irgendeine motorische Kraft betätigten Saug- und Druckpumpe *c*. Letztere ist durch Fig. 326 im Schnitt veranschaulicht. Der Kessel *a* ist durch eine Scheidewand *d* in zwei Räume *e*, *f*, geteilt, von denen der obere *e* durch ein von der Scheidewand *d* ausgehendes, nach unten bis nahe auf den Boden des Kessels geführtes Rohr *g* mit dem unteren Raum *f* kommuniziert. Dieser wird mit Flüssigkeit gefüllt, die im Ruhezustand im Rohr *g* auf gleicher Höhe sich befindet. Oberhalb des Flüssigkeitsniveaus mündet das Gaszuführungsrohr *h* in den unteren Raum *f*. Das Ableitungsrohr *i* befindet sich in ungefähr gleicher Höhe. Das Gas wird aus der Leitung *k* gesaugt und in das mit einem Rückschlagventil *i* versehene Rohr gedrückt. Dies geschieht durch die vom Motor *b* betätigte Pumpe *c*. Durch das ununterbrochene Eintreten des Gases in den Raum *f* wird die in dem letzteren sich befindende Flüssigkeit gezwungen, durch das Rohr *g* in den oberen Raum *e* des Behälters *a* einzutreten, woselbst sie der im Raum *f* zunehmenden Gasmenge entsprechend steigt.

Ist die Flüssigkeit aus dem Raum *f* nahezu ausgetrieben, mithin der Raum *e* mit derselben nahezu gefüllt. so erfolgt das selbsttätige Ausschalten der Pumpe *c* durch einen mit Schwimmerkugel *l* versehenen Hebel *m*, welcher mittels der Stange *n* und des Hebels *o* den Saugventilkegel *p* durch eine mit letzterem verbundene Hubstange *q* von seinem Sitze hebt (Fig. 326).

Beim Steigen des Schwimmers *l* durch die Flüssigkeit wird die Hubstange *q* und mit ihr der Ventilkegel *p* gehoben, so daß das Ventil vollständig offen gehalten wird und die Pumpe leer läuft. Infolgedessen wird das in die Druckleitung *h* eingeschaltete Rückschlagventil *i* einen weiteren Zutritt von Gas in den Kessel *a* verhindern. Das in der Pumpe vorhandene Gas wird in die Saugleitung *k* abwechselnd zurückgedrückt und angesaugt, resp. zum Schutz der Gasuhr von einem mit Rückschlagventil versehenen Gummibeutel aufgenommen.

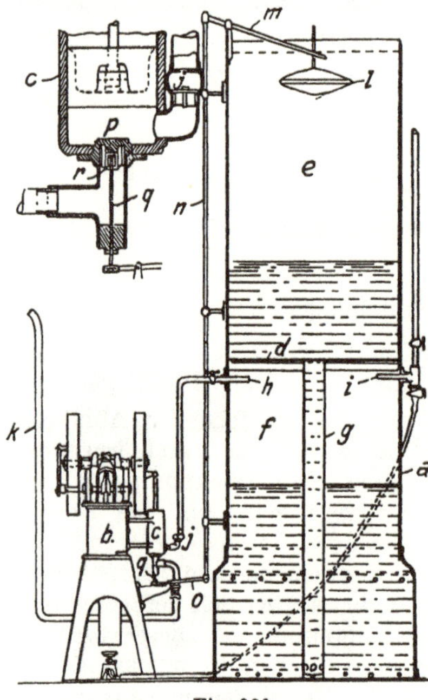

Fig. 326.

Die Pumpe wirkt also noch weiter, ohne jedoch Gas in den Behälter drücken zu können, da der Druck des in demselben befindlichen Gases das Rückschlagventil fest auf seinen Sitz gedrückt hält. In dem Augenblick jedoch, in welchem die Gasmenge geringer wird und sich der Schwimmer *l* wieder senkt, wird die Hubstange *q* durch das Heben der Stange *n* nach unten gezogen, so daß das Ventil *p* wieder in Tätigkeit tritt. und das verbrauchte Gas sofort wieder ersetzt wird.

Es wird daher, sobald eine Entnahme von gepreßtem Gas stattgefunden hat, die gleiche Menge von Preßgas wieder erzeugt, so daß der dem Preßgas erteilte Druck stets ein gleichmäßiger ist. Eine Überproduktion ist durch diesen selbsttätig wirkenden Druckregler ausgeschlossen.

Der Apparat kann in jede vorhandene Leitung eingeschaltet werden und bedarf zu seinem Betrieb nur einer ganz geringen motorischen Kraft.

¼ PS genügt zur Verarbeitung von 50 cbm Gas pro Stunde. Ist kein Anschluß an eine bestehende motorische Anlage vorhanden, so genügt eine beliebige Kleinkraftmaschine, wie Elektromotor, Gasmotor oder Heißluftmotor. Der Druck kann beliebig eingestellt werden; es werden auch Spezialapparate für einen Druck unter 500 mm gebaut. Der für die Millenniumbrenner am besten geeignete Druck ist 1350—1450 mm.

Will man durch die gleiche Leitung gewöhnliches Gas brennen, so bedarf es nur einer mit Hahnabschlüssen versehenen Rohrverbindung von der Gasuhr bis zur Druckleitung mit Umgehung des Apparates.

Bei Erzeugung komprimierten Gases muß letztere Rohrverbindung streng geschlossen werden.

Um ein Auseinandernehmen der Pumpe *c* zu vermeiden, ist dieselbe mit einem Ölablasser versehen.

Die Brenner werden in verschiedenen Größen für 100 bis 1800 Kerzen Leuchtkraft hergestellt. Sie haben ein längeres erweitertes Brennerrohr und einen Kopf von gleicher Weise wie dieses.

Als Glühkörper werden zwei ineinander gesteckte Doppelstrümpfe verwendet. Die Zündung erfolgt meist mittels Dauerflammen, welche bei Tage unter gewöhnlichem Druck brennen. Durch die Druckerhöhung der Kompression wird der Gaszufluß zum Brenner geöffnet, die Zündung bewirkt und die Zündflamme geschlossen.

Das Pharoslicht.

Das Pharoslicht wird sowohl als Preßgas- als auch als Preßluft-System ausgeführt.

Im ersten Falle wird also das Gas komprimiert, und zwar mit Hilfe eines rotierenden Gebläses, das bei geringem Kraftbedarf das Gas in ununterbrochenem Strom ansaugt. Der Druck beträgt 1300 bis 1400 mm WS.

Im zweiten Falle wird den Gasbrennern komprimierte Luft, die ebenso durch ein Gebläse hergestellt wird, zugeführt.

Die Fabrikation und der Vertrieb der Pharoslichteinrichtungen ist vor mehreren Jahren von der Deutschen Gas-Glühlicht-Aktiengesellschaft, Berlin, übernommen worden.

Wenn es sich für eine Stadt darum handelt, neben einer intensiven und billigen Straßen- und Platzbeleuchtung auch den Geschäftsinhabern die Möglichkeit zu bieten, Anschluß an diese Einrichtung in Gestalt von Schaufenster-Außenbeleuchtung oder auch in Form von Innenlampen, zu gewähren, so kommt keine Beleuchtung durch Preßgas in Frage, da hierzu besondere Preßgasmesser notwendig sind, durch welche den Gasabnehmern das Preßgas zu einem höheren Einheitspreise berechnet werden muß, als das unter gewöhnlichem Druck stehende Gas.

Deshalb kommt bei Anschluß von Geschäftsbeleuchtung an die Straßenbeleuchtung das Preßluftsystem in Frage, denn hierbei können die üblichen Gasmesser benutzt werden, eine Preisvereinbarung über einen höheren Gaspreis ist nicht nötig; die Preßluft kann entweder kostenlos oder zu einem Pauschalbetrage pro Lampe und Monat abgegeben werden. Es muß nur zu denjenigen Brennern, welche zu Intensivflammen eingerichtet werden sollen, ein Preßluftrohr geführt werden.

Besonders ist das Pharos-Invertlicht in Wettbewerb mit elektrischen Bogenlampen bei Straßenbeleuchtung getreten.

Die Preßgas-Invertbeleuchtung.

Ganz besonders vorteilhaft wird, wie schon gesagt, das Preßgas bei der Invertbeleuchtung verwendet. Durch die Einführung von invertierten Preßgaslampen ist es möglich geworden, Lichtquellen mittels Gasglühlichts zu erzeugen, die der elektrischen Bogenlichtbeleuchtung gleichkommen.

Die Herstellung des Preßgases haben wir im vorhergehenden Abschnitt besprochen, es erübrigt nur noch, auf die Konstruktion der Preßgas-Invertlampe etwas näher einzugehen. Wir benutzen dazu die beistehenden Fig. 327, 328 u. 329, welche die Lampe der Aktiengesellschaft für Gas und Elektrizität, der jetzigen Aktien-Gesellschaft Vulkan, Köln-Ehrenfeld[1]), in den verschiedenen Gebrauchsstellungen veranschaulichen.

Der über der Lampe befindliche Absperrhahn ist mit einer Art Filter versehen, durch welches der Schmutz, der beim Preßgas aus der Gasleitung mitgerissen, zurückgehalten wird.

---

[1]) Nach Mitteilung der A.-G. Vulkan, Köln-Ehrenfeld, wird die Fabrikation dieser Lampen nicht mehr in dem Maße betrieben, wie s. Z. bei der Einführung derselben. Allerdings sind die Lampen vielfach noch im Gebrauch.

Das Gas gelangt durch den Hahn in einen automatischen Zünder, der so eingerichtet ist, daß er bei gewöhnlichem Gasdruck den Zutritt des Gases zur Zündflamme freigibt, den Zugang zur Hauptflamme aber verschließt. Der arbeitende Teil des Zünders besteht aus einer Membrane, welche durch den Preßgasdruck bewegt wird, den Druck einer Feder überwindet und dann den Zugang zur Hauptflamme freigibt, so daß das Preßgas ausströmt und sich an der Zündflamme entzündet.

Fig. 327.

Der Zugang zu letzterer wird gleichzeitig durch die Membrane versperrt, so daß die Zündflamme erlischt.

Die Feder muß so stark sein, daß sie dem gewöhnlichen Gasdruck widersteht. Da dieser an einzelnen Orten verschieden ist, so ist die Feder regulierbar eingerichtet. Schraubt man die auf der Rückseite des Zünders befindliche Kapsel ab, so sieht man unter derselben eine Mutter, durch deren Rechtsdrehung die Feder stärker angespannt wird, während durch Linksdrehung die Feder schwächer wird. Außer dem Abnehmen dieser Kapsel, das zur Regulierung notwendig ist, darf der Zünder nicht auseinandergenommen werden, da dessen Einstellung sonst leicht gestört wird.

Der Einzellöschungshahn dient dazu, nach Belieben eine der beiden Flammen als Nachtflamme brennen zu lassen, oder, falls ein Glühkörper defekt wird, den betreffenden Brenner auszuschalten. Letzteres kann auch durch Drehen der Düse in ihrem Gehäuse bewirkt werden. Von dem Einzel-

Fig. 328.

löschungshahn führen zwei konzentrisch ineinandersteckende Rohre zu dem Verteilungskörper, in welchem sich die Gaswege zu den einzelnen Brennern trennen. Die Düsen sind auswechselbar; es sind kleine Sechskantdüsen, die in einem Hahnkörper stecken, der wiederum im Düsenhalter eingeschliffen und durch eine Bajonett-Überwurfmutter festgehalten wird. Aus dieser Mutter tritt ein Teil des Kükens heraus, an welchem man dasselbe anfassen und herausziehen kann, nachdem man die

Mutter gelöst hat. Mit dem angebrachten Vierkant kann man auch das Küken so stellen, daß der Gaszutritt zu den Brennern geschlossen ist. Die Luftregulierung der Brenner erfolgt von außen bei geschlossener Lampe mittels der unterhalb der Düsen angebrachten, mit einer Fiberscheibe versehenen Schrauben. Diese Art der Luftregulierung ist wichtig, weil

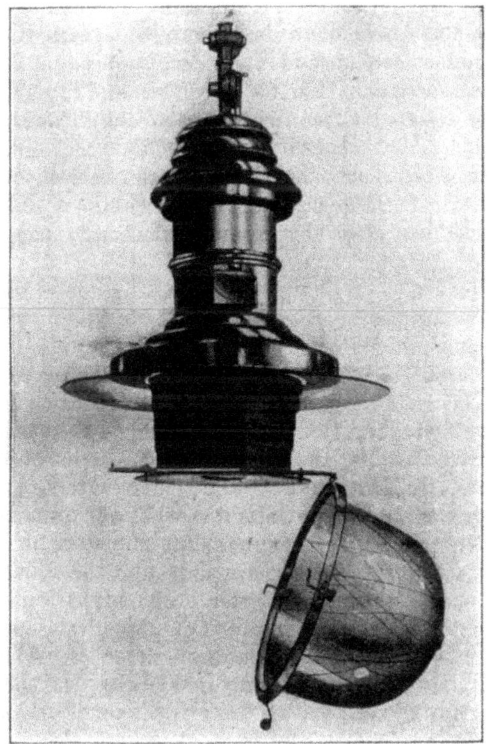

Fig. 329.

dieselbe in dem Zustande erfolgen kann, in welchem die Lampe ständig brennt. Wenn man dagegen genötigt ist, die Lampe zu öffnen, um die Luftregulierung einzustellen, so ändert sich die Einstellung bei geschlossener Lampe wieder. Die Luftregulierung erfolgt ganz allmählich, man kann also sehr genau einstellen. Die Düsen mit der Luftzuführung stecken in einer den Abzugszylinder durchquerenden Kammer. In dieser wird die dem Brenner zuströmende Luft stark vorgewärmt, ohne indes mit den Abgasen in Berührung zu kommen bzw. sich mit diesen zu mischen. Die Frischluft gelangt in die Kammer durch den äußeren Mantel der Lampe, der drehbar ist, so daß die in ihm angebrachten Öffnungen, denen der Kammer gegenüber gebracht werden können und dadurch die Kammer zugänglich wird. Der äußere Mantel wird durch federnde Stifte festgehalten, die in Löcher des Mantels einschnappen und die man herauszieht, wenn man den Mantel drehen will.

Die Brenner bestehen aus Eisen, der Brennerkopf aus Speckstein. Letzterer ist am Brenner durch einen Ring aus Nickelblech so befestigt, daß er leicht ausgewechselt werden kann.

Auch der Glühkörperhalter besteht aus Nickelblech. Die Glühkörper werden an demselben durch Asbestschnur festgebunden. Beide Brenner einer Lampe können nach Lösen zweier Schrauben ganz herausgenommen und ausgewechselt werden.

Die Blechteile der Lampe bestehen aus dem äußeren Reflektor, dem auf diesen aufgesetzten Abzugskamin und einem letzteren umgebenden Mantel, sowie den zwei Dachkappen und dem inneren Reflektor. Die sämtlichen Teile werden durch das äußere Gaszuführungsrohr mittels starker Arme zusammengehalten und getragen. In den Abzugskamin ist ein Kasten eingesetzt, in welchem die Brenner mit ihrem Mischrohre und den Düsen sitzen. Der Kasten mündet zu beiden Seiten (bei Lampen mit drei Brennern nach drei Seiten) direkt nach außen, führt so den Brennern frische Verbrennungsluft zu und hält die Verbrennungsgase ab. Gleichzeitig wird dabei die zuströmende Außenluft stark vorgewärmt. Der Außenmantel hat sowohl mit dem Kasten korrespondierende Öffnungen, als auch Windschutzhauben. In der Betriebsstellung sitzen die Windschutzhauben vor dem Luftkasten, zur Bedienung der Düsen wird der Mantel um 90° gedreht und es sind dann die Düsen leicht zugänglich.

Die Glasglocke hat bei der beschriebenen Lampe Schalenform; und zwar hat die Aktiengesellschaft für Gas und Elektrizität (jetzt Vulkan) die Erfahrung gemacht, daß diese Glockenform vorteilhafter, weil sie haltbarer als die kugelförmige Glocke ist.

Die Glasglocke hängt in einem Ring, an dem auch die Umspinnung befestigt ist. Zwecks Ersatz der Glasglocke oder bequemerer Reinigung kann dieselbe einfach aus dem Ring und der Umspinnung herausgehoben werden, es ist also beim

Auswechseln der Glasglocke nicht nötig, diese besonders einzuspinnen. Der Glasring ist an einem Querstege, der auch den inneren Reflektor trägt, befestigt. Der Quersteg hängt an zwei Stangen, die in der Betriebslage in den Abzugskamin der Laterne eingeschoben sind.

Die Verteilung des Lichtes im Raum.

Die richtige Verteilung des Gasglühlichtes im Raume und die zweckmäßige Anwendung des Milchglases ist selbstverständlich von der allergrößten Bedeutung. So ist es z. B. erwünscht, in Arbeitsräumen mit einzelnen Arbeitsplätzen den letzteren am meisten Licht zu verschaffen, ohne dabei die Allgemeinbeleuchtung zu sehr zu vernachlässigen. Für Geschäftszimmer, öffentliche Lokale, Läden, ist eine für das Auge gleichmäßige Verteilung die Hauptbedingung einer guten Beleuchtung. Für die Straßenbeleuchtung wäre eine Anordnung erwünscht, die die gesamte Lichtmenge nicht kreisförmig um die Laterne herum verbreitet, sondern derart verteilt, daß der befahrbare Teil der Straße, entsprechend seiner Flächenausdehnung, einen größeren Teil des Lichtes erhält als der Bürgersteig. Eine günstige Ausnützung des Lichtes kann bei Gasglühlicht durch Reflektoren erzielt werden, da der größte Teil der gesamten Lichtmenge horizontal oder schräg nach oben ausgestrahlt wird.

Es kommen Reflektoren aus verschiedenem Material zur Anwendung, so z. B. aus Neusilber, Milchglas, Klarglas, Überfangglas, Steingut, Porzellan; ferner verwendet man Papierschirme, Emailschirme u. dgl. Dabei geht allerdings durch Aufsaugung je nach Material und Form der Reflektoren Licht verloren. Sogenannte Holophanglocken und Holophanreflektoren zerstreuen das ausgestrahlte Licht angenehm und reflektieren es zugleich dahin, wo es hauptsächlich gebraucht wird, ohne daß damit ein erheblicher Lichtverlust durch Aufsaugung verbunden ist.

An dieser Stelle müssen wir zum besseren Verständnis des Nachfolgenden etwas über die Bestimmung der Lichtstärke (Lichtintensität) vorausschicken.

Die Beleuchtungsstärke hängt ab von der Leuchtkraft und der Entfernung des lichtgebenden Körpers.

Wenn man vor einem leuchtenden Körper *A* (Fig. 330) in einer Entfernung von 20 cm einen Schirm *B* aufstellt, welcher 1 qcm groß ist, und 40 cm vor dem leuchtenden Körper *A* einen anderen Schirm *C*, der 4 qcm Fläche hat, und schließlich 60 cm vor dem Körper *A* einen dritten Schirm *D* von 9 qcm Fläche, so wird sich dieselbe Lichtmenge, welche in einfacher Entfernung (20 cm) auf *B* fällt, in doppelter Entfernung, wenn nämlich der Schirm *B* weggenommen wird, über eine viermal so große Fläche verbreiten und in der dreifachen Entfernung eine neunmal so große Fläche bescheinen.

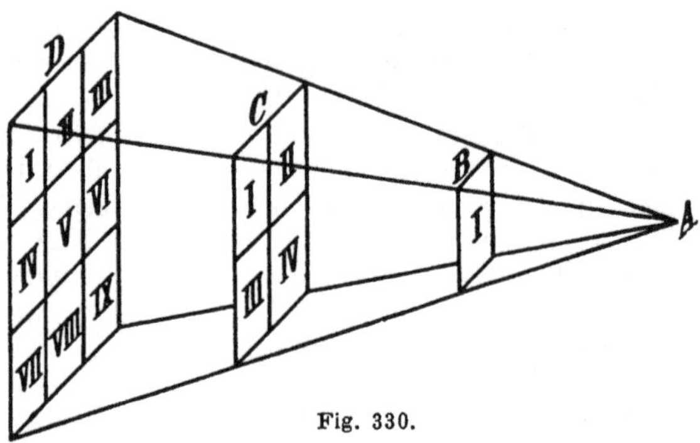

Fig. 330.

Hieraus folgt, daß jedes Quadratzentimeter des zweiten Schirmes viermal schwächer und jedes Quadratzentimeter des dritten Schirmes neunmal schwächer erleuchtet wird als der erste Schirm von 1 qcm. Daraus ergibt sich das Grundgesetz der Lichtmessung (Photometrie): **Die Beleuchtungsstärke nimmt ab, wie das Quadrat der Entfernung wächst.**

Um also den zweiten Schirm bei der angegebenen Entfernung ebenso stark zu beleuchten wie den ersten, müßte man vier ebenso große Lichtquellen aufstellen.

Die Instrumente, welche zur Abmessung der Lichtstärken leuchtender Körper dienen, werden Lichtmesser oder Photometer genannt[1]).

Eines der bekanntesten Photometer ist das Fettfleckphotometer. Eine Vorstellung von demselben gewinnt man durch folgenden Versuch:

In die Mitte eines Papierschirmes bringt man einen durchscheinenden Fleck. Wird dieser von der Rückseite stärker

---

[1]) Vom griechischen Phos, das Licht, und metrein messen.

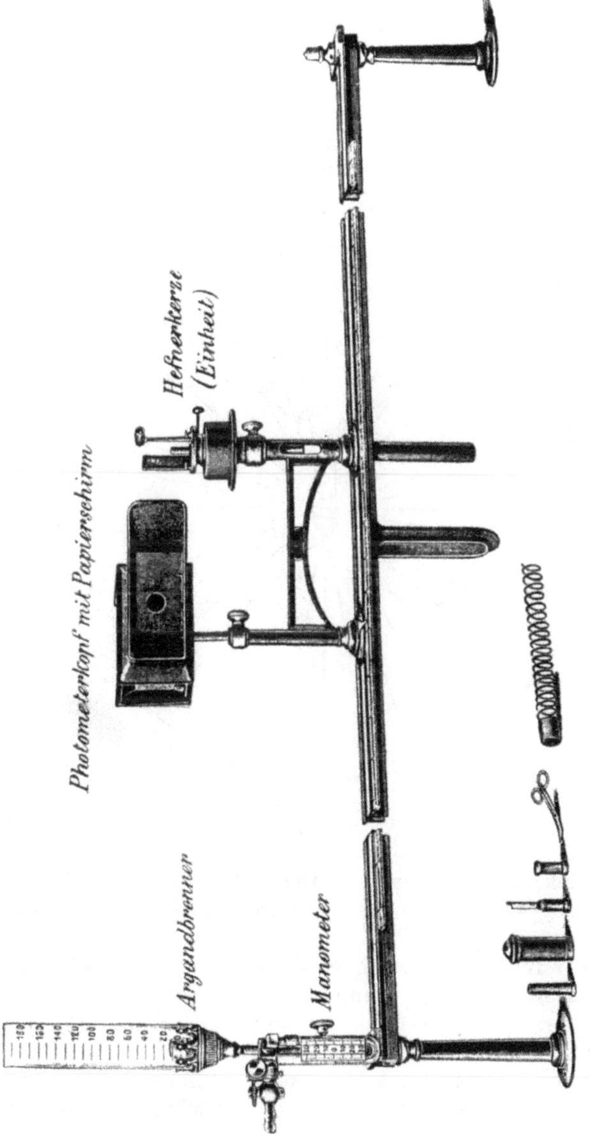

Fig. 331 und 332.

beleuchtet, so erscheint er hell, während er bei stärkerer Beleuchtung von der Vorderseite dunkel erscheint. Ist die Beleuchtung von beiden Seiten gleich stark, so verschwindet der Fleck.

Das Bunsenphotometer[1]) (Fig. 331) besteht aus einem teilweise transparenten Papierschirm, welcher zwischen die zu vergleichenden Flammen gebracht wird. Man stellt bei der Lichtmessung diesen Schirm durch Hin- und Herbewegung

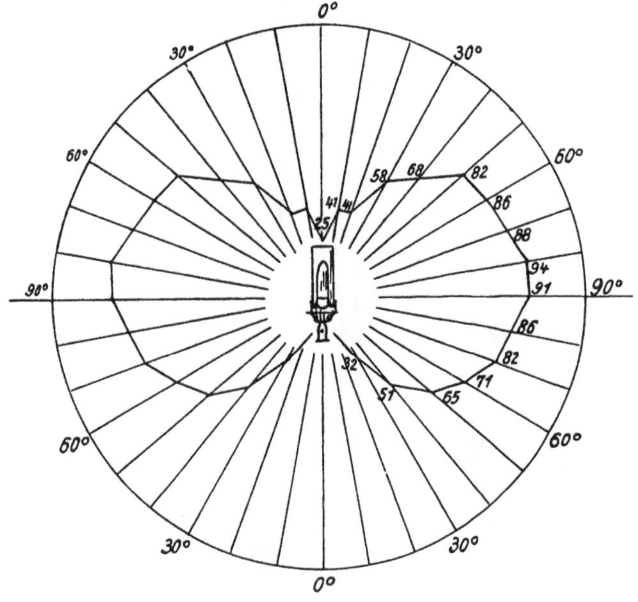

Fig. 333.

so ein, daß man den transparenten Teil nicht mehr sehen bzw. nicht mehr von dem nichttransparenten Teil unterscheiden kann.

Die Fundstelle bezeichnet den Punkt, wo beide Seiten des Schirmes von den Flammen gleich hell beleuchtet sind. Die Lichtstärke wird dann an einer am Photometergestell befindlichen Skala abgelesen.

Bei den neueren Photometerkonstruktionen hat man statt des transparenten Papiers andere Einrichtungen getroffen.

---

[1]) Nach dem berühmten Chemiker Rob. Wilh. Bunsen benannt.

Erwähnt sei hier der Photometerkopf von Dr. Lummer und Dr. Brothun. Es würde jedoch zu weit führen, wenn wir auf die Einzelheiten weiter eingehen wollten; es dürfte das Gesagte zum allgemeinen Verständnis völlig genügen.

Als Einheit der Lichtstärke gilt heute in Deutschland die Hefner-Kerze, HK[1]), das ist die Lichtstärke einer in unbewegter atmosphärischer Luft bei 760 mm Barometerstand und 8,8 l Luftfeuchtigkeit frei brennenden Flamme, die aus dem Querschnitt eines mit Amylazetat gesättigten Volldochts aufsteigt, welcher ein kreisrundes Neusilber-Dochtröhrchen von 8 mm innerem und 8,3 mm äußerem Durchmesser und 25 mm freistehender Länge ganz ausfüllt. Die Flamme muß vor der Messung mindestens 10 Minuten gebrannt haben und vom Rand des Dochtrohres aus gemessen 40 mm hoch sein. Eine Abweichung in der Flammenhöhe um 1 mm verursacht eine Abweichung der Lichtstärke um etwa 3%.

Dieses über Leuchtkraft und Photometrie vorausgeschickt, gehen wir jetzt zur Besprechung der »Mitteilungen aus dem Glaswerk Jena«. Dr. Schott und Dr. Herschkowitsch haben die Ergebnisse ihrer Untersuchungen zeichnerisch dargestellt.

Diese in den Fig. 334 bis 344 wiedergegebenen Zeichnungen sind folgendermaßen zu verstehen: Man denke sich durch den Glühlichtbrenner eine senkrechte Ebene gelegt, in der vom Mittelpunkt des Glühkörpers Strahlen nach allen Richtungen des Brenners hinausgehen; beispielsweise so, wie dies in Fig. 333 angedeutet ist.

Dr. O. Schott und Dr. H. Herschkowitsch haben das Glühlicht in einigen der am meisten in Betracht kommenden Ausstattungen einer eingehenden Prüfung unterzogen und in einer Broschüre »Mitteilungen aus dem Glaswerk Jena« bekannt gegeben. Wir lassen das Wichtigste aus diesen Mitteilungen folgen.

Die Lichtmenge, die vom Glühkörper ausgestrahlt wird, bleibt nicht nach allen Richtungen hin die gleiche, sondern ändert sich bedeutend. Man denke sich nun den Glühkörper genau im Mittelpunkt der Kreise beistehender Zeichnungen befindlich. Die von diesem Punkte ausgehenden Linien bedeuten die Richtungen in der senkrechten Ebene, die Länge einer jeden Linie die Anzahl Kerzen, die in dieser Richtung

[1]) Die Hefnerkerze ist eine von Hefner-Alteneck konstruierte Lampe (s. Fig. 332).

ausgestrahlt wird. Verbindet man nun die Enden dieser Linien miteinander, so erhält man eine geschlossene Kurve. Diese

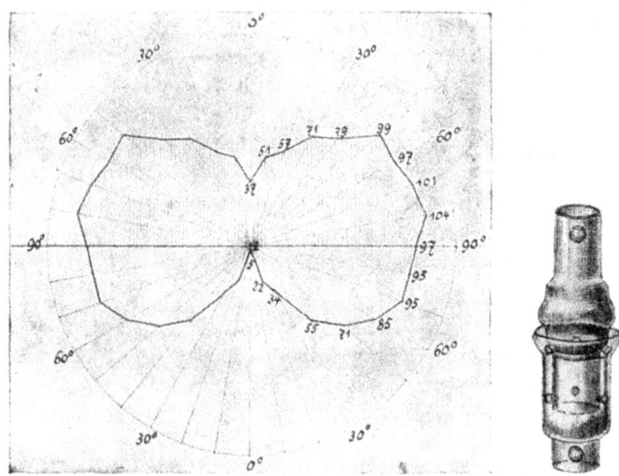

Fig. 334. Jenaer Hängezylinder.

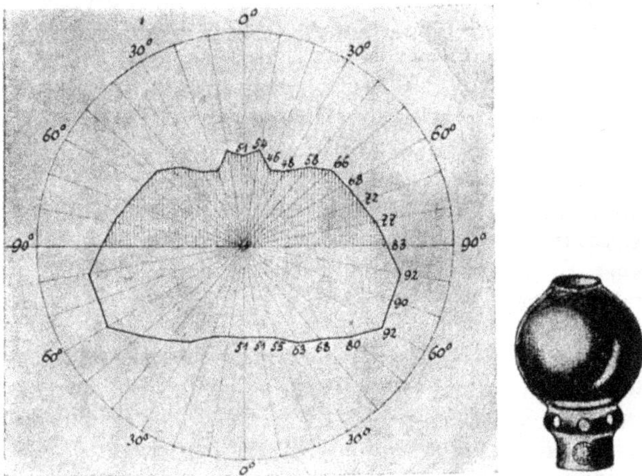

Fig. 335. Jenaer Lochglocke Q. Milchglas.

gibt also die Kerzenzahl des Glühlichtes an mit dem jeweiligen Glaszylinder, welcher nebenbei abgebildet ist. Danach dürften die Bilder ohne weiteres verständlich sein. Ein Blick auf eine solche Kurve zeigt uns sofort, wie sich die Lichtmenge bei Anwendung des gegebenen Zylinders im Raume verteilt. Weiter

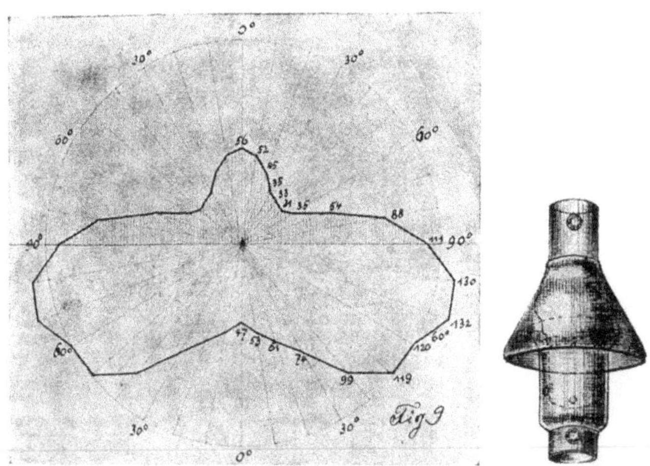

Fig. 336. Jenaer Hängezylinder m. mattem Tragglas u. Autositschirm (klein).

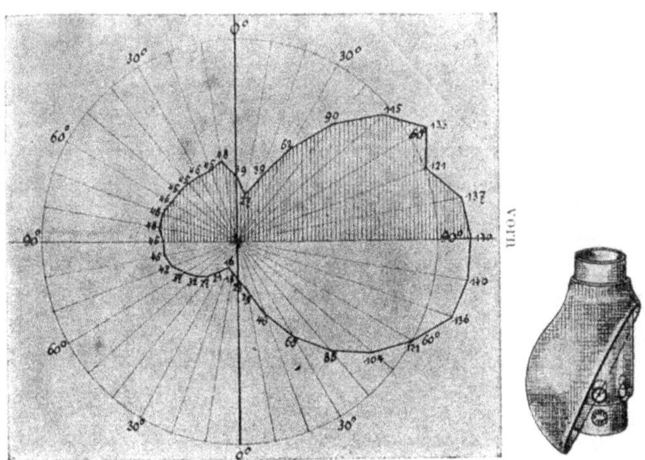

Fig. 337. Lochzylinder F mit seitlichem Autositschirm.

ist aus den Kurven zu entnehmen, daß der größere Teil des ausgestrahlten Lichtes, durch Schraffierung in den Figuren kenntlich gemacht, oberhalb der horizontalen Ebene liegt.

und demnach in eine Richtung gelangt, in welcher es am wenigsten nutzbar zu machen ist, da das nach oben aus-

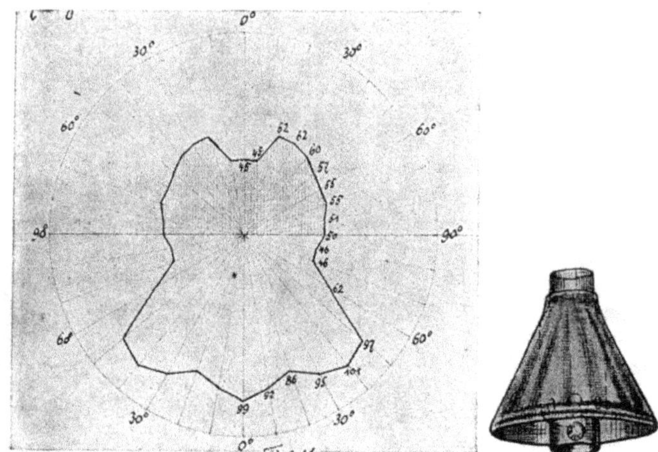

Fig. 338. Autositschirm, groß mit Lochzylinder F.

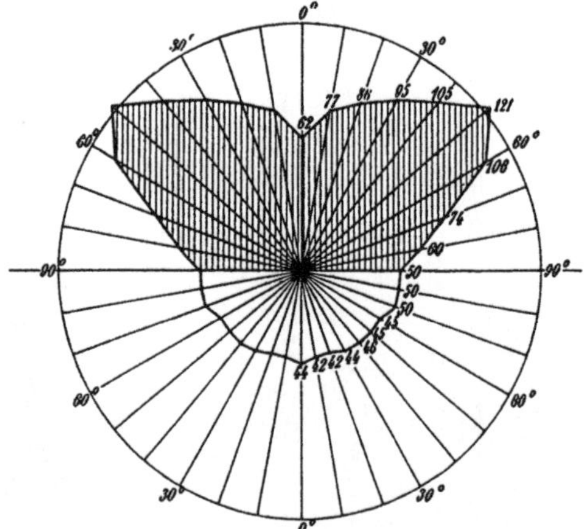

Fig. 339. Augenschützer aus Überfangglas ohne Schirm.

gestrahlte Licht bei Innenbeleuchtung nur sehr unvollkommen und noch weniger bei Außenbeleuchtung wieder zurückgeworfen wird.

Um nun diesen größeren Teil des Lichtes für die Beleuchtung nutzbar zu machen, verwendet man Umhüllungsglocken

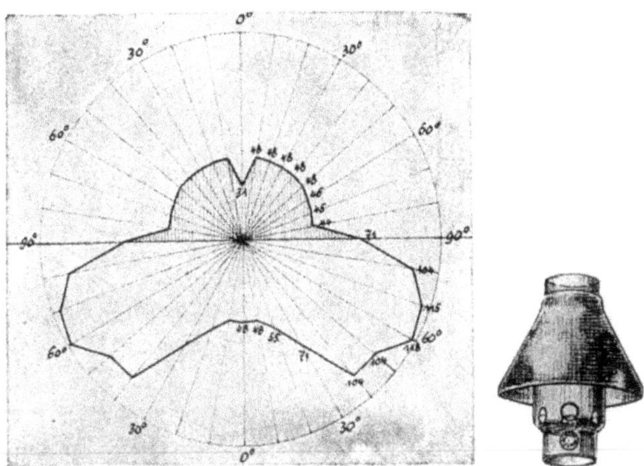

Fig. 340. Normaler Lochzylinder F mit Autositschirm, klein.

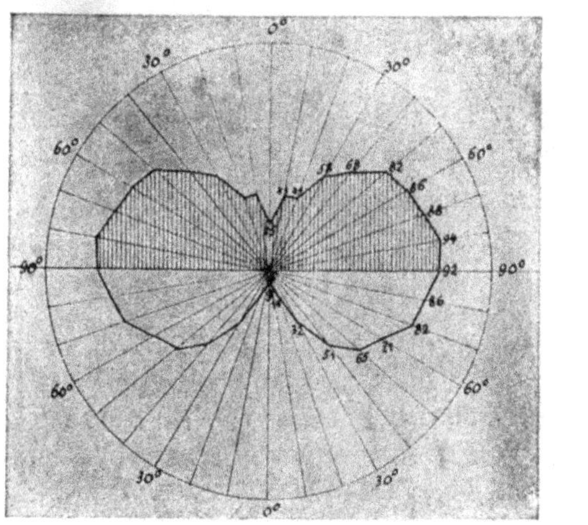

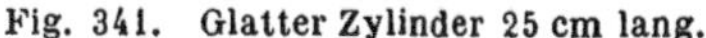

Fig. 341. Glatter Zylinder 25 cm lang.

aus Milchüberfang- oder mattiertem resp. geätztem Glase und Metallreflektoren. Dieselben erfüllen zwar mehr oder minder ihren Zweck, selten aber in dem Maße, wie es erwünscht und möglich ist. Was die spiegelnden Metallschirme betrifft, so kann ihre Anwendung nur eine beschränkte sein, weil sie

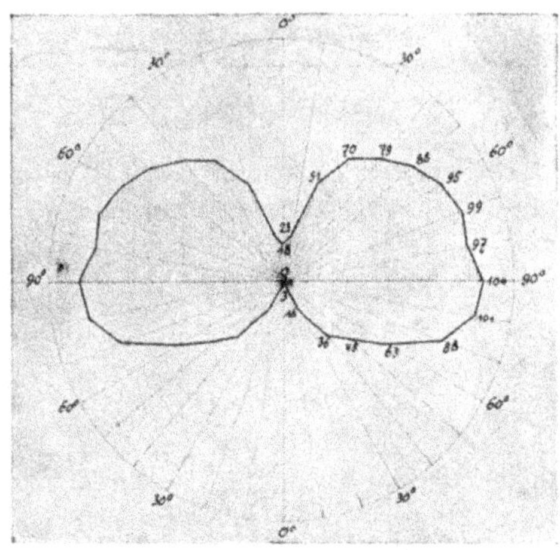

Fig. 342. Normaler Lochzylinder F.

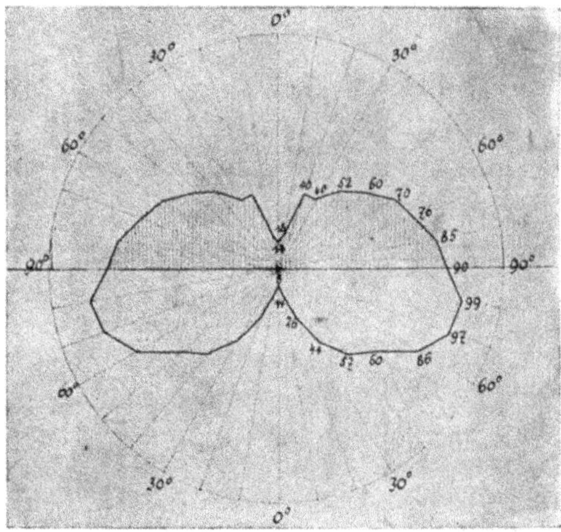

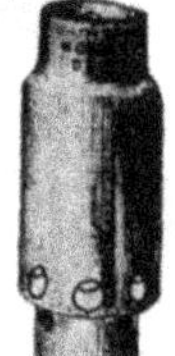

Fig. 343. Normaler Lochzylinder F. Milchglas.

das Licht oberhalb des Schirmes total auslöschen und gegenüber dem Schirme einen eng begrenzten, sehr hellen Lichtfleck geben. Die Wirkung der innen weißen oder emaillierten

Metallschirme ist eine rationellere, da ihre beleuchtete Innenseite das Licht nach allen Richtungen wieder ausstrahlt.

In allen Fällen, in denen ein teilweises Auslöschen des Lichtes unerwünscht ist, kommt nur die Anwendung des Milchglases in Betracht. Die von letzterem im Handel befindlichen Glassorten zeigen aber den großen Nachteil, daß sie einen erheblichen Teil des Lichtes — bis zu 40% und darüber — absorbieren. Dieser außergewöhnliche Lichtverlust ist keineswegs eine notwendige Eigenschaft des Milchglases als solchen,

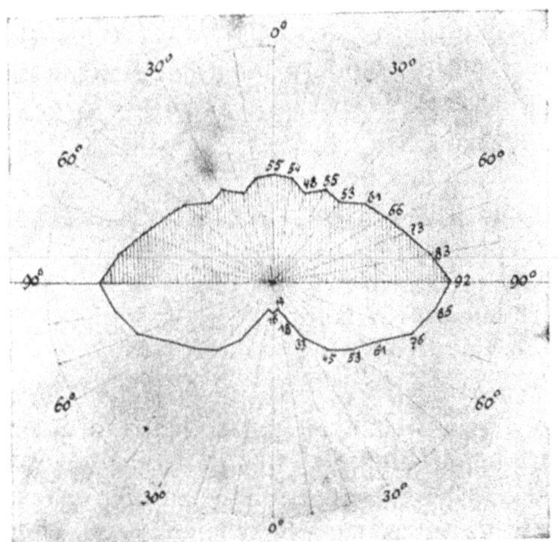
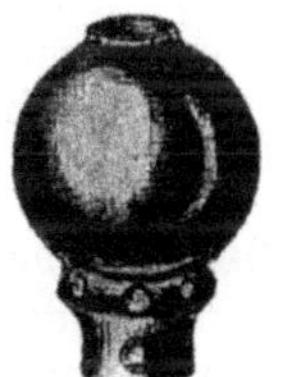

Fig. 344. Jenaer Lochglocke Q, mattiert.

derselbe läßt sich vielmehr durch geeignete Zusammensetzung und Behandlung des Glases in sehr erheblichem Maße vermindern. Dem Jenaer Glaswerk ist es gelungen, ein Milchglas herzustellen, welches in bezug auf Lichtdurchlässigkeit die bisher vorhandenen anderen Glassorten weit übertrifft.

In den Fig. 334 bis 344 sind neben den Kurven die von Schott & Gen. in den Handel gebrachten Zylinder, Glocken und Autositschirme abgebildet, welche eine zweckmäßige Lichtverteilung bewirken.

Als Beispiel zur Ermittlung der Flammenzahl bei der Installierung einer Innenbeleuchtung mag folgende Tabelle dienen, wobei die in Fig. 336 skizzierte Ausrüstung zugrunde gelegt worden ist.

Höhe d. Lampe über der zu beleuchtenden Fläche in Meter	Durchmesser des zu beleuchtenden Umkreises in Meter	Erzielte[1]) Helligkeit in Meterkerzen	Anzahl der Brenner	Entfernung der Brenner voneinander in Meter
1	1,7	45—50	1	—
1	4,0	45—50	4	2,4
$1^1/_2$	2,5	20	1	—
$1^1/_2$	5,5	20	4	3,0
2	3,5	10—12	1	—
2	8,5	10—12	4	5,0

Von einer bekannten Firma der elektrischen Beleuchtungsindustrie wird das Lichtbedürfnis folgendermaßen angegeben:

Für	Spinnereien	10—15	Meterkerzen
»	Maschinenfabriken, Schlossereien	20—30	»
»	Läden	25—35	»
»	kaufmännische Büros	25—35	»
»	Hörsäle je nach Größe	20—40	»
»	Webereien je nach Farbe d. Stoffe	25—40	»
»	feinere mechanische Arbeit . .	30—40	»
»	Druckereien und Setzereien . .	40—50	»
»	Zeichensäle.	40—50	»

In den letzten Jahren ist das Gasglühlicht zur **indirekten Beleuchtung** in Hör- und Schulsälen häufig verwendet worden.

Die ersten Versuche mit dieser Beleuchtung erbrachten den Nachweis, daß die Gasbeleuchtung befähigt ist, auch den gesteigerten modernen Anforderungen, welche die indirekte Beleuchtung großer Säle stellt, gerecht zu werden.

Bei der indirekten Beleuchtung werden Blendung und Wärmestrahlung nicht empfunden.

Die Beleuchtung ist eine viel gleichmäßigere und insbesondere ist eine richtige Verteilung des Lichtes ohne störende Schattenbildung möglich.

Voraussetzung für die rein indirekte Beleuchtung ist das Hellbleiben der Decke des Saales und des oberen Drittels der Wände durch mattweißen Anstrich, der je nach Heizmethode und Fußbodenqualität alle zwei oder drei Jahre erneuert werden muß.

---

[1]) Nach dem Hygieniker Professor H. Cohn kommt eine Helligkeit von 50 Meterkerzen dem Tageslicht gleich, bei 10 Meterkerzen kann man noch deutlich schreiben und lesen.

Die zur indirekten Beleuchtung verwendeten Lampen sind Reflektorlampen, bei welchen das Licht mittels undurchsichtiger Reflektoren zur Decke geworfen und von dort aus im Saale zerstreut wird. (Diffuses Licht.)

Zu beachten ist bei derartigen Reflektorlampen, daß die Luftzuführung von unten erfolgt, weil sonst bei der hohen Stellung der Lampen nahe der Decke die eigenen Verbrennungsprodukte der Flammen von den Brennern wieder angesaugt werden. Die Helligkeit ist um so größer, je näher die Lampen der Decke sind.

Der Reflektor muß so konstruiert werden, daß einerseits der zur Decke geworfene Lichtkreis möglichst groß ist, daß aber anderseits das Auge an keiner Stelle des Saales direktes Licht von der Lichtquelle erhält.

Die Gasselbstzünder.

Schon in früheren Jahren hat man sich bemüht, auf chemischem Wege eine Selbstzündung des Gases zu bewirken. (Döbereinersche Zündvorrichtung).

Man benutzt hierzu das Platinmohr (Platinmetall in Pulverform). Der Engländer Duke verwandte als Träger für das Platinmohr Meerschaum und fertigte daraus die sog. Zündpille, welche mittels eines Bündels dünner Platindrähte befestigt wird. Wenn das Leuchtgas gegen die Pille strömt, wird diese zum Glühen gebracht, die Platindrähte nehmen die Hitze bis zur Weißglut auf und entzünden das Gas. Es sind eine Menge der verschiedensten Vorrichtungen konstruiert worden, welche sich mehr oder minder in der Praxis bewährt haben.

Trotzdem die Selbstzünder in den letzten Jahren an Bedeutung verloren haben, wollen wir doch eine Beschreibung derselben — aus historischem Interesse — folgen lassen. Heute trifft man Selbstzünder nur noch selten an.

Als den bekanntesten Selbstzünder nennen wir den »Fiat Lux« (Fig. 345).

Der »Fiat-Lux-Automat« (Deutsche Gasglühlicht-Gesellschaft) kann überall angewendet werden, also auch bei Kronleuchtern, Schaufensterbeleuchtungen etc., und ist ausschließlich für Gasglühlicht bestimmt. Zur Betätigung dieses Apparates bedarf es nur der Öffnung des Hahnes, auf welche die Zündung automatisch erfolgt. Im Ruhezustande ist das Ventil nach oben gedrückt und der Weg zum Brenner dadurch geschlossen. Das Gas strömt zuerst zur Zündpille, entzündet sich da und bildet

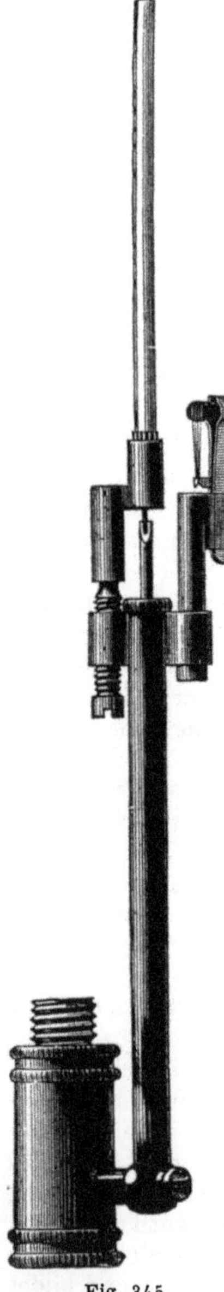
Fig. 345.

eine Zündflamme (dies ist derselbe Weg des Gases, welcher beim Fiat Lux Simplex (siehe diesen) durch das Drücken auf den Knopf bewirkt wird), welche die Porzellanröhre erwärmt. Infolge der Erwärmung des in der Porzellanröhre befindlichen Drahtes dehnt sich letzterer aus, die mit dem Drahte verbundene Zugstange wird durch das eigene Gewicht und eine Feder nach unten gedrückt und bewegt infolgedessen mittels des Hebels das Ventil nach unten, dadurch den Weg zum Brenner freigebend. Das Gas strömt nunmehr durch den Brenner zum Strumpf, entzündet sich an der Zündflamme, worauf letztere erlischt. So lange die Leuchtflamme brennt, erhält die Wärme den Draht in Ausdehnung, und der Weg des Gases zum Brenner bleibt frei. Wird der Gashahn abgedreht, so erlischt die Leuchtflamme, der Draht zieht sich durch die Abkühlung zusammen und versperrt dem Gase den Weg zum Brenner. (Dieser Vorgang beansprucht ca. $^3/_4$ Minute). Der Weg des Gases zum Zünder ist jetzt wieder frei wie am Anfang.

Fiat Lux Simplex (Fig. 346). Dieser empfiehlt sich überall da, wo der Gashahn des mit demselben zu versehenden Beleuchtungsobjektes bequem mit der Hand erreicht werden kann, also bei Einzelflammen. Der »Fiat Lux Simplex« ist sowohl für Glühlicht als auch für Rund- und Flachbrenner zu verwenden. Derselbe ersetzt das Zündholz und bewirkt eine sanfte, den Glühkörper schonende Zündung, indem er den explosiven Knall vermeidet, durch welchen der Glühstrumpf bei Zündung über dem Zylinder leiden kann. Um die Zündung zu bewirken, drückt man mit der Hand auf den Knopf und bewegt dadurch das durch einen Hebel mit dem Knopf in Verbindung stehende Ventil nach oben, dem Gase den direkten Weg zum Brenner absperrend. Das Gas ist nunmehr gezwungen, durch das Seitenrohr, auf welchem die Zündpille sitzt, zu letzterer zu strömen, wo es sich entzündet. Nach Erscheinen der Zündflamme läßt man den Knopf los, wodurch sich das Ventil wieder senkt, der ursprüngliche Weg zur Hauptflamme von neuem freigegeben und der Weg zur Zündpille abgesperrt wird. Es erlischt alsdann die Zündflamme sofort nach Erscheinen der Leuchtflamme.

Wir erwähnen noch den Selbstzünder »Tip-Top«, welcher gleichfalls da angewandt wird, wo die Flamme leicht erreichbar ist, ferner den »Meister«- und »Atlas«-Zünder (Butzke & Co., Berlin), »Phöbus« und außerdem die verschiedenen auf den Zylinder aufzusetzenden Apparate aus Marienglas, bei welchen die Zündpille nach erfolgter Zündung automatisch aus dem Bereiche der Hitze entfernt wird (»Bums es brennt«, »Muschelzünder«, »Blakerzünder«).

Es gibt auch transportable Zünder, bei welchen die Zündpille in einer Gassammelhülse angeordnet und diese an einem Stock befestigt ist. Derartige Stockzünder sind in allen möglichen Variationen, als Glockenzünder (Butzke), Birnenzünder (Kellermann) usw., in den Handel gebracht worden.

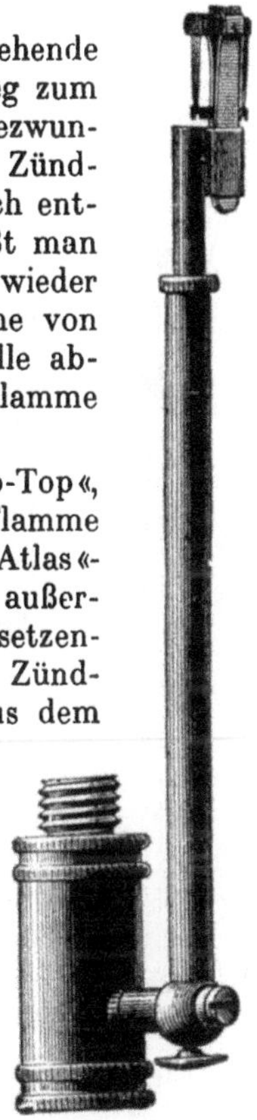

Fig. 346.

Beleuchtungsapparate für die Straßenbeleuchtung.

Wir haben zwar schon bei Besprechung der Brennerkonstruktionen der Beleuchtungsapparate für die Straßenbeleuchtung gedacht, doch wollen wir noch diejenigen Gegenstände besprechen, welche zur Aufnahme der Brenner dienen. Hierzu gehören Laternen, Kandelaber und Konsolen (Wandarme).

Der Abstand der Straßenlaternen wird im Innern der Stadt auf 30 bis 40 m, in den Vorstädten auf 60 bis 70 m bemessen. Es ist zweckmäßig in beiderseits bebauten Straßen bzw. da, wo sich der Verkehr auf beiden Seiten abwickelt, die Laternen abwechselnd anzubringen. Selbstverständlich nimmt man bei der Einteilung auf abzweigende Straßen Rücksicht, sodaß die Straßenecken möglichst beleuchtet werden.

Die Kandelaber, welche in der Regel aus Gußeisen gefertigt werden, erhalten zur Befestigung einen gußeisernen Erdbock (Fundament) oder, wenn sie mehrere Laternen aufzunehmen haben, auch ein gemauertes Fundament. Zur Befestigung der Laterne dient ein schmiede- oder gußeiserner Bügel, der mittels Kopfschrauben mit dem Kandelaber und mittels Mutterschrauben mit der Laterne verbunden wird.

Betreffs der Anschlußleitung, Anbohrung etc. gilt dasselbe, was in dem Kapitel über Hauszuleitungen gesagt worden ist. In Fig. 347 ist ein Kandelaber mit Laterne, Zuleitung und Anbohrschelle dargestellt. Der Hydrantkandelaber ist eine Vereinigung eines Hydranten mit einem Gaskandelaber; beide Apparate sind in der Benutzung voneinander unabhängig. Fig. 348 stellt einen Hydrantkandelaber der Armaturen Fabrik Bopp & Reuther, Mannheim-Waldhof dar. Diese Firma liefert auch Brunnenkandelaber, also eine Vereinigung eines Ventilbrunnens mit einem Kandelaber. — Die Konsolen (Wandarme) (Fig. 349) werden gleichfalls aus Gußeisen, manchmal auch aus Schmiedeeisen, gefertigt. Die Befestigung geschieht mittels **starker Schrauben-**

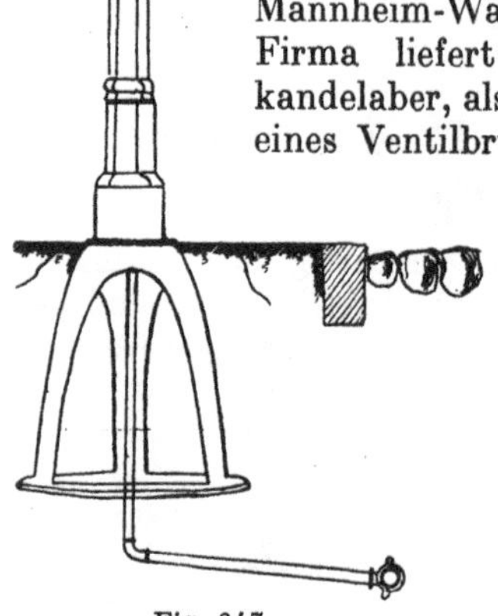

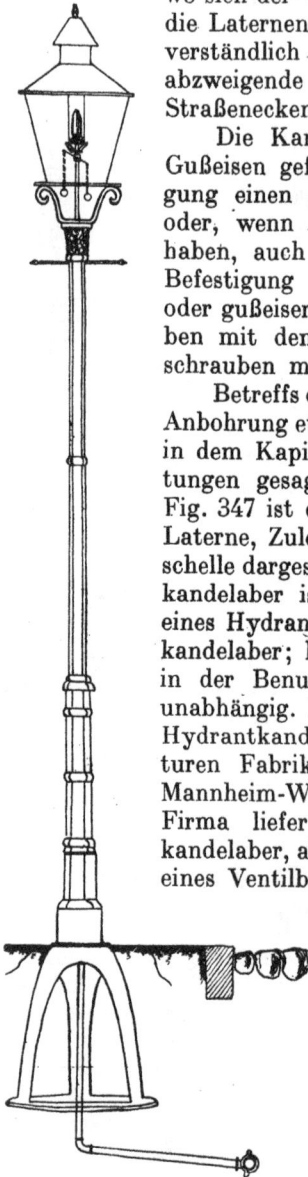

Fig. 347.

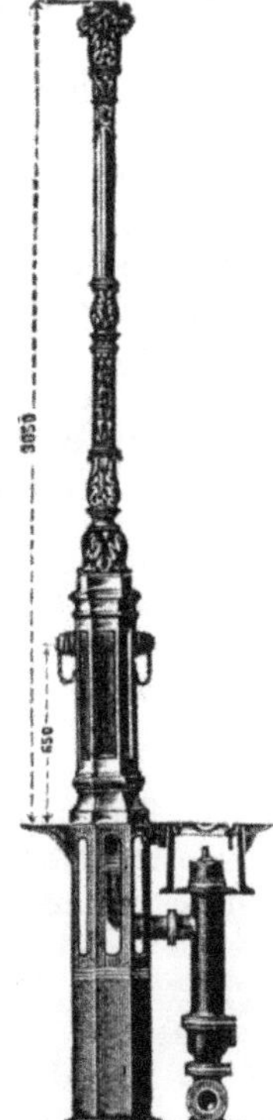

Fig. 348.

bolzen oder Dollen, welche sich an den Wandarmen befinden, die in das Mauerwerk eingelassen und mit Zement oder Gips

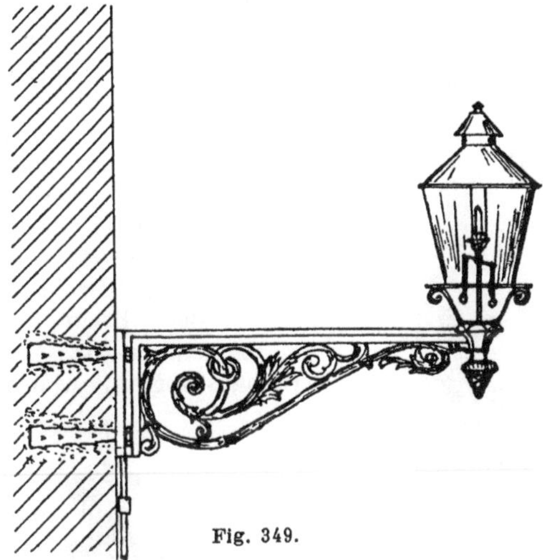

Fig. 349.

vergossen werden. Die Laternen werden aus Blech, besser aber aus Gußeisen angefertigt. Der Form nach macht man sie sechseckig, viereckig oder rund.

Bei der jetzt fast ausschließlichen Verwendung von Gasglühlichtbrennern für die Straßenbeleuchtung ist eine der ersten Bedingungen, welche man an eine gute Laterne stellen muß, »die Sturmsicherheit«. Die alten sechseckigen Laternen sind vielfach mit sturm- und wettersicheren Einsätzen versehen worden (Fig. 350), welche sich gut bewährt haben.

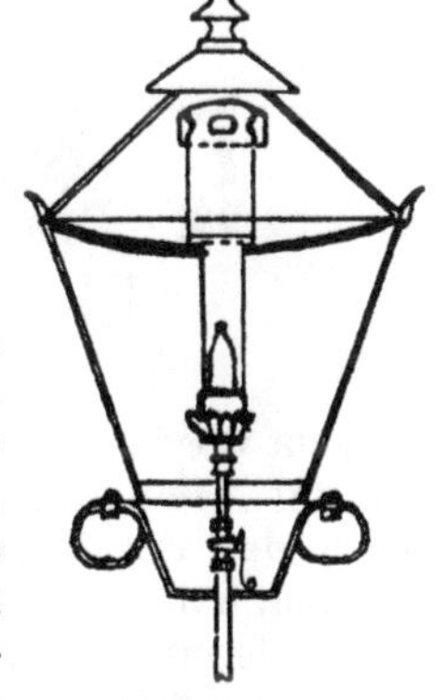

Fig. 350.

Auch die Kuppelgarnitur der Deutschen Gasglühlicht-Aktiengesellschaft, Berlin (Fig. 351) verhindert die direkte Einwirkung von Wind und Regen auf den Glühkörper. Brenner mit derartiger Ausrüstung sind deshalb für undichte Laternen geeignet.

Von den runden Laternen hat sich namentlich die Ritterlaterne (Fig. 352) als sehr brauchbar erwiesen. Diese Laterne zeichnet sich durch große Lichtwirkung, hohe Schattenlosigkeit und vollständige Sturmsicherheit aus. Das Laternendach kann behufs innerer Reinigung des Glasmantels und Auswechslung des Glühkörpers aufgeklappt werden.

Auch die sog. Kraußelaterne, welche von der Firma Gasapparat- und Gußwerk Mainz hergestellt und in den Handel gebracht wird, hat sich als vollständig sturmsichere Laterne bewährt. Die Straßenlaterne »Patent Rech« ist vom Kölner Eisenwerk in Brühl bei Köln (nachmals Berlin-Anhaltische Maschinenbau-Akt.-Ges., jetzt Bamag-Meguin) in den Handel gebracht worden. Die Laterne ist schattenlos und sturmsicher. Der das Schutzglas tragende untere Ring (Fig. 353 u. 353a) ist in den ungefähren Abmessungen des Kandelaberkopfes gehalten, und die seitlichen Streben sind in einer entsprechenden Entfernung vom Schutzglase angeordnet.

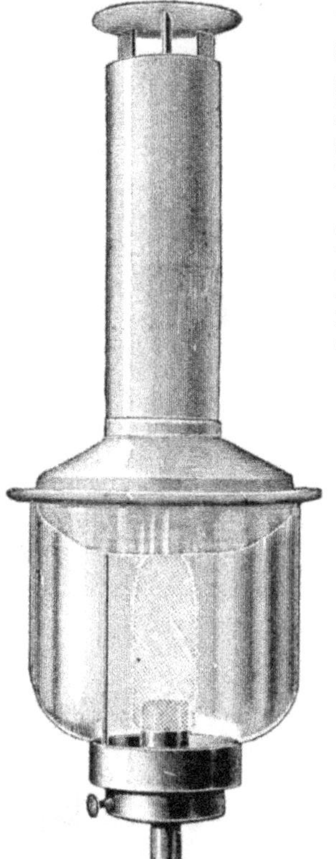

Fig. 351.

Fig. 352.

Die Konstruktion bietet dem Sturm eine nur geringe Angriffsfläche, und die starkwandigen kleinen Schutzgläser sind naturgemäß der Bruchgefahr weit weniger ausgesetzt, wie die großen Glasgehäuse. Das Schutzglas wird lose eingesetzt.

Der Benutzung des Gasglühlichts für einen größeren Platz mit einer Lichtquelle, ähnlich wie die elektrischen Bogenlampen, stellte sich die Schwierigkeit der Bedienung und des Anzündens der Lampe in der notwendigen Höhe (ca. 8 bis 12 m) entgegen. Diesem Übelstand ist durch verschiedene Konstruktionen für Laternen mit Glühlichtbeleuchtung (Fig. 354) in beliebiger Höhe vollständig abgeholfen; die Laterne kann auf den gleichen Masten und in gleicher Höhe wie die elektrischen Bogenlampen mit ebenso einfacher Bedienung benutzt werden.

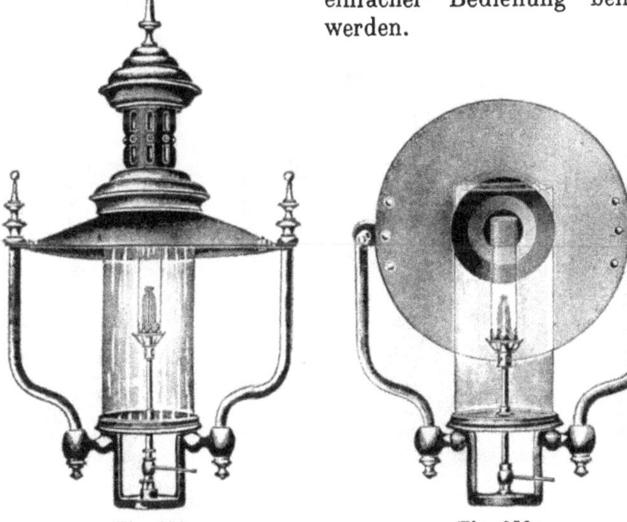

Fig. 353. Fig. 353a.

Diese Konstruktionen sind auf Bahnhöfen und großen Plätzen wiederholt zur Anwendung gekommen. Fig. 354 stellt einen solchen Mast dar.

Der unter dem Namen Hegermast der Deutschen Gasglühlicht-Aktiengesellschaft bekannt gewordene Hochmast ist umlegbar, doch ist das Umlegen nur zum Reinigen und Instandsetzen der Laterne notwendig; das Anzünden und Löschen der Gasglühlichtflammen geschieht, wie immer bei Hochmastbeleuchtung, von unten aus durch Umstellung des Gashaupthahnes. Dabei muß selbstverständlich ständig eine Zündflamme brennen. Das Umlegen des Mastes geschieht durch Drahtseil und Winde, wobei die Seiltrommel, sowie die Klinke gegen unbefugte Hände mit Sicherung versehen sind.

Auch der von Fr. Minne in Heidelberg konstruierte, von Ehrich & Graetz als Gitter-, Rohr- oder Holzmast in den Handel gebrachte Hochmast ist sehr brauchbar. Die Aufzugvorrichtung besteht aus teleskopartig ineinander schiebbaren, durch Stopfbüchsen abgedichtete Gaszuleitungsröhren.

Fig. 354. Fig. 355.

Für Invert-Straßenlaternen werden geschmackvolle Aufsätze, welche auf vorhandene Kandelaber montiert werden können, geliefert. Einen solchen Aufsatz von der Deutschen Gasglühlicht-Gesellschaft zeigt Fig. 355.

Das Gasapparat- und Gußwerk Mainz fertigt besonders schöne Lichtmaste für Invertbeleuchtung.

Gewöhnliche Straßenlaternen können auch für Invertlicht eingerichtet bzw. für dieses umgeändert werden. Bedingung ist, daß die Laternen wind- und regensicher sind.

Derartige Inverteinsätze werden geliefert von Julius Pintsch, Berlin, der Deutschen Gasglühlicht-Aktiengesellschaft (Auergesellschaft), Berlin, der Berlin-Anhaltischen Maschinenbau-Akt.-Ges., Berlin, der Aktiengesellschaft für Gas und Elektrizität, (Vulkan) Köln und mehreren anderen Firmen.

Fig. 356 zeigt einen Einbau mit Hahngarnitur von Julius Pintsch.

Zur Erläuterung der Fig. 356 sind den einzelnen Teilen Buchstaben beigesetzt.

So z. B. bezeichnen:

A die Hahnhülse, *B* das Düsenrohr, *C*, *D* und *E* die Reflektorteile, *i* den Hahn, *k* den Hahnhebel, *l* die Regulierschraube, *m* das Zündrohr, *n* die Gasdüse usw.

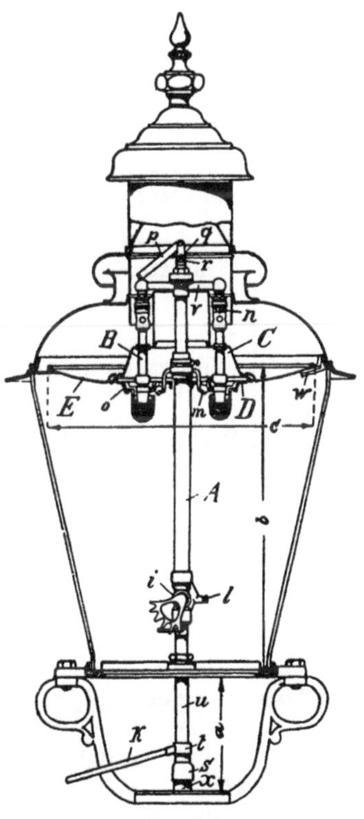

Fig. 356.

Die Straßenlaternen werden in der Regel numeriert und zu dem Zwecke mit Zahlenschildern aus Zinkblech oder aus rotem Glas versehen. Die Nacht-, auch Richtungs- oder Notlaternen genannt, erhalten dann noch ein besonderes Zeichen in Form eines Sternes, Kreuzes, einer runden Scheibe oder eines N.

Die Firma Otto Christmann, Leipzig, Wettinerstr. 5, liefert derartige Straßenlaternen-Nummern und -Zeichen.

Die Firma F. Sakszewsky, Berlin O. 34, Kopernikusstr. 17, liefert Anklebschilder aus Leinen und Zelluloid für Laternennummern.

Es ist selbstverständlich, daß in jeder Gasanstalt ein Beleuchtungsplan (Laternenplan), sowie ein Laternenverzeichnis geführt werden. Dabei empfiehlt es sich, den Beleuchtungsplan der Übersichtlichkeit wegen nicht mit dem Rohrnetzplan zu vereinigen.

Das Schema eines Laternenverzeichnisses geben wir hier an:

Verzeichnis der Straßenlaternen.

Lfd. Nr.	Laternen-Nr.	Aufstellungsort (Straße, Platz, Hausnummer)	ganznächtig	Signallaternen	Bemerkungen
1	710	Hauptstraße Nr. 42 . . .	N	S	Wandarm
2	711	» » 53 . . .	—	—	Inverteinsatze (3) Wandarm
3	712	Brunnengasse » 5 . . .	—	—	Feuermelder
4	713	Ludwigsplatz (Eingang zum Museum)	N	—	Invertlampe (3 Fl.) 1 Fl. ganznächtig
5	714	Grabengasse Nr. 16 . . .	—	S	
6	715	» » 23 . . .	—	—	Kramerlampe
7	716	Mönchhofstraße Nr. 45 . .	—	—	mit selbstt. Zündung (Uhr)
8	717	Bismarckplatz (am Eingang)	N	—	Wandarm

Flammenregulatoren für Straßenlaternen.

Wie schon an anderer Stelle erwähnt, brennt eine Auerflamme bei zu geringem Druck nicht ökonomisch, denn das sehen wir an den Preßgas- und Preßluftlampen, bei welchen der Druck künstlich gesteigert wird. Es ist deshalb die Anbringung von einzelnen Flammenregulatoren nur da zu empfehlen, wo sich ungleichmäßige Druckverhältnisse und infolgedessen zu großer Gaskonsum bemerkbar machen. Keinesfalls darf aber mittels solcher Einzelregler der Gaskonsum so weit herabgemindert werden, daß die Lichtwirkung der Auerflamme in unverhältnismäßiger Weise beeinträchtigt wird. Früher hatte die Anwendung von Regulatoren für Straßenflammen einen größeren Wert, da bei den Schnittbrennern sich Druckschwankungen viel eher bemerkbar machten als heute beim Auerlicht. Bei einer Druckerhöhung wuchs der Gaskonsum bei Schnittbrennern unverhältnismäßig, wodurch die Gasanstalten große Verluste erlitten, weil von den Städten nur ein bestimmter Gasverbrauch bezahlt wurde. Schon anfangs der sechziger Jahre wurde von Sugg in London ein Regler für Straßenlaternen eingeführt. Später kamen die Rheometer von Giroud, Bablon, Behl, Lux, Flürschheim, Stahl u. a. vielfach zur Anwendung.

In Fig. 357 ist ein solcher Einzelflammenregulator von S. Elster, Berlin, abgebildet. Der Apparat ist ein Membranregler, der auf dem Prinzip des Rheometers beruht und als besondere Eigentümlichkeit eine kegelförmige Membrane hat. Wenn der Regler in der Laterne angebracht ist, so kann die etwa nötige Nachregulierung leicht mittels eines Schraubenziehers an der seitlichen Schraube erfolgen.

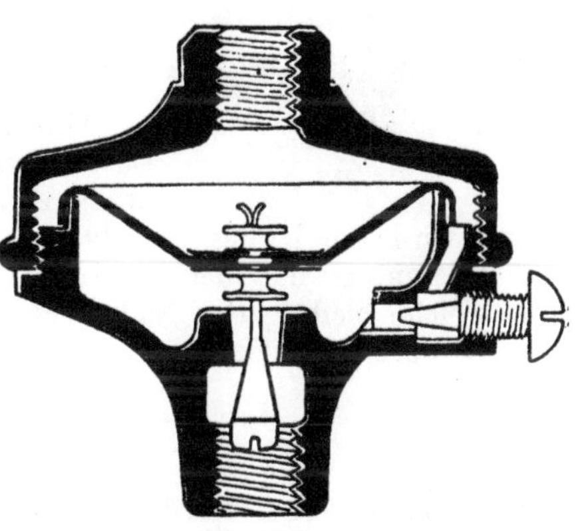

Fig. 357.

Behl & Co., Quedlinburg a. Harz, empfehlen ihre Gaskonsumregulatoren mit Aluminiumventilen.

Die nassen Regulatoren sind für Straßenflammen weniger geeignet, weil sie wegen der Frostsicherheit mit Glyzerin gefüllt werden müssen, welches zähe wird und dann Unbequemlichkeiten verursacht. Bei den sog. Scheibenregulatoren klemmen sich bei geringsten Absätzen die Scheiben im Gehäuse fest und versagen dann.

Die Gasanstalten sind unablässig bemüht, durch Verstärkung des Rohrnetzes und Herstellung von Verbindungsleitungen innerhalb desselben Druckunterschiede und Schwankungen nach Möglichkeit zu verhüten. Es genügt deshalb auch in den meisten Fällen, den Gaskonsum hin und wieder an den Brennern zu regulieren. Am bequemsten ist es, die genaue Regulierung während der Benutzung der Brenner vorzunehmen, wozu sich die regulierbaren Brennerdüsen besonders eignen. Die Anwendung derselben ist deshalb von um so größerem Vorteil, weil dadurch das zeitraubende Auseinandernehmen des Brenners, Vergrößern oder Verkleinern der Düsenlöcher, welches oft mehrmals wiederholt werden müßte, in Fortfall kommt.

Fig. 358.

Zu diesen Reguliervorrichtungen gehört die Regulierschraube der Gesellschaft für Gassparapparate, die Regulierdüse der Deutschen Gasglühlicht-Aktiengesellschaft u. a. m.

Fig. 358 stellt eine selbsttätige Regulierdüse dar.

Mittels Stellschraube stellt man den Glühkörper für seinen höchsten Lichteffekt bei geringstem Tagesdruck ein. Die Ausströmungsöffnung wird durch das Nadelventil entsprechend selbsttätig geschlossen, so daß der Lichteffekt des Glühkörpers immer der gleiche bleibt. Das Nadelventil steht auf einer Scheibe, welche durch den Gasdruck gehoben wird.

Das Bedienen und Anzünden der Straßenlaternen

geschieht in vielen Fällen, wie schon an anderer Stelle erwähnt, mittels einer Zündflamme, welche ständig brennt und beim Öffnen des Laternenhahnes das dem Glühlichtbrenner entströmende Gas zündet. In einigen Städten wendet man Löffelzündung (siehe diese) oder auch Kletterzündung an, und bedient sich zum Anzünden der allgemein bekannten Stangenlampe.

Eine Vorrichtung, welche dazu dient, die mit Glühlicht eingerichteten Straßenlaternen mittels Stangenlampe zu zünden, ist die Borchardtzündung. (Chemische Fabrik Rhenania, Niederingelheim a. Rh.)

Dieselbe besteht aus einem am Boden der Laterne angebrachten Einführungstrichter und einer Bodenklappe, welche sich nach erfolgter Zündung stets von selbst wieder schließt.

Der zu dieser Einrichtung gehörige Borchardt-Stichflammenzünder funktioniert nach dem Prinzip der schwedischen Lötlampe und gibt eine straffe, etwa 160 mm lange Stichflamme. Das Stichflammen-Mundstück erhält eine Windschutzhaube, deren äußere Form dem jeweiligen Laternenhahn so angepaßt wird, daß derselbe sich bei Einführung des Stichflammenzünders sofort öffnet.

Nach einem im »Journal für Gasbeleuchtung und Wasserversorgung« veröffentlichten Bericht der Gasanstalt Remscheid hat sich die Zündung dort durchaus bewährt.

Fig. 359.

Schon seit vielen Jahren ist man bemüht, das Anzünden der Straßenlaternen ohne Menschenhand selbsttätig einzurichten. Die langjährigen Bemühungen sind von Erfolg begleitet gewesen, insofern, als es jetzt tatsächlich automatische Zündvorrichtungen gibt, die ziemlich sicher funktionieren.

Wenn nun auch das Anzünden der Straßenlaternen nicht mehr wie in früheren Jahren mittels besonderer Zündlampen, d. h. von Hand geschieht, sondern in den meisten Fällen durch Zündflammen bzw. Fernzünder, so müssen doch zur Unterhaltung dieser Einrichtungen und der Laternen selbst Laternenwärter bei allen Gaswerken bereit gehalten werden, denen eine Sicherheitsleiter zur Verfügung gestellt werden muß.

Es sind verschiedene brauchbare Leitern bei den Gaswerken in Benutzung, doch wollen wir nicht unterlassen, eine besonders geeignete Sicherheitsleiter, welche beim Gaswerk Karlsruhe i. B. benutzt wird, kurz zu beschreiben und abzubilden (s. Fig. 359).

Die Leiter ist zusammenklappbar; durch eine sinnreiche Konstruktion ist für die Sicherheit der Laternenwärter gesorgt.

Nach einer Mitteilung des Stadtbauoberinspektors Müller-Karlsruhe ist die ihm geschützte Leiter 3 m lang und hat

9 Sprossen; sie ist mittels Gelenke in drei Teile zusammenklappbar, wiegt 9 kg und hat zusammengelegt eine Länge von 1,20 m, so daß sie bequem von einem Radfahrer auf dem Rücken getragen werden kann. Zu diesem Zwecke sind breite Gurten angebracht. Die Leiter kann leicht und bequem aufgestellt und ebenso wieder zusammengeklappt auf den Rücken genommen werden. Zur Sicherung gegen das Zusammenklappen während des Gebrauches legt sich an dem unteren Gelenk ein Winkelblech gegen die Holme; beim oberen Gelenk dienen beiderseits angebrachte Riegel diesem Zweck. Die Leiter ist nach oben verjüngt; sie reicht für Kandelaber und Wandarme mit der üblichen Lichtpunkthöhe von 3,50 m aus.

Am Fuße kann man Spitzen gegen Abrutschen bei Glatteis anschrauben, ebenso können oben zur Sicherung am Kandelaber rohrschellenartige Bügel oder Haken zum Einhängen, je nach Ausbildung der Kandelaber angebracht werden. Die Holme sind aus Fichtenholz, die Sprossen aus Hartholz gefertigt.

Den Alleinvertieb dieser Leiter hat die Wirtschaftliche Vereinigung deutscher Gaswerke, A. G., Frankfurt a. M.

Es existieren Fernzünder, welche durch den im Rohrnetze herrschenden Gasdruck, solche, welche durch Druckluft, und endlich solche, welche mittels Elektrizität in Tätigkeit gesetzt werden.

Ein sinnreicher Apparat war der von Dr. Rostin konstruierte Fernzünder, der auf eine ganz bestimmte Druckwelle reagierte und dadurch die Zündung bzw. Löschung der Laternenflamme bewirkte. Allerdings ist dieser Apparat von anderen überholt worden und dürfte heute wohl kaum noch angetroffen werden.

Der Gasdruckfernzünder »Bamag«, der ebenfalls durch eine von der Gasanstalt gegebene Druckwelle betätigt wird, ist von der Berlin-Anhaltischen Maschinenbau-Aktiengesellschaft, jetzt Bamag-Meguin. auf den Markt gebracht worden, und zwar, wie man allgemein hört, mit gutem Erfolge.

Der Apparat ist in vielen Städten in Tausenden von Exemplaren in Gebrauch, ganz besonders in Deutschland.

Die Bauart des Gasfernzünders »Bamag« ist so gewählt, daß willkürliche Schwankungen im Gasdruck innerhalb einer bestimmten Grenze auf den Apparat ohne Einfluß sind, so daß derselbe unter allen Umständen nur von der einen Welle betätigt wird, welche zu diesem Zweck von der Gasanstalt aus gegeben wird.

Der Fernzünder »Bamag«, in den Fig. 360 u. 361 in der Vorderansicht und im Schnitt dargestellt, besteht aus einem

Fig. 360.

gußeisernen Gehäuse, welches in der Laterne unter dem Brenner angebracht ist. In diesem Gehäuse befindet sich eine

Membrane aus Stoff oder Metall. Die Membrane wird durch die von der Gasanstalt gegebene Druckwelle bewegt. Die der Größe der Membrane und der Höhe der Druckwelle entsprechende

Fig. 361.

Kraft betätigt ein Ventil, welches mit einer sich drehenden Schaltvorrichtung verbunden ist. Diese Schaltvorrichtung kann das Öffnen und Schließen des Ventils in jeder beliebigen

Reihenfolge bewirken, so daß auch für ganz besondere Fälle, in denen einzelne Straßenlaternen wiederholt früher oder später gezündet oder gelöscht werden sollen, der Gasdruckfernzünder »Bamag« verwendbar ist.

Der Fernzünder »Bamag« kann außer durch eine Druckwelle auch von Hand betätigt werden, und zwar innerhalb der Laterne mittels einer besonderen Stellvorrichtung.

In Fig. 362 ist eine sechseckige Laterne mit eingebautem Fernzünder und Laternenhahn abgebildet[1]).

Als eine der besten elektrischen Gasfernzündungen muß u. a. die unter dem Namen »Multiplex« von der »Multiplex«, Internationale Gaszünder-Gesellschaft m. b. H., Berlin, bezeichnet werden.

Diese Zündung dient besonders zum selbsttätigen Zünden der Gas-

Fig. 362.

[1]) Seit einiger Zeit sind Versuche im Gange, für die Ein- und Ausschaltung elektrischer Straßenlampen auch die Druckwelle für die Gasbeleuchtung mitzubenutzen.

Die Firma Schirmer, Richter & Co. Leipzig und die Firma Rhein. Elektro-Industrie-Werke G. m. b. H. Ludwigshafen a Rh. in Verbindung mit der Firma Gaslaternen-Fernzündung, G. m. b. H., Berlin SO. 16., fertigen derartige Apparate!

flammen in Privatbeleuchtungsanlagen; für Straßenbeleuchtung dagegen haben sich bis jetzt nur diejenigen Apparate bewährt, welche durch Druckerhöhung im Gasrohrnetz oder durch Druckluft betätigt werden. Wenigstens sind eine Menge Mißerfolge elektrischer Zündungen bei Straßenflammen bekannt.

Die elektrischen Gasfernzündungen haben ihre Bedeutung verloren. Wir wollen sie deshalb auch nur als in der Beleuchtungstechnik geschichtlich interessante Tatsache erwähnen.

Es ist noch nicht lange her, daß in manchen Städten, z. B. in Straßburg, die Gasbeleuchtung, dank der sog. Multiplexzündung (einer elektrischen Zündeinrichtung), erfolgreich mit der elektrischen Beleuchtung in Wohnungen konkurrierte.

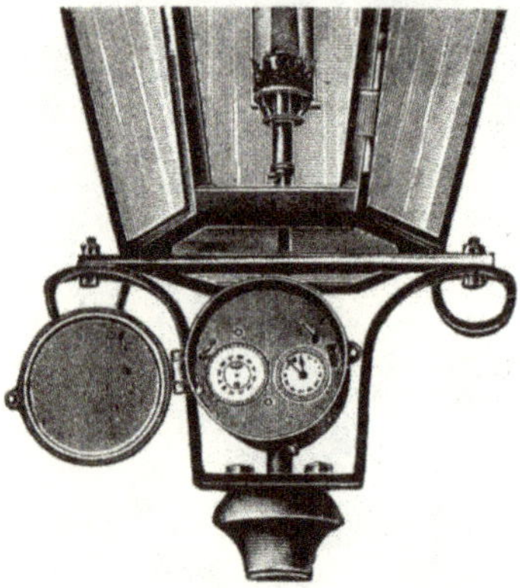

Fig. 363.

Auch die Rothenbachsche Zünduhr, welche von der Aktiengesellschaft für automatische Zünd- und Löschapparate in Zürich in den Handel gebracht wird, ist zum selbsttätigen Zünden und Löschen der Straßenlaternen mit Erfolg verwendet worden (Zürich). Der Apparat, welcher ein luftdicht abgeschlossenes Uhrwerk enthält, wird in den Laternenbügel eingebaut und auf die jeweilige Anzünde- und Löschzeit eingestellt. Das Uhrwerk löst zu der bestimmten Zeit eine Feder aus und öffnet dadurch den Gaszutritt zum Brenner oder schließt denselben.

Ferner ist von der Deutschen Gaszünderfabrik Elberfeld ein selbsttätiger Laternenanzünder und -auslöscher, der aus einem Uhrwerk mit zwei Zifferblättern besteht, konstruiert worden.

Erwähnt sei noch die automatische Zünd- und Löschuhr der Firma Kilchmann & Gaulis in Wohlen (Schweiz).

Die Uhrenzündung, die wir in Fig. 363 zur Darstellung bringen, hat der Fernzündung gegenüber den Vorteil, daß die Anzündezeit für einzelne Laternen eine beliebige sein kann.

So ist es z. B. möglich, an dunkeln Stellen früher zu beleuchten als auf freien Plätzen und solchen Straßen, welche infolge ihrer Lage dem Tageslicht länger ausgesetzt sind.

Es kann nicht genug betont werden, daß eine gute Straßenbeleuchtung das Aushängeschild der Gasanstalten ist, und daß deshalb alle beteiligten Organe das ihrige dazu beitragen sollten, die Gasbeleuchtung auf den Straßen und Plätzen in denkbar bestem Zustande zu erhalten.

Überall macht man die Erfahrung, daß, je mehr und je besser das Licht auf der Straße ist, um so mehr das Auge verwöhnt wird, und der Gasverbrauch eine Steigerung erfährt.

Die Laternen müssen sich den Straßenpassanten stets in sauberem Zustande präsentieren; Zylinder und Glühkörper müssen erforderlichenfalls sofort erneuert werden, ebenso zerbrochene Scheiben und Reflektoren. Eingefrorene oder sonst verstopfte Laternenzuleitungen müssen sofort aufgetaut bzw. gereinigt werden. Sog. Naphthalin-Verstopfungen, welche die Rohrquerschnitte verengen, treten im Winter häufiger auf als im Sommer, besonders während des Überganges von der wärmeren zur kälteren Jahreszeit. Die weißen Naphthalin-Kristalle versperren zuweilen dem Gase ganz oder teilweise den Weg. Ein sehr einfaches und namentlich bei Gaswerken mit Erfolg angewendetes Mittel ist das Xylol (ein flüssiger Kohlenwasserstoff), welches man in die verstopfte Rohrleitung einführt. Das Xylol löst das Naphthalin vollständig auf.

Aber aus dem vom Gase mitgeführten, sich niederschlagenden Wasser kann in den Rohrleitungen auch Eis entstehen, welches am besten durch in die Leitung eingeführten Spiritus aufgetaut wird. Man gießt, nachdem man vorher den Brenner entfernt hat, Spiritus in die Laternenleitung ein und erwärmt diese von außen. Laternenhähne mit Spirituseinfüllschraube sind deshalb denjenigen ohne Schraube vorzuziehen.

Schon seit Jahren ist allerdings die Naphthalinplage durch das in vielen Gasanstalten zur Anwendung gebrachte Waschverfahren nach Dr. Bueb mittels Anthrazenöl bedeutend vermindert worden[1]).

Außerdem hat Dr. Bueb ein Verfahren angegeben, wonach die mit dem Einfrieren der Laternen und Gaszuleitungen verbundenen Störungen, wenn auch nicht ganz beseitigt, so doch bedeutend vermindert werden.

Das Verfahren ist begründet auf praktischen Versuchen und Erfahrungen des Erfinders auf der Gasanstalt zu Dessau und besteht in der Hauptsache darin, daß dem zur Stadt

[1]) In denjenigen Gaswerken, in welchen Benzol aus dem Gase ausgewaschen wird, hat die Naphthalinplage nachgelassen.

gehenden Gase Spiritusdämpfe zugeführt werden. Diese haben den Zweck, den Gefrierpunkt der sich durch die Kälte aus dem Gase niederschlagenden Flüssigkeit so weit herabzusetzen, daß selbst bei strenger Kälte ein Gefrieren derselben und, hierdurch veranlaßt, das Verstopfen der Gaszuleitungen vermieden wird.

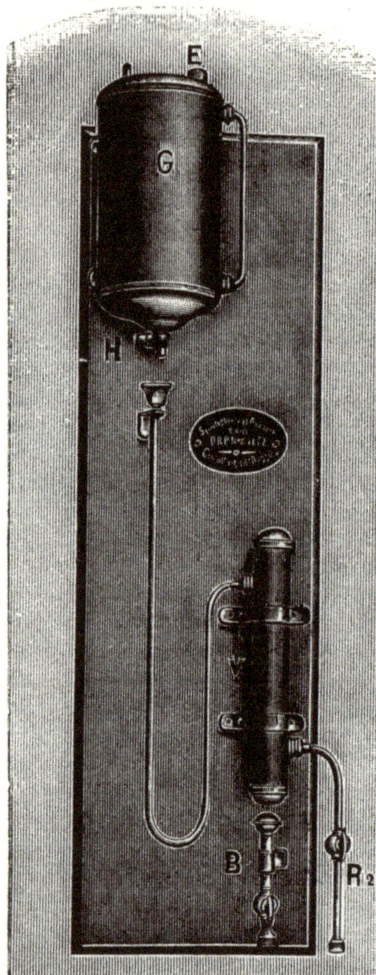

Fig. 364.

Dieses Verfahren wird bei sehr vielen Gasanstalten mit gutem Erfolg angewendet.

Die Wirkung der Spiritusdämpfe ist selbst auf sehr große Entfernungen von Erfolg; es empfiehlt sich jedoch, nicht allein Spiritus durch den von der Berlin-Anhaltischen Maschinenbau-Aktiengesellschaft, jetzt Bamag-Meguin, gelieferten Apparat zu verdampfen, sondern auch vor Eintritt des Frostes in die Wassertöpfe, welche das Gas durchstreicht, etwas Spiritus zu gießen. Der zu verdampfende Spiritus soll 92—95 prozentig sein.

An einzelnen Stellen, welche der Kälte besonders ausgesetzt sind, bei Brücken u. dgl., oder für größere Gasabnehmer, wie z. B. Bahnhöfe, Gärten, Fabriken u. dgl., kann eine kleine Spiritus-Verdampfungsanlage mit Gasheizung, wie in Fig. 364 dargestellt, benutzt werden, um ein Einfrieren der Rohrleitung zu verhindern. Dieser Apparat kann überall leicht angebracht werden und wird, wenn er nicht in einem geschlossenen Raume steht, durch ein verschließbares Blechgehäuse geschützt.

Auch dieser kleine Spiritusverdampfer wird von der Bamag-Meguin geliefert.

Zum Reinigen der Gasrohrleitungen von Rost, Schmutz und Naphthalin hat die Firma A. Sauer, Duisburg, einen sog.

Fig. 365.

Vakuum-Explosions-Saugapparat »Herkules« in den Handel gebracht.

Der in Fig. 365 und 365a abgebildete Apparat wird auch fahrbar geliefert.

Er besteht aus einem Blechzylinder, der durch einen mit Scharnier versehenen Deckel abgedichtet ist.

Die Dichtung zwischen Deckel und Zylinder erfolgt durch einen Gummiring.

An dem Zylinder befindet sich ein genau bemessener Gummibeutel *A*, der mit Gas gefüllt wird. Diese Füllung wird durch den am Boden geöffneten Hahn *B* in den Apparat gedrückt. Nun entzündet man am Zündventil *C* das Explosionsgemisch, welches mit einem schwachen Geräusch verbrennt, wodurch der Deckel sich hebt und durch den äußeren Luftdruck sofort wieder schließt. Es hat sich jetzt ein Vakuum bis zu 60 cm gebildet, welches auf dem Vakuummeter *D* ersichtlich ist.

Fig. 365 a.

Den mit der zu reinigenden Leitung verbundenen Saugschlauch *E* schiebt man hierauf auf den Schmutzfänger *F*, welcher am Hahn *G* befestigt ist, öffnet den Saughahn *G* und im Augenblick wird aller Rost und Schmutz in den Schmutzfänger *F* eingezogen.

Der Apparat ist brauchbar; doch sollte die Firma der sorgfältigeren Ausführung größere Aufmerksamkeit schenken.

Das Gas als Wärmeerzeuger.

Als Wärmeerzeuger findet das Steinkohlengas Anwendung im Haushalt zur Speisenbereitung, zum Waschen und Bügeln, zur Warmwasserbereitung, Raumheizung, ferner für industrielle und gewerbliche Zwecke zur Beheizung von Metall-Schmelzöfen, Glüh- und Härteöfen, Schmiedefeuern, als Gasrundfeuer zum Anwärmen von Radreifen und Bandagen, zur Erhitzung von Lötkolben, in der Schriftgießerei, in Bäckereien und Konditoreien, Kaffeeröstereien usw.

Die Gaskoch- und Heizapparate.

Seit der Herausgabe der letzten Auflage dieses Buches haben wir außerordentliche bemerkenswerte Fortschritte in der Verwendung des Steinkohlengases für industrielle, gewerbliche und häusliche Zwecke zu verzeichnen. In den meisten mit Gas versorgten Städten dürfte heute ein Haus, in welchem nicht auf Gas gekocht wird, wohl zu den Seltenheiten gehören.

In unzählige Industrien ist das Gasfeuer eingedrungen.

Es ist zwar kaum möglich, das reiche Feld der Gasverwendung in Haushalt, Industrie und Gewerbe zu übersehen, doch wollen wir, um einen allgemeinen Überblick zu geben, ein Verzeichnis der wichtigsten Verwendungsgebiete[1]) sowie Beschreibungen einzelner Apparate folgen lassen.

Apparate	Verwendungsgebiet
Anlaßöfen	Schiffswerften
	Uhrfederfabriken
Anwärmeöfen	Geschirrfabriken
Anzünden der Cupolöfen	Eisengießereien
Appreturmaschinen	Samt- u. Seidenwebereien
Ausschmelzöfen für Bleiplatten . . .	Akkumulatorenwerke
Autogene Schweißung	Blechbearbeitung
	Gürtler
	Juweliere
	Klempnereien
	Mechanische Werkstätten
	Metallwarenindustrie
	Reparaturwerkstätten
	Schlossereien
	Schmieden
Autoklaven	Laboratorien

[1]) Nach Dr. Schilling, München; ergänzt nach den neuesten Mitteilungen einiger Firmen.

Apparate	Verwendungsgebiet
Backapparate	Keksfabriken
Badeöfen	Badeanstalten
	Heilanstalten
	Haushaltungen
Bandschneidemaschinen	Appreturanstalten
Bains-Maries	Kaffeebetriebe
Baumkuchenbackapparate	Restaurationsbetriebe
	Feinbäckereien
Baumtortenbackapparate	Feinbäckereien
Beizkessel	Emaillierereien
Bleihärteöfen	Appreturfabriken
	Elektrotechn. Fabriken
	Stahlkugelwerke
	Stahlwerke
Bleischmelzöfen	Elektrotechn. Fabriken
Brat- und Backöfen	Bäckereien
	Haushaltungen
	Konditoreien
	Heilanstalten
	Hotelbetriebe
	Restaurationsbetriebe
Brausebäder	Heilanstalten
Brenner für industrielle Zwecke . .	Appreturanstalten
	Lack- und Firnisfabriken
Brenner für Dampfbadestühle . . .	Badeverwaltungen
Brenner	Gießmaschinen
	Gipsöfen
	Kalanderwalzen
	Papierfabrikationsmasch.
	Plätteinrichtungen
	Setzmaschinen
	Zentralheizungen
Brenner zum Trocknen des Klebstoffes	Briefmarkenfabrikation
Brenner für Weizendarren	Brauereien
Brennscherenerhitzer	Friseure
Brutöfen	Geflügelzucht
Brutschränke für Bakteriologie . . .	Laboratorien
Bügeleisen-Beheizung	Färbereien
	Textilindustrie
	Wäschereien
Bunsenbrenner	Laboratorien
Cyankalihärteöfen	Gußstahlfabriken
	Nähmaschinenfabriken

Apparate	Verwendungsgebiet
Dampfapparat	Bäckereien
Dampfbäder	Laboratorien
Dampftöpfe	Laboratorien
Desinfektionsapparate	Laboratorien
	Desinfektionsanstalten
	Heilanstalten
Destillierapparate	Laboratorien
Diamantenschleifapparate	Diamantenschleifereien
Dunstschranke	Konservenfabriken
Einsatzharteöfen	Armaturenfabriken
	Elektrotechnische Fabrik.
	Gasmotorenfabriken
Eismaschinen	Feinbäckereien
	Hotelbetriebe
	Laboratorien
Emaillieröfen	Emaillierfabriken
	Bijouterieindustrie
Entfettungsapparat zur Entfettung von Knochen	Laboratorien
Etagenbacköfen	Feinbäckereien
	Heilanstalten
	Hotelbetrieb
	Restaurationsbetrieb
Extraktionsapparat	Laboratorien
Fernheizung	Fabriken
	Büros
	Warenlager
	Heilanstalten
	Badeanstalten
	Gasbehalterheizung
	Wohnungen
	Hotels
Fettschmelzapparate (Fritüre)	Hotels
Fischbratpfannen	Fischindustrie
Flanschenauflöten	Kupferschmieden
Glasschmelzofen	Glasindustrie
Gasiermaschinen	Webereien
Gasöfen für Glasstangen	Glaswarenfabriken
Gasöfen zum Ausglühen von Kupferröhren	Schiffswerften
Gauffriermaschinen	Appreturanstalten

Apparate	Verwendungsgebiet
Gebläse	Elektr. Lampenfabriken
	Glasbläsereien
Gießmaschinen	Buchdruckereien
Gießöfen für Spritzguß	Feinmechanik
Glühöfen	Glashütten
	Schiffswerften
Grillapparate	Anstaltsküchen
	Hotelbetriebe
	Restaurationsbetriebe
Haartrockenapparate	Friseure
Härten der Panzerplatten	Stahlwerke
Härteöfen	Bohrmaschinenfabriken
	Panzerkassenfabriken
	Techn. Hochschulen
Heißwasserapparate	Ärzte
	Badeanstalten
	Brauereien (Flaschenspülen)
	Friseure
	Heilanstalten
	Laboratorien
	Likörfabriken (Flaschenspülen)
	Photographen
	Weinhandlungen (Fla-spülen)
Heizbrenner	Laboratorien
Heizöfen	Kirchen
	Läden
	Magazine
	Schulen
	Säle
	Theater
	Weinkeller
	Werkstätten
	Wohnungen
Heizung von Brunnentischen	Badeverwaltungen
Herde	Heilanstalten
	Hotelbetriebe
	Restaurationsbetriebe
Hutpressen	Hutformenfabriken
Kaffeeherde	Heilanstalten

Apparate	Verwendungsgebiet
Kaffeeherde	Hotelbetriebe Restaurationsbetriebe
Kaffeemaschinen	Restaurationsbetriebe
Kaffeeröster	Kaffeebrennereien
Kaffeeröstmaschinen	Kolonialwarengeschäfte
Kalandermaschinen	Appreturanstalten
Kartonnagenmaschinen mit Gasheizung	Kartonnagefabriken
Kerntrockenöfen	Formereien
Kippkessel	Anstaltsküchen
Kochapparate	Anstaltsküchen Haushaltungen Hotelbetrieb Restaurationsbetrieb
Kochherde	Anstaltsküchen Haushaltungen Hotelbetriebe Restaurationsbetriebe
Kochkessel	Chem. Fabriken Fleischergewerbe Heilanstalten Konservenfabriken
Laboratoriumsapparate	Apotheken Laboratorien
Lackieröfen	Blechemballagefabriken Elektrizitätszählerfabrik.
Lagermetall-Schmelzöfen	Armaturenfabriken Maschinenfabriken Motorfahrzeugwerke
Leichenverbrennungsöfen	Krematorien
Leimkocher	Buchbindereien Schreinereien
Liniengießmaschinen	Stereotypie
Lötkolbenerhitzer, Lötöfen, Lötrohre .	Blechemballagenfabriken Elektr. Fabriken Elektr. Glühlampenfabrik. Emaillierwerke Gasmesserfabriken Gaswerke Konservenfabriken Kugellagerwerke Maschinenfabriken Petroleumraffinerie Schiffswerften

20*

Apparate	Verwendungsgebiet
Lötkolbenerhitzer, Lötöfen, Lötrohre	Wasserwerke
	Webstuhlfabriken
Lötlampen	Goldarbeiter
	Zahntechniker
Löttische	Automobilfabriken
	Fahrradwerke
	Fittingsfabriken
	Gußstahlfabriken
	Pumpenfabriken
	Nähmaschinenfabriken
	Stahlwarenfabriken
Marzipanbackapparate	Feinbäckereien
Milchkochkessel	Anstaltsküchen
Muffelöfen	Akkumulatorenfabriken
	Bijouteriefabriken
	Elektrotechnische Fabrik.
	Emaillierwerke
	Fahrradwerke
	Feilenfabriken
	Gasmesserfabriken
	Glasmalereien
	Gußstahlwerke
	Kugellagerwerke
	Kupferwalzwerke
	Laboratorien
	Metallwarenfabriken
	Nähmaschinenfabriken
	Porzellanindustrien
	Röhrenwerke
	Schiffswerften
	Schnellpressenfabriken
	Schraubenfabriken
	Stahlfedernfabriken
	Stahlkugelwerke
	Stockfabriken
	Uhrenfabriken
	Uhrfedernfabriken
	Uhrkettenfabriken
	Wagenfabriken
	Werkzeugfabriken
Nietglühöfen	Artilleriewerkstätten
	Dampfkesselfabriken
	Feinmechanik

Apparate	Verwendungsgebiet
Nietglühöfen	Gasmotorenfabriken Gußstahlfabriken Wassermesserfabriken
Ölanlaßöfen	Munitionsfabriken
Plättapparate	Chem. Reinigungsanstalt. Färbereien Gardinenfabriken Heilanstalten Hotelbetrieb Hutfabriken Kleiderfabriken Konfektionsgeschäfte Korsettfabriken Krawattenfabriken Mützenfabriken Schirmfabriken Schürzenfabriken Theatergarderoben Tuchhandlungen Wäschefabriken Waschanstalten
Platten-Glühöfen	Bijouteriefabriken Chemische Fabriken Drahtindustrie Elektrotechn. Fabriken Gasmotorenfabriken Gaswerke Gewehrfabriken Gußstahlfabriken Holzbearbeitungsfabriken Kunststeinfabriken Munitionsfabriken Nadelfabriken Schiffswerften Schraubenfabriken
Pressen-Heizbrenner	Stuhlfabriken
Radreifenfeuer	Eisenbahnwerkstätten Waggon- und Lokomotivfabriken Straßenbahnen
Räucheröfen	Fleischergewerbe

Apparate	Verwendungsgebiet
Rohrlötöfen	Akkumulatorenfabriken
Rohrschweißfeuer	Röhrenwerke
Röstapparate	Hotelbetriebe
Rostbratapparate	Restaurationsbetrieb
Schießöfen	Laboratorien
Schinkendämpfer	Delikateßhandlungen
	Hotelbetrieb
	Schlächtereien
Schinkenkochkessel	Delikateßhandlungen
	Hotelbetrieb
	Schlächtereien
Schmelzkessel	Stereotypie
	Bernsteinschmelzen
Schmelzöfen	Chemische Fabriken
	Kesselschmieden
	Laboratorien
	Lackfabriken
	Spielwarenfabriken
	Techn. Hochschulen
Schmiedefeuer	Chemische Fabriken
	Gaswerke
	Gußstahlfabriken
	Maschinenfabriken
	Schiffswerften
	Stahlwarenfabriken
Schriftgießereimaschinen	Buchdruckereien
	Schriftgießereien
Schweißöfen	Dampfkesselfabriken
	Röhrenwerke
Sengmaschinen	Appreturanstalten
	Bleichereien
	Tuchfabriken
	Samt- und Seidenweberei
Setzmaschinen	Buchdruckereien
Shampoonierapparate	Friseure
Spießbratapparate	Hotelbetriebe
	Restaurationsbetriebe
Spülmaschinen	Heilanstalten
	Hotelbetriebe
	Restaurationsbetriebe
Stempelerhitzer	Brauereien
	Eichämter
	Kistenfabriken

Apparate	Verwendungsgebiet
Stempelerhitzer	Zigarrenfabriken
Sterilisierapparate	Ärzte
	Heilanstalten
Strecköfen	Glasindustrie
	Porzellanindustrie
Tellerwarmer	Anstaltsküchen
	Hotelküchen
Thermoregulatoren	Laboratorien
Thermostaten	Laboratorien
Tiegelöfen	Gewehrfabriken
	Laboratorien
Tiegelschmelzofen	Diamantziehsteinfabriken
	Elektrotechn. Fabriken
	Phosphorbronzewerke
Toaster	Hotelbetriebe
	Restaurationsbetriebe
Transchiertische	Anstaltsküchen
Trockenkästen	Laboratorien
Trockenöfen	Apotheken
Trockenschränke	Blumenfabriken
	Chemische Fabriken
	Elektrotechn. Fabriken
	Fahrradfabriken
	Farbenfabriken
	Gipsmodelleure
	Gummifabriken
Trockensckränke	Holzwarenfabriken
	Kabelfabriken
	Kartonnagefabriken
	Malergeschäfte
	Optische Instrumente
	Rohrmöbelfabriken
	Spielzeugfabriken
	Tabakfabrikation
	Zelluloidfabriken
	Laboratorien
Typengießmaschinen	Stereotypie
Verbrennungsöfen	Laboratorien
Vulkanisierapparate	Gummifabriken
Wärmeschranke	Hotelbetriebe
	Restaurationsbetriebe

Apparate	Verwendungsgebiet
Wärmetische	Heilanstalten
Waffelbackapparate	Feinbackereien
Walzenmasse-Schmelzapparate . . .	Buchdruckereien
Walzen- und Sengmaschinenbeheizung	Textilindustrie
Warmwasserbehälter	Laboratorien
Warmwassererzeuger	Laboratorien
Waschkessel	Haushaltungen
	Heilanstalten
	Waschereien
Wasserabkocher	Heilanstalten
Wasserbäder	Laboratorien
Wasserdestillierapparate	Laboratorien
Weichmetall-Schmelzöfen	Elektrotechn. Fabriken
	Motorfahrzeugwerke
	Straßenbahn
Wurstkessel	Fleischergewerbe
Zentralwarmwasserversorgung .	Bahnhöfe
	Heilanstalten
	Hochschulen
	Schlachthöfe

Die Gaskocher.

Bei allen Gaskochern kommt zur Vermeidung der Rußbildung die entleuchtete Flamme (Bunsenflamme) zur Verwendung. In Fig. 366 ist ein nach den Grundsätzen Bunsens konstruierter Brenner abgebildet.

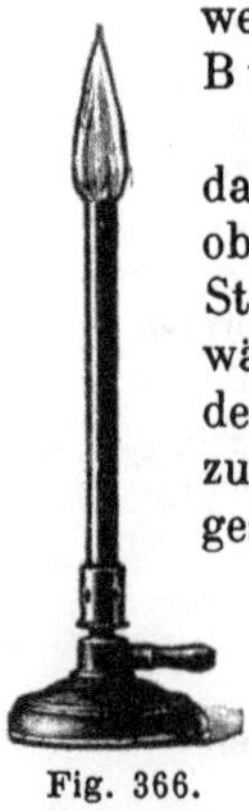

Fig. 366.

Das Wesen des Bunsenbrenners besteht darin, daß das Gas nicht auf einmal, wie in den alten, oben genannten Leuchtgasflammen, sondern in zwei Stufen verbrannt wird. Bei der gewöhnlichen, aufwärtsbrennenden Bunsenflamme wird durch das aus der Düse strömende Leuchtgas etwa die Hälfte der zu vollkommener Verbrennung notwendigen Luft eingesaugt, also etwa $2\frac{1}{2}$ l Primärluft auf 1 l Gas, beide (Luft und Gas) vermischen sich beim Aufwärtsströmen im kalten Zustande und treten am oberen Ende des Mischrohres aus. Wird dieses Gemisch entzündet, so bilden sich zwei deutlich unterscheidbare Zonen: der innere, scharfbegrenzte, grüne Kegel und der fahlblaue, weniger scharfbegrenzte äußere Kegel. In dem inneren Kegel kann wegen der ungenügenden Luftzufuhr eine vollständige Verbrennung nicht stattfinden, oder anders ausgedrückt: die Primärluft verbrennt in einem Überschuß von Leuchtgas[1]).

Zu den wichtigsten und verbreitetsten Einrichtungen, in welchen das Gas nach dem Bunsenprinzip zu Heizzwecken verwendet wird, gehören die Gaskocher, Gasherde, Brat- und Backöfen. Die wirtschaftlichen und hygienischen Vorzüge dieses Verwendungszweckes sind heute allgemein bekannt, so daß darüber kein Wort verloren werden braucht. Nicht allein in fast allen städtischen Haushaltungen, sondern auch in zahlreichen Hotel- und Restaurationsbetrieben, Konditoreien und Cafés hat das »Kochgas« heute festen Fuß gefaßt. Die hygienischen Vorzüge der Gasfeuerung sind besonders in Krankenhäusern und Sanatorien für die Wahl des Gasherdes ausschlaggebend. Für Großbetriebe sind die großen Gaskochkessel von Wichtigkeit.

Ein reiches Feld für die Anwendung des Gases bietet außerdem die Härtetechnik (Stahlwerkzeuge), bei der namentlich Muffelöfen mit Gebläsefeuer zur Anwendung kommen. Der Hauptvorteil der Gasfeuerung bei diesen Öfen besteht in der einfachen Regulierung des Hitzegrades und der bequemen Überwachung, neben dem sauberen, jede Belästigung durch Ruß und Rauch ausschließenden Betrieb. Je nach dem Vorgang unterscheidet man in der Härtetechnik zwischen Härteöfen, Plattenöfen, Einsatzöfen, Schmelzbädern und Anlaßöfen. Daneben finden auch Tiegelöfen zum Schmelzen von Metall aller Art, wie Gold, Silber, Kupfer, Messing usw. in Graphittiegeln, für Laboratorien, Gold- und Silberschmiede, für Herstellung von Legierungen ausgedehnte Anwendung. (Siehe das Kapitel »Gasapparate für technische und gewerbliche Zwecke«).

Man unterscheidet der Konstruktion nach offene Kochapparate und geschlossene Kochplatten, und bezeichnet die Größe derselben in der Regel nach der Anzahl der Brenner als Einloch-, Zweiloch-, Dreiloch- usw. Kocher.

Den wesentlichsten Teil eines jeden Kochapparates bildet selbstverständlich der Brenner, welcher von den verschiedenen Fabrikanten auch verschiedenartig angefertigt wird. (Schlitzbrenner, Sternbrenner, Ringbrenner usw.) Die meisten zurzeit

---

[1]) Der erste Bunsenbrenner wurde im Jahre 1855 von Desaga in Heidelberg nach Bunsens Angaben hergestellt. (Die Firma Desaga besteht heute noch.)

im Gebrauch befindlichen Brennerkonstruktionen sind dem Wobbebrenner[1]), welcher in Fig. 367 und Fig. 368 in seinen einzelnen Teilen abgebildet ist, nachgeahmt.

Die Flammen sollen bis zur kleinsten Flammenstellung blau mit grünem Kern brennen. Jeder Brenner soll mit einem Hahn versehen sein, welcher so gestellt werden kann, daß sowohl starkes als auch schwaches Feuer, ersteres zum Ankochen, letzteres zum Weiterkochen, gegeben werden kann.

Ein einhahniger Doppelbrenner der Junker & Ruh A.-G., Karlsruhe, ist in Fig. 369 in der Ansicht und in Fig. 370 im Schnitt dargestellt.

Durch einfache Hahnstellung ist es möglich, die Kochflamme von einem stündlichen Gasverbrauch von 400 l auf 40 l kleinzustellen. Dieser ge-

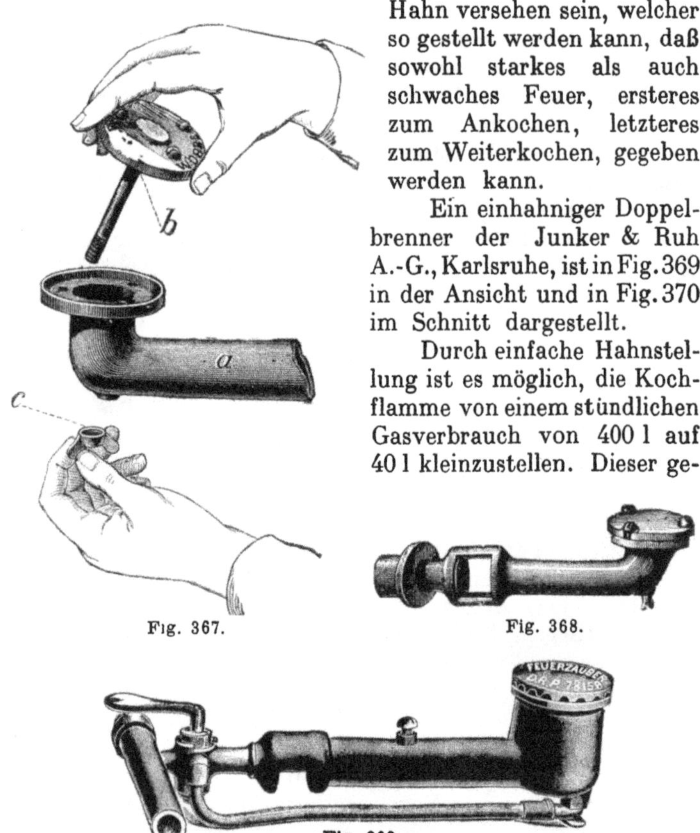

Fig. 367. Fig. 368.

Fig. 369.

ringe Gasverbrauch genügt, um den Inhalt eines Topfes von 3 bis 4 l im Kochen zu erhalten.

Den Kochtopf stellt man **direkt auf die offene Flamme,** so daß dieselbe den ganzen Boden des Topfes heizt und die

[1]) Der Wobbebrenner war wohl der erste brauchbare Kochgasbrenner; er verdient deswegen erwähnt zu werden.

aufsteigende Wärme **auch seine Seitenwände bestreicht,** ohne daß die Kochplatte oder andere Gegenstände die Wärme wegnehmen können. Der Kochtopf nimmt auf diese Weise die ganze Wärmeentwicklung auf und sobald dessen Inhalt kocht,

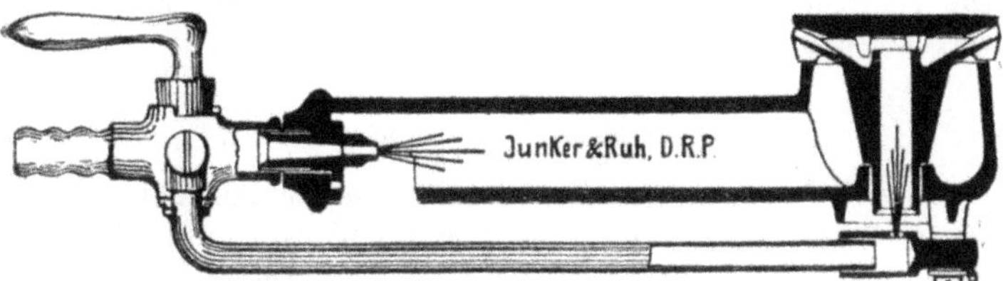

Fig. 370.

was meistens schon nach einigen Minuten der Fall ist, wird die starke volle Flamme (s. Fig. 371) durch Drehen des Hahnes nach links gewechselt in die kleine Sparflamme (s. Fig. 372),

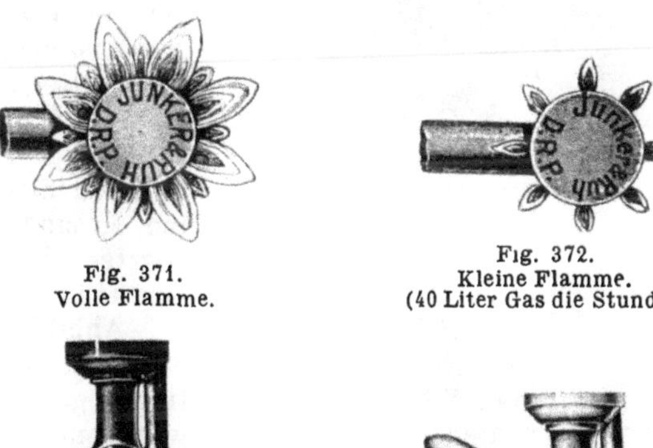

Fig. 371.
Volle Flamme.

Fig. 372.
Kleine Flamme.
(40 Liter Gas die Stunde).

Fig. 373.
Hahnstellung bei Vollbrand, zum Ankochen.

Fig. 373 a.
Hahnstellung bei kleiner Flamme, zum Weiterkochen.

welche nur noch 35—40 l stündlichen Gasverbrauch hat. Dies geschieht, wie gesagt, mit einer einfachen Hahndrehung. Der Hahn hat einen Anschlag, so daß die Flamme beim Kleinstellen nicht ausgedreht werden kann (s. Fig. 373 u. 373 a).

Die Speisen können genau in der Siedetemperatur oder, je nach Bedarf, einige Grade darunter gehalten werden, je nachdem die Speisen mehr Stärkemehl, das sich schwerer löst, oder mehr Eiweißstoffe, die nicht gerinnen dürfen, enthalten. Die Nährsalze und das Aroma, welche sich beide sehr leicht verflüchtigen, bleiben den Speisen erhalten.

Wie kocht man am sparsamsten? [1])

Viele Hausfrauen und Köchinnen sind der Ansicht, daß sie Gas sparen, wenn sie die Kochplatte zudecken und mit **einer** Flamme, die entsprechend groß brennt, **mehrere Töpfe** im Kochen halten (s. Fig. 374). Das ist ein großer Irrtum. Will man auf einer geschlossenen Gaskochplatte auch nur zwei Töpfe mit einer Flamme fortkochen, d. h. im Sieden halten, so sind im günstigsten Fall 130 l Gas stündlich nötig.

Fig. 374. Zeigt, wie man nicht kochen soll.

Fig. 375. Zeigt, wie man nicht kochen soll.

Abbildung Fig. 374 zeigt, wie unrationell gekocht wird, wenn man glaubt, Gas zu sparen, und mit einer Flamme zwei Töpfe erhitzt. Die Platte strahlt einen großen Teil der Hitze nach unten ab. Der Inhalt der Töpfe wird dadurch

[1]) Wir haben schon auf Seite 219 davor gewarnt, sogenannte Gassparapparate anzubringen, möchten aber bei dieser Gelegenheit besonders darauf hinweisen, daß die im Hausierhandel häufig angepriesenen Apparate dieser Art für Gaskocher bis heute sich fast ausschließlich als unbrauchbar erwiesen haben; eine genaue Kontrolle über deren Brauchbarkeit ist im Augenblick des Kaufes nicht möglich.

ungleich erwärmt, so daß derselbe — wie beim Kohlenherd — öfter umgerührt werden muß.

Immerhin sind solche Kochplatten noch nicht so ungünstig wie diejenigen mit sog. Fortkochstellen (s. Fig. 375). Bei diesen ist es nicht mehr möglich, zwei Töpfe mit einem stündlichen Gasverbrauch von 120 l siedend zu erhalten. Die Temperatur des hinteren Topfes, der weit von der Flamme entfernt ist, sinkt bald sehr tief. Wird aber die Flamme größer gestellt, so kocht der vordere Topf auf der Flamme über. Darum ist diese Kochweise die allerteuerste.

Es gibt nur eine Möglichkeit, in zwei Töpfen mit einer Flamme zu kochen und dabei Gas zu sparen, wenn man auf der

Fig. 376. 2 Töpfe übereinander stehend, unterer kocht direkt, oberer bleibt im Garen.

Fig. 377. 3 Töpfe werden in derselben Weise wie bei Fig. 376 im Kochen bezw. Garwerden erhalten.

offenen Flamme zwei gleich große Töpfe übereinander stellt (s. Fig. 376 u. 377). In dem Fall bestreichen die Heizgase, die am unteren Topf in die Höhe ziehen, schließlich auch noch den oberen Topf, hüllen ihn also vollständig ein und schließen ihn von der Außenluft ab, so daß er sich nicht abkühlen kann.

Der von der A.-G. Askaniawerke, Dessau, konstruierte Doppelsparbrenner, Fig. 378 läßt sich für die verschiedensten Kochertypen verwenden.

Auch dieser Brenner ist mit Sparflamme ausgestattet.

Ebenso verwendet die Aktien-Gesellschaft Senking, Hildesheim, für alle Gaskocher und Gasherde einen Doppelsparbrenner, der in den Fig. 379 u. 380 abgebildet ist. Dieser ist mit einem Luftregulierschieber versehen, der an einer kleinen

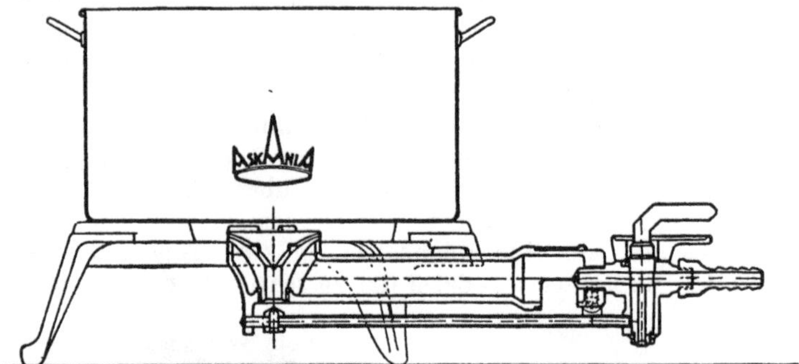

Fig. 378. Askania — Doppelsparbrenner.

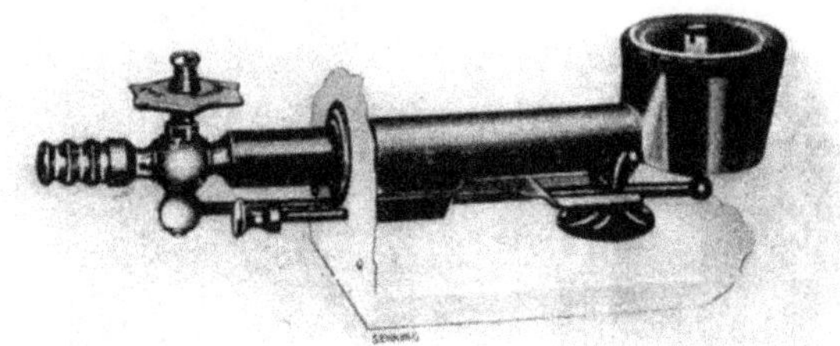

Fig. 379.

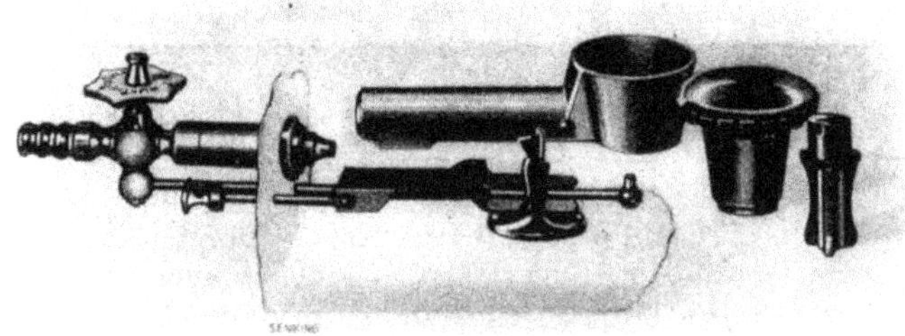

Fig. 380.

Stange befestigt, hin- und hergeschoben und so die Luftzufuhr geregelt werden kann.

Kocher und Herde dieser Fabrik haben die übliche Form (siehe die folgenden Seiten).

Die Firma Küpperbusch & Söhne Aktiengesellschaft, Gelsenkirchen i. W., fabriziert u. a. den sog. Küpperbusch-Doppelsparbrenner.

Fig. 381. Hahnstellung I: Äußerer Flammenkreis.

Fig. 382. Hahnstellung II: Äußerer und innerer Flammenkreis.

Fig. 383. Hahnstellung III: Innerer Flammenkreis „groß".

Fig. 384. Hahnstellung „klein": Innerer Flammenkreis „klein".

In Fig. 381 bis 384 sind die vier Brennerwirkungen dieses Brenners veranschaulicht.

Außer diesem Normal-Doppelsparbrenner liefert genannte Firma einen Doppelsparbrenner, der noch eine fünfte Brennerwirkung durch einfaches Umlegen des Brennerdeckels hervorbringt (siehe Fig. 385) und dadurch zum ausgesprochenen Brenner für Hohlbügeleisen wird.

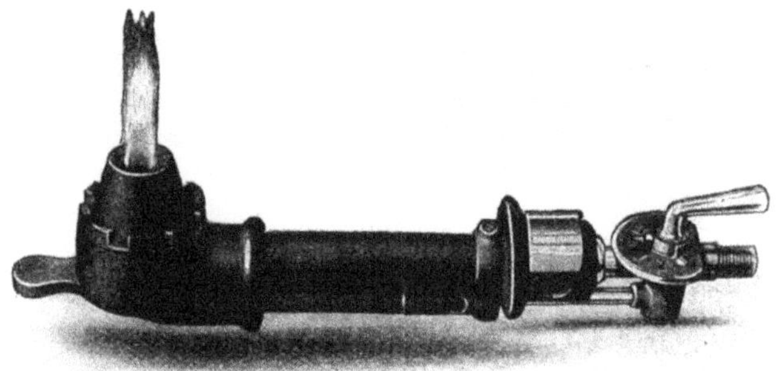

Fig. 385. **Bügelbrenner:** Durch Umlegen des Brennerdeckels.

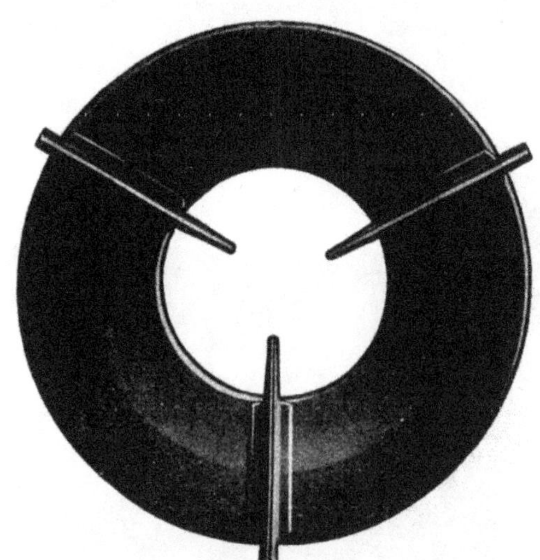

Fig. 386.

Im übrigen erhält jeder Küpperbusch-Gaskocher und -Gasherd sowie jeder Küpperbusch-Sparherd je nach der Anzahl der Gaskochstellen ebensoviele Küpperbusch-Stegringe beigegeben. Dieser Stegring (Fig. 386) hat durch seine schräg liegenden Stege den Vorteil, den Kochtopf usw. je nach seiner Größe in den richtigen Abstand zur Gasflamme zu bringen, so daß ein wirklich rationelles Kochen sowie höchste Ausnutzung der Heizgase gewährleistet wird. Die rationelle Ausnutzung des Gases wird durch den gen. Stegring noch weiter deshalb gefördert, weil er als Reflektor die von dem Brenner erzeugte Hitze unter den Topfboden usw. bringt und starkes Entweichen der Hitze nach unten verhindert.

Die Eisenwerke Gaggenau A.-G., Gaggenau i. Baden, haben u. a. den sog. »Gaggenauer einhahnigen Doppelbrenner« konstruiert. Durch diesen wird die Möglichkeit gegeben, die Flammen derart klein zu stellen, daß sie zum Weiterkochen der Speisen nach Angabe der Firma ungefähr den 6. Teil des

Fig. 387. Kleinstellung.

Fig. 388. Großstellung.

Gasquantums verbrauchen, welches man zum Ankochen benötigt (Fig. 387 u. 388).

Die Abbildungen zeigen den Brenner in kleiner und großer Stellung. Beim Ankochen der Speisen ist der untere, beim Weiterkochen der obere Flammenkranz in Tätigkeit zu setzen. Die Stellung wird durch ein und denselben Hahn bewirkt.

Auf diese Weise ist es möglich, mit ganz geringer Gasmenge die Speisen stundenlang weiterkochen zu lassen, resp. warmzuhalten, wie dies bei den anderen vorstehend beschriebenen Brennern auch der Fall ist.

Abweichend von allen üblichen Brennerbauarten für Kocher ist der »Bakhuizenbrenner«[1]) der Allgemeinen Brikettierungs-

[1]) Nach dem Erfinder so benannt.

gesellschaft Dr. Schumacher & Co., Berlin NW 7, bei welchem das Prinzip des Bunsenbrenners verlassen ist. Während bei allen anderen Brennern ein Teil der zur Verbrennung erforderlichen Luft dem Gas vor der Verbrennung zugeführt wird, erhält bei dem Bakhuizenbrenner das Gas die zur Verbrennung erforderliche Luft erst nach dem Austritt aus dem Brenner. Letzterer, aus Messingguß hergestellt, besteht aus einem kugelförmigen Unterteil und einem ebenen Oberteil, die miteinander verschraubt sind. Das Unterteil besitzt auf seiner ringförmigen Fläche eine Anzahl feiner Schlitze, die nicht radial gestellt sind, sondern sich im spitzen Winkel außerhalb des Brennerteils schneiden. Die austretenden Gasstrahlen treffen also aufeinander, wirbeln dabei zusammen und reißen etwas Luft mit, sodaß die Flamme halb entleuchtet ist. Die Flammen treten wagerecht aus und berühren den Topfboden nicht. Da uns dieser Brenner aus eigener Anschauung nicht bekannt ist, vermögen wir über die Brauchbarkeit nichts zu sagen.

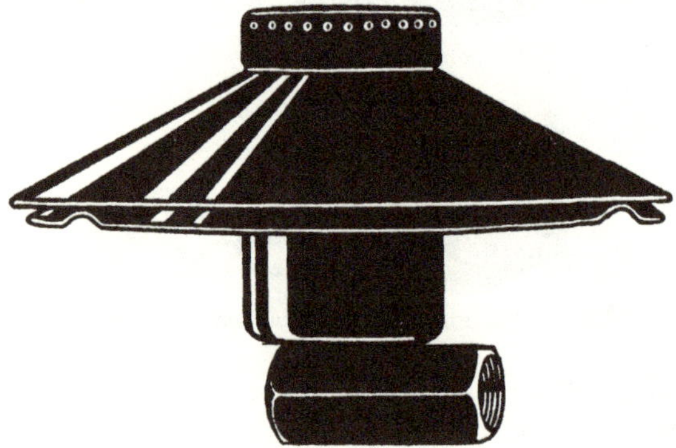

Fig. 389

Die Firma Hch. Tritschler, Abt. Metallwarenfabrik, Krozingen bei Freiburg i. Breisgau, stellt unter dem Namen »Liese-Brenner« ebenfalls einen neuen Gassparbrenner her.

Dieser Brenner, welcher in Fig. 389 u. 390 in der Ansicht und im Schnitt gezeigt wird, soll vor allem den Vorteil haben, daß er nicht zurückschlägt, da die Gasdüse sich unmittelbar senkrecht unter dem Brennerkopf befindet. Unterhalb des Brennerkopfes befinden sich zwei kegelförmig ausgebildete Metallteller, zwischen denen eine Vorwärmung der Verbrennungsluft stattfindet.

Es ist kaum möglich, die zahlreichen Brennerkonstruktionen der letzten Zeit sämtlich zu beschreiben und abzubilden, übrigens sind darunter manche, deren Güte nicht immer den etwas reklamehaften Anpreisungen entspricht.

Das Eisenwerk G. Meurer, A.-G., Cossebaude, das durch seinen als gut bekannten Prometheus-Brenner genannt werden muß, liefert die vollständige Einrichtung einer sogenannten »Klein-Gassparküche«. Diese besteht aus einem schmiedeeisernen Gestell mit eingebauter Kochkiste, einem Einlochkocher, den bekannten Prometheus-Wundertöpfen, einem Dampftopf mit Heizgasmantel, dem Deckeltopf und einem Brat- und Backofen, der auf den Einlochkocher gestellt wird.

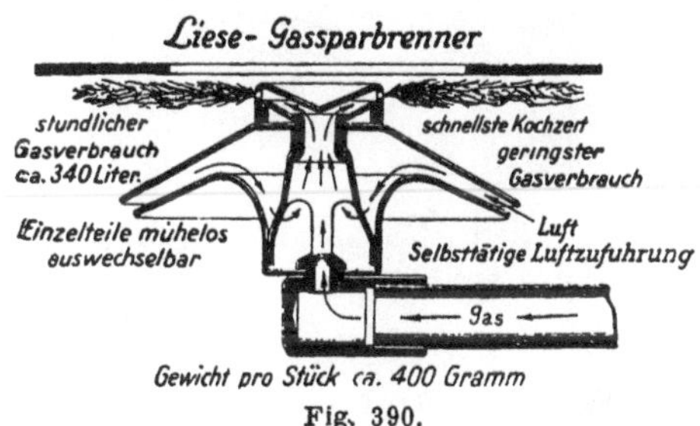

Fig. 390.

Wesentlich für die Wärmeausnutzung ist sowohl beim Wundertopf wie beim Dampftopf die Ummantelung, von der die Heizgase gezwungen werden, die Seitenwände der Töpfe zu bestreichen und diese so zu beheizen.

Für kleine Haushaltungen wird diese Klein-Gassparküche sicher gute Dienste leisten.

Auf den folgenden Seiten wollen wir einige Gasherde, Back- und Bratöfen, Menagekessel, Spieß- und Rostbrater neuester Bauart, wie solche von den bekannten Spezialfabriken hergestellt werden, zur Abbildung bringen.

Ein Braten auf dem Rost richtig zubereitet ist nicht nur das Delikateste, was eine Küche zu bringen vermag, sondern auch das Bekömmlichste. Leute mit nervösem, schwachem Magen verdauen denselben ganz ausgezeichnet, da ihm der volle Fleischsaft erhalten bleibt, während anderseits das sonst beim Braten vorhandene Fett, das den Magen beschwert, fehlt, resp. von dem Fleisch abgeschmort wird.

Der große Vorzug einer solchen Bratvorrichtung, Grill oder Rost genannt, wie beispielsweise von Junker & Ruh gebaut, liegt darin, daß die Hitze ausschließlich von oben kommt,

Fig. 391. Junker & Ruh — Volksherd.

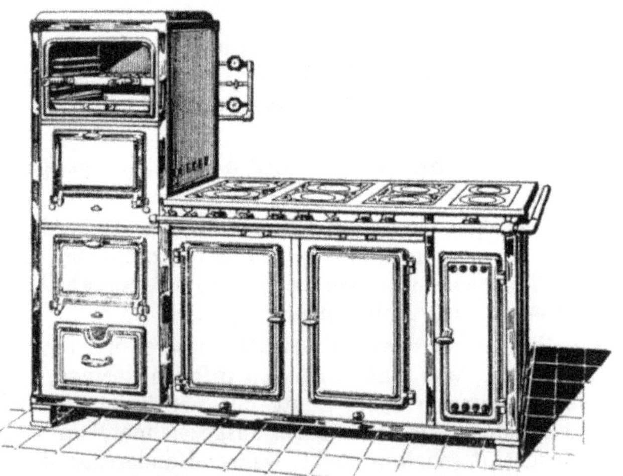

Fig. 392. Herrschaftsherd Junker & Ruh
mit 2 Bratöfen, Grill, Raumheizung fur feste Brennstoffe.

daß die Flamme das Fleisch fortwährend mit Hitze bestrahlt, sich die Fleischporen augenblicklich schließen und so der Saft im Fleisch eingeschlossen wird. Ein weiterer Vorzug be-

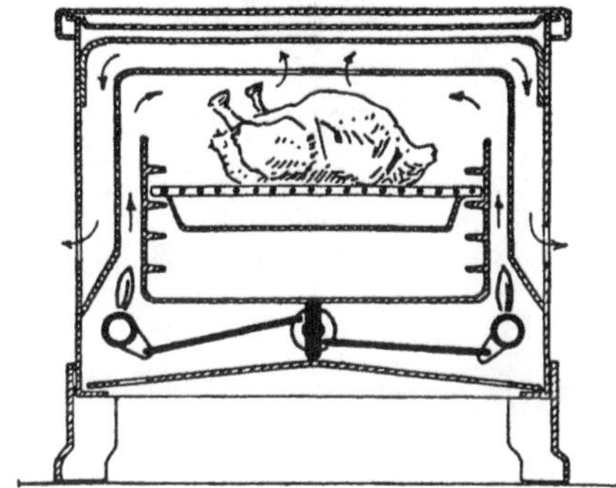

Fig. 393.
Das Braten auf dem Rost (Spieß).

Fig. 394.

steht darin, daß dadurch, weil der Bratraum von unten garnicht geheizt wird, keine Soße verdunstet, die aromatischen Teile und die Nährsalze sich nicht verflüchtigen. Es vollzieht sich das Braten daher ohne Dampf und Geruch.

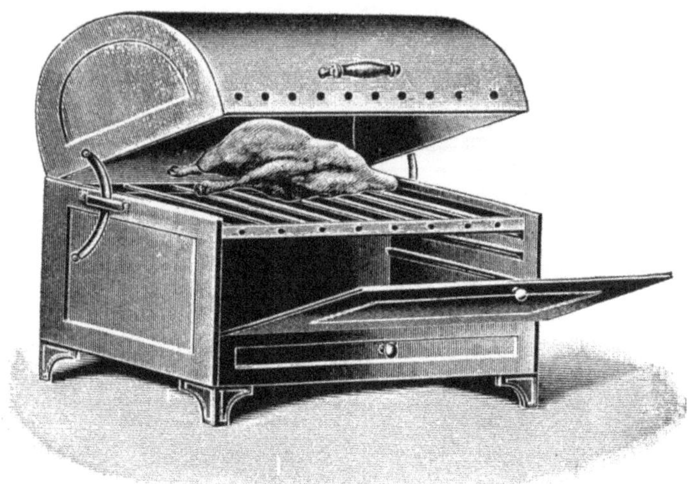

Fig. 395.

Fig. 396.

In Fig. 394 ist ein Spezial-Gasherd für Wohnküchen mit Raumheizung für feste Brennstoffe abgebildet.

Der Röst- und Backapparat »Universal« (Fig. 395) der Butzke & Co.-Aktiengesellschaft, Berlin, hat sich, wie berichtet wird, sehr gut bewährt.

Der Apparat ist zum Braten auf dem Rost und zum Backen aller Kuchenarten geeignet.

Außerdem ist ein »Askania«-Gas-Bratofen als Röstapparat in vorstehender Fig. 396 abgebildet.

In den Fig. 397, 398 u. 399 sind Spieß- und Rostbrater, Gaskochkessel und sogenannte Menagekessel (Wasserbadkessel) der Fabrik Senking in Hildesheim dargestellt.

Fig. 397. Spieß- und Rostbrater.

Fig. 398. Gaskochkessel.

Fig. 399. Menagekessel.

Die Großgasküche im Hotel- und Restaurationsbetrieb.

Schon in der Vorkriegszeit war es eine erwiesene Tatsache, daß das Kochen mit Gas jedem anderen Brennmaterial gegenüber Vorteile bringt, und Millionen von Menschen kochten bereits nur auf Gas. Merkwürdigerweise blieb dies mit wenigen Ausnahmen auf die Haushaltungsküchen beschränkt.

Fig. 400.

Einzelne Versuche, die mit Großgasküchen gemacht wurden, schlugen fehl, und die Gasherde wurden wieder durch Kohlenherde ersetzt. Woran lag das? Zunächst wohl daran, daß die Gasherde nicht zweckentsprechend konstruiert waren. Es waren meistens keine Gasherde im eigentlichen Sinne des Wortes, sondern es waren noch Kohlenherde mit eingebauten Gasbrennern, die nicht genügend regulierbar waren. Auch heizten sie mehr die Herdplatte und den Schornstein als die Kochtöpfe. Der Gasverbrauch war infolgedessen zu groß.

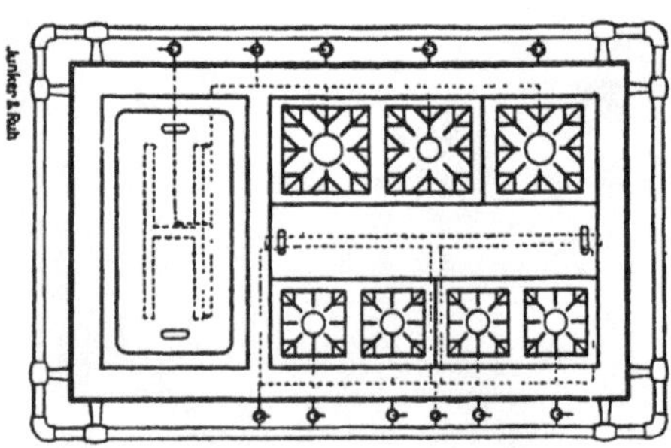

Fig. 401.

Da brachte die Firma Junker & Ruh vollständig neue Typen auf den Markt; sie verließ vor allen Dingen das bisher übliche Herdmodell. Sie ging von dem Gedanken aus, daß in einer Hotelküche immer mehrere Personen arbeiten, daß also eine Arbeitsteilung stattfindet, die beim Kohlenherd nur deshalb scheinbar zusammengehalten wurde, weil alle auf das eine (bei ganz großen Herden zwei) Feuer angewiesen waren.

Der neue Gasherd erhielt keine Bratöfen mehr, die Kochplatte wurde unterteilt in eine dem Küchenbetrieb entspre-

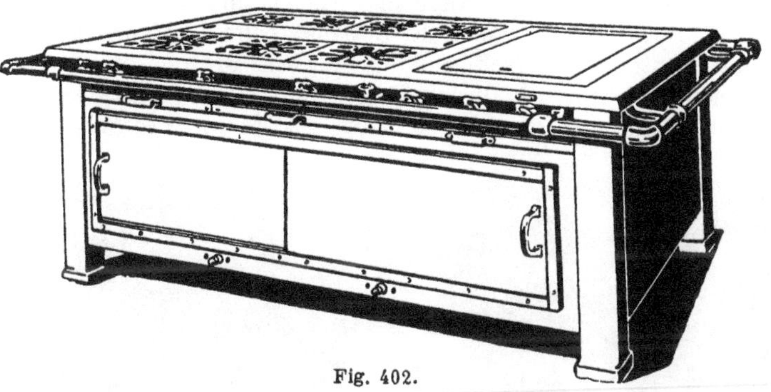

Fig. 402.

chende Anzahl Ankochstellen, in eine mitten durch den Herd sich hinziehende Heizplatte, auf der die angekochten Speisen weiterkochen, und eine Anrichtplatte mit Wasserbad. Beistehende Fig. 401 zeigt die schematische Darstellung einer solchen Herdplatte, Fig. 402 einen Hotelgasherd für ein mittleres Hotel in der Ansicht. Die einzelnen Brenner sind als Doppelsparbrenner mit verschieden großem Gasverbrauch bis zu 3000 l/Std. ausgebildet und mit Zündflammen versehen (damit fällt das lästige Anzünden weg). Unter der Kochplatte ist ein Wärmeschrank eingebaut zum Warmhalten der anrichtfertigen Gerichte. Der Bratofen (Fig. 403) ist als Etagenbratofen in bequemer Höhe angeordnet. Ober- und Unterhitze sind getrennt regulierbar, da zum Braten mehr Oberhitze benötigt wird. Die Öfen sind nach außen stark isoliert. Dadurch, daß die Bratöfen

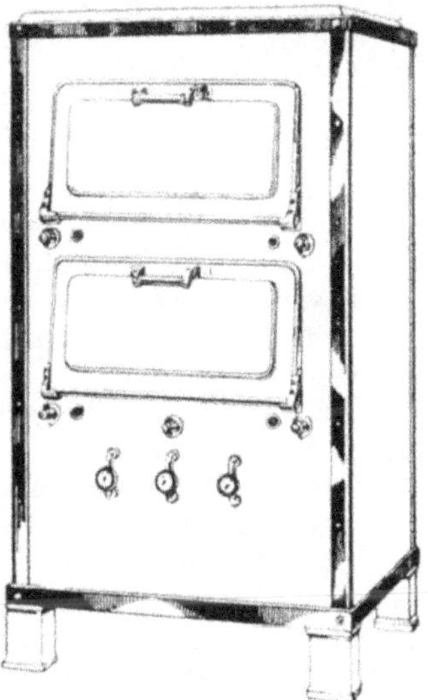

Fig. 403.

gegenüber vom Kochherd aufgestellt werden, entsteht auch beim stärksten Betrieb nie ein Gedränge und das Anrichten vollzieht sich reibungslos. Der Hauptvorzug der getrennt aufgestellten Bratöfen besteht aber darin, daß ihre Beheizung nicht von dem einen Herdfeuer abhängig ist wie beim Kohlenherd. Da die benötigte Hitze zum Kochen und Braten meistens nicht zeitlich zusammenfällt, entsteht beim Kohlenherd eine Brennmaterialienverschwendung, und der Bratofen wird noch überhitzt, wenn der Braten längst gar ist, wodurch derselbe eintrocknet und im Gewicht sowie im Volumen schwindet.

Fig. 404. Die Küche des Palast-Hotels Wettiner-Hof, Bad Elster, welche mit Junker & Ruh-Gasapparaten eingerichtet ist.

Es werden daher beim Gasbratofen, dessen Feuerung genau nach dem Bratgut reguliert wird, die Braten ganz von selbst viel saftiger. Es ist dies ein Vorzug, den der Küchenchef erst schätzen lernt, nachdem er den Gasbratofen einige Zeit in Betrieb hat.

Eine besondere Bedeutung kommt in der modernen Gasküche dem Grill (Fig. 400) zu; sie erhält durch denselben eine Verfeinerung und eine reichhaltigere Speisekarte.

Dadurch, daß die Brenner über dem Bratgut angeordnet, die Hitze also ausschließlich von oben wirkt, können eine Menge Gerichte zubereitet werden, die auf dem Kohlenherd unausführbar sind. Dazu sind die Ersparnisse an Butter und Fett ganz bedeutende. Auch können die Apparate im Speiseraum selbst aufgestellt werden, da sie vollständig geruchlos arbeiten.

Man sollte es niemals unterlassen, der Hausfrau selbst, sowie der den Gaskocher, den Herd und die sonstigen Apparate benutzenden Köchin bzw. dem Koch die wichtigsten Regeln zur Handhabung derselben anzugeben.

Regeln zur Benutzung der Gasherde.

Anzünden der Gaskochflammen.

Beim Gebrauch jedes Apparates muß man sich streng daran gewöhnen,

zuerst den Brennerhahn (für Koch- oder Bratflamme) zu öffnen,

dann erst ein Streichholz anzuzünden und

danach die Gasflammen, damit das Gas- und Luftgemisch, welches bei jedem Gaskocher zur Verwendung kommt, genügend Zeit hat, sich innig zu mengen.

Hält man dagegen zuerst das Streichholz zum Anzünden über den Brenner und dreht dann den Brennerhahn auf, so wird die Flamme häufig zurückschlagen.

Deshalb müssen auch alle Kochgefäße, besonders aber diejenigen mit großem Boden, welche den offenen Ring der Kochplatte zu sehr bedecken und dadurch die Luft absperren, erst nach dem Anzünden auf die Flamme gestellt werden.

»Klein«stellen und Zurückschlagen der Gasflamme.

Das kleinste Einstellen der Gasflamme zum sparsamsten Gebrauch des Apparates muß stets vorsichtig und langsam vollzogen werden. Auch empfiehlt es sich, während dieses Kleineinstellens, die Flamme unter der Kochplatte zu beobachten. Schlägt dennoch die Flamme zurück (d. h. die Flamme am Brennerkranz geht mit einem »Puff« aus und entzündet das Gas am Austritt der Düse, dicht hinter dem Hahn), so muß der Hahn sofort abgestellt und die Flamme von neuem angezündet werden.

Wie bereits gesagt, verwendet man zum Braten auch besondere Apparate, welche als Fleischröster, Grillapparate, Spießbrater, Saft- und Schnellbrater usw. bekannt sind. Fig. 405 zeigt einen von den Askaniawerken, Dessau, in den Handel gebrachten Spießbrater mit Uhrwerk.

Dieser Apparat ist hauptsächlich zum Braten von Geflügel am Spieß bestimmt und mit zwei, durch Drehung heb- und senkbaren Langbrennern versehen. Vor der Ingebrauchnahme wird der Spießbrater, wie alle Bratapparate, bei herabgezogener Tür stark vorgewärmt, dann wird das Bratgut an den Spieß gesteckt und das Uhrwerk aufgezogen. Nun dreht man die Brenner so, daß die Flammen seitlich an dem sich drehenden

Braten vorbeistreichen, nicht ihn berühren, und zieht die Tür herab. Nach einer Viertelstunde kann man die Flammen kleinstellen. Von Zeit zu Zeit ist der Braten mit dem im darunter befindlichen Blech sich sammelnden Fett zu begießen.

Auf der Leipziger Frühjahrsmesse 1924 fiel ein von der Askania A.-G., Dessau, ausgestellter Gasherd, der als Friedfisch-Herd bezeichnet wurde, allgemein auf. In diesem Herde wurden Fische in großen Mengen gebacken und an die Besucher der Messe abgegeben.

Auf die Frage, was man unter »Friedfisch« verstehe, wurde man von Vertretern der genannten A.-G. dahin belehrt, daß es sich um eine neue, aus England stammende »Fischhandelsmethode« handle.

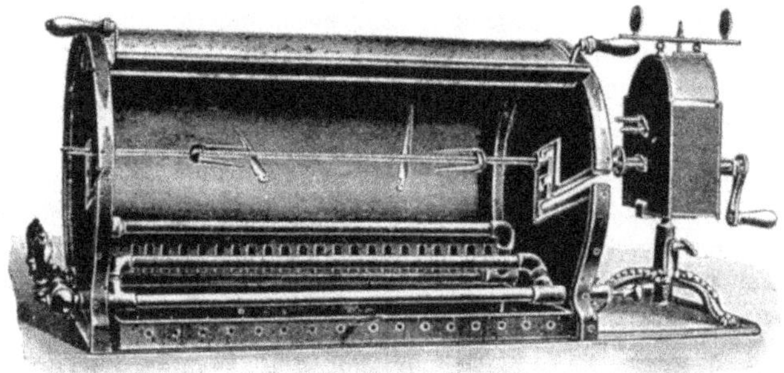

Fig. 405.

Die Erläuterung des für uns neuen Begriffes ist interessant genug, um sie hier im Wortlaut folgen zu lassen:

Was ist »Friedfisch?« — Für Deutschland ein neuer Name für einen neuen Begriff! Es ist der wörtlich übernommene englische Ausdruck (fried-fish-trade) für eine Fischhandelsmethode, die in Großbritannien ein Viertel der gesamten unvergleichlich großen Fischproduktion unter das Volk bringt.

Nach amtlichen Feststellungen bestanden 1920 in Großbritannien 25000 Friedfischläden, die wöchentlich 80000 Zentner Fische, 200000 Zentner Kartoffeln und 20000 Zentner Öl bzw. Fett umsetzten. Der Jahresumsatz an Fischen stellte sich danach auf 4,16 Millionen Zentner. Die Bedeutung dieser Zahl wird klar, wenn man dagegen hält, daß im Jahre 1922 an allen großen Seefischmärkten der deutschen Nordseeküste nur 2,5 Millionen Zentner Fische gelandet worden sind. Von diesen 2,5 Millionen Zentner sind noch 0,5 Millionen Zentner Frischheringe abzuziehen, so daß nur 2,0 Millionen Zentner Frischfische verbleiben, und somit der englische Friedfischhandel die doppelte Menge Frischfische verbraucht hat als Deutschland produzierte.

Der Friedfisch wird nicht in roher Form verkauft, sondern als fertiges Gericht zum Genuß auf der Stelle oder zum Mitnehmen in die Wohnung. Man hat in England frühzeitig erkannt, daß die Zurichtung von Fischen dem Verbraucher, und namentlich der Hausfrau, wenig liegt, und man hat aus dieser Erkenntnis auch gleich die richtige Folgerung gezogen und damit überwältigende Erfolge erzielt.

Im kleineren Maßstabe hat bei uns in Deutschland die Fischindustrie durch gleiches Vorgehen mit ihren Heringsfabrikaten eine überragende, stetig zunehmende Bedeutung erlangt. Sie arbeitet klar und deutlich nach der Devise: »Genußfertig, angenehm fürs Auge und schmackhaft.« Damit hat sie es so weit gebracht, daß viele Fischläden ihre Schaufenster selbst am Vormittag hauptsächlich mit Heringskonserven, Marinaden und Bücklingen ausstatten und Frischfische nur in kleinerem Umfange oder gar nicht führen. Niemand wird behaupten wollen, daß der Händler sich scheut, seine Hände an den Eisfischen naß zu machen. Nein, er trägt nur der Vorliebe seiner Kunden Rechnung; denn die gebrauchsfertigen Heringsfabrikate, die in vielfältiger, immer anreizender Form den Handel beherrschen, finden stets leicht und sicher Absatz. Wenn es mit den Frischfischen ebenso wäre, so würde der Händler ebenso gern daran verdienen.

Diesen Zusammenhang findet man im Frischfischhandel dort bestätigt, wo es der Verkäufer versteht, den Fisch schnell und ohne größere Verteuerung kochfertig zuzurichten oder wo Filetstücke feilgeboten werden. Hier ist der Absatz gleich viel lebhafter und vom Händler sicher vorauszuberechnen.

Die Forderung nach einer entsprechenden Ausbildung des Fischhändlers ist schon früher erhoben worden.

Der Friedfisch nun entspricht nicht nur allen drei Gesichtspunkten der oben angeführten fischindustriellen Devise, sondern er übertrifft sie um ein Bedeutendes, weil er noch weitere Vorzüge aufweist, die seine Einführung und schnelle Ausbreitung beim Verbraucherpublikum sichern.

Der Friedfisch wird in Öl schwimmend gebacken. Nährsalze und Fleischsaft bleiben ihm auf diese Weise erhalten; dazu nimmt er noch Öl auf. Er wird also absolut nicht trocken und kann ohne Soße genossen werden. Der sonst beim Fischgenuß unvermeidliche Nachdurst stellt sich nicht ein. Daher keine Nebenausgaben. Das Sättigungsgefühl ist voll und anhaltend. Die Beigabe von ölgebackenen Kartoffelschnitten (chipped potatoes)[1]) ergänzt diese Vorteile. Die einfache Herstellungsweise und der Fortfall aller sonstigen Zutaten gestatten einen äußerst niedrigen Verkaufspreis. Mit allen diesen Vorzügen ist der Friedfisch nicht nur ein genußfertiges, appetitlich aussehendes und schmackhaftes Erzeugnis der Fischindustrie, sondern als überall und immer erreich- und erschwingbare warme Mittags- oder Abendmahlzeit ein wirtschaftlich und sozial hochbedeutsamer Faktor der Lebenshaltung für das englische Volk geworden.

In den 25000 Friedfischläden wurden 75000 Personen beschäftigt. Zur Herstellung der erforderlichen Backöfen und Hilfsapparate hat sich eine besondere Maschinenindustrie entwickelt. Die zahlreichen Spezialfabriken beschäftigen 25000 Personen.

Der Friedfischhandel in England hat vor 80 Jahren armselig und mißachtet begonnen. Der Ansatz zum Aufschwung liegt erst dreißig Jahre zurück. Er wurde durch die von Frankreich, gewissermaßen als Modetorheit, übernommenen pommes frites gegeben. Die Friedfischhändler, die bisher ihren Fischen gekochte Kartoffeln oder Brot beigelegt hatten, griffen die neue Kartoffelzubereitungsform auf, und als in der Folge die Backapparate verbessert wurden, entwickelte sich das Gewerbe in einem ungeahnten Maße.

Diese Entwicklungsphase kam gerade zur rechten Zeit für die entstehende englische Dampferfischerei. Eine unmittelbare Wechselwirkung im Aufblühen der beiden Gewerbe, erzeugende Dampferfischerei und absetzender Friedfischhandel, ist unverkennbar! —

Daraus muß die deutsche Fischwirtschaft jetzt unbedingt ihre Nutzanwendung ziehen. Wenn sie das jetzt nicht tut, dann ist ihr nicht zu helfen.

Die Währungsumstellung mit ihren Begleiterscheinungen und Folgen zwingt zu schnellen Entschlüssen. Für die Fischwirtschaft haben alle neu aufgekommenen Schlagworte, wie »Kapitalbeknappung«, »Aktienreparatierung«, »Sparzwang«, »Kurzarbeit«, »Lohnabbau« usw., ebenso wie die deutlich näherkommende Gefahr von Massenfallits, eine besondere Bedeutung. Alles, was sie ausdrücken oder was von ihnen für längere

---

[1]) chipped = geschnittene, potatoes = Kartoffeln.

Fig. 406.

Fig. 407.

Zeit tatsächlich wirksam werden wird, kann man in den Sammelbegriff »verminderte Konsumfähigkeit« zusammenfassen. Das bedeutet für die Fischwirtschaft, und zwar in erster Linie für Friedfischhandel und Dampferfischerei, Absatzstokkungen und Unterbindung der Produktion.

»Wir haben in Deutschland nicht zu viel Fischdampfer, leiden auch nicht an Überproduktion«.

Es bestehen Organisationsmängel in der deutschen Fischwirtschaft, und deswegen werden bei uns zu wenig Fische gegessen.

Fig. 408.

Es ist verwunderlich, daß die deutsche Fischwirtschaft das großartige englische Beispiel noch nicht nachgemacht hat. Am meisten wundert sich darüber der Engländer. Man muß vermuten, daß die deutschen Englandfahrer sich um die Friedfischmethode niemals eingehender gekümmert haben. Die wenigen Fachleute, die darauf hinwiesen, blieben Prediger in der Wüste.

Über das Wesen der Friedfischmethode treten einem noch heute die komischsten Ansichten entgegen, ebenso wie über den »smoked haddok« und über die »kippers«[1]). Am meisten überrascht die Ansicht von angeblichen Kennern der Sache, daß der Friedfisch nichts für den deutschen Geschmack sei.

Allein in der Zubereitungsweise ist das Geheimnis der Billigkeit und Ausbreitungsfähigkeit des Friedfisches begründet.

In Wirklichkeit ist der Friedfisch im Wohlgeschmack kaum zu übertreffen, d. h. wenn er, ebenso wie die Kartoffelschnitten, richtig zubereitet wird. Diese Zubereitung ist und bleibt allerdings immer eine Kunst, so einfach sie auch erscheint.

---

[1]) smoked haddok und kippers sind geräucherte Seefische.

Im übrigen wird auf die Abbildungen Fig. 406 u. 407 hingewiesen.

Schließlich wollen wir an dieser Stelle noch den transportablen Hempel-Räucherschrank »Fumax« der Firma M. Hempel, Fabrik: Seegefeld-Berlin, in nachstehendem kurz beschreiben und abbilden.

Fig. 409.

Fig. 408 zeigt den Schrank in geschlossenem, Fig. 409 in geöffnetem Zustande.

Die über dem Boden des Schrankes angeordneten Gasbrenner sind nach besonderen Erfahrungen gefertigt und einzeln regelbar, so daß die Beheizung auf beliebige Wärmegrade eingestellt werden kann.

Bei der Brennerkonstruktion ist außerdem darauf Bedacht genommen, daß eine Verstopfung durch etwa abtropfendes Fett nicht vorkommen kann. Dieselbe ist so angeordnet, daß sie bequem herausziehbar und bei der Aufstellung des Schrankes von links oder rechts anzuschließen ist.

Es würde zu weit führen, wenn man alle existierenden Grill-, Back-, Brat-, Röst- und Räucherapparate usw., welche den vorstehend beschriebenen mehr oder minder ähnlich sind, anführen wollte. Wer sich genauer unterrichten will, muß sich an die in diesem Buche genannten Firmen oder andere wenden.

Die Kaffeeröster.

Diese werden in den verschiedensten Größen als Trommel- und Kugelröster für den Gebrauch in der Küche sowie für Kaffeeröstereien (Kolonialwarenhandlungen) gefertigt.

Fig. 410.

Die kleinen Kaffeerösttrommeln werden entweder auf einen auch zu anderen Zwecken verwendbaren Gasbrenner gesetzt oder auch mit eigenem Brenner versehen.

In Fig. 410 ist ein Apparat mit eigenem Gasbrenner und eigener Wärmeschutzkappe abgebildet.

Kafferöster werden von der Aktiengesellsschaft Butzke, Berlin, und für große Röstereien namentlich von der Emmericher Maschinenfabrik und Eisengießerei, Emmerich, geliefert.

Die Wärme- und Anrichtetische, sowie die Wärmeschränke für Gasheizung

finden namentlich in Hotel- und Restaurationsküchen Verwendung. Die Wärmetische werden entweder in Tischform mit Füßen oder auch mit einem Geschirraum, welcher sich unter der Tischplatte befindet, angefertigt. Die Tischplatte aus Schmiedeeisen wird je nach Größe mit einem oder mehreren Gasbrennern ausgestattet. Häufig wird auch ein Teil der Tischplatte isoliert und mit einer Tranchierplatte aus Weißbuchenholz derart belegt, daß deren Oberfläche mit der Eisenplatte eine Ebene bildet.

Die Wärmetische und -schränke werden sowohl für direkte als auch für indirekte Heizung eingerichtet. Letztere Einrichtung empfiehlt sich, wenn der Schrank nicht allein zum Warmstellen des Porzellangeschirrs, sondern auch zum Anwärmen von Silbergeschirr oder der Speisen dienen soll.

Die Gasplätten (Bügeleisen) und Erhitzer.

Das Erhitzen der Plätteisen mit Gas hat sich in den letzten Jahren sowohl in sehr vielen Haushaltungen als auch in Waschanstalten, Plättereien und anderen Gewerbebetrieben Eingang verschafft. Die früher üblichen Gasplätten mit Schlauch sind wegen ihrer unbequemen Handhabung gänzlich abgekommen; heute werden hauptsächlich Plätten in den Handel gebracht, durch deren Hohlraum eine entleuchtete Flamme hindurchschlägt und dabei die innere Seite der Sohle direkt berührt. Diese Fläche ist behufs Vergrößerung der Wärmeaufnahmefähigkeit gerippt.

Fig. 411.

Der einfachste Plätteisenerhitzer für Innenheizung ist in Fig. 411 abgebildet. Derselbe wird auch zwei-, drei- und vierteilig ausgeführt.

Ein weiterer einfacher und billiger Erhitzer für Plätten ist in den Fig. 412 u. 413 abgebildet. Derselbe wird von den Askania-Werken A.-G. in Dessau geliefert.

Fig. 412.

Fig. 413.

In gewerblichen Betrieben (Schneidereien) sind auch vielfach die seitlich erhitzten Bügeleisen sowie Wendebügeleisen, bei welchen die gerippte Oberseite von den Heizflammen berührt wird, im Gebrauch.

Die Multiplex-Gasfernzünder G. m. b. H., Berlin SW. 68, bringt ein Bügeleisen (Aska genannt) in den Handel. Ein flaches Asbestgewebe strahlt einen Teil der Wärme nach unten auf die Bügelfläche, den anderen Teil in die Gemischkammer. Auf diese Weise soll es gelungen sein, den Gasverbrauch wesentlich herabzusetzen.

Auch die A.-G. Schulz & Sackur, Berlin O. 112, liefert einen besonders für Schneiderzwecke geeigneten Bügelofen (System Henniger). Da diese Öfen einen großen stündlichen Gasverbrauch haben, besitzen sie einen Abzug für die Abführung der Abgase.

Plätteisen, bei welchen die Lauffläche selbst der Einwirkung der Heizgase ausgesetzt ist, sind nicht zu empfehlen, da die wasserdampfhaltigen Verbrennungsprodukte das Eisen angreifen und die Glätte der Lauffläche verderben.

Gasapparate für technische und gewerbliche Zwecke.

Die Verwendung des Gases zu gewerblichen und industriellen Zwecken ist, wie bereits auf S. 303 u. f. gesagt, eine außerordentlich vielseitige. Wir wollen einige der im Gebrauch befindlichen Apparate beschreiben und abbilden.

Hierher gehören: Die Gaslötöfen für Klempnereien (für leichte Lötarbeiten), Fig. 414 u. 415, Schmelzöfen für die Goldwarenfabrikation, Stempelerhitzer für Eichämter, Zigarrenkistenfabriken, Brauereien usw., Erhitzer für Schokolade- und Kakaofabriken, Sengmaschinen für Färbereien, Apparate zum Brennen und Kräuseln der Haare für Friseure, Apparate zum Glasschmelzen und Glasblasen, desgleichen für Konditoreien (Baumkuchenbäckerei, Fig. 416 u. 417, Waffelbäckerei), zum Schmelzen von Bernstein, zum Trocknen lackierter Gegenstände, zum Plüschpressen, Plisseebrennen, zum Erhitzen von Schmelztiegeln für Letternguß und viele andere. (Siehe diese.)

Die mannigfachen Anordnungen der Praxis haben auf allen Gebieten zur Schaffung neuer Sonderkonstruktionen in modernen Gasfeuerstätten geführt. Der Hauptvorteil dieser Feuerstätten besteht in der außerordentlich einfachen Regulierung des Hitzegrades und der bequemen Überwachung neben dem sauberen, jede Belästigung durch Rauch oder Ruß ausschließenden Betrieb.

Die in Frage kommenden Apparate werden für alle vorkommenden Gasarten gebaut, z. B. für Leuchtgas, Wassergas-

Dowsongas, Gasolin usw. Uns interessieren aber in erster Linie die Leuchtgasapparate und deshalb wollen wir einige derselben beschreiben und abbilden.

Zum Betrieb der Gasfeuerstätten ist ein Gemisch von Gas und Luft erforderlich. Letztere, von einem Gebläse kommend, tritt mit einem konstanten Druck von 800 bis 1000 mm WS, gewöhnlich unterhalb oder seitlich der Apparate, in die Gasleitung ein.

Fig. 414.

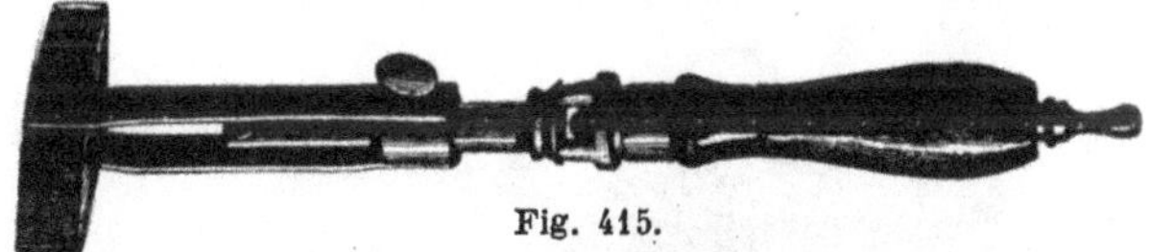

Fig. 415.

Bei allen Apparaten hängt ein richtiges Funktionieren in erster Linie von einer andauernden, gleichmäßigen Luftpressung von vorerwähntem Druck ab, während in der Gasleitung ein Druck von 20 bis 25 mm WS herrschen soll.

Weiter sollen die Gas- und Luftzuführungsrohre niemals einen geringeren Querschnitt haben als die Anschlüsse der Rohre der betr. Apparate; bei sehr langen Leitungen sollen die Querschnitte der Rohre eher etwas größer gewählt und etwaige Krümmungen möglichst flach gehalten werden.

Das »Anzünden« geschieht in der einfachsten Weise ohne jede Gefahr, indem man eine Lunte in die Nähe der

Brenner durch das Anzündeloch der Feuertür führt und gleichzeitig ganz langsam das Gasventil so weit öffnet, daß nur klein brennende Flammen an den Brennern beobachtet

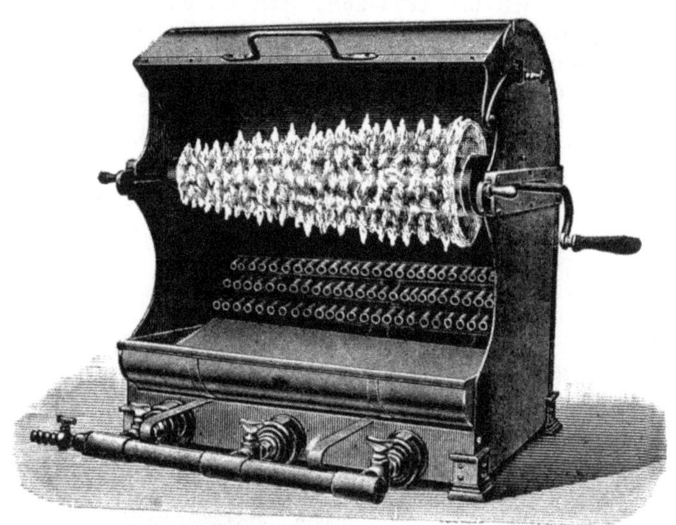

Fig. 416.

Fig. 417.

werden können. Ist das der Fall, so läßt man durch ebenso allmähliches Öffnen des Lufthahnes in geringem Maße Luft eintreten, wodurch die Flammen ihre richtige bläulich-grüne Färbung erhalten. Man hat es hierauf in der Hand, durch weiteres Öffnen und Regulieren des Gas-

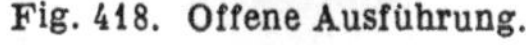

Fig. 418. Offene Ausführung.

Fig. 419. Geschlossene Ausfuhrung.

ventils sowie des Lufthahnes die Flammen so einzustellen, daß sie die größte Wärme an den Ofen abgeben.

Das »Anheizen«. Alle Öffnungen und Schaulöcher bis auf eine oder zwei Abzugsöffnungen werden tunlichst geschlossen gehalten, um Wärmeverluste zu vermeiden. Der Apparat bedarf keiner weiteren Wartung, bis die Schamottefütterung — Muffel oder Glühplatte —, vorausgesetzt, daß erstere keine offene Feuerstätte ist, die nötige Temperatur hat, um ihn für einen Glüh- oder Schmelzprozeß verwenden zu können. Bei offenen Feuerstätten, Schmiedefeuern, Lötapparaten usw. kann sofort zur Arbeit geschritten werden.

Fig. 420.

Die Dauer der Glüh- oder Schmelzperiode hängt lediglich von der Art der zu verarbeitenden Materialien ab.

Bei Beobachtung durch die Schaulöcher oder von der Arbeitsöffnung aus wird leicht festgestellt, ob der erforderliche Wärmegrad erreicht ist.

H. Hommel, Kommandit-Gesellschaft Mainz, Abteilung: Industrieöfen, Düsseldorf, befaßt sich besonders mit der Herstellung industrieller Kleinfeuerungsanlagen.

Es ist zwar nicht möglich, sämtliche in Frage kommenden Apparate zu beschreiben und abzubilden (das würde den Rahmen dieses Buches überschreiten), doch wollen wir einige derselben hier anführen.

Fig. 421.

Fig. 418 u. 419 zeigt ein kleines Gasfeuer zum Schweißen, Anwärmen und Härten. Der Apparat wird auf die Werkbank gesetzt. Der Heizraum kann durch verschiedene Schamotte-Formsteine der jeweiligen Form des Arbeitsstückes angepaßt werden.

Das Feuer (Fig. 420) dient zum Anwärmen von dünnen Stahl- oder Eisenstangen, welche im Gesenk oder von der Hand weiter verarbeitet werden sollen.

Zum Aufschweißen von Dreh- und Hobelstählen ist die Bauart Fig. 421 entstanden, wie sie der Praxis des Aufschweißens entspricht und den dabei zu beobachtenden Vorschriften Rücksicht trägt. Der eigentliche Aufschweißraum hat runde Form und wird durch tangential eintretende Brenner beheizt, so daß die Heizgase die zu erwärmenden Stähle umkreisen. Die abfließende Schlacke wird durch eine nach unten gehende Öffnung weggeleitet.

Neben dem Schweißraum befindet sich eine Vorwärmekammer, welche durch die Abgase des Schweißfeuers erwärmt wird und mehrere Stähle gleichzeitig zwecks Vorwärmens aufnehmen kann.

Fig. 422 zeigt einen Gas-Anwärmeofen für Spiralfederenden, Fig. 423 einen solchen für Rohrenden.

Der Gas-Bolzenwärmofen (Fig. 424) mit schrägem Heizraum besitzt drei voneinander getrennt regulierbare Doppelbrenner, welche einen schrägen Heizraum derart erwärmen, daß die durch einen oberhalb des Heizraumes angebrachten

Fig. 422.

Fülltrichter eingebrachten kalten Bolzen im erwärmten Zustande der Arbeitsöffnung in der Stirnwand entnommen werden können. Der Fülltrichter kann durch einen Schamotteschieber von dem Heizraum abgesperrt werden. Die schräge Bodenfläche des Heizraumes gestattet ein allmähliches Nachrollen der Bolzen, wodurch ein bequemes und flottes Arbeiten gewährleistet wird.

Die tragbaren Gas-Nietglühöfen (Fig. 425 ohne

Fig. 423.

Fig. 424.

und Fig. 426 mit Füllschacht) sind hauptsächlich da von Vorteil, wo größere Gegenstände vernietet werden sollen, und infolgedessen die Nieter ständig ihren Standort wechseln müssen, z. B. in Schiffswerften, Eisenkonstruktionswerkstätten, bei Brückenbauten, Montagen usw. Die Nietöfen sind zu diesem Zwecke sehr leicht und handlich gebaut, so daß sie während des Betriebes bequem von einer Stelle zur anderen getragen werden können. Der Anschluß an die Gas- und Windleitungen erfolgt durch Schläuche. Falls Preßluft vorhanden, kann sie Verwendung finden. In diesem Falle wird zu jedem Ofen eine Preßluftreduzierdüse mitgeliefert.

Fig. 425.

Fig. 426.

Bei dem mit Füllschacht angebauten Nietofen werden die Niete durch einen an der Rückseite des Ofens angeordneten Füllschacht eingeworfen und an der Vorderseite durch eine mit Zugtüre verschlossene Öffnung in nietwarmem Zustande entnommen.

Zum Glühen schwerer Bolzen und Nieten in größeren Mengen ist der in Fig. 427 abgebildete drehbare Gas-Bolzen- und Nietglühofen gebaut worden. Der Glühraum befindet

Fig. 427.

sich in dem schweren achteckigen Oberteil des Ofens, welches auf dem Untergestell drehbar angeordnet ist. Vier Arbeitstüren gestatten ein ununterbrochenes Entnehmen der glühenden Nieten und Bolzen. Der Heizraum ist als runder Schacht ausgebildet und wird durch tangential eintretende Brenner beheizt, so daß das Glühgut der strahlenden Hitze ausgesetzt ist und nicht von Stichflammen getroffen wird. Die Abgase entweichen durch eine trichterförmig ausgebildete Abzugsöffnung in der Decke des Ofens, die gleichzeitig zum Einfüllen der Bolzen und Nieten dient, wodurch diese gleichzeitig von den Abgasen vorgewärmt werden.

Die Gas-Lötrohre für schwere Lötarbeiten (Fig. 428, 429, 430, 431 und 432) arbeiten äußerst sparsam, unbedingt sauber.

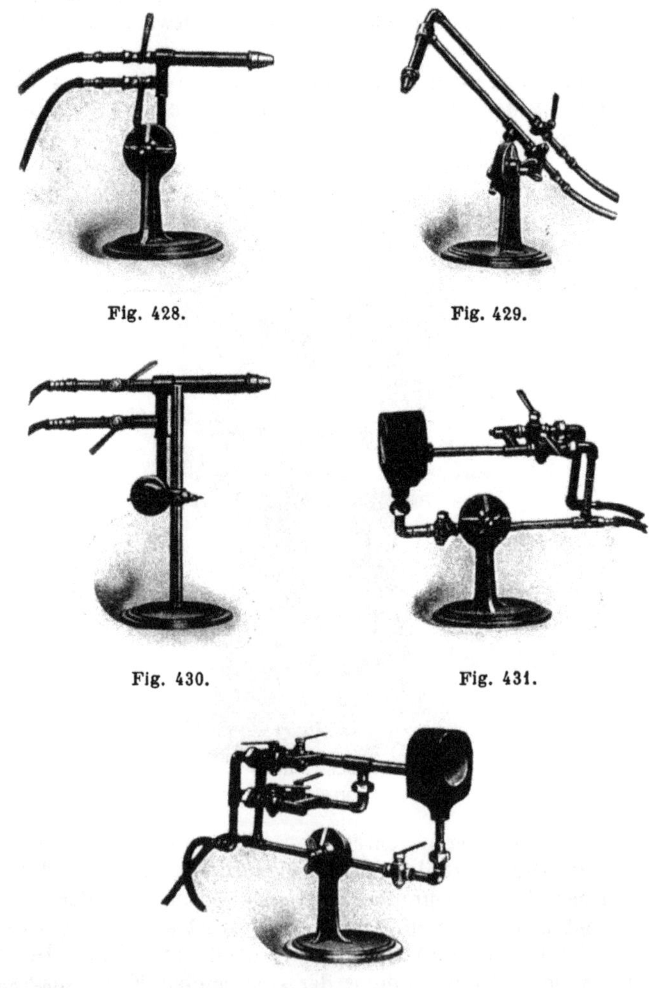

Fig. 428. Fig. 429.

Fig. 430. Fig. 431.

Fig. 432.

sichern höchste Hitzeentwicklung und sind einfach zu regulieren; sie werden durch Gummischläuche mit der Gas- und Windleitung verbunden.

Die Löttische (Fig. 433 mit rundem Gaslöttisch und Fig. 434 mit Gas-Doppelflammen-Löttisch) können infolge ihrer zweckmäßigen Anordnung und einfachen Handhabung für mannigfache Arbeiten in industriellen Betrieben aller Art Verwendung finden; sie zeichnen sich durch denkbar sauberen Betrieb, höchste Hitzeentwicklung und bequemste Regulierbarkeit aus.

Die Lötrohre sind in Zapfen und Scharnieren gelagert, um sie je nach Art und Größe der Arbeitsstücke in jede erforderliche Höhe und Lage bringen zu können. Feuerfeste Steine zum Unterlegen leisten hierbei auch gute Dienste.

Fig. 433.

Gas-Muffelöfen werden im allgemeinen zum Glühen solcher Teile angewandt, deren direkte Berührung mit den Heizgasen vermieden werden soll; sie kommen also namentlich für die Verarbeitung feiner Gegenstände aus Edelmetallen sowie aus Kupfer, Messing usw. in Betracht, dann aber auch zum Emaillieren und für andere ähnliche Arbeiten. Die Form der Muffeln läßt sich den jeweiligen Verhältnissen genau anpassen. Zum Härten sind die Muffelöfen nicht geeignet.

Der in Fig. 435 dargestellte Ofen (von Hommel) wird ohne Untergestell, also zum Aufsetzen auf die Werkbank geliefert; er ist besonders für Versuchszwecke, zum Erhitzen kleiner Metallteile, zum Emaillieren usw. geeignet.

Die Öfen selbst bestehen aus der Muffel mit einer besonderen, feuerfesten Steinverkleidung, welche zusammen von einem eisernen Mantel umschlossen sind. Die Eingangsöffnung und das Zündloch werden durch Stöpsel aus feuerfestem Ton verschlossen.

Die Gas-Doppelkammer-Muffelöfen (Fig. 436 u. 437) werden zur Vornahme von Laboratoriumsversuchen gebaut,

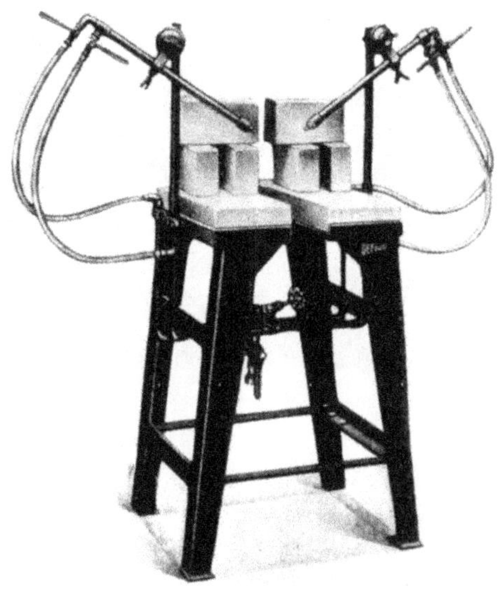

Fig. 434.

bei denen es darauf ankommt, daß die zu untersuchenden Stahlproben langsam vorgewärmt, bevor sie der erforderlichen Glühtemperatur ausgesetzt werden. Außerdem dürfen die Proben nicht mit den Heizgasen in Berührung kommen, damit die ursprüngliche Zusammensetzung des Materials gewahrt bleibt. Aus diesen Gründen wurden die Gas-Muffelöfen mit einer zweiten oberen Muffel ausgerüstet, die durch die Abgase des eigentlichen Glühraumes beheizt wird. Im übrigen ist die Bauart dieser Öfen der auf den vorherigen Seiten behandelten Gas-Muffelöfen gleich.

Zum Schmelzen kleinerer Mengen Lagermetall, Blei und dergleichen, die beliebig lange Zeit auf gleichmäßiger Temperatur erhalten bleiben sollen, sind die Gas-Lagermetallschmelzöfen (Fig. 438 und 439) vorzüglich geeignet; ihre geringe Raumbeanspruchung und bequeme Bedienung dürften als besondere Vorzüge bezeichnet werden.

Fig. 435.

Der Tiegel zu Ofen Fig. 438 hat Handgriff und kann infofgedessen gleich zeitig als Gießlöffel benutzt werden, während zu Tiegel Fig. 439, seines höheren

Fig. 436.

Fig. 437.

Gewichtes wegen, ein besonderer Gießlöffel erforderlich ist.

Zum Härten feinzahniger Werkzeuge, wie Fräser, Reibahlen Gewindebohrer, Spiralbohrer, sowie Stahlwaren als Messerklingen, Scheren usw., dient der in Fig. 440 abgebildete Salzbadofen.

Zu Härtezwecken werden seit einiger Zeit von der Firma Hommel Glühplattenöfen hergestellt, während die Muffelöfen hierzu keine Verwendung mehr finden. Die Verwendbarkeit der Glühplattenöfen ist außerordentlich vielseitig. Sie werden überall da benutzt, wo auf die vollstän-

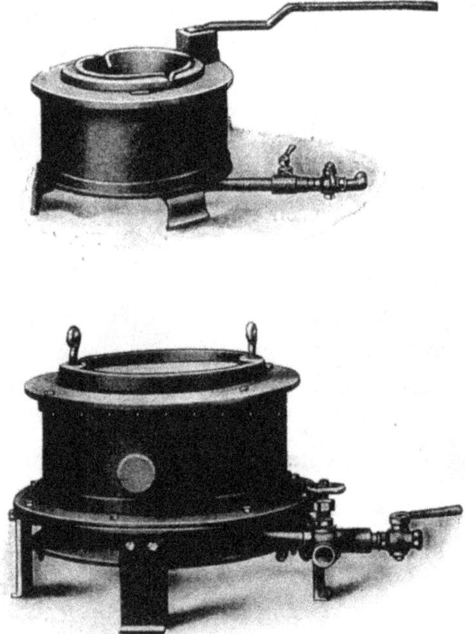

Fig. 439.

dige Fernhaltung der Verbrennungsprodukte von den zu erwärmenden Arbeitsstücken kein besonderer Wert gelegt wird.

Sie arbeiten sparsamer als die Muffelöfen, und zwar infolge des Wegfalles der Muffeln und der kürzeren Anheizdauer. Arbeitsstücke jeder Form und Größe können auf einen beliebigen Hitzegrad von kirschrot bis Weißglut erwärmt werden. Aus diesem Grunde werden die Glühplattenöfen in erster Linie zum Härten von Werkzeugen aller Art, wie Fräser, Schneidbohrer, Stanzwerkzeuge, Hobel- und

Papiermesser, Sägen usw. gebraucht. Auch zum Ausglühen von Teilen aller Art aus Stahl, Eisen und dergleichen sind diese Öfen sehr geeignet, ferner auch zum Glühen oder Härten von Messern und Messerklingen, Scheren, Schlittschuhen,

Fig. 440.

ärztlichen Instrumenten, Stahlfedern, Waffen, Nähmaschinenteilen und Metallwaren aller Art.

In Fig. 440a ist ein Glühplattenofen abgebildet.

Auf dem eisernen Untergestell ist in bequemer Arbeitshöhe die Glühkammer angeordnet, welche durch eine Schamottebodenplatte von der durch die seitlich eintretenden

Brenner bestrichenen Verbrennungskammer getrennt ist (daher die Bezeichnung als Glühplattenöfen gegenüber der Muffelöfen). Alles weitere ist aus der Abbildung zu ersehen.

Fig. 440 b zeigt einen Gas-Doppelkammer-Glüh- und Härteofen, welcher dazu dient, Werkzeuge und Schnellaufstahl der Vorschrift entsprechend härten zu können; zuerst werden sie in der einen Kammer langsam auf Rotglut vorge-

Fig. 440 a.

wärmt und dann in der anderen Kammer einer höheren Härtetemperatur ausgesetzt.

Auch die Pharos-Feuerstätten Gesellschaft m. b. H., Hamburg, fertigt als Spezialität Härte-, Glüh-, Schmelz- und Anlaß-Öfen nach einem besonderen System, insbesondere für Maschinenfabriken, Kupferschmieden, die gesamte Metallindustrie, Textilindustrie, Waggon- und Lokomotivfabriken, Lack- und Firnisfabriken, Schriftgießereien, Buch- und Zeitungsdruckereien usw.

In Fig. 441 ist ein Salzbad-Härteofen mit Plattenofen von Pharos abgebildet.

Infolge der hohen Temperaturen, die für Salzbad- und Bleibadöfen erforderlich sind, besitzen die Abgase noch große Wärmemengen.

Zur Ausnützung dieser Wärmemengen wird in dem Spezialofen (Fig. 441) der Plattenofen durch die Abgase des Salzbadofens erwärmt.

Fig. 440b.

Der Plattenofen ist also als Vorwärmeofen ohne besondere Brennstoffkosten zu verwenden. Bei starker Inanspruchnahme des Vorwärmeofens und zur Erzielung höherer Temperaturen, als durch die Abgase erreicht werden, sind besondere Brenner vorgesehen, die unabhängig vom Salzbadofen bedient werden können.

Die Verbrennung der Gasluftmischung erfolgt im Salzbadofen nach hoher Vorwärmung der Verbrennungsluft.

Bei der hohen Vorwärmung der Verbrennungsluft, der weitgehenden Ausnutzung der Abgase beschränkt sich der

Gasverbrauch auf das geringste Maß, das zur Erreichung der Temperatur erforderlich ist.

In den Fig. 442 u. 443 sind zwei Pharosbrenner für Monotype- bzw. Linotype-Setzmaschinen mit Regulierhahn abgebildet.

Die Pharos-Gasbeheizungsanlagen von der »Pharos-Feuerstätten-Gesellschaft m. b. H., Hamburg« gelten in Fachkreisen als sehr gute.

Fig. 441.

Diese Heizung kann sowohl nach dem Preßgas- als auch dem Preßluftsystem hergestellt werden.

In den meisten Fällen ist dem Preßluftsystem der Vorzug zu gewähren, weil das Preßluftsystem gegenüber dem Preßgassystem ganz erhebliche Vorteile bietet. Man ist nämlich in der Lage, dem Gas stets soviel Verbrennungsluft zuführen zu können, als zu einer restlosen Verbrennung erforderlich ist, ohne nchmals der Flamme Außenluft zuführen zu müssen. Die Flanme kann also in einem **vollständig geschlossenen Raum** angeordnet werden, aus welchem nur die Abgase entweichen, währenc Außenluft nicht mehr zutreten kann. Es gibt sehr viele Fälle, in welchen diese Bedingungen unter allen Umständen erfüllt werden müssen.

Bei dem Preßluftsystem bleibt das Gas unter dem Druck, unter welchem es von den Gaswerken geliefert wird. Die Höhe

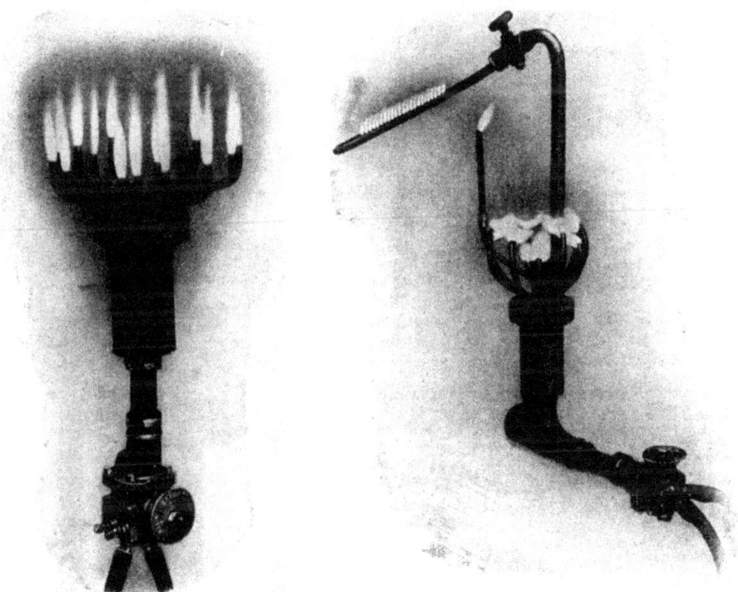

Fig. 442. Fig. 443

des Gasdruckes spielt dabei eine untergeordnete Rolle; jedoch ist darauf zu achten, daß der Gasdruck stets konstant bleibt. Bei einem ungleichmäßigen Gasdruck empfiehlt es sich, einen Gasdruckregler einzuschalten.

In einer getrennten Rohrleitung wird dem Gas kurz vor der Verorennung Preßluft unter einem gleichmäßigen Druck von 140 mm WS zugeführt. Die Mischung mit dem Gas erfolgt zwangsläufig, d. h. also, Gas- und Luftzufuhr werden durch eien Hahn reguliert. Da zur vollständigen Verbrennung

Fig. 444. Doppelmuffelofen mit 2 übereinander liegenden Muffeln, von denen nur die untere Muffel geheizt wird, während die darüber liegende, von den Abgasen umspült, als Vorwärmemuffel dient.

Fig. 445. Schmiedeofen, Größe II, der zum Stellen auf der Werkbank eingerichtet ist.

Fig. 446. Schmiedeofen, Größe III. Bei diesem Ofen ist der Deckelstein so ausgebildet, daß durch Umdrehen desselben der lichte Arbeitsraum in der Höhe verändert werden kann.

von einem Teil Leuchtgas etwa 5 Teile atm. Luft notwendig sind, man aber möglichst sowohl an Kompressionskosten als auch an zu starken Rohrleitungen sparen will, so komprimiert man nicht sämtliche zur Verbrennung erforderliche Luft, sondern nur einen geringen Teil, während die restliche Luftmenge automatisch und regulierbar angesaugt wird.

Falls die Möglichkeit besteht, kann man diese Zweitluft auch noch durch die Abgase entsprechend vorwärmen.

An eine bestimmte Brennerform sind die Pharosapparate nicht gebunden, sondern die Brenner werden stets dem zu beheizenden Gegenstand angepaßt, und zwar so, daß eine gleichmäßige Beheizung erfolgt und daß die Heizwirkung dahin verlegt wird, wo man sie braucht. Der Hauptwert einer guten Gas-

Fig. 447. Gasheizung für einen Stereotypie-Schmelzkessel von ca. 3000—5000 kg Inhalt.

heizung liegt also neben einer innigen Mischung von Gas und Luft in einer zweckentsprechenden Brennerkonstruktion.

Die Pharosgasheizung läßt sich mit Erfolg überall da anwenden, wo in der Industrie und im Gewerbe Wärme benötigt wird. Auch da, wo andere Heizungsarten zum Teil versagen, kann die Pharosheizung mit Erfolg Verwendung finden.

In den Fig. 444 bis einschl. 448 sind verschiedene Öfen und Beheizungsanlagen gen. Firma abgebildet.

Auch die Firma Hahn & Kolb, Stuttgart, befaßt sich insbesondere mit der Herstellung von Glüh- und Härteöfen.

Die von dieser Firma außerdem gebauten Lackier- und Trockenschränke haben in der Industrie gute Aufnahme gefunden.

In der Porzellan-, Email- und Glasindustrie zum kontinuierlichen schnellen Einbrennen von Malereien auf Flachglas, von Thermometerskalen, Verschlußknöpfen für Flaschen und Porzellanwaren, Emailschildern, Likörgläsern, Bechern und ähnlichen Waren werden auch mit Gas geheizte Öfen angewendet.

Fig. 448. Pharos-Beheizung eines Lackkessels.

Die Heizgase umspülen zuerst die untere oder Hochglutmuffel, darauf die obere oder Anwärmemuffel und zuletzt die Anwärmekammer.

Außerdem wird in der Glasindustrie das Gas ferner zur Beheizung von Glasschmelzöfen und der Nebenöfen vielfach verwendet.

Früher erfolgte die Verarbeitung und Herstellung kleiner Glasgegenstände im Kleinfabrikationsgang mit der sog. Gebläselampe. Diese Gebläselampe war ein einfaches Instrument, bei welchem, ähnlich wie bei einer Lötlampe, ein starker Luftstrom durch die Flamme gepreßt wurde, der dann eine schärfere Hitzeentwicklung ermöglichte.

Das Bedürfnis der Glasindustrie nach einem gleichmäßigen, heizkräftigen Gase führte Ende vorigen Jahrhunderts zur Errichtung einer Reihe kleiner Gasanstalten in den Glasbläserdörfern Thüringens.

Fig. 449. Gebläselampe mit vertikal schwengbarer Düse.

Fig. 450. Absprengbrenner mit 3 Stichflammen für Zylinder- und Röhrenabsprengmaschinen.

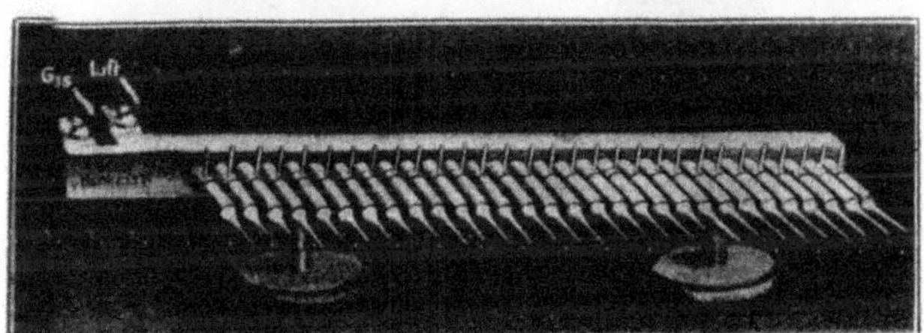

Fig. 451. Absprengbrenner mit parallel gerichteten Stichflammen für automatische Absprengmaschinen.

Fig. 452. Absprengbrenner mit radial gerichteten Stichflammen.

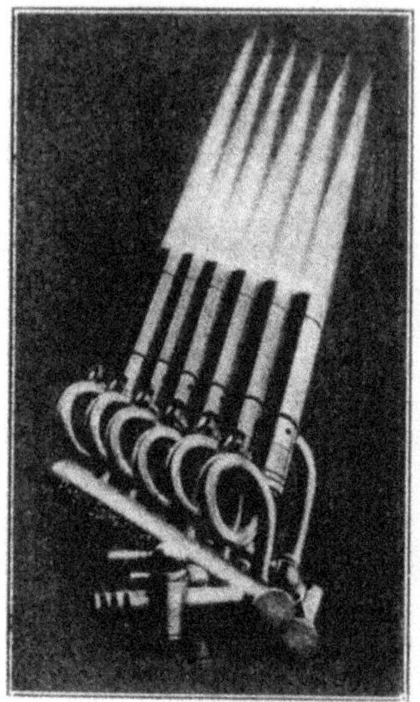

Fig. 453. Spezialbrenner zum Verschmelzen von Bleikristall.

In den beistehenden Abbildungen (Fig. 449 bis 454) sind einige Spezialgebläselampen, die in der Glasindustrie besonders Verwendung finden, abgebildet.

Eine vielseitige Anwendung findet das Gas zum Löten mit Apparaten, vom einfachen durch die Bunsenflamme erhitzten Lötkolben (siehe diesen) beginnend, bis zu den mit Gebläse eingerichteten Löttischen. Letztere kommen namentlich in größeren Betrieben zur Anwendung.

Sehr vielseitig ist außerdem die Anwendung des Gases in Spezialmaschinen, welche die Wärme nur an einzelnen Stellen zu ganz bestimmten Vorrichtungen benötigen. In Kartonnagefabriken

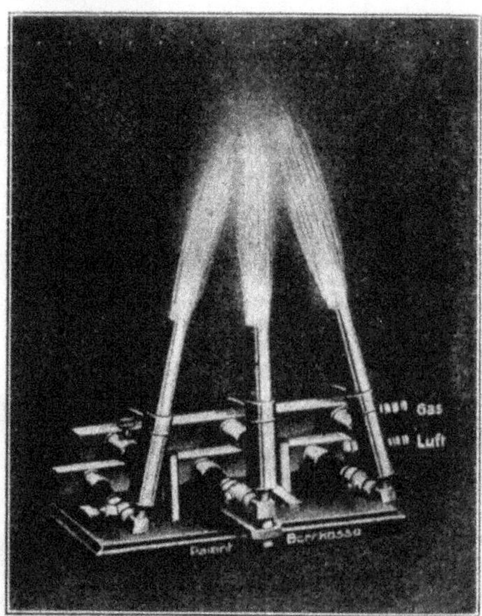

Fig. 454. Spezialbrenner mit 3 beweglichen Stichflammen zum Verschmelzen von Flaschenhälsen.

erfolgt das Pressen der einzelnen Teile, das Glätten der Oberflächen sowie das Zusammenkleben stets unter Erwärmung der betreffenden Maschinenteile mit Gas.

Ähnlich ist es auch bei der Herstellung der Hutformen sowie bei allen Betrieben, bei welchen ein Gegenstand in angefeuchtetem Zustande gepreßt und gleichzeitig durch die Hitze getrocknet wird.

Gasheizöfen.

Die Heizung der Wohn- und anderer Aufenthaltsräume mit Gas hat in den letzten Jahren weitere Fortschritte gemacht. Zwar ist das »Heizen mit Gas« noch nicht in dem Maße eingeführt wie »das Kochen mit Gas«, was seinen Grund darin hat, daß das sachgemäße Heizen viel schwieriger ist als das Kochen.

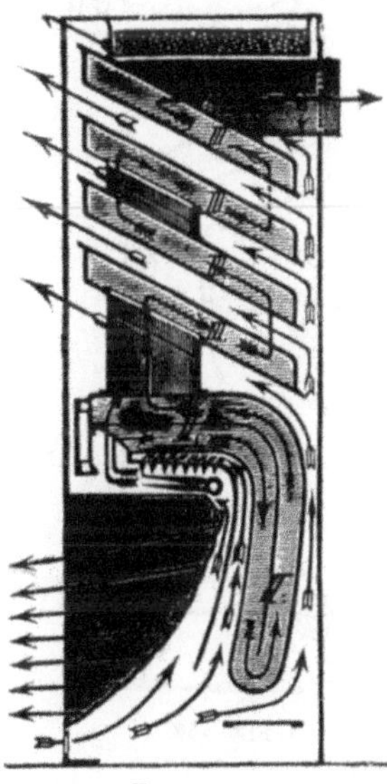

Fig. 455.

Fig. 456.

An eine gute Heizung muß man folgende Forderungen stellen: Rasche Erwärmung der zu beheizenden Räume, Erhaltung einer gleichmäßigen Temperatur und einer reinen Zimmerluft.

Bisher war der Reflektorofen bei uns in Deutschland hauptsächlich im Gebrauch.

Dieser besteht aus zwei Hauptteilen: der ausschließlich wärmeausstrahlenden Kamineinrichtung und dem zur vollständigen Ausnutzung der noch verfügbaren Wärme darüber aufgebauten Ofen. Die Gasheizflammen sind leuchtende und brennen aus dem horizontal über dem Reflektor I (Fig. 455 u. 456) liegenden Brennerrohr, an welchem nach vorn zwei oder auch mehr oder weniger Reihen feiner Löcher angebracht sind. Die nötige Brennluft strömt zu Anfang, wenn der Apparat noch kalt ist, aus dem offenen Raum vor dem Reflektor, dem ausströmenden Brenngase ungehindert zu. Die Flammen nehmen einen horizontal nach vorn gerichteten Weg, strahlen einen großen Teil ihrer Wärme auf den Reflektor aus, um durch den niederführenden Schacht des Regenerators II zunächst

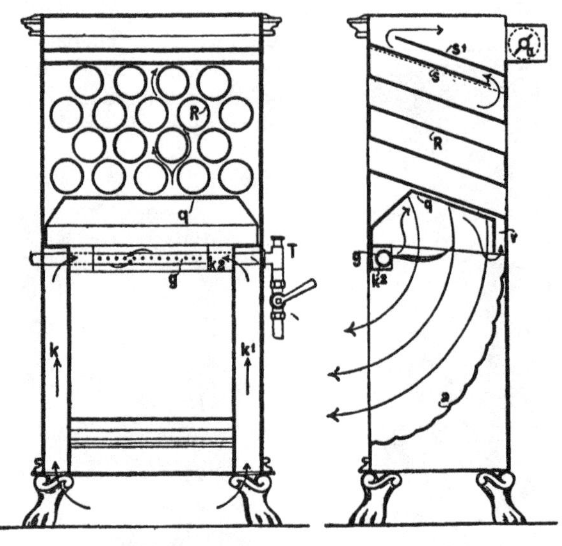

Fig. 457. Fig. 458.

nach abwärts und dann durch den aufwärtsführenden Schacht wieder aufwärts in den oberen Teil des Ofens geführt zu werden, um zuletzt aus dem Abzugsrohr zu entweichen.

Ein sehr wesentlicher Teil des ganzen Heizapparates ist der Reflektor (I), welcher so gestellt ist, daß die von oben auf ihn fallenden Licht- und Wärmestrahlen horizontal nach vorn und seitlich zerstreut werden, während man die Flammen selbst vom Zimmer aus nicht sieht.

Der Reflektorofen der Houben-Werke, Akt.-Ges., Aachen, ist nach denselben Grundsätzen konstruiert.

Der Gasofen von Robert Kutscher, Leipzig, (System: Zschetzschingck) unterscheidet sich von den beiden erstgenannten Öfen dadurch, daß der über dem Reflektor befindliche Teil nicht aus Kästen, sondern aus Röhren in schräger Lage besteht. Diese Röhren geben eine wirksame Heizfläche. Die kalte Luft tritt auf der Rückseite in dieselben ein, wird erwärmt und tritt vorn als warme Luft wieder aus. In Fig. 457 u. 458 ist ein solcher Ofen (Röhrensystem) im Schnitt dargestellt.

Die Reflektor-Gasheizöfen haben zur Beheizung von Kirchen vielfach mit den besten Erfolgen Verwendung gefunden. Durch die Nutzbarmachung der strahlenden Wärme werden die unteren Luftschichten bzw. der Fußboden ganz besonders erwärmt, wodurch sich die Kirchenbesucher bei verhältnismäßig kühler Lufttemperatur sehr behaglich fühlen.

Als ein Mangel aller sog. Regenerativöfen muß es bezeichnet werden, daß der sich auf den Kästen im Innern des Ofens ablagernde Staub sehr schwer zu beseitigen ist. Abgesehen davon, daß wohl jede Hausfrau diesen, die häusliche Reinlichlichkeit erschwerenden Umstand, unangenehm empfindet, ist es auch gerade nicht hygienisch einwandfrei, besondere Staubablagerungsstätten in der Wohnung zu haben.

Derjenige Ofen, der bei vollkommenster Verbrennung des Gases einen hohen Wirkungsgrad hat und dem Staub am wenigsten Gelegenheit bietet, sich häuslich niederzulassen, ist ohne Zweifel der beste.

Bei den vorstehend beschriebenen Gasheizöfen wird allerdings nur ein verhältnismäßig geringer Prozentsatz der erzeugten Wärme durch Strahlung von dem Reflektor ausgesandt. Die Verbrennungsgase treten mit sehr hoher Temperatur an die Heizflächen heran. Das hat zur Folge, daß diese auch bei reichlicher Bemessung sehr hoch erhitzt wird und den auf ihnen abgelagerten bzw. mit der Zimmerluft an ihnen vorbeigeführten Staub zur Verbrennung bringen. Ein brenzlicher Geruch und Reizung der Atmungsorgane durch die erhitzte Luft sind die unerwünschten Begleiterscheinungen dieser Heizmethode.

Aus diesem Grunde haben derartige Gasöfen in England keinen Eingang gefunden, wo man von Anfang an die Erwärmung der Räume nicht durch Luftheizung, sondern durch Glühkörperkamine bewirkte. Diese Öfen, die die Wärme direkt in den Raum hinausstrahlen, haben den Vorteil, daß sie den Fußboden und die unteren Partien der Zimmer heizen, während die oberen Luftschichten im Zimmer verhältnismäßig kühl bleiben. Durch die energische Saugwirkung des Kamins wird eine stärkere Lüftung der Zimmer erzielt.

Damit ist aber zugleich der große Nachteil verbunden, daß nur eine recht unvollkommene Ausnutzung der Wärme durch diese Öfen erreicht werden kann. Die Heizgase verlassen den Ofen mit zu hoher Temperatur und führen so erhebliche Mengen schon erwärmter Zimmerluft mit sich zum Schornstein ab, daß mit solchen Glühkörper-Gaskaminen nur Wirkungsgrade von 55 bis 60% erzielt werden.

Fig. 459.

Die Askania-Werke A.-G. (vorm. Centralwerkstatt, Dessau, und Carl Bamberg, Friedenau) fertigen einen Radiatoren-Gasheizofen, der eine Kombination des Strahlungsofens mit einem darüber angeordneten radiatorähnlichen Metallheizkörper dargestellt (Fig. 459).

Fig. 460. Kachelofen mit Askania-Gasheiz-Einsatz.

Eine beachtenswerte, von den Askaniawerken in Dessau eingeführte Neuerung ist der Kachelofen-Gasheiz-Einsatz (Fig. 460, 461 u. 462); dieser gestattet, alle Vorzüge der modernen Heiztechnik auf den Kachelofen zu übertragen. Der Einsatz läßt sich leicht in jeden Kachelofen einbauen. Er wird seitlich der Kohlenfeuerstelle angeordnet und erhält besonderen Abzug, so daß sich der für Kohle bestimmte Teil des Ofens nach wie vor für die Verwendung aller gebräuchlichen festen Brennstoffe eignet.

Die durch Bunsenflammen zum Glühen gebrachten Magnesiaröhrchen des Einsatzes strahlen sofort nach dem Anzünden einen Teil ihrer Hitze in den Raum und erwärmen ihn schnell. Die zum Schornstein abziehenden Gase geben den größten Teil der noch verbleibenden Wärme an die Kacheln ab.

Der Einsatz eignet sich sowohl zur schnellen Erwärmung des Zimmers für die Zeit, wo der mit Kohlen beschickte Ofen noch keine Wärme abgibt, zur Unterstützung des Kohlenofens an sehr kalten Tagen oder am Abend, wenn seine Wärme nachläßt, zur schnellen Erwärmung vorübergehend benutzter Räume als auch zur Dauerheizung.

Es ist anzunehmen, daß der Askania-Kachelofen-Gasheiz-Einsatz, der die alte edle Form des Kachelofens aufs neue zur Geltung bringt, in Kürze in vielen Kachelöfen zu finden sein wird. Das große Interesse, das sowohl die Fachleute als

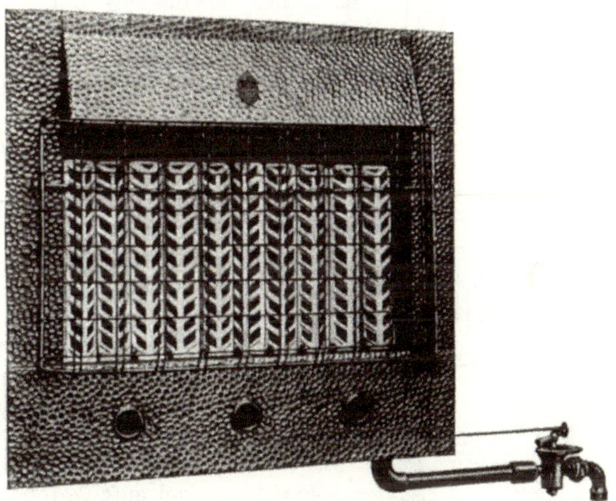

Fig. 461. Vorderansicht eines Askania-Kachelofen-Gasheiz-Einsatzes.

auch die Anhänger des Kachelofens dieser Neuerung auf dem Gebiete der Heiztechnik entgegenbringen, läßt in der Tat seine allgemeine Einführung für die nächste Zukunft erwarten.

Eine einfache Anordnung ist von Thier angegeben worden[1]).

Eine Ecke des zu beheizenden Raumes wird durch eine Kachelofenwand, die bis an die Decke reicht, abgetrennt. Dadurch wird eine sehr große Heizfläche erzielt, die infolgedessen nur geringe Temperatur zu haben braucht. Ihre

---

[1]) Siehe Heft 7, Jahrgang 1925 »Das Gas- und Wasserfach« Seite 97 ff.

Beheizung mit Gas erfolgt in einfacher Weise durch senkrecht nach aufwärts führende Rohre, durch welche die Abgase der darunter angebrachten Flämmchen streichen.

Das Eisenwerk G. Meurer A.-G., Cossebaude-Dresden stellt u. a. sogenannte Prometheus-Gasheizöfen mit Glühkörpern her (Fig. 463 u. 464).

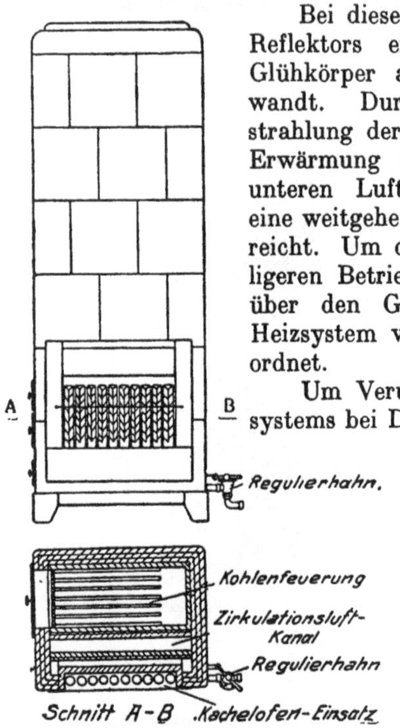

Bei diesen Öfen ist an Stelle eines Reflektors eine Gruppe keramischer Glühkörper als Wärmevermittler verwandt. Durch die intensive Wärmestrahlung derselben wird nicht nur eine Erwärmung des Fußbodens und der unteren Luftschichten, sondern auch eine weitgehende Wärmeausnützung erreicht. Um diese im Interesse des billigeren Betriebes noch zu erhöhen, ist über den Glühkörpern ein einfaches Heizsystem von hoher Wirkung angeordnet.

Um Verunreinigungen dieses Heizsystems bei Dauerheizung zu beseitigen, ist eine sinnreiche Einrichtung getroffen, dadurch, daß der emaillierte Heizkörper nach Abnahme der Schutzhaube durch Lösung zweier Riegel aufzuklappen ist. Mit Schaber und Bürste ist in wenigen Minuten die Reinigung vollzogen und der Heizkörper wird so vor dem Durchrosten geschützt.

Fig. 462. Anordnung eines Askania-Kachelofen-Gasheiz-Einsatzes in einem Kachelofen.

Die Schutzhaube verhindert Berührung mit den heißen Heizflächen und ist zur Vermeidung unhygienischer Staubablagerung ohne scharfe Ecken und Flächen gearbeitet.

Die gleiche Firma fertigt auch die Prometheus-Glühkörper-Radiatoren (Fig. 465) und die »Original Haller«-Gas-Radiatoren in verschiedenen Ausführungen.

Das Herausfallen der Glühkörper wird durch ein herausnehmbares Schutzgitter verhindert.

Die Houben-Werke Akt.-Ges., Aachen, fabrizieren sog. Gaselement-Radiatoren für jede Raumgröße geeignet und in beliebiger Gliederzahl (Fig. 466).

Diese Radiatoren sind zum Zwecke der schnellsten Wärmeabgabe aus Schmiedeeisen hergestellt, das beiderseits

Fig. 463.

Fig. 464.

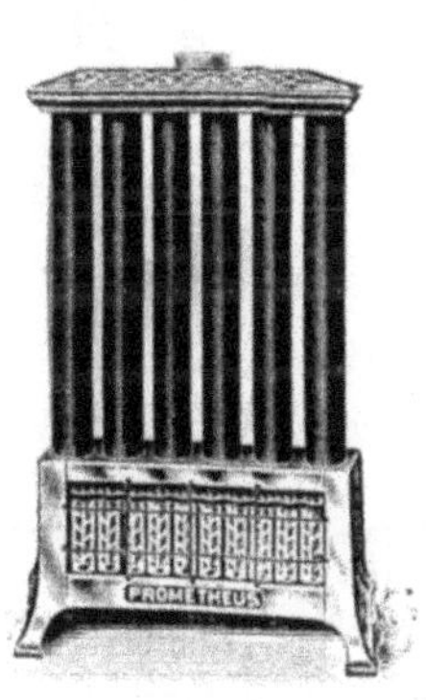

Fig. 465.

Fig. 466.

emailliert ist. Die Verbindung der einzelnen Glieder wird durch gußeiserne Ringe gebildet.

Dic Radiatoren können beliebig vergrößert oder verkleinert werden durch Hinzufügen oder Ausschalten einzelner Glieder, entsprechend der verlangten Heizkraft. Dieselben werden von gen. Firma in zwei verschiedenen Bauhöhen hergestellt. Der Radiator Nr. 600 (Fig. 467) hat eine Bauhöhe von 1000 mm, wogegen der Radiator Nr. 600A (Fig. 468) eine solche von 690 mm hat.

In Zimmern, in welchen die Aufstellung eines Radiators auf dem Fußboden n i c h t angebracht ist, können solche auch an der Wand befestigt werden, wie Schema Zeichnung Nr. 600 W (Fig. 469) darstellt.

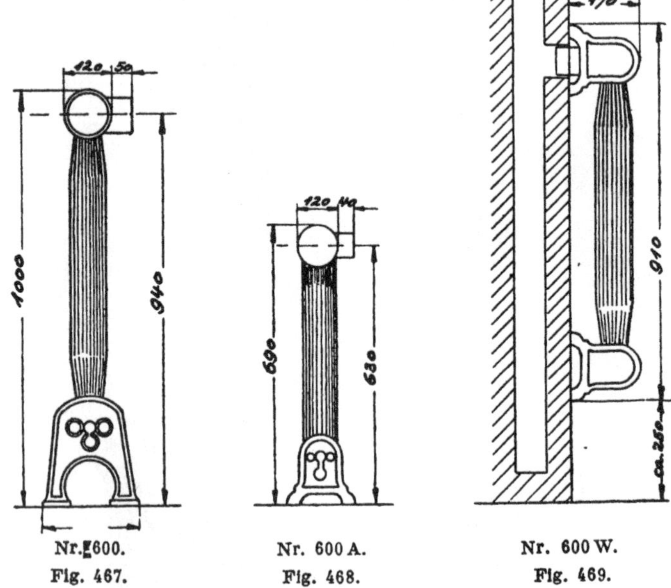

Nr. 600. Fig. 467. — Nr. 600 A. Fig. 468. — Nr. 600 W. Fig. 469.

N a c h A n g a b e n d e r F i r m a H o u b e n:

Modell Nr. 600

Glieder-Zahl	Ausreichend für die Beheizung von cbm	Gas-verbrauch z. Anheizen pro Stunde	Ganze Breite	Abzug-Stutzen ϕ	Gasan-schluß	Ge-wicht kg
3	50	0,75	38	65	3/8	16
5	75	1,25	56	65	3/8	22
7	125	1,75	73	80	1/2	27
9	190	2,25	88	80	1/2	33
11	240	2,75	104	80	1/2	38
13	290	3,25	120	90	1/2	44

Modell Nr. 600 A

Glieder-Zahl	Ausreichend für die Beheizung von cbm	Gas-verbrauch z. Anheizen pro Stunde	Ganze Breite	Abzug-Stutzen Φ	Gasan-schluß	Ge-wicht kg
3	30	0,45	24	50	$^3/_8$	7.3
5	50	0,75	37	50	$^3/_8$	10.5
7	70	1,05	50	50	$^3/_8$	14.0
9	95	1,35	63	65	$^3/_8$	17.0
11	120	1,65	76	65	$^1/_2$	20.0
13	160	1,95	89	65	$^1/_2$	23.5

Diese Radiatoren werden auch mit einer Abdeckplatte geliefert.

Der Abzug befindet sich normalerweise in der Mitte, kann jedoch auf Verlangen auch an der rechten oder linken sowie an der Stirnseite, wie es die jeweiligen örtlichen Verhältnisse bedingen, angebracht werden.

Für die Heizung von Schulräumen ist der von den Warsteiner Gruben- und Hüttenwerken in Warstein angefertigte Karlsruher Schulofen vielfach mit bestem Erfolg angewendet worden. Auch bei diesem Ofen brennt das Gas mit leuchtender Flamme.

Fig. 470 u. 470a veranschaulichen die Konstruktion des Ofens in Schnitt und Ansicht.

Von dem im Sockel des Ofens angebrachten Ringbrenner steigen die Heizgase in dem sog. Ringschlitzkanal, welcher durch zwei konzentrisch ineinander gesteckte Blechzylinder gebildet wird, senkrecht aufwärts. Aus dem Ringschlitzkanal, welcher sich zur Beschränkung der Verbrennungsluft von einer unteren Breite von 15 mm auf eine obere Breite von 3 mm verengt, treten die Verbrennungsgase in den sehr eng gehaltenen Sammelraum und werden von dort durch den Abzugsstutzen in den Schornstein geführt.

Der Heizzylinder ist in einem Abstand von einigen Zentimetern von einem Blechmantel umgeben, welcher die strahlende Wärme mindert und zugleich einen ringförmigen Hohlraum bildet, in welchen am Fuße des Ofens die Zimmerluft eintritt. Im Sockel des Ofens befinden sich ringsum Mikascheiben, durch welche man die Flammen beobachten kann.

Man hat in einigen Schulen zum Zwecke der Erneuerung der Zimmerluft besondere Kanäle angeordnet und die aus einer im Keller befindlichen Luftkammer bzw. aus dem Freien zugeführte frische Luft in das Innere des Ofens eingeleitet, in welchem sie, wie bereits erwähnt, erwärmt und dem Zimmer zugeführt wird. Die Frischluft-Zuführungskanäle, deren Anschluß an die Öfen durch einen besonderen Einsatz vermittelt wird, sind mit Stellklappen versehen, welche in bequem erreichbarer Höhe mittels Handgriffes geöffnet und nach Bedarf eingestellt werden können.

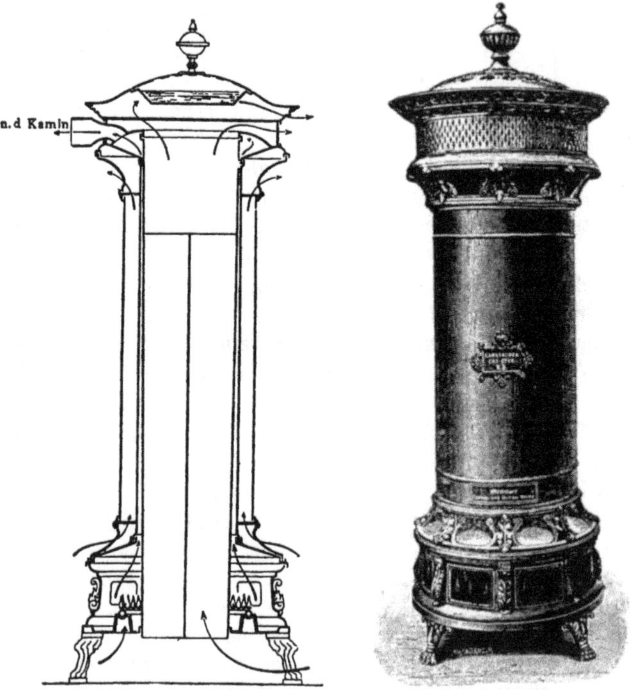

Fig. 470. Fig. 470a.

Die Verbrennungsprodukte müssen, ebenso wie in allen bewohnten Räumen, auch in Kirchen, in gut ziehende Schornsteine abgeführt werden, da andernfalls die Luft verschlechtert, sich bald ein unangenehmer Geruch bemerkbar machen und die Orgel leiden würde. Ganz besonders ist auch darauf zu achten, daß das Übergangsrohr vom Ofenabzug nach dem Schornstein keinesfalls enger sein darf als das Ofenabzugsrohr selbst.

Gute Abzugsverhältnisse sind die unerläßliche Bedingung für das Funktionieren eines Gasofens. Schlechtziehende Schornsteine versieht man zweckmäßig mit Schornsteinaufsätzen (W. Hanisch & Co., Berlin C.; John, Erfurt; David Grove, Berlin [siehe diese]); auch bringt man zur Erwärmung der kalten Luft bzw. zur Bewirkung eines guten Zuges Lockflammen in den Schornsteinen an. Bei ungenügendem Abzuge der Verbrennungsprodukte — namentlich in Neubauten — bildet sich leicht Kondenswasser, welches durch Anbringung eines Wassersackes mit Hahn am Abzugsrohr abgeleitet werden kann.

Der Heizausschuß des Deutschen Vereins von Gas- und Wasserfachmännern steht auf dem Standpunkt, daß abzugslose Gasheizöfen nicht zugelassen werden sollen. Als Ausnahmefall, wo sogenannte Strahlengasöfen gute Dienste leisten können, brachte ein in der Gasverwendung besonders erfahrener Werksleiter mit Recht vor, daß die Verwendung solcher Öfen zur örtlichen Beheizung, z. B. in Metzgerläden und an Kassen, sehr angebracht sein könne. Bekanntlich wurde beschlossen, abzugslose Gasheizöfen unter folgenden Einschränkungen zuzulassen:

1. Bei Dauerverwendung muß die Raumgröße mindestens das 150fache des Stundenkonsums betragen, bei vorübergehender Heizung mindestens das 50fache.

2. Es ist praktisch vollständige Verbrennung zu fordern, also Abwesenheit von merklichen Mengen Kohlenoxyd in den Rauchgasen.

Bei Verwendung der Gassonne »Multikalor« kann nach Untersuchungen des Gasinstituts in einem Raume von 50 cbm Inhalt auch unter den ungünstigsten Verhältnissen (z. B. geringe Selbstlüftung des Raumes) niemals Unverbranntes in schädlich wirkender Menge entstehen.

Die Weite des Abzugsrohres richtet sich nach dem Gasverbrauch. Als Normen kann man die in der Tabelle S. 407 angegebenen Zahlen annehmen.

Ein sehr praktischer Zimmerofen ist der von der Firma Junker & Ruh-Werke, A.-G., Karlsruhe, in verschiedenen Größen in den Handel gebrachte Karlsruher Gasofen, welcher in Fig. 471 abgebildet ist.

Die im Sockel des Ofens angebrachten leuchtenden Heizflammen können durch Marienglasscheiben beobachtet werden. Flächen, an welchen sich Staub ablagern könnte, sind kaum vorhanden und der Emailleüberzug ermöglicht ein leichtes Reinhalten des Ofens.

Von derselben Firma stammt der in Fig. 472 dargestellte Gas-Radiator mit kleinem Reflektor, welcher zum schnellen Erwärmen von Veranden, Erkern oder Räumen, die nur vorübergehend geheizt werden sollen, dient.

Seit einigen Jahren werden von der Firma Junkers & Co.,

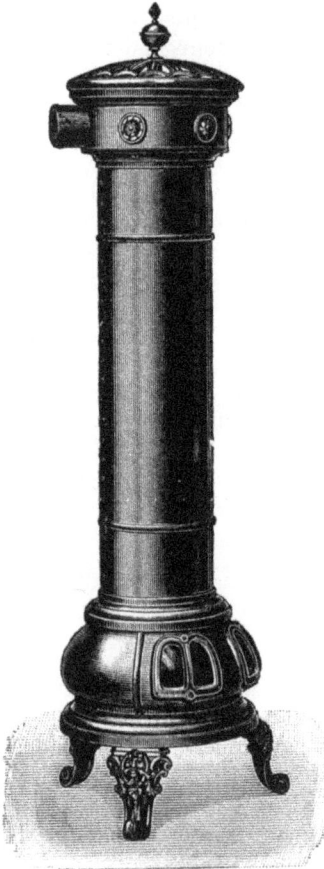

Fig. 471. Fig. 472.

Dessau (Konstruktion Professor Junkers), Wandheizöfen angefertigt, welche, da sie nicht auf den Fußboden gestellt, sondern an der Wand aufgehängt werden, die Möglichkeit einer vorteilhaften Raumausnutzung gewähren. Der Raum unter dem Wandheizofen bleibt frei und ist der regelmäßigen Reinigung leicht zugänglich. Die Fig. 473 u. 474 zeigen einen solchen Ofen im Längen- und Querschnitt. Fig. 475 stellt einen stehenden Ofen dieser Firma dar.

Die von unten angesaugte kalte Luft wird beim Durchstreichen durch die von den Heizgasen umspülten flachen, vorn

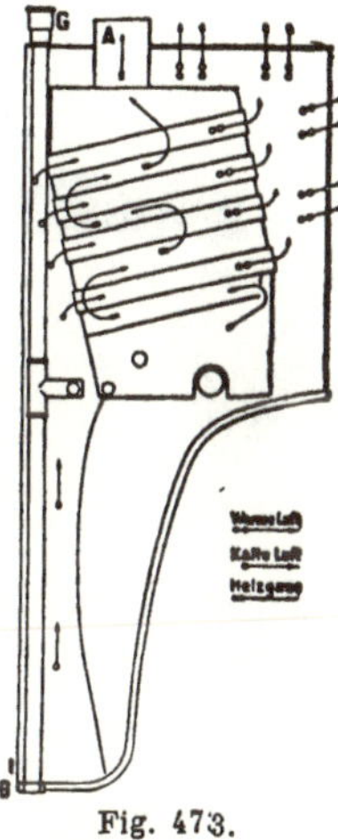

Fig. 473.

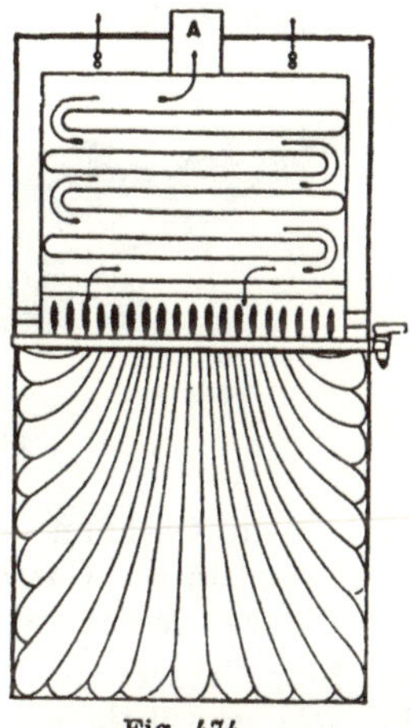

Fig. 474.

ansteigenden Rohre erhitzt und steigt vorn austretend in die Höhe. Hierdurch wird eine lebhafte Zirkulation der Zimmerluft hervorgerufen, während die hauptsächlich nach unten geworfenen Strahlen des rückwärts gezogenen Reflektors direkt den Fußboden und die unteren Luftschichten erwärmen. Es findet somit eine schnelle und gleichmäßige Durchwärmung des Raumes statt.

Fig. 475.

Professor Junkers hat einen Gas-Selbstschließer konstruiert, der das Ausströmen von unverbranntem Gas verhindert. Wir wollen den Apparat bei dieser

Gelegenheit beschreiben und in Fig. 476 in geöffnetem und in Fig. 477 in geschlossenem Zustande zur Abbildung bringen.

Das Ausströmen von Gas wird verhindert durch eine automatische Vorrichtung, die den Gaszufluß zum Brenner nur dann und so lange ermöglicht, als die Flammen brennen, ihn aber sofort selbsttätig abschließt, wenn die Flammen nicht brennen.

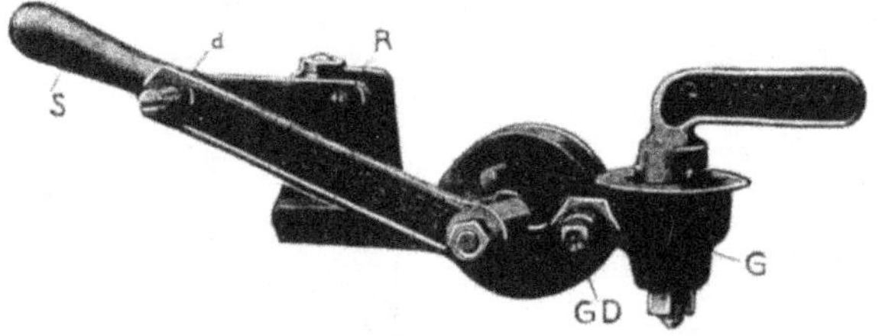

Fig. 476.

Hinter dem Gashahn »*G*« ist ein automatisches Ventil (Selbstschließer) in die Gaszuleitung zum Brenner eingebaut, das in der Regel geschlossen ist.

Zur Inbetriebsetzung öffnet man nun zunächst den Gashahn »*G*« und hält ein brennendes Streichholz an den Brenner. Dann hebt man den Selbstschließerhebel »*S*« so lange hoch, bis infolge der Wärme der sich nun entzündenden Brennerflammen die Sperrklinke »*c*« unter den Nocken »*d*« eingreift. Hierdurch wird der Selbstschließer offen gehalten, solange die Flammen brennen.

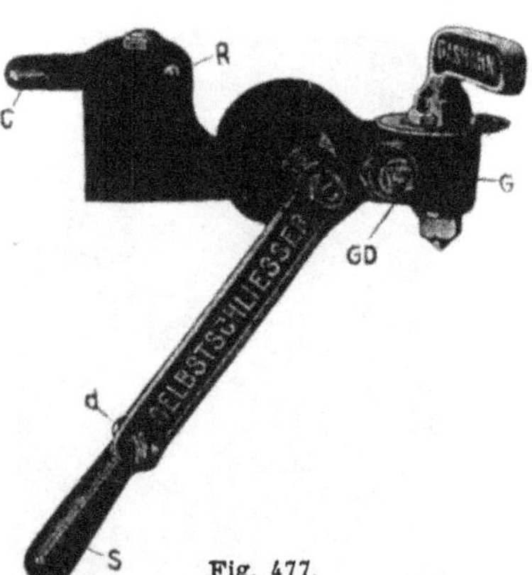

Fig. 477.

Sobald aber die Flammen aus irgend einem Grunde erlöschen, weicht die Sperrklinke infolge Abkühlung zurück und gibt den Nocken »*d*« frei, worauf der Selbstschließerhebel »*S*« herabfällt und den Gasdurchgang von selbst schließt.

Um den Ofen außer Betrieb zu setzen, schließt man einfach den Gashahn »*G*«.

Der Heizwert des Gases.

Als Maßstab für die Güte des Gases zu Heizzwecken gilt in erster Linie der Heizwert desselben, denn aus dem früheren »Leuchtgas« ist allmählich ein »Heizgas« geworden. Wenn nun auch die Ermittelung des Heizwertes nicht Sache des Gaseinrichters ist, diese vielmehr dem Betriebstechniker überlassen werden muß, so dürfte es doch für denjenigen, der für die zweckmäßige Verwendung des Gases zu sorgen hat, von Interesse sein, auch diesen »Güte-Maßstab« und die hierauf Bezug habenden Untersuchungsmethoden kennen zu lernen.

Unter Heizwert (Verbrennungswärme) eines Stoffes versteht man diejenige Wärme, welche der Stoff bei seiner Verbrennung abgibt, wenn die Verbrennungserzeugnisse wieder auf die Anfangstemperatur abgekühlt werden. Man unterscheidet den »oberen Heizwert«, der auf flüssiges Wasser bezogen ist und den kleineren »unteren Heizwert« bezogen auf Wasserdampf. Der letztere kommt praktisch meist in Betracht.

»Als Wärmeeinheit oder Kalorie dient diejenige Wärmemenge, welche notwendig ist, um die Temperatur einer Masse von 1 kg resp. 1 g Wasser um 1° C (bei Zimmertemperatur) zu erhöhen.« Man nennt diese Wärmeeinheit entsprechend große oder kg-Kalorie bzw. kleine oder g-Kalorie. Es ist also 1 kg-Kalorie = 1000 g-Kalorien; die Verwendung der einen oder anderen Einheit richtet sich nach dem Betrag der zu messenden Wärmemenge. Für unsere Zwecke gilt die kg-Kalorie.

Der Heizwert eines Gases läßt sich durch Multiplikation des prozentualen Gehaltes seiner einzelnen Bestandteile mit deren Verbrennungswärme berechnen, so daß man mit Hilfe der chemischen Analyse den Heizwert bestimmen kann.

In der Praxis bedient man sich zur Bestimmung des Heizwertes eines Gases des Junkersschen Kalorimeters, da dieses bei richtiger Handhabung zuverlässige Resultate liefert.

Die Konstruktion dieses Apparates zeigen die Fig. 478 u. 479.

Das Junkerssche Kalorimeter besteht aus einer Verbrennungskammer, die von parallellaufenden Röhren umgeben ist, welche in fließendem Wasser liegen. In der Verbrennungskammer verbrennt das Gas in einem gewöhnlichen Bunsenbrenner. Die Gase der Flamme steigen in der Kammer auf und ziehen durch dies Bündel Röhren nach unten, wo sie durch ein mit einer Drosselklappe versehenes Rohr ins Freie gelangen. Ihre Wärme geben sie an das sie umspülende Wasser ab. Dieses

Wasser tritt mit Hilfe eines Überlaufrohres in den Kessel ein und wird durch den mit einer Skala versehenen Regulierhahn eingestellt. Hinter dem Hahn ist ein Thermometer angebracht, an welchem die Temperatur des eintretenden Kühlwassers abge-

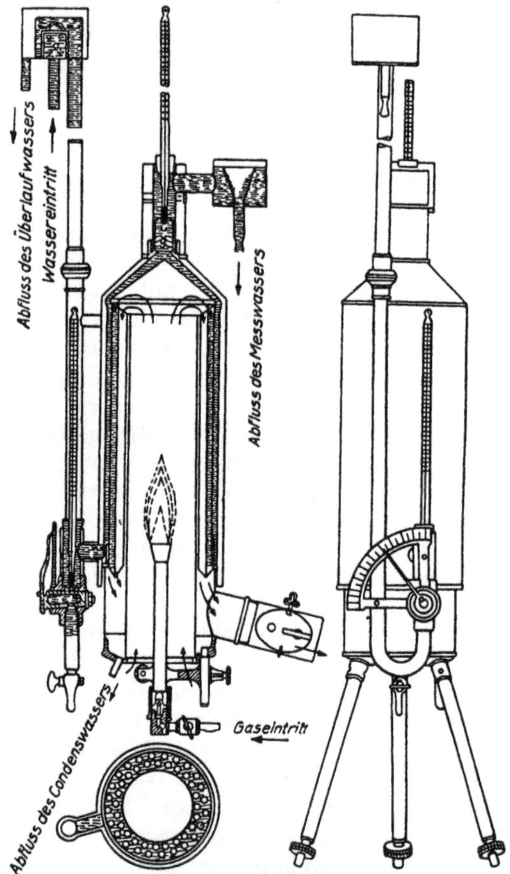

Fig. 478.

lesen wird. Die Temperatur des austretenden Wassers wird an dem oberen Thermometer ermittelt (mit Lupe abzulesen). Der als Verbrennungsprodukt in den Abgasen enthaltene Wasserdampf kondensiert sich im Innern des Apparates und läuft unten durch ein Röhrchen in einem kleinen Meßzylinder ab. In dem oben erwähnten »oberen Heizwert« ist die Wärmemenge mitgemessen, welche bei der Kondensation des Wasserdampfes der Abgase entsteht. Diese wird dann abgezählt und man bekommt den unteren Heizwert (siehe Ausrechnung). Für Leuchtgas ist der untere Heizwert etwa 10% geringer als der obere.

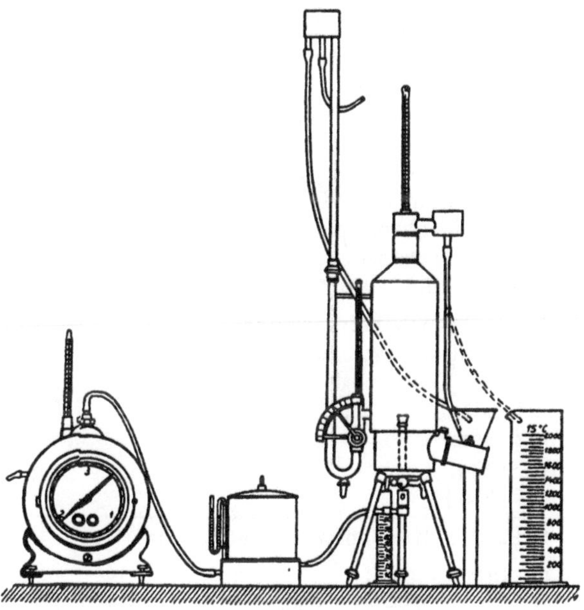

Fig. 479.

Ausführung der Untersuchung: Man läßt zunächst den Bunsenbrenner außerhalb der Apparatur 15 Minuten lang brennen, so daß man sicher ist, in der Gasleitung das Gas zu haben, dessen Heizwert bestimmt werden soll. Das Kalorimeter wird aus der Wasserleitung gespeist. Am besten ist es, mit dem Anzünden des Brenners auch das Wasser zufließen zu lassen, damit am Eingangsthermometer konstante Temperatur erreicht wird. Dann schiebt man den Brenner ein und stellt zunächst unter das Ablaufröhrchen des Kondenswassers ein Becherglas. Die Temperatur des Abflußwassers steigt mit Einführung des Brenners. Nach einigen Minuten tritt jedoch der Beharrungszustand ein. Durch Verschieben des Regulierhahnes wird der Wasserzulauf so geregelt, daß die Differenz der

Temperaturen des ein- und austretenden Wassers 12—13° C beträgt. Tropft das Kondenswasser regelmäßig ab, so kann die Messung beginnen. Man schiebt einen engen Meßzylinder oder ein gewogenes Fläschchen mit Trichter unter, wenn mit dem Ablesen begonnen wird. Geht der Zeiger des Gasmessers durch Null oder eine ganze Zahl, so leitet man durch rasches Seitwärtsbewegen des Schlauches das Ablaufwasser in das vorher gewogene Meßgefäß und liest nach jeder halben Minute die Wassertemperatur am Ein- und Ausgang ab. Nach zehn Minuten werden die Ablesungen eingestellt und bei der nächsten ganzen Zahl der Gasuhr wird der Wasserablauf aus dem Gefäß genommen, dieses auf der Dezimalwage gewogen und durch Gewichtsdifferenz (aus Gewicht ohne Wasser und mit Wasser) das Gewicht des Kühlwassers bestimmt. Sind ca. 100 l (genaue Literzahl abzulesen) Gas verbrannt, so wird das Meßgefäß des Kondenswassers entfernt und auf einer Zentigramm. wage gewogen und das Gewicht des Wassers bestimmt-

Z. B. Gasverbrauch beim Kondenswasser .	102 Liter
Temperatur des Gasmessers	20° C
Dampfdruck (Tension) d. Wassers bei 20° C	17,4 mm
Barometerstand.	750,0 mm
Kondenswasser	94 g
Bei 102 l.	94 g
Bei 1000 l	?

= 921,5 g Kondenswasser auf 1 cbm Gas.

Verdampfungswärme:

0,6 × 921,5 = 553 Kalorien auf 1 cbm Gas.

Ablesungen:

Zeit in Minuten	Stand der Gasuhr	Wassertemperatur		Zeit in Minuten	Stand der Gasuhr	Wassertemperatur	
		Eingang	Ausgang			Eingang	Ausgang
0	22	14,11	26,22	6	—	14,12	26,22
1/2	—	„	26,22	1/2	—	„	26,22
1	—	„	26,24	7	—	„	26,21
1/2	—	„	26,24	1/2	—	„	26,18
2	—	„	26,26	8	—	14,08	26,20
1/2	—	14,12	26,24	1/2	—	„	26,20
3	—	„	26,24	9	—	„	26,24
1/2	—	„	26,25	1/2	—	14,11	26,22
4	—	„	26,23	10	42	14,11	26,22
1/2	—	„	26,24				
5	—	„	26,24				
1/2	—	„	26,22				

Verbrauch zum Versuch: 20 l Gas.

Differenz der Temperaturen (Mittel d. Ausg. — Mittel d. Eing.) $= 26{,}23 - 14{,}11 = 12{,}12^0$ C.

Kühlwasser: 8,350 kg.

Oberer Heizwert $= \frac{8{,}350 \times 12{,}12 \times 1000}{20} = 5060$ Kalorien.

Unterer Heizwert: $5060 - 553 = 4507$ Kalorien pro cbm Gas.

Diesen Wert umgerechnet auf 0^0 und 760 mm Barometerstand (Normalvolumen):

1 cbm Gas von 20^0 C bei 750,0 mm Druck (Barometerstand, feucht) gemessen, gibt reduziert:

$$\frac{1 \times 273 \times (750{,}0 - 17{,}4)}{(273 + 20) \times 760} = 0{,}8981 \text{ cbm.}$$

0,8981 cbm . . . . 4507 Kalorien unterer Heizwert
1,000 cbm . . . . ?

= 5018 Kalorien pro cbm reduzierter unterer Heizwert.

Das Junkerssche Kalorimeter wird auch als registrierender Apparat geliefert.

Ein in neuerer Zeit eingeführter Heizwertschreiber, der — wie man allgemein hört — sich in der Praxis sehr gut bewährt, wird von der Union-Apparatebaugesellschaft m. b. H., Karlsruhe hergestellt.

Fig. 480 veranschaulicht den Apparat schematisch, Figur 481 zeigt denselben in der Ansicht.

Die durch Verbrennung freiwerdende Wärmemenge wird von einem mit Wasser gefüllten Kalorimeterkörper aufgenommen, die dabei auftretende Erwärmung gemessen und in Kalorien pro cbm aufgeschrieben.

Der Hohlkörper *A* ist das Kraftwerk, mit welchem die Abmeßbürette *B* und die Einlauf- und Hebervorrichtung *C* verbunden sind. Der Antrieb des Kraftwerkes erfolgt durch gewöhnliches Wasser, das bei *D* dauernd zugeführt wird. Eine in der Zeichnung nicht enthaltene Überlaufvorrichtung sorgt für gleichmäßigen Zulauf des Wassers. Das Versuchsgas tritt bei *E* ein und verbrennt, im Nebenstrom unter Atmosphärendruck ausströmend, auf dem Brennerrohr *F*. Vor dem in das Eintrittsrohr *E* eingeschalteten Hahn zweigt eine Nebenleitung zum Umschalter *G* ab und speist eine kleine, dauernd brennende Zündflamme *N*.

Die Heizwertbestimmung gestaltet sich folgendermaßen:

Sobald das bei *D* einfließende Wasser das Rohr *J* in dem Körper *A* erreicht hat, ist die Luft in *A* gegen die Atmosphäre abgeschlossen. Das weiter zufließende Wasser komprimiert die in *A* befindliche Luft, wodurch das Wasser in den Röhren *B*, *X*, *J* hochgedrückt wird.

Wenn das Wasser das untere Ende des Rohres *F* erreicht hat, kann das in der Bürette *B* befindliche Gas nicht mehr in die Atmosphäre austreten, sondern muß noch durch die Rohrleitung *K*, *L*, *M* und wird bei *M* durch die Zündflamme *N*

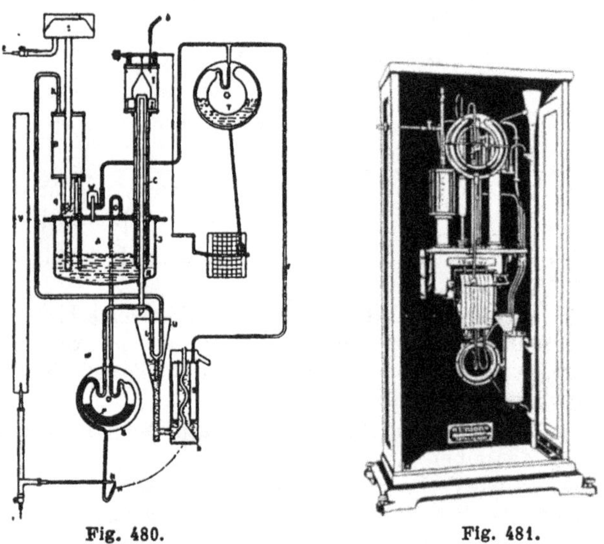

Fig. 480. Fig. 481.

entzündet. Gleichzeitig bewirkt der Druck im Körper *A*, übertragen durch das Rohr O, eine immer stärker werdende Verschiebung des Quecksilbers in dem Kreisrohr *P* der Schwenkvorrichtung *G*.

Letztere kippt in dem Augenblick, in welchem das Wasser den Stand *Q* an der Meßbürette *B* erreicht. Durch das Kippen wird die Flamme auf dem Brenner *M* unter den Kalorimeterkörper *R* geschwenkt und brennt dort solange, bis alles Gas aus der Bürette *B* herausgedrückt ist. Die freiwerdende Wärme wird auf den Kalorimeterkörper *R* übertragen. Die in dem Hohlkörper *S* eingeschlossene Luft dehnt sich der Temperatursteigerung entsprechend aus und verschiebt die Flüssigkeit in dem beweglichen Registriermanometer *T*, das sich der Verschiebung der Flüssigkeit entsprechend dreht.

Ist das Wasser im Heberkörper *C* so hoch gestiegen, daß es das Heberrohr überflutet, so wird es in den Becher *U* abgehebert und fließt durch Kalorimeterkörper *R* ab unter Verdrängung des in letzterem befindlichen erwärmten Wassers.

Der Luftdruck im Körper *A* nimmt ab und das Wasser sinkt in der Meßbürette *B*, die sich dadurch wieder mit frischem Gas füllt. Zugleich geht auch das Quecksilber im Rohre *P* auf den alten Stand zurück, und die Vorrichtung *G* schwenkt den Brenner wieder in die Anfangsstellung, worauf das Spiel von neuem beginnt.

Damit nicht durch die Rohrleitung *M*, *L*, *K* während des Abheberns Luft in die Meßbürette *B* gesaugt werden kann, ist bei L eine in den Becher *U* tauchende Gabel angebracht. Diese Gabel hat unten eine Öffnung, durch die während des Abheberns Wasser in beide Schenkel eintritt und den Durchgang versperrt, und zwar infolge der in *U* entstehenden Stauung. Die Stauung dauert nur solange, als Wasser aus dem Heberrohr fließt, also bis die Bürette *B* mit Gas gefüllt ist. Alsdann gleichen sich die Spiegel in dem Einlauftrichter *U* und dem Kalorimeterkörper *R* aus und geben die Rohrleitung zum Brenner wieder frei.

Der Heizwert[1]) ergibt sich aus der Formel:

$$\frac{\text{Wasserwert des Kalorimeters} \times \text{Temperaturdifferenz vor und nach der Verbrennung}}{\text{verbranntes Gasvolumen.}}.$$

Da Gasvolumen und Wassermenge konstant sind, so ist die Temperaturdifferenz vor und nach der Verbrennung dem Heizwert direkt proportional.

Die Temperaturdifferenz wird auf folgende Weise bestimmt: Der Hohlkörper *S* (Luftpyrometer) hat einerseits durch die Röhre *V* Verbindung mit dem Registriermanometer *T*, anderseits durch die Fortsetzung dieser Röhre Verbindung mit der Atmosphäre bei *W*. Die Rohröffnung *W* ragt in das weitere Rohr *X* herein, das seinerseits unter den Wasserspiegel im Körper *A* taucht. Die Verbindung mit der Atmosphäre wird automatisch gesperrt, wenn das Wasser die Höhe von *W-Q* erreicht, also in demselben Augenblick, in welchem die

[1]) Der Union-Heizwertschreiber registriert den oberen auf 0° trockenes Gas bezogenen Heizwert.

Flamme unter den Kalorimeterkörper *R* schwenkt, und wird erst wieder freigegebeen, wenn die Verbrennung beendet ist und das Wasser abhebert.

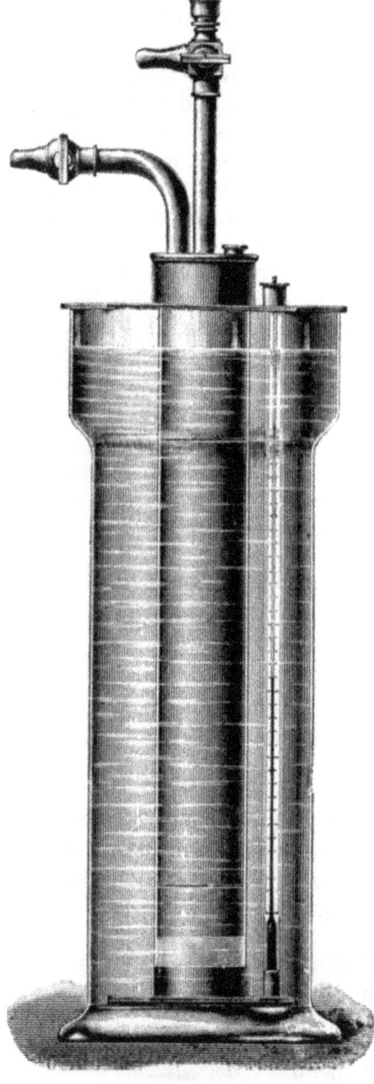

Fig. 482.

Die Schreibfeder des Registriermanometers *T* ist so ausbalanziert, daß sie für gewöhnlich das Diagrammpapier nicht berührt. Erst wenn der Schwimmer *Z* im Hohlzylinder *Y* von dem emporsteigenden Wasser gehoben wird — also nach vollendeter Verbrennung und unmittelbar vor dem Abhebern des Wassers — wird die Feder durch einen Hebel mit Segment an das Papier gedrückt und zeichnet einen Punkt. Beim Abhebern fällt der Schwimmer wieder in seine Anfangslage zurück und gibt die Schreibfeder frei.

Das Gas braucht nicht durch vorgeschaltete Filter gereinigt zu werden, da alle groben Schmutzteile beim Einsaugen des Gases sich im Wasser niederschlagen und damit ausgespült werden.

Für das gute Funktionieren der Heizgasflamme ist ein konstanter Heizwert sowie ein gleichbleibendes spezifisches Gewicht des Gases von der allergrößten Bedeutung.

Jede Veränderung in dieser Beziehung macht sich bei der Benutzung der Gasverbrauchsgegenstände unangenehm bemerkbar; den Brennerfabrikanten bereiten schwankender Heizwert und Gasdruck sowie stark wechselndes spezifisches Gewicht Schwierigkeiten bei der Konstruktion der Brenner. — Zur Bestimmung des spezifischen Gewichtes steht dem Gasfachmann ein Apparat von Bunsen-Schilling zur Verfügung[1]).

Der Apparat besteht aus einem zylindrischen Gefäß (Fig. 482), welches mit Wasser von Zimmertemperatur soweit gefüllt ist, daß dieses auch dann Platz im Gefäße hat, wenn der eingehängte Zylinder mit Luft gefüllt ist. In dem Wasser steht ein unten offener Zylinder, der nach oben in zwei Rohre mündet, welche durch Hähne verschließbar sind. Das mittlere Rohr trägt einen Dreiweghahn, der seitlich mit großem Querschnitt mündet, dagegen nach oben in ein Platinplättchen mit genau kalibrierter enger Öffnung. In das Wassergefäß taucht ein Thermometer zur Beobachtung der Temperatur. Man füllt den Zylinder durch Hochheben mit Luft, schließt den Hahn, senkt den Zylinder und läßt die Luft durch geeignete Stellung des Hahnes durch die enge Öffnung in dem Platinplättchen ausströmen. Sobald der aufsteigende Wasserspiegel in dem Glaszylinder eine untere Marke passiert, wird eine Sekundenuhr eingerückt und wieder ausgerückt, sobald die obere Marke von dem Wasserspiegel erreicht ist. Zur Sicherheit wiederholt man das Experiment und nimmt den Durchschnitt der einzelnen Bestimmungen, die nicht mehr als 0,2 Sekunden voneinander abweichen sollen. Die Sekundenuhr muß die Ablesung von $^1/_{10}$ Sekunde noch gestatten. Denselben Versuch wiederholt man nun auch mit Leuchtgas, nachdem man den Luftrest durch etwa 2 Minuten langes Hindurchleiten von Leuchtgas und mehrmaliges Heben und Senken des Zylinders verdrängt hat. Das spez. Gewicht ist dann der Quotient aus den Quadraten der beiden Ausflußzeiten. Ergab der Versuch für Gas die Ausflußzeit zu 143,5 Sekunden und für Luft zu 218,4 Sekunden, so ist das spez. Gewicht $= \frac{143{,}5^2}{218{,}4^2} = 0{,}432$.

Die mit dem Schillingschen Apparat gefundenen Werte sind bis auf die dritte Dezimale zuverlässig.

Ein anderer in Gaswerken vielfach in Gebrauch befindlicher Apparat zur Ermittelung des spezifischen Gewichtes des Gases ist die Luxsche Gaswage (Fig. 483).

Diese beruht auf dem Prinzip der direkten Abwägung gleicher Luftvolumina und Gasvolumina, deren Gewichts-

[1]) Bunsens Methode der Bestimmung des spezifischen Gewichts der Gase durch die Ausflußgeschwindigkeit mit dem von Schilling angegebenen Apparat ist in allen Gaswerken gebräuchlich.

differenz als spez. Gewicht (Luft = 1) auf einer Skala durch den Ausschlag der Wage angezeigt wird.

Zum Gebrauche muß man der in einem verschließbaren Glaskasten montierten Wage einen festen, Erschütterungen nicht ausgesetzten Standort geben, an dem sie auch vor direktem Sonnenlicht und schroffen Temperaturschwankungen geschützt steht. Durch Arretierung mittels einer an der rechten Schmalseite befindlichen Handscheibe kann der Wagebalken auf dem Ständer festgehalten werden.

Wenn die Hohlkugel mit Luft gefüllt ist und der Reiter auf der äußeren Marke 1 sitzt, so muß der Zeiger genau auf die Nullmarke des Gradbogens einspielen. Etwaige Abweichungen können durch Verschiebung der links über der Mitte des Wage-

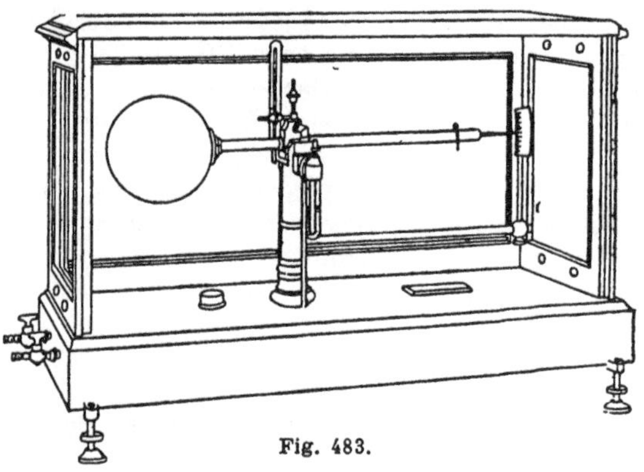

Fig. 483.

balkens sichtbaren Mutterschraube korrigiert werden. Setzt man nunmehr den Reiter etwa auf den Teilstrich 0,8 des Balkens, so muß sich der Zeiger bei richtiger Empfindlichkeit der Wage auf + 0,2 des Bogens einstellen. Die Summe der Ablesungen muß in jedem Falle 1,0 betragen. Zur Regulierung dient die vertikal verschiebbare Mutterschraube über der Mitte des Wagebalkens.

Um das spez. Gewicht des Leuchtgases zu bestimmen, verdrängt man die Luft durch mindestens 5 Minuten langes Hindurchleiten von Gas und setzt den Reiter auf den dem vermuteten Gewicht nahe kommenden Teilstrich, z. B. auf 0,4. Sodann hebt man die Arretierung auf und liest die Anzeige am Gradbogen ab, auf die sich der Zeiger nach mehrmaligem Auf- und Niederpendeln einstellt. Die gefundene Zahl ist zur

Angabe der Reiterstellung hinzuzuzählen bzw. abzuziehen, woraus sich auch die zweite Dezimale des spez. Gewichts ergibt, z. B. 0,4 + 0,04 = 0,44.

Die Temperaturregler haben den Zweck, durch selbsttätige Regulierung eines Ventils die Gaszuführung zum Ofen und dadurch die Temperatur des zu heizenden Raumes zu regeln und auf möglichst gleichmäßiger Höhe zu erhalten.

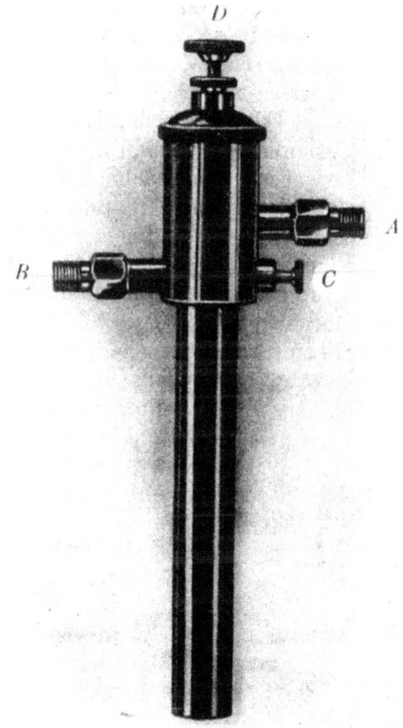

Fig. 484.

Der in der vorhergehenden Auflage dieses Buches angegebene Apparat mit Spiralfeder hat keine große Verbreitung gefunden, da er zu empfindlich war.

Dagegen scheinen sich die neuerdings unter den Namen »Meta« und »Palo« bekannt gewordenen Wärmeregler gut einzuführen,

Fig. 484 veranschaulicht einen solchen Temperaturregler. welcher unter dem Namen »Meta« von der Firma Lorenz-

Apparatebau G. m. b. H., Berlin W. 50, Tauenzienstraße 18, hergestellt wird.

Dieser Regler eignet sich für Brutschränke, Gasbadeöfen, Raumheizung, Kochkisten, Trockenschränke, geheizte Walzen, Schriftguß usw. und hat — wie der Name schon sagt — die Aufgabe, die Temperatur des mit Gas beheizten Behälters oder Raumes nicht über eine bestimmte Höchstgrenze steigen zu lassen. Ist diese Höchstgrenze erreicht, so soll der Apparat dafür sorgen, daß die Temperatur dauernd auf dieser Höhe erhalten wird.

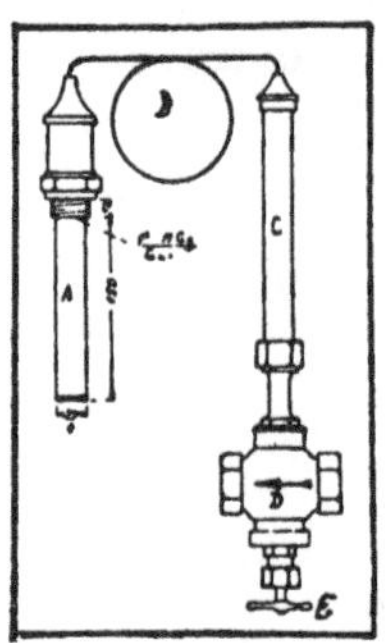

Fig. 485.

Um nun den Regler für einen bestimmten, großen Temperaturbereich verwendbar zu machen, ist er mit zwei Einstellschrauben *C* und *D* versehen. Die Schraube *D* reguliert den Drosselquerschnitt des Gases, während die Schraube *C* eine konstant durchgehende Gasmenge in einstellbarer Höhe durchtreten läßt.

Ein anderer Temperaturregler für gasbeheizte Zentralheizungs- und Warmwasserkessel (Fig. 485) wird ebenfalls von genannter Firma gefertigt.

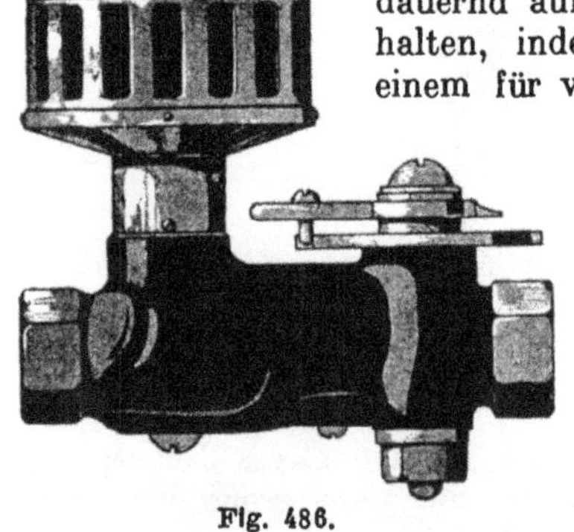

Fig. 486.

Dieser dient dazu, die Temperatur des Warmwassers im Kessel ebenfalls dauernd auf konstanter Höhe zu erhalten, indem er die Gaszufuhr an einem für verschiedene Temperaturen einstellbaren Ventil automatisch regelt. Er verhindert Über- oder Unterschreitungen der gewünschten Temperatur und bewirkt somit gleichzeitig eine Gasersparnis.

Der Apparat besteht aus dem Tauchkörper *A*, der mit einem Anschlußgewinde von 1″ Gas an der Austrittsstelle des Warmwassers aus dem Kessel eingesetzt wird, der messingenen Verbindungsleitung *B* von beliebiger Länge (normal 2 m), dem Ventilaufsatz *C*, dem Gasventil *D* und dem Handrad *E*.

Die Firma Paul Fischer, Stuttgart, Ingenieurbüro für Gasapparate, Hohenheimerstr. 29, empfiehlt einen Wärmeregler mit der Bezeichnung »Palo« für Gasheizung (Fig. 486).

Die Installationskosten dieses Apparates sind gering, weil Abstellhahn und Umgangsleitung wegfallen.

Der Palo-Wärmeregler gleicht jede Temperaturschwankung sofort aus. Er wird in dem mit Gas zu heizenden Raum an einer beliebigen Stelle in die Gasleitung eingeschraubt, je nach Umständen senkrecht oder wagerecht. Nahe am Boden ist die beste Stelle, besonders wenn der Regler dicht beim Ofen montiert wird.

Die Montage selbst ist sehr einfach, da der Apparat, wie bereits erwähnt, eine Umgangsleitung, einen Abstellhahn und eine besondere Verschraubung nicht besitzt.

Zentrale Gasheizungsanlagen.

Nicht allein als lokale Heizung für einzelne Räume, sondern auch für zentrale Heizungsanlagen verwendet man neuerdings das von den Gasanstalten gelieferte Gas, indem es als Heizquelle für Dampfentwickler oder Warmwasserkessel, die ihr Wärmemedium durch weitverzweigte Röhrenleitungen und Heizkörper schicken, dient.

Die gesamte Einrichtung einer Gasfernheizung ist im allgemeinen nach den Grundsätzen und Regeln der Warmwasser- und Niederdruck-Dampfheizungen (Kreislaufsystem durch Wasser oder Dampf) zu bauen, nur der die Wärme liefernde Apparat muß besonders konstruiert und mit Reguliervorrichtungen zur Einstellung der Heizgasflammen versehen sein.

Derartige mittelbare Gasheizungen können dann besonders von Wert sein, wenn bei vorhandenen Zentralheizungsanlagen ein Ersatz infolge von Betriebsstörungen oder in Fällen erforderlich ist, in welchen eine Inbetriebnahme der ganzen Heizungsanlage noch nicht zweckmäßig, so in den Übergangszeiten, im Frühjahr und Herbst.

Auch da, wo man aus besonderen Gründen in den Räumen selbst Öfen nicht aufstellen darf, empfiehlt es sich, eine Warmwasserheizung mittels Gas als indirekte Heizung zu wählen.

Aber auch als vollwertiger Ersatz für Zentralheizungskessel mit Koksfeuerung wird der Dampfheizkessel mit Gasheizung seit einiger Zeit verwendet. Die gemachten Erfahrungen sind durchaus gute.[1])

Die Askaniawerke in Dessau haben unter der Bezeichnung »Askania-Fernheizung« für Dampf und Wasser mittels Gasfeuerung geeignete Apparate konstruiert und in den Handel

Fig. 487. Fig. 488.

[1]) Wir haben in Heidelberg in mehreren Villen Zentralheizungskessel für Gasheizung aufgestellt, namentlich da, wo die Beschaffung bzw. Zuführung des Kokses Schwierigkeiten bereitet.

gebracht. Das Nähere ist aus den Fig. 487 u. 488 zu ersehen; in Fig. 489 ist der Installationsplan einer Gasfernheizung angegeben.

Bei der Fernheizung für Dampf (Fig. 487) besteht der Dampferzeuger im wesentlichen aus einem Dampfkessel mit

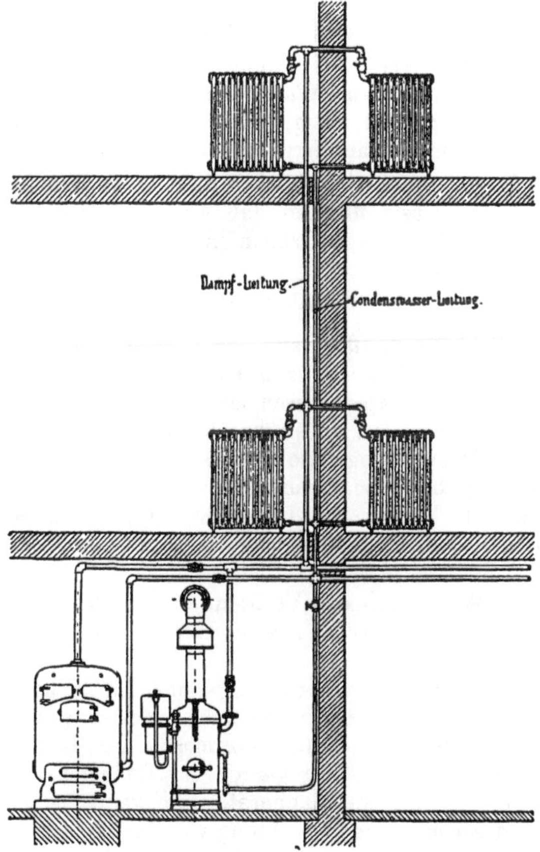

Fig. 489. Installationsplan einer Askania-Dampf-Fernheizung.

Gasfeuerung und einem Schwimmer, durch dessen Stellung der Gaszufluß geregelt wird. Diese Regelung erfolgt selbsttätig unter Benutzung der Druckschwankungen im Kessel, denen verschiedene Wasserspiegel im Kessel bzw. im Schwimmergefäß entsprechen, indem durch den auf der Wasseroberfläche lastenden Druck mehr oder weniger Wasser aus dem Kessel nach dem Ausdehnungsgefäß gedrängt wird.

Durch diese selbsttätige Einstellung des Gasventils fällt die Notwendigkeit fort, bei mehr oder weniger Wärmebedarf in den zu heizenden Räumen, den Gaszufluß von Hand zu regeln.

Bei etwa eintretendem Wassermangel wird das Gasventil selbsttätig geschlossen.

Bei Verwendung von Wasser statt Dampf ist ein Warmwasserkessel (Fig. 488) nötig, der in der Konstruktion dem oben beschriebenen Dampferzeuger sehr ähnlich ist.

Ein Regulieren der Ventile an den Radiatoren beeinflußt selbsttätig die Gaszufuhr, so daß eine Handregulierung an dem Gasventil bei diesen Größen nicht erforderlich ist.

Gasbadeöfen.

Der älteste in Deutschland zur Verwendung gekommene Gasbadeofen war derjenige von Houben & Sohn in Aachen, bei welchem das Wasser durch eine im Apparat befindliche Brause ausströmte und an einem Drahtnetz abwärts rieselte. Die heißen Verbrennungsgase einer Anzahl leuchtender Flammen durchstrichen das Drahtnetz zweimal und gaben ihre Wärme an das Wasser ab. Dieses wurde von dem unten im Ofen befindlichen Sammelraum direkt in die Badewanne geführt.

Da das Wasser mit den Verbrennungsprodukten in direkte Berührung kam, konnte es sowohl Geruch als auch Ruß annehmen.

Die Gasbadeöfen offenen Systems haben heute keine praktische Bedeutung mehr, denn sie werden wohl nirgend mehr angetroffen, doch dürfte es immerhin von Interesse sein, zu sehen, welche Wandlung gerade der Badeofen, wie kaum ein anderer Gasverbrauchsapparat, durchgemacht hat. Deshalb wollen wir auch eine Abbildung von diesem ältesten Badeofen, gewissermaßen als geschichtliches Dokument, wiedergeben (Fig. 490).

Diese Konstruktion wurde bald durch diejenige des geschlossenen Systems ersetzt; die meisten Badeofenfabrikanten wandten sich dem Bau der letzteren zu.

Fig. 491 zeigt den im Jahre 1904 von der Firma Vaillant in Remscheid gebauten Badeofen geschlossenen Systems.

Die meisten Gasbadeöfen, die heute in den Handel gebracht werden, besitzen als Wärmeübermittler Lamellenheizkörper, die metallisch mit dem wasserführenden Organ (Rohr-

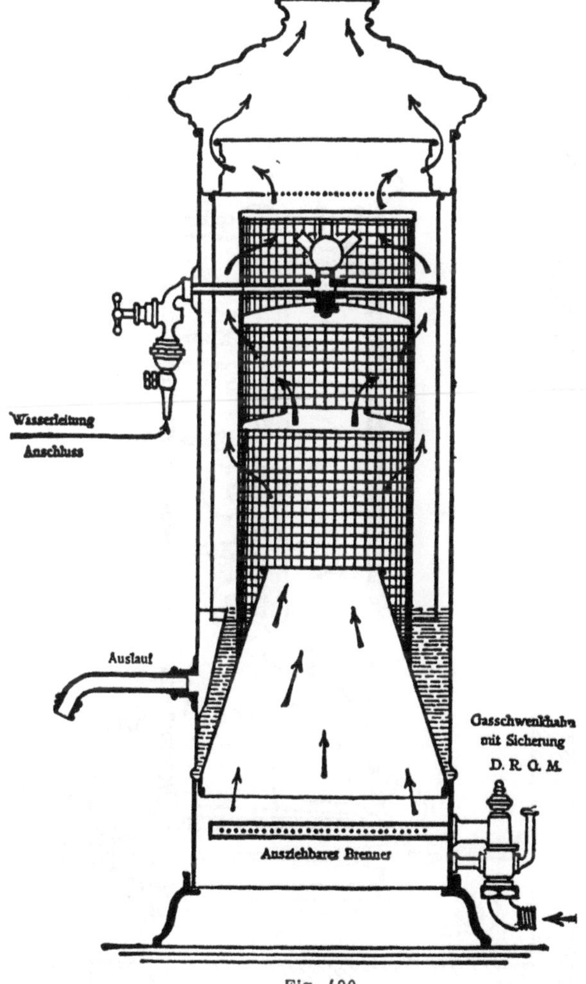

Fig. 490.

schlange und Doppelmantel) verbunden sind. Der erste, der das Prinzip der Lamellenheizkörper anwandte, war unseres Wissens Professor J u n k e r s.

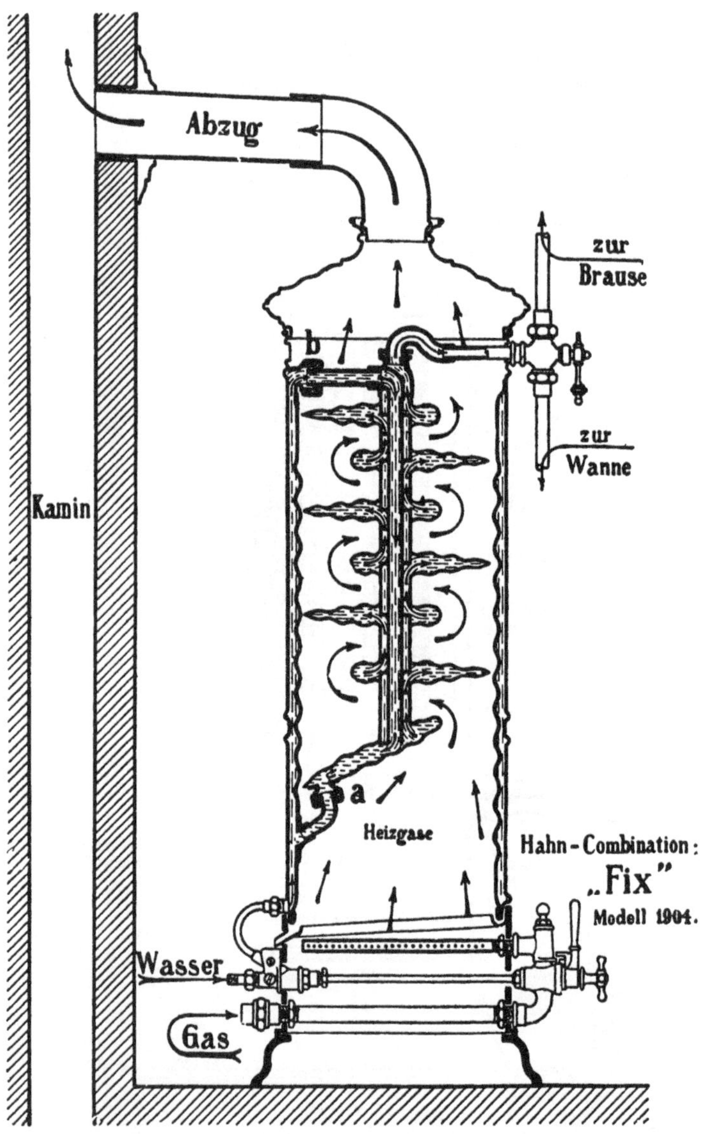
Abzug
zur
Brause
zur
Wanne
Kamin
b
a
Heizgase
Hahn-Combination:
„Fix"
Modell 1904.
Wasser
Gas

Fig. 491.

In den Fig. 492 u. 493 ist ein Schnellwassererhitzer im Schnitt gezeichnet. Im Querschnitt (Fig. 492) sind die Lamellen zu sehen.

Diese Apparate geben sofort nach dem Öffnen des Wasserhahns und Anzünden der Flamme heißes Wasser, da dasselbe während des Durchlaufens durch den Apparat an den

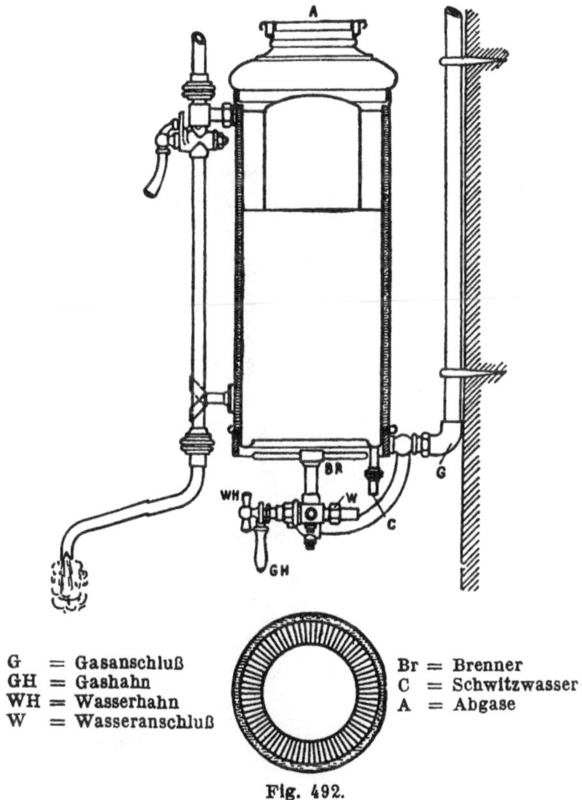

Fig. 492.

sehr großen wirksamen Heizflächen schnell erhitzt wird. Letztere gewährleisten auch eine sehr vollkommene Ausnutzung der Heizkraft des Gases.

Das Wasser steigt zwischen den den Feuerraum umgebenden Doppelwänden in die Höhe und tritt oben in das zum Auslauf bzw. zur Brause führende Rohr aus. Der innere Hohlraum nimmt die Flammen auf und die heißen Gase streichen zwischen den in dessen oberen Teil angeordneten Heizrippen hindurch, übertragen ihre Wärme an diese, welche sie wiederum an das die Wand bespülende Wasser abgeben.

Eine vollkommene Verbrennung des Gases und Vermeidung von Ruß, Rauch und übelriechenden Gasen wird durch

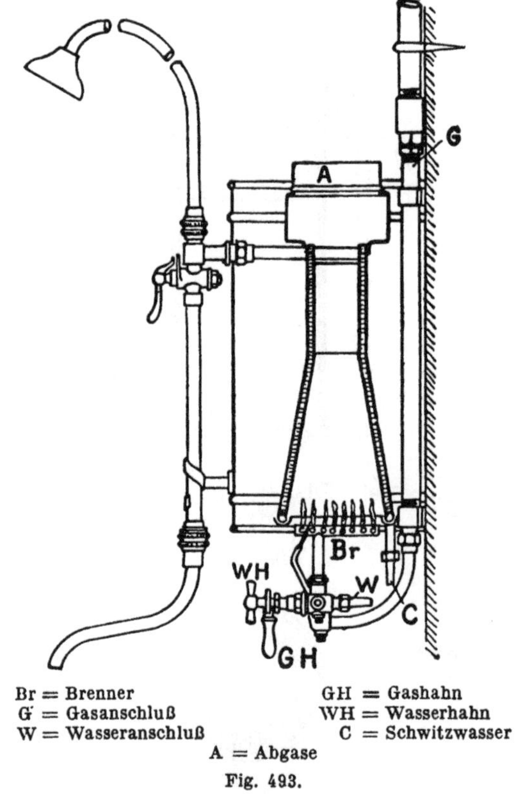

Br = Brenner
G = Gasanschluß
W = Wasseranschluß
GH = Gashahn
WH = Wasserhahn
C = Schwitzwasser
A = Abgase

Fig. 493.

den hohen, weiten Feuerraum erreicht, in dem sich die Flammen frei entwickeln, und die heißen Gase ohne wesentliche Querschnittsverengung oder einen Richtungswechsel ungehindert in die Höhe steigen können.

Die überaus einfache Konstruktion, bei der namentlich die kurze Führung des Wasserstroms ohne Richtungsänderung und Querschnittsverengung und die minimale Anzahl von Lötnähten an dem ständig gefüllten Wasserbehälter vorteilhaft auffallen, gibt den Apparaten eine große Widerstandsfähigkeit sowohl gegen Durchbrennen resp. Aufschmelzen als auch gegen Wasserdruck; gegen letzteren um so mehr, als die eigentlichen Heizflächen — die Heizrippen — ganz frei vom Wasserdruck sind und den Wasserbehälter dagegen absteifen.

Die kleinen Dimensionen und die eigenartige Anordnung der Befestigungsvorrichtung gestatten überall eine sehr bequeme Installation, besonders durch Aufhängen über der Wanne, dem Waschtisch etc., wo sie am bequemsten zur Hand sind, ohne sonst nutzbaren Platz fortzunehmen.

Diese Apparate werden in verschiedenen Größen und Ausstattungen angefertigt, für Küche und Haushalt, Ärzte, Zahnärzte, Friseure, für Badeeinrichtungen, Zentral-Warmwasseranlagen, kurz für alle häuslichen und gewerblichen Zwecke.

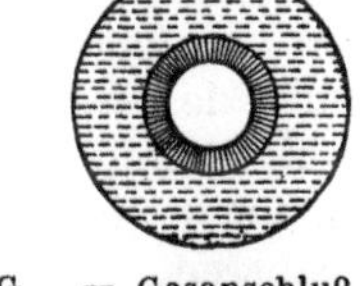

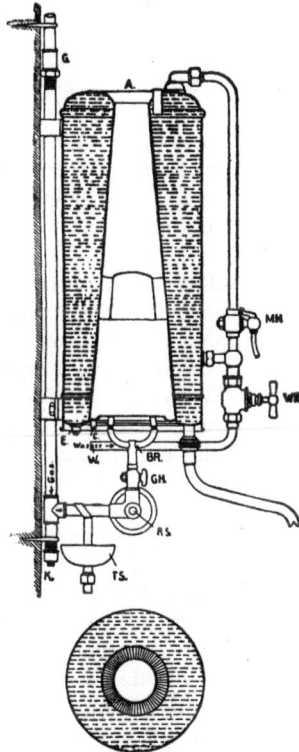

G = Gasanschluß
GH = Gashahn
K = Verschlußkappe des Gasrohrs
RS = Regulierschraube des Gasventils
Br = Brenner
A = Abgasaustritt
W = Wasserauslauf
WH = Wasserhahn
MH = Mischhahn
E = Entleerungsschraube
C = Kondenswasserauslauf
TS = Tropfschale

Fig. 494.

Junkers' Heißquell ist ein Heißwasserautomat, der eine gewisse Menge heißes Wasser in bestimmter Temperatur stets vorrätig hält und bei Abgabe von heißem Wasser selbsttätig das zufließende kalte Wasser auf die eingestellte Temperatur erhitzt.

Der eigentliche Heizkörper zeigt dieselbe Konstruktion wie die eben beschriebenen Junkers' Schnellwassererhitzer (siehe Fig. 494). Dagegen besitzt der Heißquell einen größeren Wasservorratsraum, in den ein automatischer Temperaturregler eingebaut ist. Dieser wird auf eine bestimmte

Höchsttemperatur, in der Regel auf 70° C eingestellt, geliefert. Eine Regulierschraube ermöglicht auch nachträglich die Veränderung der Höchsttemperatur innerhalb gewisser Grenzen. Sobald nun nach Anzünden des Brenners der gesamte Wasservorrat die eingestellte Höchsttemperatur erreicht hat, erfolgt absolut selbsttätig ein Kleinstellen der Flammen.

Wird warmes Wasser entnommen, so läuft kaltes Wasser von selbst zu, und der Temperaturregler veranlaßt ein sofortiges Großstellen der Flammen. Dieselben brennen nun so lange groß — die Erhitzung dauert also selbsttätig auch nach der Wasserentnahme so lange fort — bis der ganze Wasservorrat wieder die eingestellte Höchsttemperatur erreicht hat, worauf selbsttätig die Kleinstellung der Flammen erfolgt. Die Heißwassererzeugung verteilt sich also auf eine längere Zeit, und man kann in einem verhältnismäßig kleinen Apparate, besonders wenn er auf hohe Temperatur eingestellt ist, eine sehr große Wärmemenge aufspeichern; deshalb genügen auch kleine Gasuhren, schwache Gasleitungen, geringer Gasdruck.

Eine am Auslauf angebrachte einfache und sehr bequem zu bedienende Mischarmatur ermöglicht es, die Temperatur des auslaufenden Wassers beliebig zu regulieren und je nach Bedarf Wasser von jeder beliebigen Temperatur zu entnehmen.

In dem Heizkörper des Heißquell wird die Heizkraft des Gases vollkommen ausgenutzt und in dem Vorratswasser aufgespeichert. Infolge der selbsttätig sicher funktionierenden Regulierung des Gasventils wird ein Verlust an Gas durch unnötige Erwärmung vermieden und mit kleinen Flämmchen von minimalem Gasverbrauch das Wasser zum sofortigen Gebrauch bereit, ununterbrochen heiß gehalten.

Da der Wasservorratsraum stets mit warmem Wasser gefüllt ist, und der Temperaturregler die Flammen rechtzeitig klein stellt, können Beschädigungen weder durch Aufschmelzen oder Ausglühen noch durch Einfrieren vorkommen. Die Apparate sind besonders kräftig konstruiert und ganz aus starkem, innen verzinntem Kupfer hergestellt. Die Funktion der automatischen Ventile ist absolut sicher und lang erprobt, so daß eine dauernd gute zuverlässige Funktion und größte Haltbarkeit gewährleistet ist.

Auch diese Apparate werden in den verschiedensten Größen und Ausstattungen angefertigt, und zwar sowohl für einzelne als auch für mehrere Zapfstellen von einem Apparate aus, wobei ein besonderes Warmwasserreservoir überflüssig ist. Die kleineren sind bestimmt für Ärzte, Zahnärzte, Friseure, Haushalt, Küche, die größeren für Badezwecke.

Zu den selbsttätigen Wassererhitzern gehört auch die von den Askaniawerken in Dessau gelieferte Askaniatherme, ein Apparat, in welchem eine mit Abstand gewickelte Rohrschlange mit einem längsgewellten äußeren Mantel umgeben und innen teilweise von einem ebenfalls längsgewellten Einsatzkörper ausgefüllt wird, wodurch um die Windungen der Rohrschlange herum viele sich häufig trennende und wieder vereinigende Wege für die Heizgase geschaffen werden, die ein häufiges Anprallen der Heizgase an die Rohrwindungen und infolgedessen ein oft wiederholtes Durcheinanderwirbeln der Heizgase bewirken. Der Apparat ist mit einer selbsttätigen Zündvorrichtung versehen. Unterhalb des Wassererhitzers ist eine drehbare Konsole angebracht, welche zum Aufsetzen der mit warmem Wasser zu füllenden Gefäße dient.

Fig. 495. Fur zentrale Warmwasserversorgung einzelner Wohnungen sowie ganzer Gebäude geeignet.

In Fig. 495 ist ein Askania - Warmwasserapparat (Therme) abgebildet.

Auch bei diesen Thermen findet die Übertragung der Wärme der Heizgase auf das Wasser durch einen Lamellenheizkörper statt, der metallisch mit dem wasserführenden Organ (Rohrschlange und Doppelmantel) verbunden ist.

Die automatische Zündvorrichtung wirkt folgendermaßen: Beim Öffnen des Wasserventils strömt Wasser in das Gehäuse der selbsttätigen Zündvorrichtung. Hier drückt sie eine Federdose zusammen, die einen Kegel hebt, wodurch der Gasdurchgang zum Brenner frei wird. Durch Schließen des Wasserventils tritt, weil der Druck des Wassers aufhört, die Federdose in ihre ursprüngliche Lage zurück und sperrt mit Hilfe des Ventilkegels die Gaszufuhr zum Brenner. Die Flamme erlischt, und nur die Zündflamme bleibt brennen. Sollte das Wasser aus der Leitung ausbleiben, während der Apparat in Tätigkeit ist, so erlischt durch die Zündvorrichtung die Flamme selbsttätig. Sie zündet erst wieder, wenn das Wasser von neuem fließt. So wird unter allen Umständen ein Zerschmelzen des Apparates verhütet.

In dem Wasserraum, der sich zwischen Innen- und Außenmantel des Apparates befindet, ist ein Rohr eingebaut, das mit einer Ausdehnungsflüssigkeit gefüllt ist. Die Flüssigkeitssäule wird gleichzeitig mit dem Wasser erwärmt und dehnt sich gemäß dem Gesetze der Ausdehnung durch Wärme aus. Sie drückt dadurch auf die unter dem Gasventil angeordnete Federdose, die zusammengepreßt wird; die Gaszufuhr wird allmählich verringert. Die Heizflammen brennen entsprechend kleiner. Wenn die Höchsttemperatur, auf die die Apparate einreguliert werden, erreicht ist, brennen die Flammen nur so groß, wie es zur Erhaltung des gewünschten Temperaturgrades notwendig ist. Beim Abzapfen des Vorratswassers verringert sich seine Temperatur langsam, da kaltes Wasser zuströmt und allmählich eine Mischung stattfindet. Dementsprechend verkleinert sich die Flüssigkeitssäule des Temperaturreglers. Sie läßt dadurch im Druck auf das Gasventil nach. Die Flammen brennen größer und erwärmen das Wasser wieder, bis es die Höchsttemperatur erreicht hat.

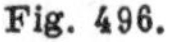

Fig. 496.

Die Berlin-Burger Eisenwerk-Aktiengesellschaft, Werk Leipzig, früher Friedrich Siemens, Dresden, fertigt besonders Wand-Gasbadeöfen, System »Kosmos« (Fig. 496), bei welchen das Innenwerk aus einem ovalen, kupfernen Doppelzylinder besteht, in welchem das Wasser von unten nach oben steigt und an dessen innerem Umfange ein in Kupfer gehaltenes Lamellenheizregister angeordnet ist.

Ähnliche Badeöfen fabrizieren Butzke & Co., A.-G., Berlin, Haupt-Gera, u. a.

Die Thermen sind als stehende und Wandbadeöfen in verschiedenen Größen ausgebildet, für einzelne als auch für mehrere Zapfstellen, für Shampoonier-Apparate ebenso brauchbar wie zur Bereitung großer Wassermengen für Brausebäder und kleine Badeanstalten.

Die meisten dieser Apparate ermöglichen es, von einer Stelle aus warmes Wasser für alle häuslichen Zwecke, für Bäder, Küchen, Waschküchen, Waschtische usw. jederzeit zu liefern. Diese Apparate sind unter allen möglichen Namen, wie Auto-Geyser, Auto-Warmborn, Ruud, Record, Heißwasserstrom-Automaten, Thermen, bekannt geworden und haben eine große Verbreitung gefunden.

Fig. 497.

Durch das Öffnen eines Zapfhahnes an beliebiger Stelle im Hause wird durch den Apparat, der an irgendeiner Stelle im Hause angebracht sein kann, warmes oder heißes Wasser ohne jegliche Vorbereitung, nur durch die Bereithaltung einer kleinen Zündflamme, geliefert.

Wir lassen noch von einigen Warmwasserspendern Abbildungen und Beschreibungen folgen. Fig. 497 zeigt den von der Firma »Ruud«, Heißwasser-Apparatebau G. m. b. H., Hamburg, Hasselbrookstr. 126, in den Handel gebrachten »Ruud-Patent-Augenblicks-Wasserwärmer mit thermo-dynamischer Doppelregulierung für die Gaszufuhr«, dessen wichtigster Bestandteil eine Heizschlange aus Kupferrohr ist.

Die selbsttätige Wirkung wird bei diesem Apparat erzielt durch die Verbindung zweier Reguliermethoden.

Wird Wasser gezapft, so äußert sich dies zuerst durch eine Druckänderung des Wassers in der Heizschlange, die sich auf ein Wasserventil im Kaltwasseranschluß der Schlange überträgt.

Durch die Bewegung des Wasserventils wird alsdann der Gaszugang zum Hauptbrenner geöffnet und durch die entgegengesetzte Bewegung wieder geschlossen, sobald mit dem

Schließen der Zapfstelle das Wasser in der Heizschlange zur Ruhe kommt.

Dieser Hauptgashahn zum großen Brenner steht außerdem unter der Kontrolle und Führung eines eigenartigen Thermostats, zu dem sich die Heizschlange unten verlängert hat.

Wird heißes Wasser gezapft, so folgt Kaltwasserzufluß durch die Schlange nach und damit auch durch den Thermostat, der einen Teil der Schlange bildet. Unter der Wirkung des

Fig. 498.

kälteren Wassers zieht sich der Thermostat zusammen, welche Bewegung sich durch doppelte Kniehebelübersetzung auf einen zweiten Regulierhahn überträgt, der dem Haupthahn nachgeschaltet ist. Umgekehrt erwärmt sich beim Abschluß der Zapfstelle das Wasser in der Schlange schnell, wodurch der Thermostat sich wieder ausdehnt und den Gaszugang schließen hilft.

In Fig. 498 ist der Ruud-Wassererwärmer in Verbindung mit einem liegenden Druckkessel (Boiler) abgebildet.

Das heiße Wasser wird oben aus dem Boiler entnommen, das kalte Wasser tritt unten ein. Erreicht die aufsteigende Kaltwasserzone die Mitte des Boilers und damit den Thermostaten des Gas-Momentsteuerventils, so schaltet dieser die Gaszufuhr plötzlich voll ein.

Die Heißwassererzeugung hält solange an, bis die Temperatur des Wassers im Boiler in der Zone des Gas-Steuerventils eine bestimmte Höhe erreicht hat. Diese Warmwasserzone beeinflußt den Thermostaten im entgegengesetzten Sinne wie vorher, die Gaszufuhr schließt plötzlich wieder ab.

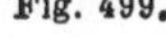

Fig. 499.

Fig. 500.

Die Firma Bamberger, Leroi & Co., Frankfurt a. M., liefert einen automatisch wirkenden Heißwasserapparat unter dem Namen »Record«, von dem wir zwei Abbildungen, und zwar in Fig. 499 von einem runden, in Fig. 500 von einem viereckigen Modell geben.

Beim Öffnen eines Zapfventils wirkt der Wasserdruck auf das Gasventil ein und bewirkt die Zündung des dem großen Brenner entströmenden Gases durch kleine Zündflämmchen. Beim Schließen des Zapfventils werden dagegen die Heizflammen wieder zu kleinen Zündflammen reduziert. Diese halten das im

Apparat befindliche Wasser stets warm, so daß beim Öffnen eines Zapfventils sofort warmes Wasser vorhanden ist.

Vaillants Wand-Heißwasserapparat »Auto Geyser«, der in vier verschiedenen Größen angefertigt wird, ist für die meisten Warmwasserzwecke geeignet. Wegen seiner einfachen Anbringung und seiner geringen Platzbeanspruchung wird der Apparat viel angewandt, namentlich da, wo es sich um 3 bis 6 Zapfstellen und eine Badeeinrichtung handelt.

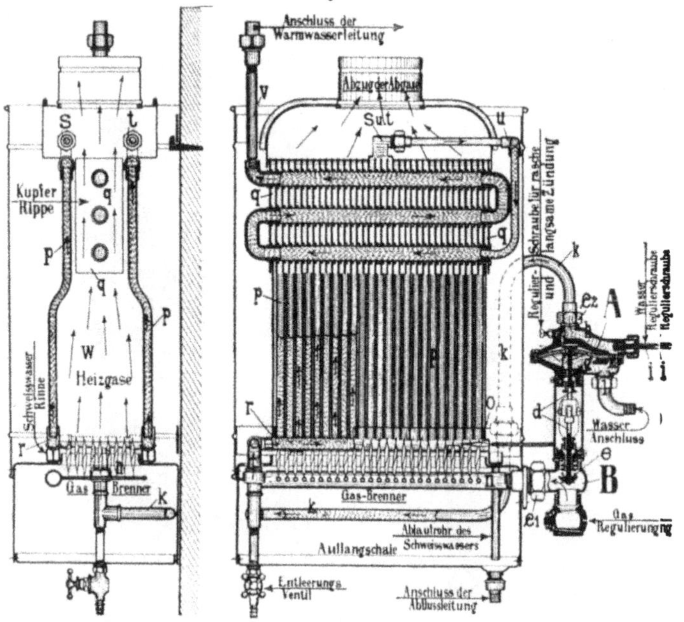

Fig. 501.

Es kommt bei der Auswahl der Größe dieser Apparate ganz darauf an, welche Warmwasserzwecke zu erfüllen sind. Da nun in den allermeisten Fällen auch eine Badeeinrichtung mit zu versorgen ist, so muß schon ein größerer, leistungsfähiger Apparat in Aussicht genommen werden, damit die Badbereitung nicht zu viel Zeit in Anspruch nimmt.

Die Konstruktion des Auto-Geysers ist aus Fig. 501 zu ersehen.

Das Öffnen und Schließen des Gasventils oder das Anzünden und Verlöschen des Brenners regelt sich selbsttätig durch eine sinnreiche Ausnutzung des Wasserdruckes. Wenn man an einer beliebigen Stelle des Warmwasserrohrnetzes einen Wasserhahn öffnet, dann öffnet sich hierdurch das Gasventil, das dem Brenner entströmende Gas entzündet sich an der Zündflamme und es gibt sofort warmes Wasser. Das Schließen des Wasserhahnes bewirkt dann wieder ohne weiteres das Verlöschen des Gases. Die Zündflamme brennt weiter.

Der eigentliche Heißwasserapparat des Auto-Geysers besteht aus den beiden Rohrkörpern *p* und dem Rippenkörper *q*, welche miteinander verbunden sind.

Die beiden Rohrkörper *p* setzen sich aus nahtlosen Kupferrohren, die nebeneinander dicht anliegen, zusammen und bilden so mit den nach innen gelegenen Seiten einen erheblichen Teil der vorhandenen Heizfläche.

Rippenkörper *q* besteht aus 3 übereinanderliegenden nahtlosen Kupferrohren, die von vielen starken und dicken Kupferrippen gleichmäßig umgeben sind und so eine, auf kleinem Raum zusammengestellte große Heizfläche bilden.

Wenn das Wasser den Automat passiert hat, dann fließt es durch die Rohrverbindung *k* zum Apparat und verteilt sich gleichmäßig in den die Grundlage für die Rohrkörper bildenden Teil *r* und füllt alsdann den Rohrkörper *p* an. Dann tritt das Wasser bei den Punkten *s* und *t* aus und strömt vereinigt durch die Rohrverbindung *u* zum Rippenkörper *q*, den es in der angegebenen Pfeilrichtung durchläuft und endlich bei *v* verläßt. Die im Innern *w* aufsteigenden Heizgase finden an der so reichlich und doch eng zusammengesetzten Heizfläche des Rohr- und Rippenkörpers eine vollständige und erschöpfende Ausnutzung, die sich in der großen Leistungsfähigkeit dieser Auto-Geyser zeigt.

Außerhalb des Auto-Geysergehäuses befindet sich der Automat, der sich aus den Hauptbestandteilen *A* und *B* zusammensetzt. *B* ist das Gasventil, *A* ein Membrangehäuse. *A* und *B* stellen ein zusammenhängendes Gefüge dar und sind durch eine bewegliche Führungsstange *d* miteinander verbunden.

Bei größeren Warmwasseranlagen mit einem ungleichmäßig verteilten, teilweise sehr großen Warmwasserverbrauch innerhalb kurzer Zeitdauer empfiehlt sich die Aufspeicherung des warmen Wassers in ausreichender Menge in einem besonderen Warmwasserbehälter.

Die Erwärmung des Wassers findet hierbei durch einen Warmwasserapparat — sogenannten Zirkulationsapparat —

statt, der durch eine Steig- und Falleitung mit dem darüber angebrachten Warmwasserbehälter verbunden ist. Das im Apparat erwärmte Wasser steigt infolge seines durch die Wärmeausdehnung geringeren spezifischen Gewichtes nach oben und veranlaßt hierdurch einen andauernden Kreislauf, eine Zirkulation, wodurch nach und nach der ganze Wasserbehälterinhalt erwärmt wird. Von dem Warmwasserbehälter aus werden die verschiedenen durch Rohrleitungen mit demselben verbundenen Zapfstellen mit warmem Wasser versorgt.

Derartige Zirkulationsanlagen kommen hauptsächlich in Betracht für die Warmwasserversorgung größerer Wohnhäuser, Hotels, Krankenhäuser, Heilanstalten, Schlachthöfe, von Waschanlagen, Brausebädern, in Bahnhöfen, Schulen, Kasernen, Fabriken etc.

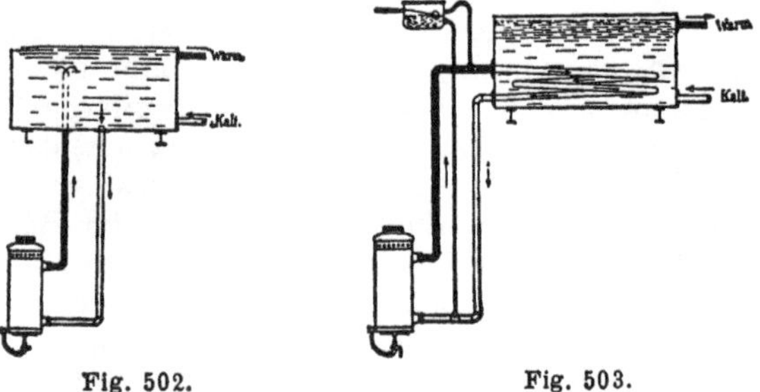

Fig. 502. Fig. 503.

Von großer Bedeutung für eine gute Funktion einer solchen Anlage ist außer einer sachgemäßen Anordnung und Installation die Verwendung eines geeigneten, den besonderen Ansprüchen entsprechenden Zirkulationsapparates.

Der von der Firma Junkers & Co., Dessau, gelieferte Zirkulationsapparat hat für solche Zwecke vielfach Anwendung gefunden, und zwar wird er sowohl für Bedienung von Hand als auch mit automatischer Temperatur-Regulierung angefertigt.

Beistehende Figuren 502 u. 503 zeigen derartige Anlagen in verschiedener Anordnung. Fig. 502 stellt eine Anlage mit direkter Erwärmung (offenes System), Fig. 503 eine solche mit indirekter Erwärmung (geschlossenes System) dar.

Die Verbrennungsprodukte eines Badeofens, wie überhaupt eines jeden Gasheizofens, sind s t e t s i n e i n e n g u t z i e h e n d e n S c h o r n s t e i n z u f ü h r e n.

Stundlicher Gasverbrauch	Weite des Gasrohres			Weite des Abzugsrohres	
	Durchmesser		Querschnitt	Querschnitt	Durchm.
cbm	Zoll	mm	qmm	qcm	cm
0,2	3/8	9,5	71	20	5
0,6	1/2	12,5	123	28	6
1,2	5/8	16,0	201	50	8
2,0	3/4	19,0	284	64	9
3,8	1	25,5	511	113	12
7,5	1 1/4	32,0	804	177	15
12,0	1 1/2	38,0	1134	227	17
27,0	2	51,0	2043	380	22

Als Material für die Abzugsrohre nehme man Schwarzblech oder besser, verbleites Eisenblech. Bei den Rohrverbindungen (Stößen) muß stets der weitere Teil nach oben gerichtet sein[1]).

Da die Abgase des nötigen Auftriebs wegen möglichst warm in den Schornstein gelangen sollen, sind die Apparate (Herde, Öfen) möglichst direkt an diesen anzuschließen; deshalb sind lange Abzugsleitungen, ebenso solche, welche die Richtung mehrfach ändern, zu vermeiden.

Fig. 504.

Aus den Verbrennungsprodukten kann sich Wasser niederschlagen, welches das Mauerwerk, wenn es nicht geschützt ist, angreift. Deshalb empfiehlt es sich, die Kamine mit glasierten Tonröhren auszufüttern.

Die nach oben gerichteten Muffen müssen mit Zement oder Lehm abgedichtet werden.

Schlecht ziehende Schornsteine sind mit Aufsätzen, welche ein Absaugen bewirken, zu versehen. Verfasser hat in einigen Fällen mit Johnschen Aufsätzen (Fig. 504) die besten Erfolge erzielt.

---

[1]) Seit einigen Jahren werden die Abgase von Gaskaminen und Badeöfen häufig in Holzrohre, welche über Dach geführt werden, geleitet.

So sollen z. B. in Königsberg bis heute etwa insgesamt 4,5 km Holzrohrkamine im Gebrauch sein.

Diese Rohre von viereckigem Querschnitt werden innen mit Wasserglas und Mennige gestrichen.

Über das Für und Wider bei der Verwendung von hölzernen Abgasleitungen ist in der Zeitschrift »Das Gas- und Wasserfach«, Heft 46, Jahrgang 1923, Seite 677, und Heft 13, Jahrgang 1924, Seite 171, eingehend berichtet worden.

Bamberger, Leroi & Co., Frankfurt a. M., geben ihren Gasheizapparaten Zugregulatoren mit, die bei zu geringem oder zu starkem Abzug Störungen verhüten sollen.

Die Fig. 505 u. 506 zeigen diese Regulatoren in der Ansicht und im Schnitt. Der Apparat wird in das Abzugsrohr eingesetzt und bewirkt eine sofortige Zugentwicklung bei Inbetriebsetzung des Gasofens.

Leider wird häufig der kleinste zur Verfügung stehende Raum als Badezimmer benutzt, während namentlich bei Anwendung von Gasbadeöfen ein möglichst großer Raum gewählt werden sollte, um eine Verschlechterung der Luft zu vermeiden. Die Zuführung frischer Luft, etwa von einem Nebenraum durch den unteren Teil der Tür (jalousieartige Füllung), ist bei kleinen Baderäumen sehr zu empfehlen.

Fig. 505.

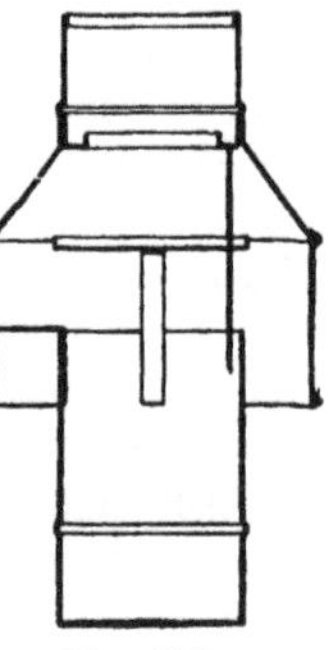

Fig. 506.

Wenn möglich, sollen die Gasbadeöfen nicht im Baderaum selbst, sondern an anderer geeigneter Stelle in einem nicht zum dauernden Aufenthalte von Menschen bestimmten Raum aufgestellt und nur die Wasserleitung mit dem Baderaum verbunden werden.

Über die Notwendigkeit der Ableitung der Verbrennungsgase bei Gasheizapparaten, insbesondere Badeöfen, berichtet in eingehender Weise Regierungs- und Baurat Wendt, Berlin-Zehlendorf-West, in Heft 11 der Zeitschrift »Feuer und Wasser« vom November 1924.

Wendt teilt mehrere Unglücksfälle, die bei Verwendung ungeeigneter Gasbadeapparate, welche nicht mit Abzug versehen waren, entstanden sind, mit:

In einem Falle handelt es sich um ein Vorkommnis im November 1923 in Wilmersdorf, woselbst eine Frau leblos und verbrüht in der Badewanne aufgefunden wurde. Das Bad war mittels eines sog. Tauchbadeofens geheizt und das Badezimmerfenster infolge der kalten Jahreszeit nicht geöffnet.

In Halensee bei Berlin war in einer Wohnung ein sogenannter Tauchcondor vorhanden. Durch Benutzung desselben war sowohl die Frau als auch das Mädchen wochenlang krank. Auf die Drohung einer Prozeßanstrengung hat der Fabrikant den Apparat zurückgenommen und das Geld zurückgezahlt.

In einem anderen Falle handelt es sich wiederum um einen Unglücksfall in Wilmersdorf, wodurch eine Frau durch einen Tauchcondor beim Baden verunglückt ist. Der Installateur hatte die Frau aus der Badestube geholt. Dieselbe war sechs Stunden bewußtlos, konnte aber wieder ins Leben zurückgerufen werden. Dabei hatte die Frau sogar eine Zeitlang das Fenster geöffnet.

Eine andere Frau, ebenfalls aus dem Berliner Bezirk, badete unter Benutzung eines Tauchcondors. Im Bade wurde sie ohnmächtig. Sie war dann wochenlang krank und ist schließlich gestorben. Der Tauchapparat wurde nunmehr durch einen richtigen Gasbadeofen ersetzt.

Vorstehende Fälle, nur aus dem Berliner Bezirk entnommen, beweisen die Gefährlichkeit der Gasbadeapparate **ohne** Ableitung der Verbrennungsgase.

Projektierung und Veranschlagung von Gaseinrichtungen.

Jeder Gaseinrichter soll imstande sein, eine Gaseinrichtung zu projektieren und die Kosten zu veranschlagen. Wir wollen deshalb, wenn auch nur in kurzen Zügen, Grundsätze aufstellen und einen Wegweiser geben, wie man Projekte für Gaseinrichtungen fertigt, und sehen, welche Gesichtspunkte bei der Auswahl der einzelnen zu veranschlagenden Objekte maßgebend sind.

Der Veranschlagung geht die Projektierung voraus. Die letztere muß richtig und zweckentsprechend sein. Deshalb ist es erforderlich, daß der Projekteur die in der betreffenden Stadt etwa geltenden behördlichen (ortspolizeilichen) Vorschriften kennt, daß er für jeden einzelnen Fall zweckentsprechende Beleuchtungs- bzw. Heizgegenstände wählt, die Rohrleitungen richtig dimensioniert, brauchbares Material aussucht und schließlich Material- und Montagekosten richtig berechnet.

Bei der Materialberechnung müssen zunächst die Selbstkosten ermittelt werden, wobei man alle Spesen, wie Fracht- und Emballagekosten, Bruch und Verschnitt berücksichtige

Die in dem nachstehenden Kostenanschlage angegebenen Preise sind Durchschnittspreise, welche nicht unbedingt maßgebend sind, da sie an verschiedenen Orten, durch Fracht und Lohnsätze beeinflußt, sehr verschieden sein können.

Die Kosten für Rohrverlegung, Anbringung und Aufstellung der Gasverbrauchsgegenstände werden selbstverständlich von der größeren oder geringeren Geschicklichkeit des Rohrlegers oder Installateurs abhängen. Dem Praktiker, der selbst arbeitet oder gearbeitet hat, wird es nicht schwer fallen, diese Kosten richtig einzusetzen, da er die erforderliche Arbeitszeit, sowie die sich etwa einstellenden Schwierigkeiten aus eigener Erfahrung kennt; ihm werden überhaupt die hier angegebenen Ratschläge überflüssig erscheinen.

Handelt es sich um eine größere Arbeit, so empfiehlt es sich stets, behufs genauer Ermittlung des erforderlichen Materials, einen maßstäblich gezeichneten Plan (Grundriß und Schnittzeichnungen) zu benutzen. An Ort und Stelle muß mit dem Interessenten (Auftraggeber, Hausbesitzer, Baumeister) eine Besprechung stattfinden, wobei man in den Plan sofort mit Bleistift die nötigen Notizen macht.

Die wichtigsten Fragen sind dabei folgende:

1. Angabe der zu beleuchtenden und zu beheizenden Räume.
2. Anzahl der Flammen, Art und Größe derselben. (Normal-Starklicht, Liliputbrenner, Hängelicht, Gasverbrauch derselben.)
3. Anzahl der Gasherde (Flammenzahl), Gasheiz- und Badeöfen, Plättapparate usw. (Gasverbrauch derselben.)
4. Wahl des Aufstellungsortes für die Gasmesser.
5. Einführung der Zuleitung von der Straße.
6. Lage der Steigleitungen und der Verteilungsleitungen.

Die Zuleitung vom Hauptrohr bis in das Gebäude (Grundstück) darf ausschließlich n u r v o m G a s w e r k hergestellt werden; auch die Ausführung der Steigleitung, das ist diejenige Leitung, welche von der eigentlichen Zuleitung nach den Gasmessern führt, ist, da es sich um die Fortleitung ungemessenen Gases handelt, stets Sache des Gaswerkes. Den Privat-Gaseinrichtern ist jede Arbeit an allen Leitungen, welche ungemessenes Gas führen, aufs strengste verboten[1]).

[1]) In einigen Städten sind besondere Abmachungen mit den Privatinstallateuren getroffen, wonach diesen die Herstellung der Steigleitungen übertragen wird.

Ferner ist zu beachten, daß jedes Anwesen mit eigener Hausnummer sowie Gaskraftmaschinen und Preßgaseinrichtungen gesonderte Zuleitungen erhalten müssen.

Die Größe, der Standort und die Art der Gasmesser werden vom Gaswerk bestimmt, doch sind bezüglich des Standortes berechtigte Wünsche der Gasabnehmer möglichst zu berücksichtigen.

In Räumen, die mit offenem Licht nicht betreten werden dürfen oder in denen explosible Stoffe lagern oder verarbeitet werden, dürfen Gasmesser nicht zur Aufstellung kommen.

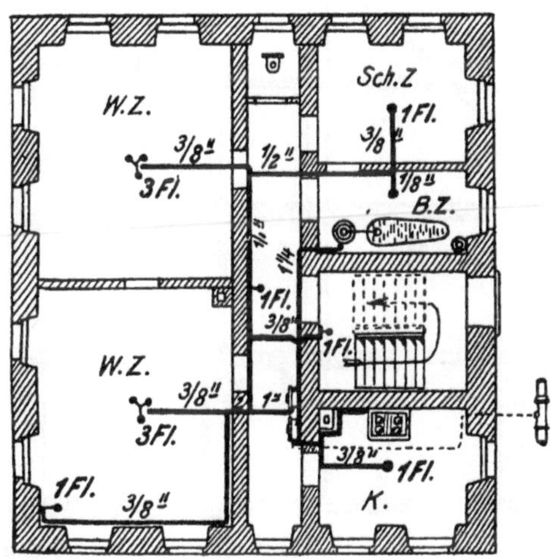

Fig. 507.

Wenn nun die vorstehenden Fragen unter Berücksichtigung der behördlichen Vorschriften beantwortet sind, trägt man die Rohrleitungen in den Plan ein, berechnet den größten stündlichen Gasverbrauch und wählt hiernach die in der Tabelle auf Seite 121 angegebenen inneren Rohrdurchmesser. Man beachte dabei die Regel, daß der kleinste zulässige Rohrdurchmesser 9,5 mm ($^3/_8$'' engl.) beträgt.

Nun ermittelt man noch, welche Verbindungsstücke, Absperr- und Auslaßhähne gebraucht werden, und wählt aus Musterbüchern Beleuchtungsgegenstände, Gasherde, Heizöfen, Badeöfen, Gasplätten u. dgl.

Wir lassen als Beispiel die Beschreibung einer Gaseinrichtung für ein in den Fig. 507 u. 508 im Grundriß und Schnitt gezeichnetes Wohnhaus, welches von zwei Familien bewohnt wird, hier folgen:

Vom Keller führt eine Hauptsteigleitung durch die zu den Wohnungen gehörenden Flure. Leucht- und Heizgasmesser stehen daselbst nebeneinander.

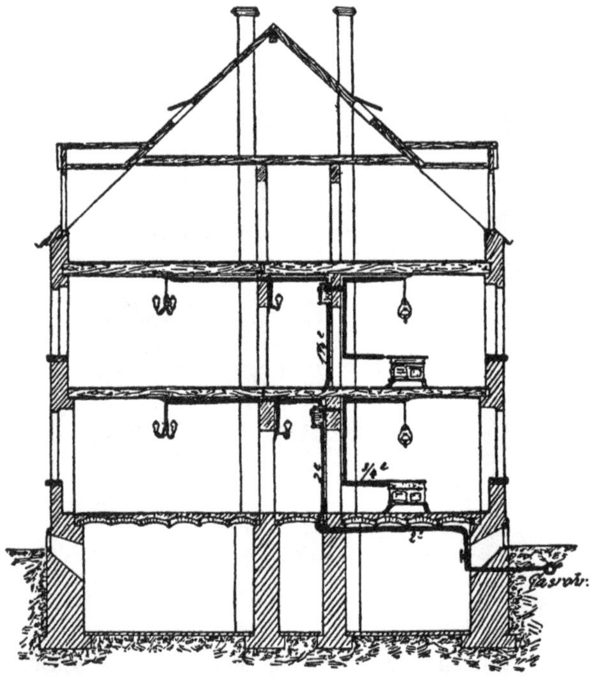

Fig. 508.

In jeder Küche soll ein Gasherd mit Bratofen, in jeder Badestube ein großer Gasbadeofen mit Zimmerheizung aufgestellt werden; die vorderen Zimmer sollen je einen dreiflammigen Kronleuchter (Lüster), das eine Zimmer außerdem einen Wandauslaß für eine Tischlampe erhalten; für die Schlafzimmer, die Badezimmer und Küchen sind einflammige Hängelampen (Lyren) projektiert, für die Flure, Treppen und Klosetts, Wandarme.

Der stündliche Gasverbrauch wird folgendermaßen ermittelt:

1. Erdgeschoß.

a) Leuchtgas.

11 normale Auerflammen mit je 110 l stündl. Verbrauch.	1,210 cbm	
1 Liliput-Glühlicht	0,070 cbm	1,280 cbm

b) Heizgas.

1 Gasherd	1,500 cbm	
1 Auerflamme in der Küche.	0,110 cbm	
1 Badeofen.	9,00 cbm	10,610 cbm
im Erdgeschoß zusammen		11,890 cbm

2. Obere Etage.

Wie im Erdgeschoß	11,890 cbm
In beiden Etagen zusammen	23,780 cbm

Die Länge der Leitung vom Hauptrohr bis zu den Gasmessern im Erdgeschoß, durch welches alles im Hause verbrauchte Gas geleitet werden muß, beträgt 11,4 m; nach der Tabelle auf Seite 121 wird hiernach der Durchmesser für diese Leitung mit 2″ engl. (50,8 mm) bestimmt.

Die Steigrohrleitung vom Erdgeschoß nach der oberen Etage hat eine Länge von 3,2 m; die stündliche Gasmenge, welche durch diese Leitung fortzuleiten ist, beträgt 11,890 cbm, somit der erforderliche Durchmesser ungefähr 1¼″. Die Leitungen hinter den Gasmessern sind nach der angegebenen Tabelle bestimmt worden

mit 1¼″ vom Heizgasmesser bis zum Badeofen,
» ¾″ von dieser Leitung bis zum Gasherd,
» 1 ″ vom Leuchtgasmesser bis zum ersten Abzweig, dann
» ½″ für die Verteilungsleitung im Flur und
» ⅜″ von dieser nach den einzelnen Flammen.

Das Abzugsrohr für die Badeöfen muß nach der Tabelle auf Seite 407 ca. 16 cm, dasjenige der Gasherde 9 cm Durchmesser erhalten.

Kostenanschlag

über eine Gaseinrichtung für ein Wohnhaus von zwei Etagen.

Position	Gegenstand	Einzelpreis ℳ	Gesamtsumme ℳ	₰
	I. Leitung.			
1	11,40 m schwarzes schmiedeeisernes Rohr 2″ liefern und verlegen	6,15	70	11
2	27,20 m do. 1¼″ liefern und verlegen .	3,80	103	36
3	5,00 m do. 1″ » » » .	2,90	14	50
4	10,00 m do. ¾″ » » » .	2,45	24	50
5	20,40 m do. ½″ » » » .	1,85	37	74
6	44,50 m do. ⅜″ » » » .	1,35	60	08
7	20% Zuschlag zu der Kostensumme der Rohrleitungen für Verbindungsstücke, als T-Knie- und Reduktionsstücke (20% von M. 310,29)		62	05
8	5% Zuschlag zu der Kostensumme der Rohrleitungen für Befestigungsmaterial		15	50
9	16 Decken- und Wandscheiben einschließlich etwa erforderlicher Holzdübel und Schrauben	1,00	16	—
10	1 Hauptabsperrhahn aus Messing mit Verschraubung und Schlüssel 2″ (Keller)	16,00	16	—
11	2 Hauptabsperrhähne aus Messing ohne Verschraubung 1¼″ (zu den Heizgasmessern)	8,00	16	—
12	2 do. 1″ (zu den Leuchtgasmessern) . .	4,50	9	—
13	2 Unterlagsbretter für die Gasmesser einschließlich der schmiedeeisernen Träger und Montage der Gasmesser	6,00	12	—
14	3,5 m Mauer- und Deckendurchbrüche einschließlich Wiederherstellung derselben	10,00	35	—
15	Für Unvorhergesehenes		8	16
	Summe:		500	—
	II. Beleuchtungs-, Heiz- und Kocheinrichtungen.			
1	4 dreiflammige Kronleuchter (Lüster), Cuivre poli, komplett mit ⅜″ Kugelbewegungen, normalen Auerbrennern, Tulpen, liefern und anbringen	100,00	400	—
	Übertrag:		900	—

Position	Gegenstand	Einzelpreis ℳ	Gesamtsumme ℳ	₰
	Übertrag:		900	—
2	6 Lyren, schwarz mit Kupfer, komplett, mit $^3/_8$″ Kugelbewegung, normalen Auerbrennern, Milchglasschirmen, liefern und anbringen	14,00	84	—
3	4 einfache schmiedeeiserne Wandarme mit Hinterbewegung, Spitzhahn, Brennerknie, normalen Auerbrennern und Kugel	10,00	40	—
4	2 do. mit Liliputbrenner	8,00	16	—
5	2 einfache Tischlampen aus Messing, komplett, mit Auerbrennern, Schirmen und 1 m langem umsponnenen Schlauch .	15,00	30	—
6	2 Gasherde, weiß emailliert, mit vernickeltem Rohr, mit geschlossener geschliffener Platte, 4 Brennern und einem Bratofen (Junker & Ruh, Karlsruhe), einschließlich einer Bratschüssel, ein Kuchenblech und 1 Backblech . . .	200,00	400	—
7	2 Gasbadöfen mit Heizofenuntersätzen; ganze Höhe 230 cm, Manteldurchmesser 36 cm; Kupfermantel und Deckel poliert, Armatur Messing blank, liefern, aufstellen und an die Gasleitung anschließen	450,00	900	—
8	2 Messing-Absperrhähne mit Schlüsseln zu den Gasherden $^3/_4$″	4,00	8	—
9	2 do. zu den Badeöfen $1\,^1/_4$″.	8,00	16	—
10	2 Schlauchhähne für die Tischlampen $^3/_8$″	1,00	2	—
11	ca. 10 m verbleites Abzugsrohr für die Gasherde und Badeöfen einschließlich der nötigen Knie usw., liefern und anbringen	2,30	25	30
12	Für Unvorhergesehenes und zur Abrundung		8	70
	Summe:		2430	00
	I. Gasleitung		500	—
	II. Beleuchtungs-, Heiz- und Kocheinrichtungen		1930	—
	Gesamtsumme:		2430	—

Die Gaskraftmaschinen oder Gasmotoren.

Der älteste bekannte Versuch, einen Motor durch die Expansionskraft eines Gases zu betreiben, wurde von John Barber 1791 in England gemacht. Derselbe nahm ein Patent, aus welchem hervorgeht, daß er in einer Retorte mit äußerer Feuerung Holz, Kohle, Öl oder andere Brennstoffe vergasen, das Produkt in einem zweiten Gefäß mit Luft mischen und das Gemisch beim Ausströmen aus letzterem entzünden wollte. Durch den austretenden Feuerstrahl sollte alsdann ein Schaufelrad getrieben werden. Ein anderes englisches Patent, welches Robert Street 1794 nahm, bezieht sich auf eine Kolbenmaschine, in deren Zylinder Teeröle oder Terpentin zunächst vergast und dann durch ein Licht entzündet werden, welches außerhalb des Zylinders brennt und zu geeigneter Zeit in Verbindung mit dem zu entzündenden Gas gesetzt werden kann. Noch andere, allerdings für die Praxis unbrauchbare Gaskraftmaschinen wurden konstruiert, ohne daß sie jemals eine Bedeutung erlangt hätten.

Wirklich praktischen Wert erlangte die Gaskraftmaschine erst durch die Erfindung des Franzosen Richard Lenoir, nach dessen Patent der Fabrikant Marioni 1860 zuerst einige derartige Maschinen baute. Auch der Gaswerksdirektor Hugon in Paris erfand eine brauchbare Gaskraftmaschine.

Die Pariser Weltausstellung im Jahre 1867 zeigte nicht weniger als 14 verschiedene französische Gaskraftmaschinen. Daneben stand auch eine deutsche Maschine, nämlich diejenige von Otto und Langen in Deutz, die so ganz aus dem Rahmen dessen, was man kannte, herausfiel. Der Gasverbrauch der Maschinen von Hugon, Lenoir und Otto (Deutz) verhielt sich wie 10:6:4.

Der so überraschend geringe Gasverbrauch der Ottoschen Maschine gab nunmehr die Möglichkeit, den Kleingewerbebetrieben auch eine billige Kraftmaschine zur Verfügung zu stellen.

Das Preisgericht der Weltausstellung verlieh auf Grund der mit den verschiedenen Maschinen vorgenommenen Versuchen Otto und Langen (Deutz) die goldene Medaille; Lenoir mußte sich mit der silbernen Auszeichnung zufrieden geben.

Allerdings waren noch nicht alle Schwierigkeiten überwunden, um den Ottoschen Gasmotor zur allgemeinen Einführung zu bringen.

Anfang 1872 wurde die »Gas-Motoren-Fabrik Deutz A.-G.« gegründet und damit der Grundstein zu einem großen Unternehmen gelegt, das berufen war, die deutsche Gaskraftmaschine auf dem Weltmarkte einzuführen.

Die im November 1871 zur Fabrikation von Injektoren und Dampfstrahl-Apparaten gegründete Firma Gebr. Körting in Hannover nahm im Jahre 1881 auch den Bau von Gasmotoren auf und hat seit dieser Zeit viele Tausende erstklassiger Maschinen in der ganzen Welt abgesetzt.

Aus der stationären Gasmaschine ist der Kraftwagenmotor und der Luftfahrzeugmotor hervorgegangen.

Als stationäre Maschine hat der Leuchtgasmotor im Kleingewerbe wohl an Bedeutung verloren und hat häufig dem Elektromotor Platz machen müssen, dagegen ist dem Motor für flüssige Brennstoffe, wie Benzin, Benzol, Tetralitbenzol, Benzol-Petroleum, Spiritus, eine führende Stellung unter den Wärmekraftmaschinen gesichert.

Bei der immerhin noch großen Zahl vorhandener und im Betrieb befindlicher Leuchtgasmotoren (auch solcher älterer Systeme) ist es zweifellos für den Gaseinrichter von Wert, die Konstruktion dieser Maschinen genau zu kennen, so daß er imstande ist, eine solche aufzustellen, in Betrieb zu setzen und nötigenfalls Ursachen von Betriebsstörungen zu ermitteln und zu beseitigen.

Zunächst wollen wir uns klar machen, was man unter einem Gasmotor versteht und wie ein solcher beschaffen ist.

Der Gasmotor gehört zu den sogenannten Explosionsmotoren; das sind Maschinen, welche ein in der Maschine selbst oder außerhalb derselben hergestelltes brennbares Gas als Krafterzeuger benutzen, und zwar in der Weise, daß das brennbare Gas in geeignetem Verhältnis mit Luft gemischt (unter mehreren Atmosphären Druck komprimiert) und dann durch einen Zündapparat zur Explosion[1]) gebracht wird. Der hier zu besprechende Leuchtgasmotor ist also eine Betriebsmaschine, in welcher die geleistete Arbeit aus der Wärme entsteht, welche durch die Verbrennung eines Gemenges von Leuchtgas und atmosphärischer Luft gebildet wird. Bekanntlich findet bei der Dampfmaschine der die Betriebswärme erzeugende Verbrennungsprozeß in einem Ofen statt und die Wärme wird durch Vermittlung von Wasserdampf zur Wirkung gebracht.

---

[1]) Den Vorgang der Explosion haben wir auf S. 157 besprochen.

Beim Explosionsmotor dagegen — und dadurch unterscheidet dieser sich von der Dampfmaschine — geht der Verbrennungsprozeß im Arbeitszylinder selbst vor sich und die Wärme wirkt durch die heißen Verbrennungsgase direkt.

Man kann annehmen, daß ein solches Gemisch, wenn es vor der Entzündung nicht komprimiert worden ist, bei der Explosion eine Temperatur von etwa 1200° C und einen Druck von 3,5 bis 4 Atm. entwickelt. Wird aber das Gemisch vor der Explosion komprimiert, so wächst der Explosionsdruck ungefähr im Verhältnis zum Kompressionsdruck.

Ottos Gasmotor.

Wie schon gesagt, erfolgt die kraftgebende Druckentwicklung durch die Explosion eines Gemisches von Luft und einem brennbaren Gase in einem geschlossenen Zylinder, wodurch ein dicht anschließender Kolben vorgetrieben wird und vermittelst einer gelenkig zwischengeschalteten Stange, der Schubstange, die Kurbel der mit einem Schwungrad versehenen Arbeitswelle antreibt. Da mit geringen Ausnahmen heute fast ausschließlich das aus dem Schoße der Motorenfabrik Deutz A.-G., Köln-Deutz, hervorgegangene Viertakt-System benutzt wird, so soll dieses hier zunächst beschrieben werden.

Die Bezeichnung Viertakt rührt davon her, daß zu einem Kraftimpuls vier Einzelvorgänge nötig sind.

Fig. 509 zeigt eine Schnittskizze eines Viertaktmotors bei den vier Takten, die das Arbeitsverfahren erläutert.

Die Skizze läßt zwei im Zylinderkopf angeordnete Ventile erkennen: das Einström- und Ausströmventil. Dreht sich die Maschinenkurbel in der Pfeilrichtung vom inneren zum äußeren Totpunkt, so wird durch einen unten beschriebenen Steuerungsmechanismus der Maschine das Einlaßventil geöffnet und es strömt Luft ein, der auf dem Wege zum Zylinder Gas oder feinverteilter Brennstoff in solcher Menge beigemengt werden, daß das Gemisch gut brennbar ist. (I. Takt.) Nachdem die Kurbel den äußeren Totpunkt durchlaufen hat, wird bei inzwischen geschlossenem Einströmventil der Zylinderraum durch den zurückkehrenden Kolben wieder verkleinert, das vorhin eingesaugte Gemisch verdichtet und dadurch zündfähiger gemacht. (II. Takt.) Im Augenblick der größten Verdichtung, unmittelbar vor dem inneren Totpunkt der Maschine, wird es durch einen elektrischen Funken entzündet und die Dehnungskraft der sich bildenden Verbrennungsgase drückt den Kolben nach außen, wodurch die Maschine den ersten Kraftimpuls erhält. (III. Takt.) Sobald der Kolben den äußeren Totpunkt wieder erreicht, öffnet sich das Auspuffventil und der wieder einlaufende Kolben drängt die Verbrennungsgase fast vollkommen ins Freie. (IV. Takt.) Das Viertakt-Arbeitsspiel beginnt sodann von neuem.

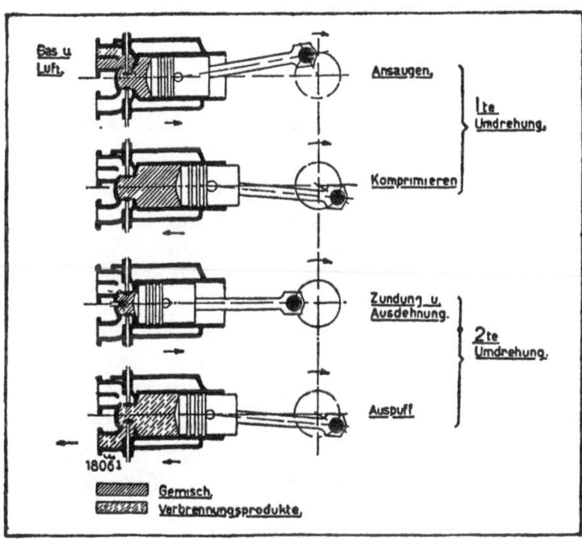

Fig. 509.

Zur Durchführung dieser Arbeitsweise dient die

Steuerung.

Die Ventile werden zwangsläufig durch Hebelgestänge mit Rollen und durch gehärtete Nockenscheiben von der an der Längsseite des Lagerbocks gelagerten Steuerwelle aus betätigt. Die mit halber *Drehzahl* umlaufende Steuerwelle wird durch in Ölbad laufende Schraubenräder von der Kurbelwelle angetrieben.

Man unterscheidet *stehende* und *liegende* Motoren je nachdem der Zylinder vertikal oder horizontal angeordnet ist. Die erstere Klasse zerfällt noch in Maschinen mit oben gelegenem und in Maschinen mit unten gelegenem Zylinder. Die ersteren wurden nur für kleinere Kraftleistungen von 1 bis etwa 5 PS gebaut; solche können selbst in Etagen zur Aufstellung gelangen. Die stehenden Maschinen mit obenliegendem Zylinder und untenliegender Welle, welche allerdings heute nicht mehr gefertigt werden, eigneten sich besonders für den direkten Antrieb von Arbeitsmaschinen mit hoher Umdrehungszahl, wie Dynamomaschinen, Kreiselpumpen, Ventilatoren u. dgl. Die weitaus häufigste Verwendung für stationäre Betriebe findet die liegende Maschine, da dieselbe am stabilsten und in allen Teilen am zugänglichsten ist.

Von einschneidender Wichtigkeit für ein ökonomisches Arbeiten ist bei den Verbrennungskraftmaschinen die Regelung. Man unterscheidet die drei folgenden hauptsächlichen Regelverfahren:

1. Aussetzerregulierung. Dieselbe besteht darin, daß bei zu schnellem Gange des Motors der Regler das Gestänge des Gasventils aus dem Bereich seines Steuernockens bringt, so daß die Maschine während eines oder mehrerer Spiele ohne Antrieb läuft. Der Vorteil dieser Regelung besteht in der Einfachheit der zu ihrer Durchführung benötigten Mittel. Als Nachteile ergeben sich ein ziemlich unregelmäßiger Gang und während der Aussetzer eine starke Abkühlung des Zylinders.

2. Gemischregelung (Qualitätsregelung). Der Regler beeinflußt die Zusammensetzung des Gemisches aus Gas und Luft meistens durch ein Brennstoffventil, welches je nach der Belastung mehr oder weniger geöffnet wird. Diese Regelung gibt bis etwa zur halben Belastung herunter ganz gute Resultate. Bei kleinen Belastungen wird aber der Gasgehalt der Ladung zu gering, um Gewähr für eine sichere Zündung zu bieten. Die Folgen hiervon sind bei kleinen Belastungen sehr langsame Verbrennungen mit schlechtem Wirkungsgrad und hohem Gasverbrauch.

3. Füllungsregelung (Quantitätsregelung). Bei dieser wird, entsprechend der jeweiligen Belastung der Maschine, durch Drosselung sowohl der Luft als des Gases eine größere oder kleinere Menge Gemisch während des Saughubes eingeführt. Diese Regelung ergibt bei weitem die besten Resultate, weil das Gemisch bei allen Belastungen dieselbe (günstigste) Zusammensetzung hat und deshalb stets schnell verbrennt, wodurch ein guter Nutzeffekt der Verbrennung gewährleistet wird. Daß diese Regelungsmethode noch nicht allgemein eingeführt ist, beruht hauptsächlich darauf, daß ihre konstruktive Ausbildung im allgemeinen nicht so einfach zu erreichen

ist, wie die unter 1 und 2 genannten Regelverfahren, insbesondere, wenn man selbsttätige Gas- und Luftventile vermeiden will. Die Quantitätsregelung wird von der Motorenfabrik Deutz bei allen Motoren für flüssige Brennstoffe und auch für die bisherigen Modelle 1 und G 9 sowie für die neueren Modelle MA, MJ, MK und G für gasförmige Brennstoffe verwendet. Die zur Durchführung dieser Regelung von der genannten Firma verwendeten konstruktiven Mittel werden bei den nachfolgenden Beschreibungen ihrer verschiedenen Motorensysteme erklärt werden.

Wie das Regelverfahren hauptsächlich ausschlaggebend für die Ökonomie des Betriebes ist, so ist das Zündverfahren von ähnlicher Wichtigkeit für die Sicherheit und Gefahrlosigkeit desselben. Bisher waren drei Zündverfahren gebräuchlich, nämlich Glührohrzündung, Kerzenzündung, d. i. elektrische Zündung mit unbeweglichen Kontaktspitzen sowie elektrische Abreißzündung.

1. Der Glühzünder besteht in einem an einer Seite mit dem Zylinderinnern stetig verbundenen, an der anderen Seite geschlossenen Röhrchen meist aus Porzellan oder auch aus Platin oder Schmiedeeisen, welches durch eine Stichflamme glühend erhalten wird. Am Ende des Kompressionshubes kann die Flamme, welche sich schon während desselben in dem Glühröhrchen gebildet hatte und die wegen des vom Kolben stetig in das Röhrchen nachgedrängten Gemisches nicht in den Zylinderinhalt hineinschlagen konnte, infolge der Kolbenumkehr in das im Zylinder komprimierte Gemisch übertreten, wodurch die Zündung erfolgt. Die im allgemeinen billige und zuverlässige Glühzündung weist bei größeren Motoren den Nachteil auf, daß die Glühzone zu weit von dem Zentrum des komprimierten Gemisches entfernt liegt, wodurch die Zündung etwas schleppend ist. Aus diesem Grunde wenden die meisten Motorenfabriken die Glühzündung nur noch bei kleineren Gasmotoren an. Bei Motoren für flüssige Brennstoffe und solchen Maschinen, die in feuergefährliche Stoffe enthaltenden Räumen aufgestellt sind, verbietet sich die Glühzündung schon wegen der offen brennenden Heizflamme des Glühröhrchens.

2. Elektrische Kerzenzündung. Zu derselben werden Batterien, Akkumulatoren (beides meistens für ortsbewegliche Anlagen, z. B. Motorwagen) als Stromquelle benutzt oder der Motor erzeugt den Strom durch eine kleine Dynamomaschine selbst. In dem Augenblick, in welchem die Zündung stattfinden

soll, schließt eine Zündsteuerung den Strom, wodurch im Innern des Zylinders zwischen zwei isolierten, feststehenden Zündkontakten ein Funke überspringt. Die Kerzenzündung erfordert einen verhältnismäßig hochgespannten Strom, wodurch die Gefahr eines Kurzschlusses naheliegt. Auch verbrennen oder verrußen die dünnen Kontaktspitzen leicht, wodurch dann die Zündung aussetzt. Aus diesen Gründen ist die Kerzenzündung wenigstens für ortsfeste Maschinen wenig empfehlenswert.

3. Elektrische Abreißzündung. Der Strom von mäßiger Spannung wird durch einen einfachen und zuverlässigen magnet-elektrischen, vom Motor betriebenen Zündapparat erzeugt. Die Zündung erfolgt durch die Unterbrechung des Stromkreises im Innern des Motorzylinders durch die plötzliche Trennung zweier vom Strom durchflossenen Teile (des Zündhebels und des isolierten Zündstiftes), wobei ein kräftiger Unterbrechungsfunke überspringt. Diese Zündung bietet die meisten Vorteile, da sie bei richtiger Durchbildung sehr zuverlässig und nicht feuergefährlich ist. Die Motorenfabrik Deutz wendete früher bei allen größeren Gasmaschinen (und bei sämtlichen mit flüssigen Brennstoffen betriebenen Motoren) eine patentierte elektrische Abreißzündung eigenen Systems an, welche sich seit Jahren bestens bewährt hatte.

Die neueren Maschinen werden heute allerdings nur noch mit Bosch-Hochspannungskerzen-Zündung geliefert.

Die Zündung des angesaugten und verdichteten Gemisches erfolgt durch einen elektrischen Funken. Der dazu erforderliche elektrische Strom wird von einem magnet-elektrischen Apparat erzeugt.

Für Leuchtgas kamen hauptsächlich die Modelle 1 (für Kraftgrößen bis 40 PS) und G 9 (für größere Kräfte) in Betracht. Zurzeit sind es die Modelle MA für Kraftgrößen bis 12 PS, MJ für Kraftgrößen von 13 bis 22 PS und MK für solche von 23 bis 60 PS.

Außerdem werden noch größere Typen, und zwar Modell G, angefertigt.

Diese Maschinen arbeiten mit mäßiger Umdrehungszahl und sind deshalb besonders für angestrengten Dauerbetrieb geeignet. Der Zylinder ist fast auf seiner ganzen Länge durch den Rahmen unterstützt, so daß ein Durchbiegen desselben beim Arbeiten der Maschine unmöglich ist. Die Ein- und Auslaßventile sind bei beiden Konstruktionen im Zylinderkopf in Gehäusen übereinander und leicht zugänglich eingebaut, infolgedessen sich auch das Innere des Explosionsraumes durch das leicht ausführbare Abheben des ganzen Einströmventilgehäuses

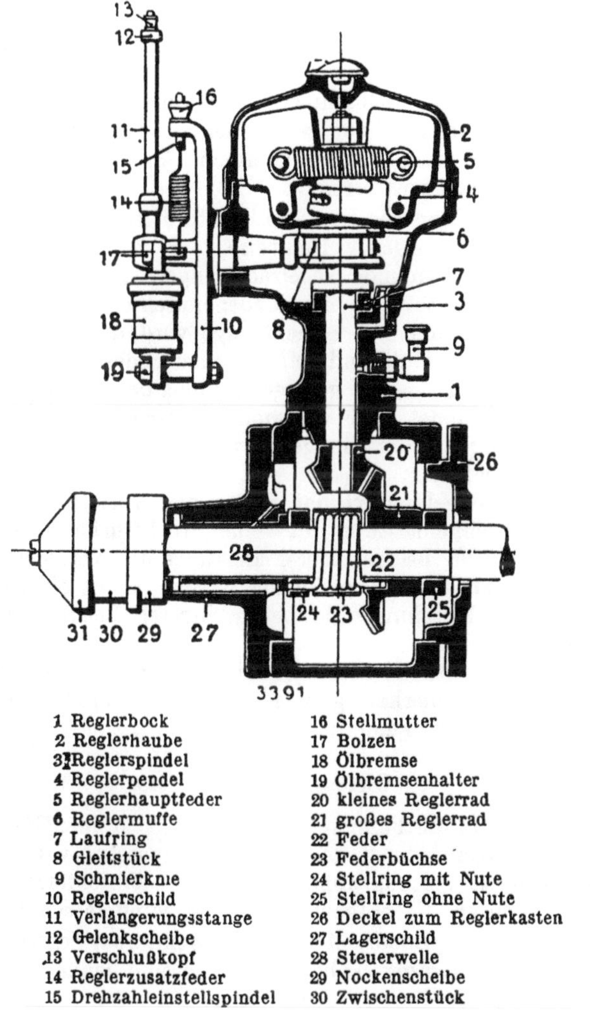

Fig. 510.

freilegen läßt. Beide Ventile werden zwangsläufig vom Nocken auf der Steuerwelle betätigt. Durch das zwangsläufig gesteuerte

Einlaßventil wird gegenüber dem häufig noch auf dem Markt vertretenen »selbsttätigen« (d. h. durch den vom Kolben erzeugten Unterdruck betätigten) Einlaßventil eine bedeutend höhere Leistung und Betriebssicherheit des Motors erzielt.

Die Regelfähigkeit einer Kraftmaschine ist um so größer, je empfindlicher der Regler ist, je leichter und schneller er sich also plötzlichen Belastungsschwankungen anpassen kann. Die hierzu erforderliche weitgehende Herabminderung der Reibung wird durch die vollkommene Ausbildung des Reglers und des Stellzeuges erreicht.

Die Regelung des Deutz-MJ-Motors geschieht durch einen Fliehkraftregler eigener Bauweise, der von der Steuerwelle durch in Ölbad laufende Kegelräder angetrieben wird (Fig. 510). Die Zusammensetzung des Ladegemisches ist für alle Belastungen dieselbe, nur seine Menge wird durch gleichzeitige Änderung von Hub und Öffnungsdauer des Einsaugeventils beeinflußt. Da auch bei geringer Füllung das gute Gemisch mit Sicherheit zündet und vollkommen verbrennt, so sind die Gleichförmigkeit des Ganges sowie der Brennstoffverbrauch die bestmöglichen.

Diese Regelungsart hat weiter den Vorteil, daß nur bei voller Maschinenleistung mit vollen Höchstdrücken gearbeitet wird, während bei geringerer Leistung die Verdichtung und hiermit auch die Drücke kleiner werden, somit die Beanspruchung der Maschinenteile bei geringerer Leistung ebenfalls vermindert wird.

Jeder Deutz-MJ-Motor hat eine Vorrichtung, durch welche die Drehzahl innerhalb gewisser Grenzen während des Ganges verstellt werden kann.

Gleichgang des Motors.

Während die Fähigkeit des Motors, sich allen Belastungsschwankungen schnell und sicher anzupassen, von der Güte der Regelvorrichtung abhängt, wird die Gleichförmigkeit des Ganges durch die aufgewendeten Schwungmassen bestimmt.

Der Motor, Bauart MJ, wird stets mit zwei Schwungrädern geliefert, die für gewerbliche Betriebe eine genügende Gleichförmigkeit des Ganges gewährleisten.

Bei größeren Ausführungen (von 14 PS aufwärts) wird zur sicheren Lagerung des Schwungrades die Achse außerhalb desselben noch besonders gelagert. In Fällen, in denen an den Gleichförmigkeitsgrad oder die momentane Überlastungsfähigkeit des Motors höhere Ansprüche gestellt werden, beispielsweise zur Erzeugung elektrischen Lichtes sowie für den Antrieb von Spinnmaschinen, Webstühlen, Holzbearbeitungsmaschinen, Mahlgängen, Steinbrechern u. dgl. werden gegen

Fig. 511.

besondere Berechnung die Motoren mit größeren Schwungmassen ausgestattet. In diesen Fällen wird auch schon bei kleineren Ausführungen das Außenlager stets angewendet.

Ein anderer liegender Gasmotor der Motorenfabrik Deutz ist in Fig. 511 abgebildet. Es ist dies das Modell E 3. Auch diese Maschine arbeitet im »Viertakt«, d. h. auf vier Kolbenhübe und zwei volle Umdrehungen der Kurbelwelle kommt eine Kraftwirkung. Der Arbeitsvorgang ist derselbe, wie wir ihn bereits bei der Beschreibung des Modells 1 besprochen haben.

Die stehenden Motoren (Fig. 512) mit untenliegendem Zylinder wurden besonders für kleine Kraftgrößen (1 bis 5 PS gebaut. Die senkrechte Anordnung des Zylinders bedingt einen sehr geringen Platzbedarf, so daß die Maschine auch in

Fig. 512.

beschränkten Räumlichkeiten, wo die Aufstellung liegender Motoren Schwierigkeiten macht, leicht untergebracht werden können. Alle für die Wartung und Reinigung in Betracht kommenden Teile sind bequem zugänglich; besonders einfach ist die Herausnahme des Kolbens.

Die Motoren Modell D 3 (Fig. 512) eignen sich vorzüglich als Betriebsmaschinen für kleine Gewerbetreibende, weil sie nur eine ganz geringfügige Bedienung erfordern; sie können aber ebensogut zum direkten Antrieb von Pumpen und Kompressoren verwendet werden, zu welchem Zwecke eine Spezialkonstruktion ausgeführt wird. Als Lichtmaschinen eignen sich die Motoren Modell D 3 nicht.

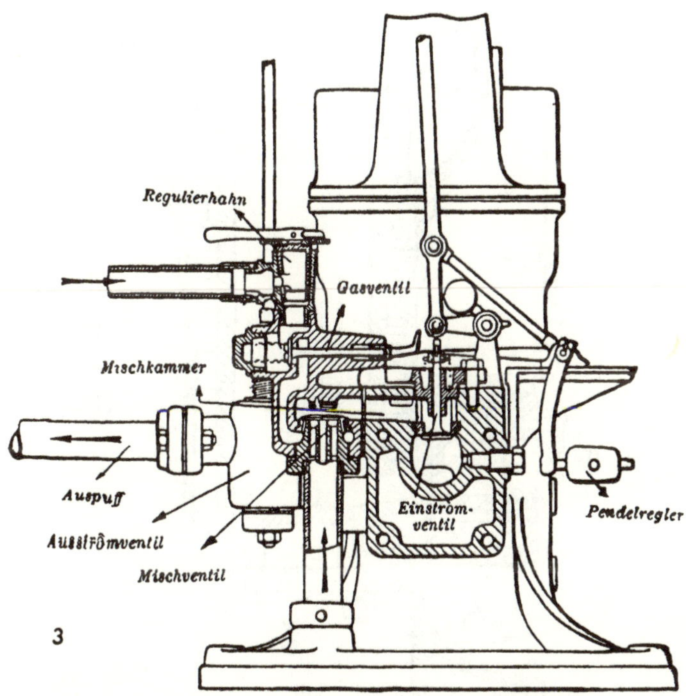

Fig. 513. Modell D 3, Schnitt durch das Einströmventil.

Die Steuerung aller bewegten Organe geschieht von einer kurzen Steuerwelle aus, die in dem auf der Zylinderkopfseite liegenden Arm des Lagerbocks gelagert ist. Dieselbe macht die halbe Umdrehungszahl der Kurbelwelle und wird von dieser mittels Stirnräder angetrieben. Auf der Außenseite des Lagerbocks trägt die Steuerwelle den Auspuff- und Anlaßnocken (Fig. 513); ersterer betätigt das Auspuffventil, letzterer erleichtert das Ingangbringen des Motors, indem man die Ausströmrolle so verschiebt, daß sie über beide Nocken läuft. Es wird dann während der Kompressionsperiode ein Teil der Zylinderladung durch das geöffnete Ausströmventil herausgeschoben und dadurch der Kompressionsdruck, also der das Andrehen erschwerende Widerstand, vermindert.

Die Regulierung geschieht durch Aussetzen in der Weise, daß das Gasventil von dem Pendelregler geschlossen oder geöffnet gehalten wird, wodurch die Umdrehungszahl bei allen

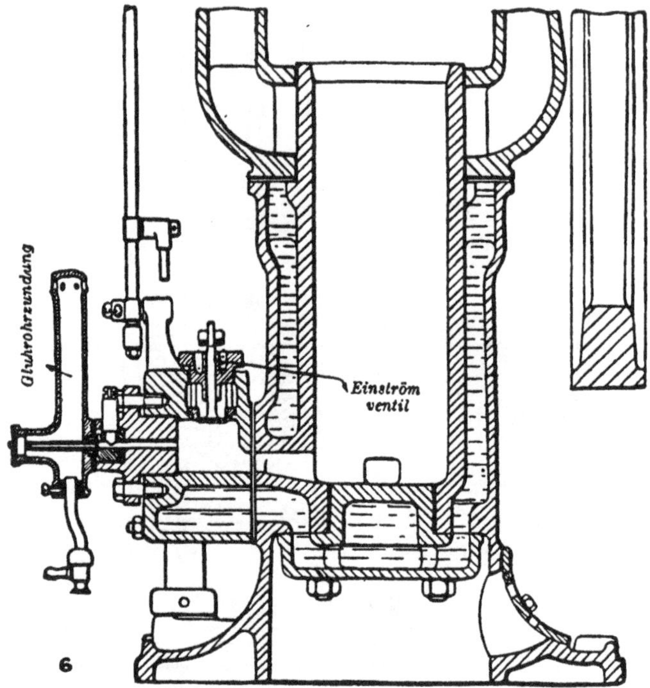

Fig. 514. Modell D 3, Längsschnitt durch den Zylinder.

Belastungen gleich bleibt. Die große Regulatorstange, von der Steuerwelle angetrieben, versetzt den Pendelregler mittels kurzer Verbindungsstange in hin- und hergehende Bewegung.

Das Gewicht des Pendelreglers ist so eingestellt, daß bei normalem Gang der Maschine der Stichel das Gasventil stets aufstößt. Gelangt der Motor über seine normale Tourenzahl hinaus, so schwingt das Gewicht des Pendelreglers in den Endstellungen weiter, welches ein Vorbeigleiten des Stichels an der Schneide des Gasventils zur Folge hat. Dadurch bleibt letzteres geschlossen, es tritt kein Brennstoff in den Zylinder, und der Krafthub der Maschine fällt aus. Dies wiederholt sich so lange, bis der Motor seine normale Tourenzahl wieder erreicht hat.

Die Zündung: a) Motoren mit Glührohrzündung (Mod. D 3). Die Zündung der Zylinderladung geschieht dadurch, daß ein Teil derselben in ein von außen erhitztes Porzellanröhrchen hineingedrückt wird, sich an der glühenden Wandung entflammt und die Verbrennung der übrigen Ladung mitteilt.

Das diesem Zweck dienende Porzellanröhrchen befindet sich im Brennergehäuse des Glührohrzünders (Fig. 514) am Zylinderkopf und wird durch einen Bunsenbrenner geheizt.

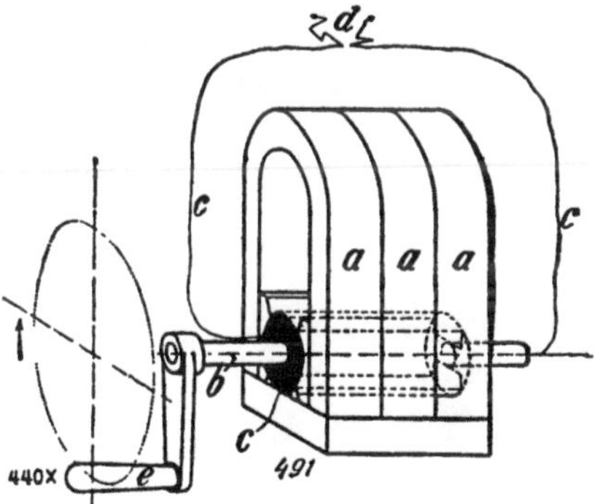

Fig. 515.

Während der Einströmperiode befinden sich im Zündröhrchen Luft oder Verbrennungsrückstände von der vorhergegangenen Verbrennung. Wird nun in der Kompressionsperiode die frische, zündfähige Ladung zusammengepreßt, so wird ein Teil derselben auch in das Zündrohr gelangen; sobald er die glühende Stelle desselben erreicht, findet eine Entzündung statt, die sich dem ganzen Zylinderinhalt mitteilt, und es sind die Verhältnisse so gewählt, daß dieses genau im Totpunkte stattfindet.

b) Motoren mit magnet-elektrischer Zündung (Modell D 4). Die Zündung der Zylinderladung geschieht durch einen elektrischen Funken. In einem magnet-elektrischen Zündapparat wird durch Induktion ein Strom dadurch erzeugt, daß zwischen den Polschuhen eines mehrteiligen Hufeisenmagnets eine Drahtspule oder Anker in oszillierende (schwingende) Bewegung versetzt wird. Während der größten Stromstärke wird der geschlossene Stromkreis im Innern des Zylinders durch einen Kontakthebel unterbrochen und dadurch ein Funke erzeugt, welcher die Zylinderladung entzündet.

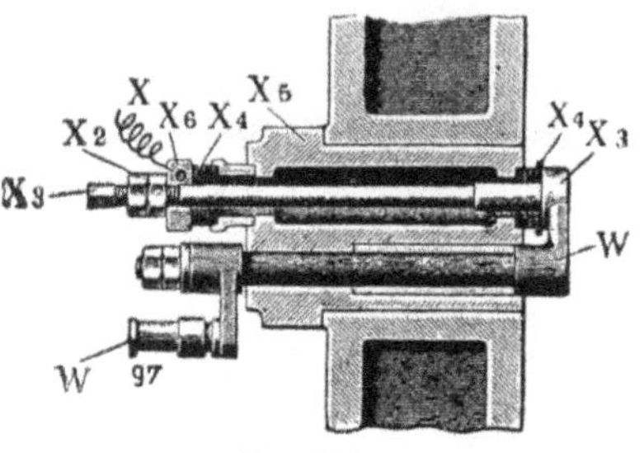

Fig. 516.

Der **Zündapparat** (Fig. 515 u. 517) besteht aus einer Anzahl Hufeisenmagnete, zwischen deren Pole eine Drahtspule drehbar gelagert ist. An der einen Seite trägt die Spulenachse den sie bewegenden Spulenhebel, welcher von der verlängerten Regulatorstange (Fig. 517) durch eine drehbar gelagerte Zunge derart betätigt wird, daß er abgelenkt und von den Blattfedern des Zündapparates wieder in seine Ruhe-

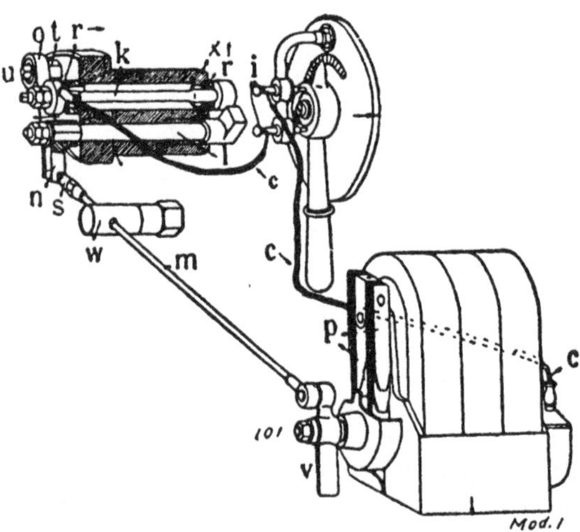

Fig. 517.

lage gebracht wird. Während der infolge der Federspannung sehr rasch vor sich gehenden Rückbewegung des Spulenhebels entsteht im Zündapparat ein Strom. Gleichzeitig stößt das freie Ende des Spulenhebels gegen den Hebel des Stromunterbrechers.

Der **Stromunterbrecher** besteht aus dem Zünddeckel X_5 (Fig. 516), dem Zündstift X_3 und dem doppelarmigen Zündhebel W, W'. Der Zündstift ist an seinen beiden Enden durch Glimmerscheiben X_4 isoliert.

Wenn der innere Arm W' des Zündhebels am Zündstift X_3 anliegt, kann der von der Spule des Zündapparates ausgehende elektrische Strom durch die am Ende der Spule angebrachte isolierte Kupferspirale, den Leitungsdraht X, den

Fig. 518.

Zündstift X_3 und den Zündhebel W' in das Maschinengestell und durch dieses in die Spule zurückfließen. Für gewöhnlich bringt eine auf den Hebelarm W des Zündhebels wirkende Feder den Zündhebel zum Anliegen an den Zündstift, und der erzeugte Strom kann daher den angegebenen Verlauf nehmen. Sobald aber der Spulenhebel beim Abschnappen dem Hebel W einen Stoß erteilt, wird der Hebel W' vom Zündstift entfernt, der Stromkreis wird unterbrochen, und es wird der zündende Funke erzeugt.

Fig. 518 stellt einen 14- bis 40 PS-Motor Modell 1 dar.

Maße und Gewichte der liegenden Deutzer Motoren „Modell E und Modell 1“.

Modell	E					1										
Zulässige Dauerleistg. i. Pferdestärk.	**1**	**2**	**3**	**4**	**6**	**8**	**10**	**12**	**14**	**16**	**20**	**25**	**30**	**35**	**40**	**45**
Ungefähr. Gew. d. Motors netto kg	490	675	880	1180	1380	1550	2050	2600	2670	3580	3620	4500	5800	6030	7200	7670
Bruttogewicht des schwersten Versandstückes . . . . ca. kg	400	510	660	840	980	1300	1650	1860	1870	2145	2170	2530	3120	3120	3685	3685
Umdrehungszahl in der Minute . .	250	250	250	240	240	240	230	220	220	210	210	200	200	200	190	190
Durchm. der Riemenscheibe . mm	200	300	350	400	500	500	600	700	850	950	1000	1200	1400	1500	1600	1700
Breite der Riemenscheibe . . »	150	210	250	290	330	330	350	390	390	410	410	390	410	430	510	530
Riemenbreite . . . . »	70	80	100	120	140	160	170	190	190	190	200	190	200	210	250	260
Erforderliche Gasuhr . . Flammen	10	20	20	30	30	50	50	60	80	80	100	150	150	200	200	200
Mehrgewicht des Motors für **elektrischen Lichtbetrieb** ohne Riemenscheibe:																
a) mit Fundamentteilen zum Außenlager für Mauerfundament . . . . ca. kg	125	160	180	200	240	440	460	565	635	600	730	770	780	880	310	630
b) mit gußeisernem Lagerstuhl für das Außenlager u. dessen Fundamentteilen . . ca. kg	185	220	240	280	320	520	555	680	750	710	—	—	—	—	—	—
Durchm. d. Riem.-Schwungrad. mm	1200	1300	1400	1500	1600	1750	1900	2000	2100	2200	2300	2300	2450	2450	2700	2700
Riemengeschwindigkeit . . . m/sec	15,7	17,0	18,3	18,8	20,1	22,0	22,8	23,0	24,1	24,2	25,2	24,0	25,6	25,6	26,8	26,8
Riemenbreite . . . . mm	50	60	70	80	100	100	110	120	120	130	140	150	160	170	200	210

Mit Genehmigung der Motorenfabrik Deutz lassen wir beispielsweise die sr. Zt. von derselben herausgegebene Anleitung zur Behandlung des Deutzer Motors Modell 1 an dieser Stelle wörtlich folgen.

I. Einleitung.

(Wichtig für den Motorenbesitzer.)

Die nachstehende »Anleitung« soll und kann keineswegs eine Lehrschrift bilden, nach deren Durchlesen ein Laie zum Bedienen des Motors befähigt ist. Zu diesem Zwecke ist vielmehr mündlicher Unterricht erforderlich, welcher durch einen unserer Monteure direkt am Motor erteilt werden muß. Hierfür bildet diese Anleitung den Leitfaden; sie soll ferner dem Maschinisten ein Mittel sein, sich das Gehörte einzuprägen und ins Gedächtnis zurückrufen zu können.

Wir empfehlen dem Motorenbesitzer dringend, jedem **neuen** Maschinisten (welcher Gasmotoren noch nicht mit Erfolg bediente) den erwähnten Unterricht erteilen und gleichzeitig eine gründliche Reinigung (nach Abschnitt V »Reinigen und Instandhalten« unter 3) des Motors im Beisein des Monteurs ausführen zu lassen. Der Maschinist seinerseits muß jede Anwesenheit eines Monteurs usw. benutzen, um sein Wissen zu bereichern.

II. Arbeitsvorgang.

Die Maschine arbeitet im »Viertakt«, d. h. auf vier Kolbenhübe oder zwei volle Umdrehungen der Kurbelwelle kommt eine Kraftwirkung. Befindet sich der Kolben in seinem inneren Totpunkte, so bleibt zwischen der Kolbenfläche und dem Zylinderboden ein gewisser Raum, der Kompressionsraum, frei, und es vollzieht sich, von dieser Kolbenstellung ausgehend, der Arbeitsvorgang wie folgt:

1. Hub (Kolbenvorgang). Es wird von dem vorgehenden Kolben ein explosibles Gemenge von Gas und Luft in den Zylinder gesaugt (Ansaugeperiode).

2. Hub (Kolbenrückgang). Das explosible Gemenge wird in dem Kompressionsraume zusammengedrückt (Kompressionsperiode).

3. Hub (Kolbenvorgang). Im innern Totpunkte wird die komprimierte Ladung entzündet und durch die entstehende starke Spannungssteigerung der Kolben vorgedrückt (Arbeitsperiode). Die hierbei dem Schwungrade zugeführte Kraftwelle erhält es während der folgenden drei Hübe in Bewegung.

4. Hub (Kolbenrückgang). Die Verbrennungsprodukte werden durch das geöffnete Ausströmventil ins Freie ausgestoßen. Die Gleichförmigkeit des Ganges der Maschine wird durch ein entsprechend schweres Schwungrad erwirkt.

III. Zündvorrichtung.

Die Zündvorrichtung stellt die meisten Anforderungen bezüglich Bedienung und Instandhaltung an den Maschinisten; sie wird deshalb im nachstehenden ausführlich behandelt.

Der Apparat zur Erzeugung des elektrischen Stromes (»Zündapparat«, in Fig. 515 schematisch dargestellt) arbeitet folgendermaßen:

Zwischen den wie ein Hufeisen geformten Magneten *a* bewegt sich eine auf die Welle *b* aufgeschobene, mit zwei tiefen und breiten Längsnuten versehene Walze auf Eisen. Über diese Walze, und zwar in die Längsnuten hinein, ist umsponnener (isolierter) Kupferdraht *c* sehr oft gewickelt. Bringt man den Anfang und das Ende dieses Drahtes (Wicklung) bei *d* zur Berührung (Kontakt) und dreht an der Kurbel *e* recht rasch, so durchfließt den Draht ein elektrischer Strom, der um so stärker ist, je schneller gedreht wird. Bringt man nun während des Drehens die Drähte voneinander, so zeigt sich ein starker Funken (Öffnungsfunken). Während einer Umdrehung des Ankers fließt aber der Strom nicht gleichmäßig, sondern in zwei Kurbelstellungen stärker ab; man fühlt beim Drehen auch deutlich, daß an zwei Stellen der Anker sich schwerer drehen läßt. Nach Fortnehmen der Stange *m* und der Federn *p* (Fig. 517) kann man sich durch einen Versuch hiervon überzeugen.

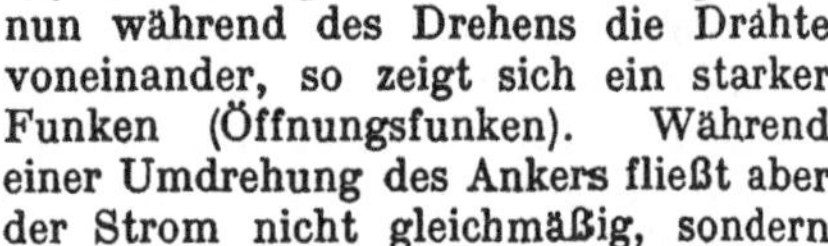

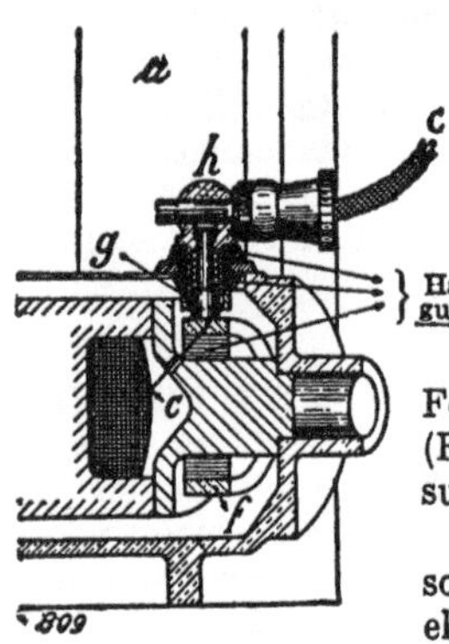

Fig. 519.

Sind die Drähte voneinander entfernt, so entsteht und fließt kein Strom. Der elektrische Strom findet in allen Metallen und Flüssigkeiten gute Fortleitung, dagegen kann er durch Gummi, Glimmer, Holz, Baumwolle nicht, durch Schmutz, Ölkrusten, Grünspan, Rost usw. nur sehr schwer hindurchfließen. Je größer die Metallflächen sind, desto weniger Widerstand findet der Strom.

Bei obigem Zündapparat wird der Anker nicht rund herumgedreht, sondern in demjenigen Teil einer Umdrehung, welcher den stärksten Strom liefert, um ein Achtel voraus und dann von den Federn *p* (Fig. 517) sehr rasch zurückgedreht; bei diesem Zurückschnellen entsteht der Strom. Letzterer nimmt nun folgenden Weg (Fig. 519 u. 517): vom Drahtende *c* durch den Bronzering *f* und den federnden Schleifkontakt *g* (dieser vermittelt während der drehenden Bewegung des Ankers die Berührung) in Knopf *h*, sodann durch den eingesteckten Draht *c*, Ausschalter *i* (wenn Gashahn geschlossen, ist Strom unterbrochen!), Draht *c* zum Zündstift *k*. Bis hierher sind alle Stromleiter durch Hartgummi, Umwicklung und Glimmer isoliert, so daß der Strom diesen Weg fließen **muß.**

Vom Zündstift *k* fließt der Strom, wenn der Zündhebel *l* anliegt, auf diesen über und kann nun, da der Zündhebel nicht isoliert ist, in den Zünddeckel und von da auf beliebigem Wege durch die Metallteile zum Zündapparat und weiter in die Ankerwelle gelangen. Weil nun an die Ankerwelle der Drahtanfang der Wicklung *c* angelötet ist, kann der Strom einen vollständigen Kreislauf ausführen, wenn sich die Drahtenden berühren. Stößt nun aber die Zündstange *m* an den Zündfederhebel *n*, so wird der an den Zündstift *k* anliegende Zündhebel *l* (wird durch Feder *o* angedrückt) vom Zündstift losgerissen und es entsteht ein Öffnungsfunke, der das Gas im Zylinder entzündet.

Im nachstehenden ist nun gesagt, wie die verschiedenen Teile der Zündung behandelt und eingestellt werden müssen, um in der beschriebenen Weise zu arbeiten.

Für die **Instandhaltung der Zündung** ist zu beachten:

1. daß dauernder Einfluß von Feuchtigkeit dem Zündapparat schadet; ebenso schadet starke Erwärmung der Magnete *a*, welche dadurch ihre Magnetkraft verlieren;

2. daß alle reibenden Teile, besonders die Druckflächen der Federn *p* sowie der Zündhebel *l* häufig zu schmieren sind; doch muß abfließendes Öl sorgfältig entfernt werden;

3. daß auf größte Reinlichkeit gehalten werden muß;

4. daß der Zündstift *k* immer fest angezogen ist, um zu vermeiden, daß zwischen die einzelnen Glimmerplättchen *r* Feuchtigkeit tritt, wodurch der Glimmer nicht mehr isoliert;

5. daß aus dem Hohlraum um den Zündstift *k* etwa dennoch eingetretene Feuchtigkeit sofort ausfließt (Abflußbohrung freihalten);

6. daß der Zündhebel *l* sich während des Betriebes etwa ½ mm ein- und auswärts bewegt. Tut er dies nicht, muß durch Schmieren mit Petroleum Lösung geschaffen werden; ist das Spiel zu groß geworden, muß das Vierkant des Zündhebels *l* nachgesetzt werden;

7. daß der Meißelhieb am Spulenhebel *v* (Fig. 517) mit demjenigen auf der Ankerwelle übereinstimmen muß. Bei Auswechslung des Spulenhebels *v* ist streng darauf zu achten, daß der neue dieselbe Stellung wie der alte erhält.

An dem einen Ende der Zündstange *m* befindet sich ein Lederpfröpfchen, welches durch den Kopf *s* gehalten wird und das Aufstoßen der Stange dämpft. Es ist zu beachten, daß zwischen Lederpfröpfchen und Zündfederhebel *n* in der Ruhelage stets ½ mm Spiel sein muß; die hierfür notwendige Verstellung des Kopfes *s* ist leicht zu bewirken.

Die Feder *o* ist nur soviel, als zum Bewegen des Zündhebels nötig ist, zu spannen (bricht sonst), indem man die Mutter *t* löst und das Vierkant *u* entsprechend herumdreht.

An **Reserveteilen zur Zündung** müssen stets vorhanden sein: 1 Satz Blattfedern *p* zum Zündapparat (Fig. 517), 2 Satz Glimmerplättchen *r*, 1 Schloßfeder *o*, 2 Lederpfröpfchen zum Zündstangenkopf *s*, 1 Vulkanitbüchse zum Zündstangenhalter *w*, 2 Muttern $^5/_{16}$″ Gewinde, 2 Splinte dazu, 1 Dichtungsring *x* zum Zünddeckel (aus Kupferdraht), sowie ein vollständiger Zünddeckel.

Versagt die Zündung, so sehe man zuerst das Zündgestänge entsprechend den Punkten 1—7 gewissenhaft durch. Ist hierbei die Ursache nicht zu finden, so verfolge man den Stromlauf (wie oben beschrieben) und prüfe alle Berührungsstellen, besonders diejenige zwischen Zündhebel *l* und Zündstift *k* auf Blankheit. Bleibt auch hier der Erfolg aus, so prüfe man, ob der Zündapparat überhaupt Strom liefert, indem man sich zunächst von der Sauberkeit der Berührungsstellen der Teile *f-g-h* (Fig. 519) und der Anschlußstöpsel des Leitungsdrahtes *c* überzeugt. Sodann bewege man den Spulenhebel *v* (Fig. 517) und damit den Anker schnell hin und her, gleich der vom Motor bewirkten Bewegung (dieses gelingt ohne Schwierigkeit, wenn man zuvor die Federn *p* vom Zündapparat entfernt), streiche gleichzeitig mit dem Ende des angeschlossenen Drahtes *c* über einen der Metallteile des Apparates und bringe, wenn am Spulenhebel *v* der größte Widerstand verspürt wird, das Drahtende außer Berührung mit dem Zündapparat. In diesem Augenblick muß, wenn Strom erzeugt worden ist, ein Funke überspringen. Ergibt sich, daß kein Strom vorhanden ist, so liegt der Fehler am Apparat selbst; man ersuche dann die nächste Niederlassung der Motorenfabrik Deutz (dort sind Apparate stets vorrätig) um Auswechslung. Ergibt sich jedoch, daß Strom vorhanden ist, so kann der Fehler nur noch im Zünddeckel liegen, der vollständig auseinander zu nehmen, zu reinigen und mit neuen Glimmerscheiben *r* (die mindestens 8 mm hoch sein müssen) zu versehen ist.

IV. Schmieren, Kühlen usw.

Für die Menge, in welcher das Schmieröl den einzelnen Lagerstellen zuzuführen ist, lassen sich genaue Angaben nicht machen, da dieselbe von der Beschaffenheit des Öles, Aufstellungsortes (Staubfreiheit und Temperatur) usw. abhängt. Der Maschinist hat daher durch genaue Beobachtung festzustellen, wieviel Öl jedes der Lager braucht, wobei er in erster Hinsicht auf Betriebssicherheit, in zweiter auf Sparsamkeit im Verbrauch zu achten hat.

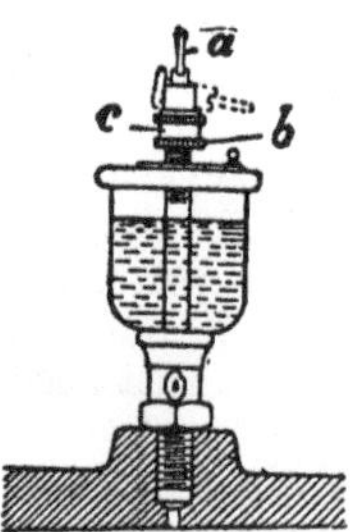

Fig. 520.

Die **Tropföler** (Fig. 520) werden durch Hochklappen des Hebels *a* in Betrieb gesetzt, wodurch eine bestimmte Anzahl Tropfen fällt; diese kann verändert werden, indem man die Gegenmutter *b* löst und die Mutter *c* entsprechend verstellt. Nach Stillsetzen der Maschine wird Hebel *a* einfach umgeklappt. Man beachte beim Tropfeneinstellen, daß bei kalter Maschine weniger Tropfen fallen als bei warmer, wenn sich das Öl angewarmt hat. Deshalb empfiehlt es sich, die Einstellung nach 2—3 Betriebsstunden nochmals nachzusehen.

Die **Zylinderschmierung** erfolgt durch einen Tropföler (wie oben beschrieben), unter welchem sich eine Pumpe befindet, die das ihr zutropfende Öl auf den Kolben preßt. Versagt die Pumpe, was durch Nichtfördern oder Aufsteigen von Blasen im Tropföler erkennbar ist, so muß das Kugeldruckventil, welches sich am unteren Ende der Pumpe befindet, nachgesehen werden. Zu diesem Zwecke nehme man zuerst das Druckrohr von der Pumpe weg und schraube dann die große Überwurfmutter ab; mit derselben kommen Ventilfeder, Ventilkugel sowie Ventilsitz heraus, die man reinigt und in der gleichen Reihenfolge wieder einsetzt. Die Kugel darf auf dem Ventilsitz nicht aufgeschliffen, vielmehr nur Sitz und Kugel durch Abreiben mit einem Lappen gut gereinigt und poliert werden. Sollte wider Erwarten die Kugel oder der Sitz beschädigt sein, muß letzterer nachgedreht und für erstere Ersatz beschafft werden.

Für die Menge des zuzuführenden Zylinderschmieröles beachte man, daß der Kolben stets auf seiner ganzen Fläche gut gefettet sein muß; anderseits ist zu starke Schmierung insofern schädlich, als das Öl an dem Kolbenboden herabfließt, dort festbrennt und Krusten bildet, die sog. »Knaller« zur Folge haben.

Bei der **Kolbenbolzenschmierung** muß beachtet werden, daß der Schmierpfennig immer richtig in den Schlitz des Löffels am Kolben eintritt. Es darf während des Betriebes kein Tropfen Öl daneben fallen.

Bei der **Kurbelzapfenschmierung** achte man darauf, daß das Öl auch sicher in den Schmierring gelangt.

Die **Kurbelwellenlager** besitzen sog. Ringschmierung, d. h. ein Ring läuft durch ein Ölbad, behaftet sich dadurch mit Öl und gibt dasselbe während seines Überlaufens über die Kurbelwelle ab. Es ist daher vor allem zu beobachten, ob sich der Schmierring auch dreht. Ferner ist darauf zu achten, ob beim Stillstand der Maschine sich im Ölstandzeiger bis 10 mm vom Rande entfernt Öl befindet; sonst muß aufgefüllt werden. Die vollständige Erneuerung des Öles muß nach ca. 300 Betriebsstunden geschehen. Zu diesem Zweck löst man den Ölstandzeiger und dreht ihn nach unten, so daß das Öl in ein untergestelltes Gefäß abfließen kann.

Die **Schraubenräder** zum Antrieb der Steuerwelle sowie diejenigen zum Antrieb des Regulators laufen in einem Ölbad, das wie dasjenige der Kurbelwellenlager zu behandeln ist.

Die **übrigen Schmierstellen,** welche nicht mit selbsttätiger Schmiervorrichtung versehen sind, sind mit der Ölkanne mehrmals am Tage zu schmieren, wobei man beachte, daß häufiges Schmieren durch nur wenige Tropfen besser und sparsamer ist, als einmaliges, starkes Schmieren.

Die **Spindel des Ausströmventils** wird mit einem Gemisch von Öl und Petroleum geschmiert. Die obere Ölpfanne für die **Regulatorspindel** ist immer gut gefüllt zu halten.

Der **Regulator** wird am besten während des Ganges geschmiert, indem man den oberen Knopf der Regulatorhaube abnimmt und in das dort sichtbare Messingröhrchen reichlich Öl füllt.

Die **Schmierung der Zündung** ist bereits unter »Instandhaltung der Zündung« erwähnt.

Das aus den Schmierstellen ablaufende Öl wird durch ein Ölfilter gereinigt und kann dann wieder verwendet werden, dagegen nicht das aus dem Kolben abfließende Öl. Damit letzteres sich nicht mit dem vom Kurbelzapfen abtropfenden Öl vermengt, ist im Lagerbock ein Damm vorgesehen.[1])

Bei der **Zylinderkühlung** ist zu beachten, daß das aus dem Zylinder abfließende Wasser bei Leuchtgas etwa 50—60° C warm ist, da andauerndes Kalthalten des Zylinders schädlich ist und frühen Verschleiß an Zylinder und Kolben hervorruft. Man kann diese Temperatur durch mehr oder weniger Drosseln des Zuflußhahnes sehr bald erreichen. Bei Anwendung von Zirkulationskühlung durch Kühlgefäße ist Vorstehendes ganz besonders zu berücksichtigen. Ferner hat man darauf zu achten, daß der Wasserspiegel in den Kühlgefäßen stets ca. 100 mm über der Mündung des oberen Wasserrohres steht. Durch die Erwärmung verdunstet jeden Tag ein Teil des Wassers, welches in entsprechenden Zwischenräumen nachzufüllen ist.

Steht der Motor in einem Raume, wo er dem Frost ausgesetzt ist, so ist im Winter vor jedem längeren Stillstand das Kühlwasser aus dem Zylinderkopf und Zylinder vollständig zu entfernen. Ebenso müssen Kühlgefäße, Wasserzu- und -abflußrohre sowie sonstige dem Frost ausgesetzte Teile der Anlage entleert werden.

Aus dem **Ausblasetopf** muß das sich ansammelnde Kondenswasser jeden Abend nach Stillsetzen des Motors durch den am Boden angebrachten Hahn abgelassen werden.

Falls in die Leuchtgasleitung ein **Gasdruckregler** eingeschaltet ist, achte man darauf, daß der Druck zwischen diesem und dem Motor nur ca. 5—10 mm Wassersäule beträgt.

V. Reinigung und Instandhaltung.

Die Reinigung und Instandhaltung des Motors ist in drei Abteilungen zu trennen:

1. die täglich während des Betriebes und kurz nach Stillsetzen oder in den Pausen auszuführenden Arbeiten;
2. die Reinigung der Ventile und des Teiles des Verbrennungsraumes, welcher nach der Herausnahme derselben frei wird;
3. (Hauptarbeit) die Reinigung des gesamten Verbrennungsraumes (durch Herausnahme des Kolbens) sowie Kontrolle aller Organe des Motors.

---

[1]) Die neueren Motoren sind mit einer Zentralschmierung ausgerüstet, von welcher aus **sämtliche Stellen** mit Öl versorgt werden.

Zur Reinigung nach 1 ist nur wenig zu sagen, da hierher die einfachsten Handgriffe gehören, die zum Teil in den vorausgegangenen Abschnitten schon genannt sind. Besonders wäre darauf hinzuweisen, daß **Reinlichkeit und gutes Schmieren in jeder Hinsicht das Hauptererfordernis sind.** In den Tropfölern darf sich z. B. niemals ein Bodensatz zeigen; neigt das Öl zur Bildung eines solchen, so lasse man es vor dem Gebrauch durch ein Filztuch fließen. Beim Putzen vergegenwärtige man sich, daß die Erzielung einer Politur anzustreben ist, da diese am besten die Metalle gegen Blindwerden schützt. Politur läßt sich aber nur durch Putzen mit sehr feinen Schleifmitteln (Wiener Kalk, Putzpomade usw.) erreichen, **Schmirgel,** gleichviel welcher Art, **zerstört jede Politur.**

Der Zeitpunkt, nach welchem jeweils eine Reinigung nach Punkt 2 oder 3 vorgenommen werden muß, läßt sich nicht ohne weiteres angeben, da dieser von vielen Nebenumständen abhängt. Der Maschinist muß vielmehr solche Reinigungen im Anfang häufiger vornehmen und kann mit der Zeit die Zwischenräume verlängern, er wird dann bald herausfinden, wo die Grenze liegt, d. h. wie groß er diese Zwischenräume machen darf. Er halte sich hierbei stets vor Augen, daß der Gasmotor eine Verbrennungsmaschine ist und deshalb wie jede Feuerungsanlage der Reinigung des Feuerraumes bedarf.

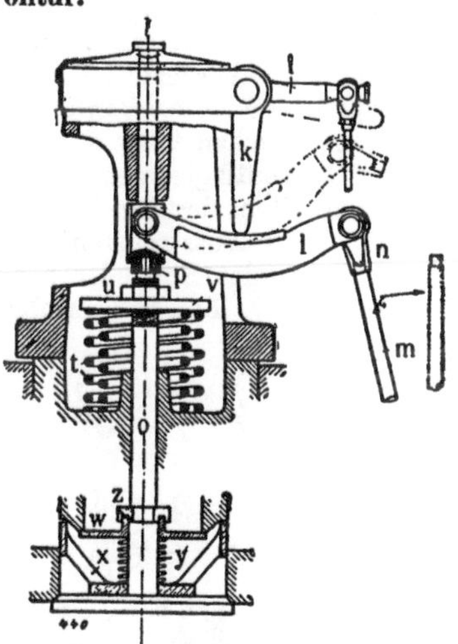

Fig. 521.

Soll die **Reinigung nach 2** vorgenommen werden, so löse man die Stellschraube für die Regulatorstange *i* (Fig. 521) an der Einströmventilhaube und ziehe die Regulatorstange *i* heraus, drehe den Stützhebel *k* nach oben und hebe den Einströmhebel *l* so hoch, daß sich die Einströmstange *m* aus dem Stangenkopf *n* herausziehen läßt. Nun nehme man die Ventilhaube mit Einströmhebel *l* ab, entferne die auf der Ventilspindel *o* liegende Scheibe *p*, lege über die Stehbolzen *r* des Zylinderkopfes (Fig. 522) die Hilfswerkzeuge (Traversen) *s*, ziehe mit Hilfe der Ösenschrauben, indem man die Muttern derselben anzieht, den Ventileinsatz heraus und zerlege ihn wie folgt: Nachdem man die Federn *t* (Fig. 521) nach Losschrauben der Gegenmutter *u* und des Federtellers *v* abgebaut hat, zieht man den Ventilkegel *o* mit Gasventil *w* und Luftschieber *x* heraus. Dann drückt man das Gasventil *w* herunter, bis sich der Ring *z* seitlich abziehen läßt, und kann nun Gasventil *w*, Feder *y* und Luftschieber *x* abstreifen.

Beim Zusammensetzen achte man genau auf die Reihenfolge, in welcher die verschiedenen Teile wieder auf die Ventilspindel zu setzen sind, wofür Fig. 521 direkte Anleitung gibt.

Nachdem das Einströmventil entfernt ist, kann das Ausströmventil herausgenommen werden, indem man die Schere *A* (Fig. 523) unter den Federteller *B* spannt und so durch Anziehen der Muttern der Ösenschrauben den Ventilkegel *C* entlastet. Hierauf wird die Ventilklemme *D* abgenommen; sodann kann das Ventil herausgezogen werden.

Nach erfolgter Reinigung sind die Ventile auf ihre Sitze etwas aufzuschleifen, um sie wieder völlig dicht zu machen. Man beachte, daß durch häufiges Nachschleifen die Ventilspindeln weiter aus dem Zylinderkopf heraustreten und dementsprechend die Ventilantriebsgestänge nachzustellen sind. Beim Einströmventil geschieht dies durch Nacharbeiten der Scheibe *p* (Fig. 521), beim Ausströmventil durch entsprechendes Einstellen der Ventilklemme *D* (Fig. 523), wobei das

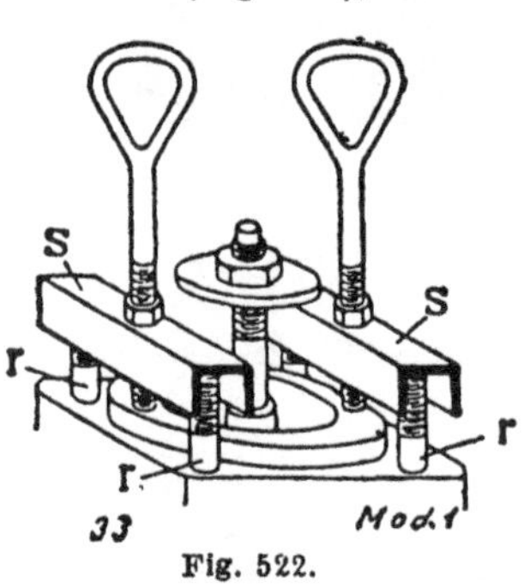

Fig. 522.

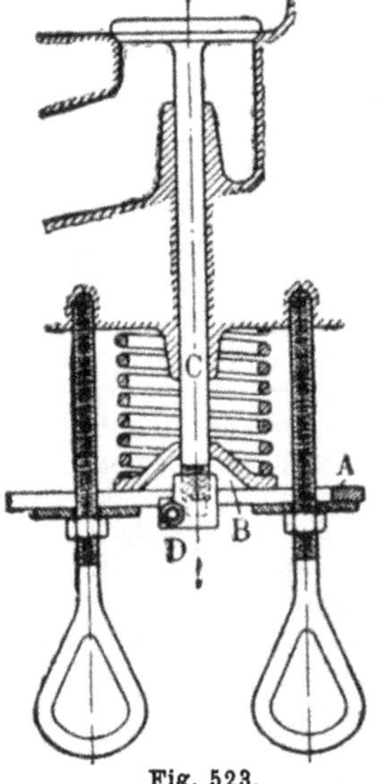

Fig. 523.

Spiel zwischen Stützhebel *k* und Einströmhebel *l* (Fig. 521) sowohl als auch das Spiel zwischen Nockenrolle und Nockenscheibe ½ mm betragen soll.

Bei Ausführung der **Reinigung nach 3** wird der Kolben herausgenommen, indem man zuerst das Schutzblech über der Kurbelwelle, hierauf die Kolbenbolzenschmierung abnimmt. Dann dreht man die Kurbelwelle so, daß die Kurbel nach oben steht, löst die Schrauben des Kurbelzapfenlagers der Kurbelstange und nimmt, nachdem man die Stange unterbaut hat, den Lagerdeckel ab. Hierauf dreht man die Kurbelwelle nach vorn und zieht den Kolben nebst Kurbelstange mit Hilfe eines über dem Motor angebrachten Flaschenzuges, nachdem man die Stange im Kolben oben und unten durch

Holzkeile festgeklemmt hat, vorsichtig aus dem Zylinder heraus. Man säubert den Kolben, die Zylinderwandungen und den Zylinderkopf durch Abkratzen der Schmutzschicht und wäscht den Kolbenlauf im Zylinder mit Petroleum aus. Der Kolben und die Kolbenringe werden, ohne letztere vom Kolben abzustreifen, mit Petroleum abgewaschen, so daß die Ringe in den Nuten wieder leichtgängig werden. Nach der Reinigung wird der Kolben gut eingeölt und wieder eingesetzt. Man bediene sich hierzu — bei Motoren bis zu 30 PS — stets des mitgelieferten **Kolbenringspannbleches,** um die Ringe bis fast auf den Kolbendurchmesser zusammenzuziehen. Beim Einschieben des Kolbens in das Zylinderrohr muß sich das Spannblech durch die Anschlagwinkel zurückstreifen. Beim Herausnehmen wie beim Einsetzen des Kolbens muß sehr auf die Kolbenringe Obacht gegeben werden, damit dieselben sich nicht festklemmen und dabei beschädigt werden. Zerbrochene Kolbenringe dürfen nicht eingebaut werden, da dieselben die Zylinderwand verderben. So lange kein Ersatz vorhanden ist, läßt man den Kolben ohne den zerbrochenen Ring laufen.

Der **Kühlwassermantel** muß durch Abnehmen des Deckels am Zylinderkopf gereinigt werden. Zeigt sich bei dieser Gelegenheit starker Kesselsteinansatz, so muß der Zylinderkopf abgenommen, das Zylinderrohr herausgezogen und beide vom Kesselstein befreit werden. Zugleich empfiehlt es sich, für bessergeeignetes Kühlwasser zu sorgen. Man wende sich dieserhalb um Rat an unsere Vertreter. Starke Kesselsteinschichten verhindern die notwendige Kühlung und verursachen daher Brüche in den Maschinenteilen.

Das **Nachstellen der Lager** muß sich der Maschinist vom Monteur genau erklären lassen; kurze Anweisungen können hierfür nicht gegeben werden. Man beachte jedoch unter allen Umständen, daß heißgelaufene Lager nicht durch Aufbringen von Wasser abgekühlt werden dürfen, da sonst die Lagerschalen ihre Form verändern und vollständig unbrauchbar werden. Tritt ein Heißwerden ein, so stellt man den Motor still, löst das Lager etwas und bringt die Maschine wieder in Betrieb; dann versuche man durch reichliche Ölzufuhr das Lager kalt zu bekommen. Gelingt dies nicht, so muß man stillsetzen, das Lager kräftig anziehen und den Motor so lange stehen lassen, bis es abgekühlt ist. Dann nehme man das Lager auseinander, arbeite die Ölnuten wieder frei, reibe die Laufflächen sauber ab, wasche sie gut mit Petroleum aus und setze sie wieder zusammen, nachdem man sich überzeugt hat, ob die Schale mit der ganzen Lauffläche auf dem Zapfen aufliegt (tuschiert). Besonders vorsichtig gehe man beim Nachstellen des Kolbenbolzenlagers vor, da dasselbe während des Betriebes nicht kontrolliert werden kann.

Es ist darauf zu achten, daß die Kurbelstangendeckelschrauben stets gut angezogen sind, damit kein Spiel im Kurbelzapfenlager entsteht, welches ev. einen Bruch der Deckelschrauben und eine schwere Beschädigung der ganzen Maschine zur Folge haben kann.

An Reserveteilen müssen stets vorhanden sein: 1 Kolbenring, 1 äußere und 1 innere Feder *t* zum Einströmventil (Fig. 521), 1 Feder *y* zum Gasventil (Fig. 521), 1 Feder zum Ausströmventil (Figur 521), 1 Ventilkugel zur Zylinderschmierpumpe, 1 Gummiring zum Zylinderrohr, 1 großer und 1 kleiner Gummiring zum Einströmventil, 1 Zylinderkopfpackung, 1 Tafel Asbest sowie die unter »Zündvorrichtung« genannten Reserveteile.

VI. Ingangbringen und Stillsetzen.

Als **Vorbereitung zum Ingangbringen** verschiebe man die Ausströmrolle so, daß sie von zwei Nocken angehoben wird; der Anlaßnocken bewirkt dann ein teilweises Ausströmen des Explosionsgemenges und dadurch eine Verringerung des Kompressionsdruckes, was weiterhin ein leichteres Andrehen des Motors ermöglicht. Ferner stelle man die kleine Stütze am Regulator unter das Gestänge, womit der Stützhebel *k* (Fig. 521) an der Ventilhaube auf seine Bahn am Einströmhebel *l* (Fig. 521) zu stehen kommt, dann kann das Einströmventil arbeiten. Durch diese Einstellung ist der sog. Durchfall des Regulators ausgeschaltet, welcher als Sicherheit dafür dient, daß im Stillstand des Motors das Gasventil unbedingt geschlossen bleibt und daß ein Ausströmen von Gas unmöglich ist. Sobald der Motor nach Inbetriebsetzung seine Tourenzahl erreicht, fällt die erwähnte Stütze von selbst nach unten. (Keinesfalls darf dieselbe direkt nach Stillsetzen des Motors schon aufgestellt werden.) Das Inbetriebsetzen der Öler sowie das Öffnen der Wasserhähne **vor** dem Anlassen des Motors darf nicht vergessen werden. Endlich ist noch das Exzenter am Zündgestänge in die Anlaßstellung zu bringen.

Beim **Ingangbringen des Motors** verfährt man wie folgt:

Der Gaseinlaßhahn am Motor wird nur wenig geöffnet und erst, nachdem der Motor auf seine normale Umlaufzahl gekommen ist, allmählich weiter aufgemacht. Der Lufthahn bleibt ganz geöffnet.

Nach erfolgtem Ingangbringen muß die Ausströmrolle sowie das Exzenter am Zündgestänge in die Betriebsstellung gebracht werden.

Für das Ingangbringen der Motoren bestehen besondere Anleitungen.

Vor dem **Stillsetzen des Motors** muß bei Leuchtgasbetrieb der Haupthahn in der Gaszuleitung geschlossen werden und erst, wenn der Gummibeutel fast entleert ist, wird der Gashahn am Motor geschlossen. Es empfiehlt sich, den Motor im Ruhezustand stets in die Lage zu drehen, in welcher alle Ventile geschlossen sind. Dadurch sind die Federn entlastet und es wird verhindert, daß Feuchtigkeit in den Zylinder gelangen kann.

Vor dem Anlassen sämtliche Öler in Betrieb setzen. Kühlwasser zeitig zuführen. Bei Frost das Kühlwasser aus dem Zylindermantel und dem Zylinderkopfe ablassen.

Vor dem Herausnehmen des Kolbens, eines Ventilgehäuses usw., d. h. bevor man das Zylinderinnere öffnet, muß stets der

Gashahn geschlossen und der Leitungsdraht *c* (Fig. 517) entfernt sein. Außerdem muß ebenfalls vor dem Öffnen durch mehrmaliges Umdrehen des Schwungrades etwa noch im Zylinder befindliches Gasgemisch entfernt werden. Bei Außerachtlassung dieser Vorsichts-

Fig. 524.

Fig. 525.

maßregel besteht die Gefahr, daß eine nach außen schlagende Explosion entsteht, welche der am Motor beschäftigten Person Schaden durch Verbrennungen zufügen würde.

Die weiteren Figuren 524, 525, 526 u. 527 zeigen die auf Seite 422 bereits erwähnten neueren Modelle der Motorenfabrik Deutz, und zwar:

Fig. 526.

Fig. 527.

Fig. 524 den Motor MA für Kraftgrößen bis 12 PS,
Fig. 525 den Motor MJ für Kraftgrößen von 13 bis 22 PS,
Fig. 526 den Motor MK für Kraftgrößen von 23 bis 60 PS

und

Fig. 527 den Motor G (größerer Typ).

Bezüglich der Anschlüsse für die eben genannten Modelle wird auf die nachfolgenden drei Tabellen hingewiesen.

Bauart und Größe				MA	213		216		118		122	
Dauerleistuug bis 10 % überlastbar, bei: Benzol, Spiritus, Leuchtgas					2,5	3	5	6	8	8,5	10	12
Umdrehungen in der Minute					600	750	600	700	550	600	420	500
Kolbenhub				mm	130		160		180		220	
Zylinderbohrung				mm	90		110		130		150	
Größtes bei der Montage zu beförderndes Gewicht				rd. kg	95		140		320		420	
Rohrleitung Länge × l. W.	Brennstoff bei: Leuchtgas			m × Zoll	8 × 1		8 × 1		10 × $1^1/_4$		10 × $1^1/_4$	
	Kühlwasser ortsfest	Durchflußkühlung	vor dem Motor	m × Zoll	5 × $^3/_8$		5 × $^3/_8$		5 × $^1/_2$		5 × $^1/_2$	
			hinter dem Motor	m × Zoll	5 × $^3/_4$		5 × $^3/_4$		5 × $^3/_4$		5 × $^3/_4$	
		Kühlgefäßkühlung	vor dem Motor	m × Zoll	5 × 1		5 × 1		5 × $1^1/_4$		5 × $1^1/_4$	
			hinter dem Motor	m × Zoll	5 × 1		5 × 1		5 × $1^1/_4$		5 × $1^1/_4$	
	Auspuff, ortsfest, für alle Brennstoffe			m × Zoll	7 × $1^1/_4$		7 × $1^1/_4$		7 × $1^1/_2$		7 × 2	
Gummibeutel				Anschl. Zoll	1		1		$1^1/_4$		$1^1/_4$	
Gasdruckregler				Anschl. Zoll	1		1		$1^1/_4$		$1^1/_4$	
Absperrhahn (Gashahn)				Anschl. Zoll	1		1		$1^1/_4$		$1^1/_4$	
Kühlgefäß (nur für den Motor)				Inhalt l	400		720		1400		2100	
Auspufftopf	ortsfest			Größe	S 8		S 12		S 12		S 20	
	fahrbar				Auspufftrompete							

Bauart und Größe				MI	128		132	
Dauerleistung, bis 10% überlastb. bei: Benzol, Spiritus, Leuchtgas				PS	**14**	**16**	**20**	**22**
Umdrehungen in der Minute $\pm 5\%$ verstellbar					400	450	365	400
Kolbenhub Zylinderbohrung				mm mm	280 170		320 200	
Größtes bei der Montage zu beförderndes Gewicht				rd kg	600		800	
Rohrleitung, Länge × l. W.	Brennstoff bei Leuchtgas			m × Zoll	$9 \times 1^1/_4$		$9 \times 1^1/_4$	
	Kühlwasser ortsf.	Durchfluß-Kühlung	vor d. Motor hinter d. Motor	m × Zoll m × Zoll	$5 \times ^1/_2$ $5 \times ^3/_4$		$5 \times ^1/_2$ $5 \times ^3/_4$	
		Kühlgefäß-Kühlung	Zu- u. Ableitung v. d. Motor zwischen d. Kühlgefäßen	m × Zoll m × Zoll	$14 \times 1^1/_2$ $2{,}5 \times 2$		$14 \times 1^1/_2$ 3×2	
	Auspuff	ortsfest	f. alle Brennstoffe	m × Zoll	$12 \times 2^1/_2$		12×3	
Gummibeutel **Gasdruckregler** **Absperrhahn** (Gashahn)				Anschl. Zoll Anschl. Zoll Anschl. Zoll	$1^1/_4$ $1^1/_4$ $1^1/_4$		$1^1/_4$ $1^1/_4$ $1^1/_4$	
Kühlgefäß (nur für den Motor)				Inhalt l	2800		3500	
Auspufftopf	ortsfest fahrbar			Größe Inhalt l	S 40 50		S 40 60	
Brennstoffverbrauch in g/bezw. l/P Se-st; für Gewähr 10% Spielraum	**Leuchtgas v. 5000 WE/cbm**				**500**		**500**	

Bauart und Größe . . . . . M K	**339**		**347**		**360**	
Dauerleistung, bis 10% überlastbar, bei: Benzol, Spiritus, Leuchtgas, Erdgas . . . . . P S	**27**	**32**	**40**	**50**	**57**	**65**
Umdrehungen in der Minute	270	300	235	260	200	215
Kolbenhub . . . . . mm	390		470		600	
Zylinderbohrung . . . . . mm	260		310		370	
Größtes bei der Montage zu beförderndes Gewicht . . . . . rd. kg	2170		3120		4100	
Rohrleitung, Länge × l. W. — Brennstoff bei: Leuchtgas . . . . . m × Zoll	9 × 2		$9 \times 2^1/_2$		$9 \times 2^1/_2$	
Rohrleitung — Kühlwasser ortsfest — Durchflußkühlung — vor dem Motor . . . . . m × Zoll	$10 \times {}^3/_4$		$10 \times {}^3/_4$		$10 \times {}^3/_4$	
Rohrleitung — Kühlwasser ortsfest — Durchflußkühlung — hinter dem Motor . . . m × Zoll	10 × 1		$10 \times 1^1/_4$		$10 \times 1^1/_4$	
Rohrleitung — Kühlwasser ortsfest — Kühlgefäßkühlung — Zu- u. Ableitung v. d. Motor m × Zoll	$14 \times 1^1/_4$ u. 1		$14 \times 1^1/_4$ u. 1		$14 \times 1^1/_4$ u. 1	
Rohrleitung — Kühlwasser ortsfest — Kühlgefäßkühlung — Zwischen den Kühlgefäßen m × Zoll	5,3 × 2		8 × 3		8 × 3	
Rohrleitung — Auspuff, ortsfest, für alle Brennstoffe . . . . . m × mm	12 × 100		12 × 125		12 × 125	
Gummibeutel . . . . . Anschl. Zoll	2		$2^1/_2$		$2^1/_2$	
Gasdruckregler . . . . . Anschl. Zoll	2		$2^1/_2$		$2^1/_2$	
Absperrhahn (Gashahn) . . . . . Anschl. Zoll	2		$2^1/_2$		$2^1/_2$	
Kühlgefäß (nur für den Motor) . . . . . Inhalt l	5250		8400		9200	
Auspufftopf ortsfest . . . . . Größe	S 110		S 150		S 150	
Auspufftopf fahrbar . . . . . Inhalt l	160		—		—	

Die Gaskraftmaschinen (Verbrennungskraftmaschinen) von Gebr. Körting, Aktiengesellschaft, in Körtingsdorf bei Hannover wurden bisher in stehender (Fig. 528) und liegender (Fig. 529) Bauart ausgeführt, die ersteren nur für kleinere Kräfte.

Die Motoren arbeiten ebenso wie die Deutzer im Viertakt, d. h. beim vierten Hub erfolgt die Entzündung einer Ladung brennbaren Gemisches; bei geringerer Kraftleistung wird die Zahl der Ladungen je nach Bedarf ausgesetzt. (Arbeitsweise mit aussetzenden Ladungen.) Für elektrische Anlagen kommen die stehenden Motoren, welche heute auch bei Körting nicht mehr gebaut werden, überhaupt nicht in Betracht.

Fig. 528.

Von bedeutend größerer Wichtigkeit sind die liegenden Verbrennungskraftmaschinen, die in Größen von 1 bis 150 PS einzylindrig, von da bis 300 PS als Zwillingsmaschinen angefertigt wurden. Für noch größere Kraftleistungen treten neue besondere Bauarten ein.

In nachstehendem wollen wir die neuere Bauart des Körting-Gasmotors ebenfalls abbilden und näher beschreiben.

Fig. 529.

Der Körting-Gasmotor wird als Einzylinder-, Zwillings-, Dreilager- oder Zwillingsdreilagermotor gebaut. Die Fig. 530,

531 u. 532 zeigen Querschnitt, Längsschnitt und Aufsicht eines Einzylindermotors neuester Konstruktion.

Der Zwillingsmotor besteht aus zwei normalen Einzylindermotoren mit gemeinsamer Kurbelwelle, hat also vier Lager.

Das Schwungrad oder eine Drehstromdynamo ist in der Mitte zwischen beiden Motoren auf die Kurbelwelle aufgekeilt, eine Gleichstromdynamo wird seitlich mittels Kuppelflansches gekuppelt.

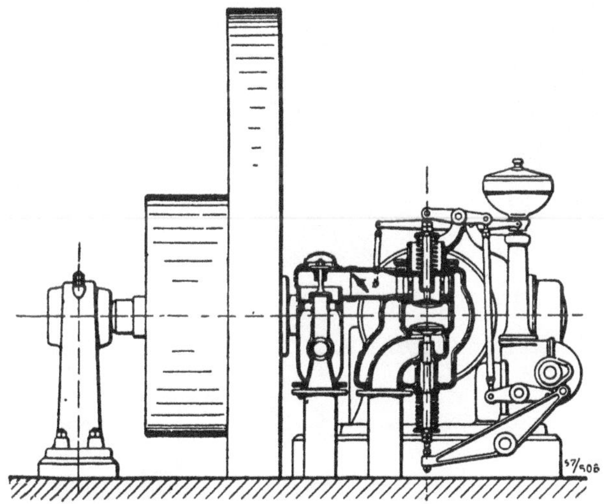

Fig. 530. Querschnitt des Körting-Gasmotors.

Bei dem Dreilagermotor sind die beiden Rahmen zu einem gemeinschaftlichen zusammengezogen und das Schwungrad seitlich gelagert. Der gemeinsame Rahmen hat also nur drei Lager gegenüber den vieren des Zwillingsmotors. Zur Unterstützung des Wellenendes für Schwungrad und Dynamo ist ein besonderes Außenlager angeordnet.

Der Zwillingsdreilagermotor besteht aus zwei Dreilagermotoren in derselben Anordnung, wie oben bei den Zwillings-Einzylindermotoren erwähnt.

Rahmen, Zylindermantel und Wellenlager sind in einem Stück aus Gußeisen hergestellt und breit und kräftig gebaut. Der Zylinder ist in seiner ganzen Länge durch den Rahmen unterstützt, wodurch eine große Auflagefläche des Motors, d. h.

eine durchaus ruhige Lage auf dem Fundament erzielt wird. Aus dem inneren Hohlraume des Rahmens wird die zum Betriebe des Motors notwendige Luft entnommen.

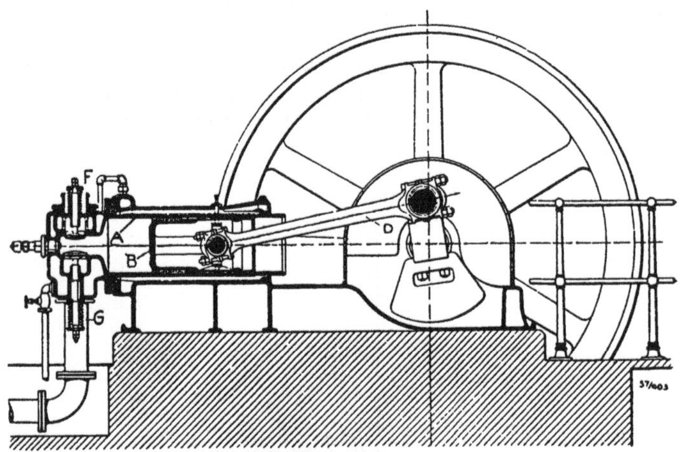

Fig. 531. Längsschnitt des Körting-Gasmotors.

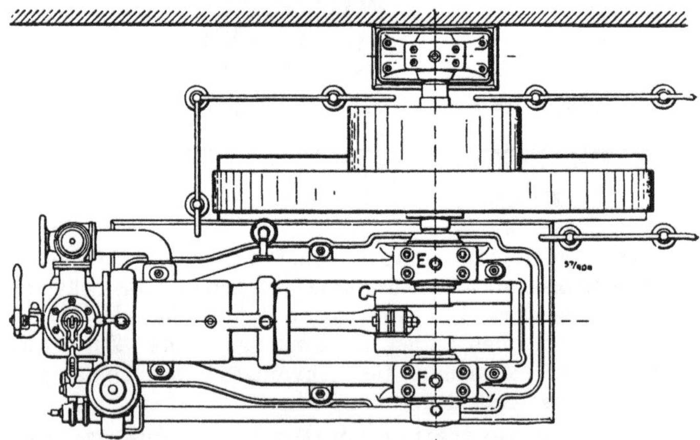

Fig. 532. Aufsicht des Körting-Gasmotors.

Der Zylinder *A* (Fig. 531) ist auswechselbar und nach einem Spezialverfahren aus einem besonders dichten und harten Eisen hergestellt. Er ist rein walzenförmig ohne seitliche Angüsse, so daß ein Verziehen unmöglich ist. Er besitzt nur einen Flansch, der durch den Ventilkopf mit dem Rahmen fest verbunden ist, das andere Ende ist stopfbüchsenartig im Kühlwassermantel gedichtet, sodaß bei der Längsausdehnung jede Spannung vermieden ist.

Der Kolben *B* (Fig. 531) ist sehr lang gehalten und ebenfalls nach einem Spezialverfahren hergestellt. Er wird durch selbstspannende Kolbenringe gegen den Zylinder abgedichtet. Sein vorderer Teil bildet den Kreuzkopf in einfacher Weise.

Die Kurbelwelle *C* (Fig. 532) ist aus geschmiedetem Stahl hergestellt und trägt Gegengewichte zum Ausgleich der hin- und hergehenden Massen.

Die Treibstange *D* (Fig. 531) ist aus Stahl, die Lager aus Lagerbronze bzw. Weißmetall, die Treibstangenbolzen aus Stahl.

Die Hauptlager *E* (Fig. 532) sind zweiteilig, die Lagerschalen bei den größeren Motoren mit Weißmetall ausgegossen, bei den kleineren aus Lagerbronze hergestellt.

Der Ventilkopf trägt oben das Einlaßventil *F* (Fig. 531) und das Auslaßventil *G* (Fig. 531); beide sind leicht zugänglich und ringsum ausgiebig mit Wasser gekühlt. Die Ventile sind durch Nocken gesteuert. Auf der einen Seite ist das Gehäuse für das Mischventil, auf der anderen der Zünder angebracht. Bei den grösseren Motoren ist die Vorderseite mit einem großen Deckel versehen, der das Nachsehen des Kompressionsraumes ohne Ausbau des Kolbens gestattet.

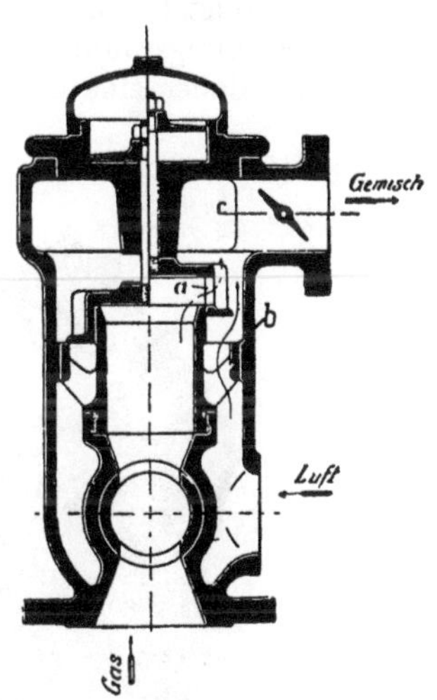

Fig. 533.

Ein Hauptbauteil des Motors ist das selbsttätige Mischventil. Es hat die Aufgabe, eine Ladung von stets gleicher, für die Verbrennung günstigster Beschaffenheit herzustellen, einerlei ob der Motor stark oder wenig belastet ist oder mit wechselnder Umdrehungszahl arbeitet.

Diese Aufgabe wird in einfachster Weise durch ein selbsttätiges Ventil erfüllt; ein solches öffnet sich erst dann, wenn ein ganz bestimmter Unterdruck im Ansaugeraum erreicht ist, und schließt sich sofort, wenn die Ansaugewirkung aufhört.

Das Körtingsche Mischventil ist als Doppelsitzventil nach dem Schema der Fig. 533 ausgebildet. In der linken Hälfte des Mischventilgehäuses ist das Ventil in geschlossener Stellung, in der rechten Hälfte in geöffneter Stellung eingezeichnet. Die Gasöffnungen *a* und Luftöffnungen *b* münden unmittelbar in den Ansaugeraum *c*, stehen also stets direkt unter dem Einfluß des Ansaugevakuums. Das Verhältnis der beim Anheben des Ventils freiwerdenden, die Gasluftmischung bestimmenden Durchschnittsquerschnitte bleibt konstant, ist also unabhängig vom Hub.

Da das selbsttätige Mischventil dem Motor unter allen Umständen ein gut zusammengesetztes Brenngemisch zuführt, so ist für die Kraftregulierung nur die Menge des in den Verbrennungsraum eintretenden Gemisches zu regeln; es genügt daher eine einfache Drosselklappe (Fig. 530 oder 533)

Fig. 534. Einzylinder-Gasmotor.

im Kanal zwischen Misch- und Einlaßventil, die vom Regler verstellt wird, fast keine Rückwirkung auf diesen ausübt und den Vorteil hat, daß der Regler jederzeit, auch während und bis zum Schluß der Ansaugeperiode, behufs Zumessung der eintretenden Gemischmenge eingreifen kann.

Die Zündung ist elektrisch und erfolgt durch einen Magnetinduktor, der seitlich an dem Ventilkopf angebracht ist. Die in den Zylinder hineinragende Kontakteinrichtung ist so angebracht, daß sie leicht ausgebaut und nachgesehen werden kann.

Der Induktor ist der Abnutzung nicht ausgesetzt. Der Zündzeitpunkt ist während des Ganges verstellbar.

Die vorgenannte Art der Regelung bewirkt, daß die Diagrammflächen bei abnehmender Belastung kleiner werden; dadurch wird die Gleichförmigkeit des Ganges günstig beeinflußt, sodaß bis zum Leergang hinunter der Gleichförmigkeitsgrad des Motors steigt, d. h. besser wird, im Gegensatz zu Motoren, die mit aussetzenden Ladungen arbeiten.

Die Art der Schmierung des Kolbenbolzens und der Kurbelkröpfung gestattet einen ununterbrochenen Betrieb. Für den Zylinder ist eine durch den Motor selbsttätige Schmierung vorgesehen, für die Hauptlager Ringschmierung.

In Fig. 534 ist ein Körting-Einzylinder-Gasmotor in der Ansicht abgebildet.

Schon seit Jahren ist das Bestreben der Konstrukteure darauf gerichtet gewesen, die zur Verfügung stehenden Brennstoffe von geringem Heizwert möglichst nutzbringend zu verwerten. So hat man beispielsweise die Hochofengichtgase, die früher unbenutzt in die Atmosphäre entwichen, zum Betriebe von Gasmaschinen mit großem Erfolge nutzbar gemacht.

Die Großgasmaschine.

Durch unermüdliche Arbeit der Konstrukteure ist es gelungen, Gaskraftmaschinen zu bauen, welche in einem Arbeitszylinder 2000 Pferdestärken und mehr zu erzeugen vermögen.

Heute kann man diese Maschine mit jedem Gas (Sauggas, Druckgeneratorgas, Gichtgas usw.) betreiben.

Die deutschen Großgasmaschinen werden ausnahmslos in liegender Bauart hergestellt. Sie arbeiten nach dem Zweitakt- oder nach dem Viertaktverfahren.

Die anfänglich gebauten Öchelhäuser-Gasmaschinen mit zwei gegenläufigen Kraftkolben in einem an beiden Enden offenen Kraftzylinder hat man wieder verlassen. Heute kommt für die Zweitaktmaschine nur noch die bekannte Körtingsche Bauart mit doppeltwirkendem Kolben in Betracht. Beim Viertakt verwendet man nur die sog. Nürnberger Bauart als Grundform. Die Ausführungen der verschiedenen Hersteller weichen natürlich in Einzelheiten voneinander ab. Die Zylinder werden einteilig und, besonders bei den größeren Abmessungen, mehrteilig ausgeführt. Die Anlaßsteuerung, die früher je zwei nebeneinander liegende Ventile, das Mischventil und das Anlaß-

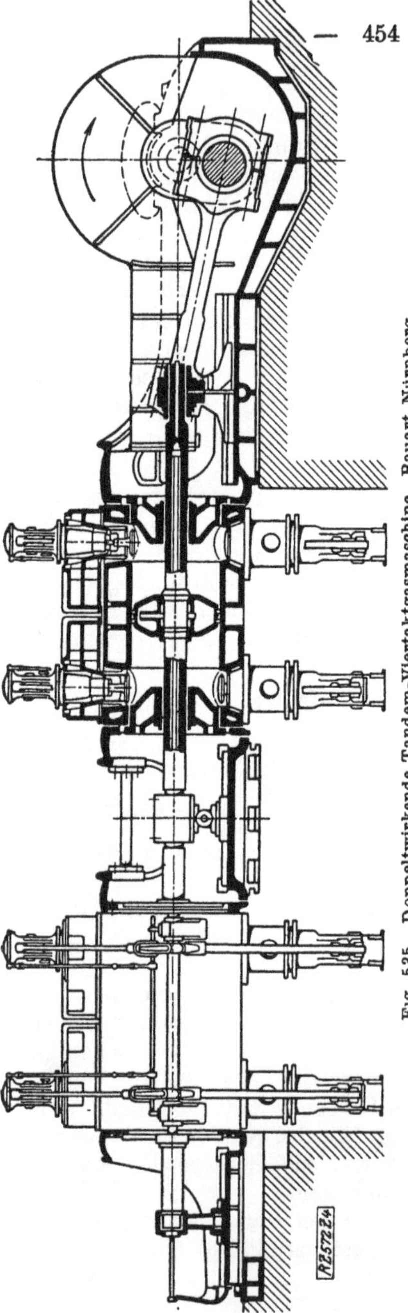

Fig. 535. Doppeltwirkende Tandem-Viertaktgasmaschine, Bauart Nürnberg.

ventil, hatte, zeigt heute nur noch ein Ventil, das Anlaß- und Mischorgane vereinigt.

Weiter auf Einzelheiten der Konstruktion einzugehen, dürfte sich erübrigen. Der Gaseinrichter wird wohl selten mit derartigen großen Gaskraftmaschinen zu tun haben. Trotzdem aber wollen wir — um nicht unvollständig zu sein — eine doppeltwirkende Tandem-Viertaktgasmaschine, Bauart Nürnberg, in einer Schnittzeichnung hier abbilden (Fig. 535).

Derartige Großgasmaschinen werden gebaut von fast allen Motorenfabriken, insbesondere aber von der Augsburg-Nürnberger Maschinenfabrik, Nürnberg, von Thyssen, Erhardt & Sehmer, von der Friedrich Wilhelmshütte in Mühlheim u. a.

Einen wesentlichen Fortschritt auf dem Gebiete der **Kleingasmaschinen** verdanken wir der Automobilindustrie. Von mehreren Motorfabrikanten wird diese Art Kleinmotoren auch für Steinkohlengas gebaut. Dabei sollen sich die Betriebskosten bei den neuesten kleinen Gasmotoren billiger stellen als bei Elektromotoren, und der Raumbedarf ist nicht größer als derjenige gleichstarker Elektromotoren. Wir nennen von den bekanntesten den Fafnir-, den Cudell-, den Körting-, den Deutzer- und den Thiers-Motor. Sämtliche Kleinmotoren dieser Bauart sind Schnelläufer.

Der **Fafnirmotor,** der in Fig. 536 abgebildet ist, wird von der Fa. Fafnirwerke Aktiengesellschaft (Aachener Stahlwaren-

Fig. 536.

fabrik) in Aachen gefertigt; er steht auf einer mit zwei Tragstützen und einem Außenlagerbock versehenen Fundamentplatte; Zylinder mit Wassermantel und Ventilgehäuse sind zusammengegossen, Ein- und Auslaßventil befinden sich übereinander, und am ganzen Motor ist nur ein einziges Schmierölgefäß vorhanden. Infolge dieser gedrängten und doch übersichtlichen Bauart beansprucht die Maschine nur einen geringen Raum, und die Anschaffungskosten können sehr niedrig gehalten werden. Dasselbe gilt von dem kleinen Cudell- (Cudellmotorgesellschaft, Berlin N. 65), dem Körting-, dem Deutzer- und dem Thiers-Motor (Friedrich Richter & Co. in Weimar).

Die Aufstellung der genannten Kleingasmotoren ist eine sehr leichte und einfache, denn man hat nur nötig, den in der Fabrik fertig zusammengebauten Motor am Verwendungsort mit einigen Holz- oder Steinschrauben, je nach der Art des Fußbodens, festzuschrauben.

Für den Gaseinrichter handelt es sich in der Regel nur um Herstellung der Zuleitung, Aufstellung des Gasmessers und des Druckreglers, sodaß ihm in erster Linie die hierfür geltenden Regeln geläufig sein müssen. In zweiter Linie muß er aber auch die Arbeitsweise des Motors sowie die einzelnen Teile desselben kennen, damit er bei Betriebsstörungen nötigenfalls eingreifen und Abhilfe schaffen kann.

Die wichtigsten Regeln sind nun folgende:

Zu jeder Gasmotoranlage wähle man vor allen Dingen eine genügend weite Gaszuleitung (siehe die Tabellen). Viele Biegungen sind zu vermeiden. Mit zunehmender Entfernung des Motors vom Hauptrohr wächst die Rohrweite. Um das Zucken der benachbarten Gasflammen zu verhüten, ist es, wie schon erwähnt, unbedingt erforderlich, einen Druckregler (siehe diesen) (Schäffer & Öhlmann, Berlin, Johannes Fleischer in Gießen) einzuschalten. Zu jeder Gasmaschine gehört ein Gummibeutel, welcher zwischen Druckregler und Maschine, möglichst nahe der letzteren, jedenfalls nicht über 5 m vom Einströmhahn entfernt, eingeschaltet wird. Die beiden Rohrenden der Gasleitung müssen in den Gummibeutel hineinragen, damit sie nicht verschlossen werden, wenn dieser etwa ganz zusammenklappen sollte. Der Gummibeutel ist etwas von der Wand abstehend unterzubringen, vor starker Hitze und dem Bespritzen mit Schmieröl zu bewahren. Am besten wird derselbe durch ein Schränkchen mit Glasscheibe geschützt. Um ein Abfallen des Beutels zu verhüten, umwickelt man die Schlauchenden oder befestigt sie mit Schellen. Zu den Auspuffleitungen verwende man nur schmiedeeiserne oder gußeiserne Rohre; keinesfalls leite man die Verbrennungsprodukte in gemauerte Schornsteine, Abflußkanäle, Regen- oder Tonrohre, da es nicht zu vermeiden ist, daß unverbrannte explosible Gasmischungen in das Auspuffrohr gelangen.

Man vermeide auch bei der Auspuffleitung viele Bogen und scharfe Ecken, da diese sowohl die Arbeitsleistung vermindern, als auch zu häufigen Verstopfungen Veranlassung geben.

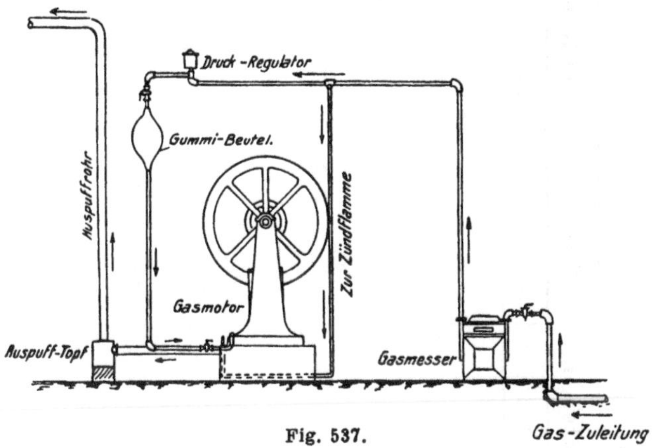

Fig. 537.

Die Anordnung der Rohrleitungen ist in vorstehender Darstellung (Fig. 537) für einen stehenden Motor veranschaulicht; dieselbe kommt jedoch mit kleinen Abweichungen auch für die liegende Maschine in Betracht.

Tabellen für die Rohrleitungen und Gasmesser zu Gasmotorenanlagen.

1. Einzylindrige Gasmotoren.

		Lichte Rohrweiten in engl. Zoll und Millimetern												
	Größe in effekt. Pferdestärken:	1/2	1	2	3	4	5	6	8	10—12	16—20	25	30—35	40—50
Gasleitung	vom Regulierhahn an der Maschine bis zum Gummibeutel, nicht über 5 m	1/2″	3/4″	3/4″	1″	1″	1″	1 1/4	1 1/4′	1 1/4″	1 1/2″	2″	2 1/2″	3″
	vom Gummibeutel bis auf eine Länge von 30 m	3/4″	1″	1 1/4″	1 1/2″	1 1/2″	1 1/2″	2″	2″	2 1/2″	3″	3″	90 mm	100 mm
	Anschluß bis zur Hauptleitung auf ca. 100 m	1″	1 1/4″	1 1/2″	2″	2″	2″	2 1/2″	2 1/2″	3″	90 mm	90 mm	100 mm	125 mm
	Abzweigung für die Zündflammen vor dem Gasdruckregler	3/8″	1/2″	1/2″	1/2″	1/2″	1/2″	1/2″	1/2″	1/2″	1″	1″	1″	1″
	Erforderliche Gasuhr für Flammen	5	10	20	30	30	30	50	60	80 bei 10 PS 100 bei 12 PS	150	200	200	300
	Ausströmleitung f. verbrannte Gase	1″	1 1/4″	1 1/2″	1 1/2″	2″	2″	2 1/2″	3″	100 mm	125 mm	125 mm	125 mm	150 mm
Kühlleitung	durch Wasser aus Druckwasserleitung, Zuleitung	1/4″	1/4″	1/4″	1/4″	1/4″	1/4″	1/2″	1/2″	1/2″	3/4″	1″	1″	1 1/4″
	durch Wasser aus Druckwasserleitung, Ableitung	3/4″	3/4″	3/4″	3/4″	3/4″	3/4″	3/4″	3/4″	1″	1 1/4″	1 1/2″	1 1/2″	1 1/2″
	durch Kreislauf des Wassers, Zu- und Ableitung	3/4″	1″	1″	1″	1 1/4″	1 1/4″	1 1/2″	1 1/2″	2″	—	—	—	—

Bis 3 Zoll lichter Weite schmiedeeiserne Rohre, von 90 mm lichter Weite ab gußeiserne Flanschenrohre.

II. Zweizylindrige (Zwillings-) Gasmotoren.

		Lichte Rohrweiten in engl. Zoll und Millimetern								
	Größe in effektiven Pferdestärken:	4	6	8	12	16	20—25	30	40	50—60
Gasleitung	vom Regulierhahn an der Maschine bis zum Gummibeutel, nicht über 5 m .	3/4″	1″	1 1/4″	1 1/4″	1 1/2″	2″	2″	2 1/2″	2 1/2″
Gasleitung	vom Gummibeutel bis auf eine Länge von 30 m	1 1/2″	2″	2″	2 1/2″	2 1/2″	3″	3″	90 mm	100 mm
Gasleitung	Anschluß bis zur Hauptleitung auf ca. 100 m	2″	2 1/2″	2 1/2″	3″	3″	90 mm	100 mm	100 mm	125 mm
Gasleitung	Abzweigung für die Zündflammen vor dem Gasdruckregler	1/2″	1/2″	1/2″	3/4″	3/4″	1″	1″	1″	1″
	Erforderliche Gasuhr für Flammen	30	50	60	100	150	150	200	300	300
	Ausströmleitung für verbrannte Gase . . .	1 1/2″	1 1/2″	2″	2 1/2″	3″	90 mm	100 mm	125 mm	125 mm
Kühlleitung	durch Wasser aus Druckwasserleitung, Zuleitung	1/4″	1/4″	1/2″	1/2″	1″	1″	1 1/4″	1 1/2″	1 1/2″
Kühlleitung	durch Wasser aus Druckwasserleitung, Ableitung	1″	1″	1″	1 1/4″	1 1/4″	1 1/2″	1 1/2″	2″	2″
Kühlleitung	durch Kreislauf des Wassers, Zu- und Ableitung	1 1/4″	1 1/2″	1 1/2	2″	—	—	—	—	—

Bis 3 Zoll lichter Weite schmiedeeiserne Rohre, von 90 mm lichter Weite ab gußeiserne Flanschenrohre.

Nachträge.

Zu Seite 212.

Die Normalisierung der Gasmesser.

Die Normalisierung der gewöhnlichen Gasmesser hat sich bis jetzt als nicht durchführbar erwiesen. Dagegen sind die Bestrebungen, die Hochleistungsgasmesser zu normalisieren, aussichtsreicher, weil diese Art der Gasmesser erst seit neuerer Zeit zur Einführung gelang (s. Seite 212 u. f.).

Zu Seite 215.

Eichkolben zum Nachprüfen von Gasmessern an Ort und Stelle.

Wir haben zwar auf Seite 214 und 215 Gasmesserprüfapparate, welche dazu dienen, die Gasmesser am Standort einer Kontrolle zu unterziehen, bereits besprochen, wollen aber nicht unterlassen, auch auf den Eichkolben der Gasmesser-Fabrik Elster & Co., Mainz, aufmerksam zu machen.

Das Gas, das den zu eichenden Messer durchströmt hat, führt abwechselnd zwei durch eine leicht hin- und herbewegliche Scheidewand aus Leder geteilte Kammern, dabei jeweils den Inhalt der nicht in Füllung begriffenen Kammer herausdrückend. Die Membrane legt sich bei vollendeter Füllung an ein der Hubbegrenzung gewisser trockener Gasmesser gleichartiges gelochtes Blech. Die Zahl der Füllungen ist das Maß des Durchganges. Die Messung selbst erfolgt unter annähernd gleichem Druck und gleicher Temperatur wie in der Gasuhr; eine Reduktion der abgelesenen Gasmengen ist also nicht erforderlich. Ihr Verhältnis gibt sofort den etwaigen Fehler des Gasmessers an (s. S. 215).

Literaturnachweis.

I. Bücher.

Dr. E. Schilling u. **Dr. H. Bunte,** Handbuch der Gastechnik; Verteilung, Messung und Einrichtung des Gases von F. Kuckuk, G. Kern, G. Schneider, W. Eisele (R. Oldenbourg, München).

Dr. E. Schilling, Neuerungen auf dem Gebiete der Erzeugung und Verwertung des Steinkohlengases (R. Oldenbourg, München).

Dr. N. H. Schilling, Handbuch der Steinkohlengasbeleuchtung (R. Oldenbourg, München).

Dr. Schilling-München, Die Verwendung des Gases für industrielle Zwecke, aus dem Bericht über die 51. Jahresversammlung in Königsberg i. Pr. 1910 (R. Oldenbourg, München).

Th. Weyl, Die Betriebsfuhrung städtischer Werke, Band II: Gaswerke von Dr. W. Bertelsmann (Dr. Werner Klinkhardt, Leipzig).

A. Schäfer, Einrichtung und Betrieb eines Gaswerkes (R. Oldenbourg, München).

Dr. O. Pfeiffer, Das Gas als Leucht-, Heiz- und Kraftstoff in seinen verschiedenen Arten (Fr. Voigt, Leipzig).

G. F. Schaars, Kalender für das Gas- und Wasserfach (R. Oldenbourg, München).

Dr. Schnabel-Kühn, Die Steinkohlengas-Industrie in Deutschland (R. Oldenbourg, München).

Taschenkalender für Gas- und Wasserfachmänner. Unter Mitwirkung von Fachmännern herausgegeben von der Verlagsbuchhandlung Schulze & Co., Leipzig.

G. Lieckfeld, Aus der Gasmotorenpraxis (R. Oldenbourg, München).

Schäfer F., Die Kraftversorgung der deutschen Städte durch Leuchtgas (R. Oldenbourg, München).

Schäfer F., Gas oder Elektrizität? Eine Studie über das wirtschaftliche Konkurrenzverhältnis zwischen Gas und Elektrizität auf dem Gebiete der Licht-, Kraft- und Wärmeversorgung und des Bahnbetriebes (Bergmann, Wiesbaden).

D. Coglievina, Theoretisch-praktisches Handbuch der Gasinstallation.

Deutscher Verein von Gas- und Wasserfachmännern. »Kein Haus ohne Gas« (Broschüre).

Friedrich Ahrens, Das hängende Glühlicht. Seine Entstehung, Wirkung und Anwendung (R. Oldenbourg, München).

II. Zeitschriften.

Das Gas- und Wasserfach, Journal für Gasbeleuchtung und Wasserversorgung, 4. Heft vom 24. Januar 1925, S. 55ff. »Zweck und Unzweckmäßigkeiten in Ausrüstungen für den Rettungsdienst« von Sanitätsrat Dr. Cramer in Berlin-Zehlendorf; 29. Heft vom 19. Juli 1924, S. 427, »Abzugslose Gasheizöfen«, Mitteilung aus dem Gasinstitut (Verlag R. Oldenbourg, München).

Anzeiger für Berg-, Hütten- und Maschinenwesen, Essen, Nr. 97 vom 13. November 1924, »Der heutige Stand der Röhrenfabrikation«, von Prof. Dr.-Ing. P. Schimpke, Chemnitz (Verlag von W. Giradet, Essen).

V.D.I., Zeitschrift des Vereins Deutscher Ingenieure, Nr. 52 vom 27. Dezember 1924, S. 1337, »Die Großgasmaschine in der deutschen Kraftwirtschaft«, von Paul R. Meyer, Nürnberg.

Wasser und Gas, Vereinigte Fachzeitschriften, Zeitschrift für die Gesamtinteressen des Gas-, Wasser- und Elektrizitätsgebietes, Nr. 12 vom 15. März 1924, S. 325/26, »Das Gußeisen als Rohrleitungsmaterial«, von Dipl.-Ing. Castner, Berlin (Verlag: Deutscher Kommunal-Verlag, G. m. b. H., Berlin-Friedenau, Hertelstr. 5).

Zeitschrift für Beleuchtungswesen, Heiz- und Lüftungstechnik, Berlin. Herausgegeben von Dr. H. Lux. Erscheint monatlich dreimal.

Der Gastechniker. Eigentum, Verlag und Organ des Vereins der Gasindustriellen in Österreich-Ungarn. Monatlich zweimal.

Schweickharts österreich-ungarische Zeitschrift für das Gas- und Wasserfach. Monatlich zweimal.

Gesundheits-Ingenieur, Zeitschrift für die gesamte Städtehygiene (Verlag von R. Oldenbourg, München).

Sachregister.

E

F

H

I

J

K

L

M

Q

R

S

Sch

St

www.ingramcontent.com/pod-product-compliance
Lightning Source LLC
Chambersburg PA
CBHW031429180326
41458CB00002B/496

* 9 7 8 3 4 8 6 7 5 0 0 8 9 *